Grundlagen der Schaltungstechnik

Eine Reihe,
herausgegeben von Prof. Dr.-Ing. Wolfgang Hilberg

Die Buchreihe umfaßt Themen aus dem Gebiet des Entwurfs, der technologischen Realisierung und der Anwendung von Schaltungen. Vorzugsweise sind dies integrierte Halbleiterschaltungen, die heute die gemeinsame „hardware"-Basis für viele Anwendungen, z. B. in der Nachrichtentechnik, Meßtechnik, Digitaltechnik, Datentechnik bzw. der Elektronik bilden. Die Darstellungen sollen dem heutigen Stand der Technik entsprechend die grundlegenden Kenntnisse vermitteln.

Bisher erschienen:

Großintegration
herausgegeben von
Bernd Höffinger

Wolfgang Hilberg
Impulse auf Leitungen

Frank-Thomas Mellert
Rechnergestützter Entwurf
elektrischer Schaltungen

Wolfgang Hilberg/Robert Piloty
Grundlagen elektronischer
Digitalschaltungen

Adolf Finger
Digitale Signalstrukturen
in der Informationstechnik

Wolfgang Hilberg
Grundprobleme der
Mikroelektronik

Günter Zimmer
CMOS-Technologie

Manfred Lobjinski
Meßtechnik mit Mikrocomputern
2. Auflage

Wolfgang Hilberg
Assoziative Gedächtnisstrukturen.
Funktionale Komplexität

Hans Spiro
Simulation integrierter
Schaltungen
2. Auflage

Samuel D. Stearns
Digitale Verarbeitung analoger Signale,
5. Auflage

Klaus Schumacher
Integrationsgerechter Entwurf
analoger MOS-Schaltungen

Steffen Graf/Michael Gössel
Fehlererkennungsschaltungen

Wolfgang Hilberg
Digitale Speicher 1

Hochintegrierte analoge Schaltungen
herausgegeben von Bernd Höfflinger
und Günter Zimmer

Friedberth Riedel
MOS-Analogtechnik

Wolfgang Hilberg
Grundlagen elektronischer
Schaltungen, 2. Auflage

Robert Schwarz
Analyse nichtlinearer Netzwerke

Albrecht Rothermel
Digitale BiCMOS-Schaltungen

Manfred Gerner / Bruno Müller /
Gerd Sandweg
Selbsttest digitaler Schaltungen

Oppenheim / Schafer
Zeitdiskrete Signalverarbeitung

Grundlagen elektronischer Schaltungen

von
Prof. Dr.-Ing. Wolfgang Hilberg
Technische Hochschule Darmstadt

2., verbesserte Auflage

Mit 361 Bildern

R. Oldenbourg Verlag München Wien 1992

Die Deutsche Bibliothek — CIP-Einheitsaufnahme

Hilberg, Wolfgang:
Grundlagen elektronischer Schaltungen / von Wolfgang
Hilberg. — 2., verb. und erw. Aufl. — München ; Wien :
Oldenbourg, 1992
    (Grundlagen der Schaltungstechnik)
    ISBN 3-486-22422-0

Gesamtherstellung: R. Oldenbourg Graphische Betriebe GmbH, München

ISBN 3-486-22422-0

Inhaltsverzeichnis

Vorwort 11

1.0 Allgemeine Grundlagen 13

   1.1 Die unterschiedlichen Abstraktionsebenen 13

   1.2 Beschreibungsmöglichkeiten 18

   1.3 Keine Superposition bei nichtlinearen Schaltungen 23

   1.4 Impulse und Übergangsfunktionen 27

   1.5 Impulse und ihr Spektrum 30

   1.6 Die Unschärferelation der Informationstechnik 39

   1.7 Schaltvorgänge in linearen passiven Schaltungen 43

      1.7.1 Grundschaltungen mit nur einem Energiespeicher 44

      1.7.2 Das Differenzierglied 46

      1.7.3 Das Integrierglied 50

      1.7.4 Kompensierter Spannungsteiler 52

   1.8 Leistung und Energie in nichtlinearen Schaltungen 56

      1.8.1 Maximale Leistungsübertragung von einem nichtlinearen Generator
            zu einem nichtlinearen Verbraucher 56

      1.8.2 Nichtlineare Energiespeicher 62

2.0 Schaltungen mit nichtlinearen Zweipolen 71

   2.1 Der allgemeine nichtlineare Zweipol 71

   2.2 Die pn-Diode 72

   2.3 Berechnung von Schaltvorgängen in Diodenschaltungen 80

      2.3.1 Diode, Widerstand und Spannungssprung 80

      2.3.2 Diode, Kapazität und Spannungssprung 81

      2.3.3 Diode, Kapazität und Stromsprung 85

   2.4 Das Arbeiten mit statischen Kennlinien 88

      2.4.1 Definition von Kennlinien 88

   2.5 Stückweise lineare Kennlinien 96

      2.5.1 Problemstellung und elementare, geknickte Kennlinien 96

2.5.2   Synthese von Schaltungen mit Dioden (Kennlinienapproximation mit

technisch idealen Dioden) 99

2.5.3   Analyse von Schaltungen mit Dioden (Kennnlinienkonstruktion von

Schaltungen mit technisch idealenDioden) 100

2.6   Die Analyse von Diodengattern 103

2.6.1   Dioden-UND-Gatter 103

2.6.2   Dioden-ODER-Gatter 108

2.6.3   Die Hintereinanderschaltung von UND- und ODER-Schaltungen ...111

2.7   Dynamisches Verhalten von pn-Dioden 113

2.7.1   Durchlaßbereich 113

2.7.2   Das Sperren von Dioden 116

3.0   **Schaltungen mit bipolaren Transistoren** 119

3.1   Allgemeine Beschreibung 119

3.2   Die Grundgleichungen von Ebers und Moll 123

3.3   Das Injektionsersatzschaltbild 129

3.4   Die physikalisch richtige Stromrichtung 132

3.5   Kennlinien des bipolaren Transistors 133

3.6   Weitere Ersatzschaltbilder 145

3.7   Genaue Berechnung einfacher Schaltungen 147

3.8   Temperaturabhängigkeit der Transistorgrößen 154

3.9   Häufige Vereinfachungen und Ergänzungen im Transistor-Ersatzschaltbild ..158

3.9.1   Vereinfachungen und Erweiterungen 158

3.9.2   Ergänzungen 162

3.10   Der Transistor als Schalter 164

3.10.1   Relais und Transistor 164

3.10.2   Der Transistor mit ohmscher Last 166

3.10.3   Der Transistor mit kapazitiver Last 168

3.10.4   Der Transistor mit induktiver Last 172

3.10.5   Kapazitive Ansteuerung eines Transistors 175

3.11   Gatter mit Transistoren 179

3.11.1   Der Inverter 179

3.11.2   Die ideale SpÜK für logische Schaltkreise 185

3.11.3   NULL- und EINS-Bereiche bei invertierenden Gattern 188

3.11.4   Schaltkreisfamilien (Transistor-Gatter mit mehreren Eingängen) 193

3.12   Thyristor (Vierschichtdiode) 207

3.13   Die Analyse dynamischer Vorgänge in bipolaren Transistoren mit dem

Ladungssteuerungsmodell 213

3.13.1   Rechenansatz der Ladungssteuerungstheorie 213

3.13.2   Anwendungsbeispiele 215

3.13.3   Verhalten im übersteuerten Zustand (Sättigung) 219

3.13.4   Ersatzbilddarstellung 224

3.13.5   Kleinsignalverhalten 231

3.13.6   Betrachtungen über die Konstanz der Großsignalparameter 235

4.0   Schaltungen mit Feldeffektransistoren (MOSFET) 237

4.1   Anfänge der Technik 237

4.2   Prinzip des MOSFET 239

4.2.1   Widerstandsbereich 239

4.2.2   Abschnürbereich 245

4.2.3   Steuer-Kennlinie 246

4.2.4   Komplementäre Transistoren 247

4.2.5   Spannungsgesteuerter Widerstand 248

4.2.6   Endliche Steigung im Abschnürbereich 249

4.2.7   Schwellspannung und Substratvorspannung 251

4.2.8   Vollständiges Großsignal-Ersatzschaltbild 253

4.2.8.1   Die Problemstellung 253

4.2.8.2   Symmetrische Darstellung der Transistor-Gleichungen 256

4.2.8.3   Vollständiges Ersatzschaltbild mit antiparallelen

Stromquellen 257

4.3   Der MOSFET-Inverter 259

4.3.1   Das statische Verhalten eines Inverters 259

4.3.2   Das dynamische Kleinsignal-Verhalten eines MOSFET 263

4.3.3   Inverter mit ohmscher und kapazitiver Last 266

4.3.4   Inverter mit Transistor- und Kapazitätslast 268

4.3.5   Inverter mit Anreicherungs- und Verarmungstransistoren 271

4.4   MOSFET-Gatter 272

4.4.1   Statische NAND- und NOR-Schaltungen 272

4.4.2   Dynamische Inverter und Gatter 273

4.4.3   Gatter mit komplementären MOS-FETs (CMOS-Technik) 275

4.4.4   Leistung und Schaltzeit bei CMOS 282

5.0   Elementare Digitalschaltungen 285

5.1   Die symmetrische bistabile Kippschaltung (Flip-Flop) 285

5.1.1   Bestimmung der Schleifenverstärkung V 285

5.1.2   Schleifenverstärkung und Sättigungsbedingung des Flip-Flops 288

5.1.3   Asynchrones RS-Flipflop 291

5.1.4   Synchrones RS-Flipflop 293

5.1.5   D-Flipflop 294

5.1.6   T-Flipflop 294

5.1.7   JK-Flipflop 296

5.1.8   Master-Slave-Flipflop 297

5.1.9   Triggervorgang und SpÜK 298

5.2   Die symmetrische astabile Kippschaltung 299

5.3   Monostabile Kippschaltung 305

5.4   Die unsymmetrische bistabile Kippschaltung (Schmitt-Schaltung) 307

5.5   Sägezahngenerator 309

5.5.1   Prinzip 309

5.5.2   Miller-Generator 309

5.5.3   Bootstrapgenerator 311

6.   Elementare Analogschaltungen 313

6.1   Der Operationsverstärker 314

6.1.1   Die idealen Eigenschaften 314

6.1.2   Die Schaltung 315

6.1.3   Die realen Eigenschaften 316

6.2   Elementare Schaltungen mit dem Operationsverstärker 318

6.2.1   Invertierender Verstärker 318

6.2.2   Addierer mit Vorzeichenumkehr 319

6.2.3   Nichtinvertierender Widerstandsverstärker 320

6.2.4   Addierer ohne Vorzeichenumkehr 321

6.2.5   Spannungs-Strom-Wandler 323

6.2.6	Strom-Spannungs-Wandler	324
6.2.7	Differenzverstärker	324
6.3	Analoger Integrator	327
6.3.1	Eigenschaften der Schaltung	327
6.3.2	Der Analogrechner	331
6.4	Aktive Filter (RC-Filter)	333
6.4.1	Tiefpässe	333
6.4.2	Transformationen	337
6.4.3	Aktives Resonanzkreis-Bandfilter	339
6.5	Präzisionsgleichrichter	343
6.5.1	Die Präzisionsdiode	343
6.5.2	Der Begrenzer	344
6.5.3	Schneller Einweg-Gleichrichter (AM-Demodulator)	344
6.5.4	Schneller Zweiweg-Gleichrichter (Betragsbildung)	345
6.5.5	Der Spitzen-Detektor	347
6.6	Schaltungen zur Abtastung	348
6.6.1	Abtast- und Halteschaltungen	348
6.6.2	Lineares Dioden-Tor	349
6.6.3	Lineares Transistor-Tor	352
6.6.4	Multiplexer und Demultiplexer	353
6.7	Impedanz-Vorzeichen-Wandler	354
6.8	Logarithmischer und exponentieller Verstärker	356
6.8.1	Grundschaltung	356
6.8.2	Anwendung beim analogen Multiplizieren	357
6.9	D/A- und A/D-Wandler	358
6.10	Der Komparator	361
6.10.1	Grundschaltung	361
6.10.2	Rechteckwellen	363
6.10.3	Regenerierverstärker (Schmitt-Schaltung)	365
6.10.4	Rechteckwellen-Generator	367
6.10.5	Zweiphasenverstärker	368
6.11	Modulation und Demodulation	369
6.11.1	Modulationsarten	369
6.11.2	AM mit Zweiphasenverstärker	370

6.11.3   AM mit Zerhacker 372

6.12   Oszillatoren   373

6.12.1   Die elementare Theorie 373

6.12.2   Der Phasenverschiebungs-Oszillator 376

6.12.3   Prinzip des Hartley- und Colpitts-Oszillators 378

6.12.4   Der Wien-Brücke-Oszillator 380

6.12.5   Der Quarz-Oszillator 381

6.13   Zur Feinstruktur des Operationsverstärkers 384

Anhang 395

Literaturhinweise 397

Stichwortverzeichnis 405

Vorwort

Das vorliegende Lehrbuch "Grundlagen elektronischer Schaltungen" basiert auf den beiden Vorgängern "Grundlagen digitaler Schaltungen" und "Grundlagen elektronischer Digitalschaltungen". Aus den Erfahrungen einer inzwischen sechzehnjährigen Vorlesungspraxis wurde der Lehrstoff nochmals sorgfältig durchgesehen, von allem Überflüssigem befreit und mit wichtigen neuen Inhalten ergänzt. Das ist ja eine der wesentlichen Aufgaben eines Hochschullehrers, aus der überwältigenden Fülle des technischen Wissens das auszuwählen, was auch für die nächste Generation voraussichtlich eine wertvolle und dauerhafte Grundlage bilden wird.

Die Ergänzungen betreffen vor allem die analoge Schaltungstechnik. Sie ist in der Praxis keineswegs verschwunden, sondern es ist deutlich geworden, daß die dominierenden digitalen Schaltungen und Systeme immer auch den Übergang zur analogen Umwelt benötigen, was notwendigerweise analoge Schaltungen erforderlich macht, und daß z.B. auch die digitale Signalverarbeitung in hochintegrierten Signalprozessoren sich zu einem guten Teil auf eine hochentwickelte analoge Schaltungstechnik stützt. Weil sich gerade hier oft die kennzeichnenden Leistungsunterschiede ergeben, muß auch der Digitaltechniker genügend mit der entsprechenden Schaltungstechnik vertraut sein. Das vorliegende Buch umfaßt daher jetzt in ausgewählten Beispielen das ganze Spektrum der elektronischen Schaltungstechnik.

Im Titel brauchte daher weder "digital" noch "analog" besonders angemerkt zu werden. Entfallen ist auch der Name des bisherigen Mitautors. Herr Prof.R.Piloty war der Meinung, daß er sich schon so lange nicht mehr mit elektronischen Schaltungen beschäftigt hat, und daß die Initialzündung in Form seines Vorlesungsmanuskriptes der sechziger Jahre so weit zurück liegt, daß er daraus auch nach außen hin Konsequenzen ziehen möchte. Ich will hier nur anmerken, daß ich mich nach wie vor sehr in seiner Schuld fühle, insofern, als die Grundstruktur der Lehrveranstaltung (in seinem digitalen Teil) ersichtlich so gut und zeitlos gewählt war, daß ich mich auch jetzt noch daran gehalten habe.

Der Autor muß und will auch gerne bekennen, daß er auch von anderen Lehrbüchern das eine oder andere übernommen hat, was ihm gut schien. Offensichtlich ist das bei Lehrbüchern über klassische Grundlagen gar nicht zu vermeiden und sollte eigentlich auch immer klar und deutlich zum Ausdruck gebracht werden.

Wie der Leser sicher nachvollziehen kann, gibt es manchmal so hervorragende Lehrbuch-darstellungen, daß man bei der Darstellung eines Details gar nicht besser verfahren kann als z.B. ein Prinzip oder eine Schaltung genau so zu beschreiben, wie es der bewunderte Kollege getan hat. Ich denke hier vor allem an das vorzügliche Buch von J.Millman mit dem Titel "Microelectronics". Es ist ein umfassendes Werk über die moderne mikro-elektronische Schaltungstechnik, leider nicht in einer deutschen Ausgabe erhältlich, und hat vielleicht als einzigen Nachteil den großen Umfang (1001 Seiten) und eine Ausführ-lichkeit, die in einer relativ kurzen Vorlesung nicht zu bewältigen ist (dem Leser aber, der keine Sprachprobleme und etwas zusätzliche Zeit hat, sei dringend die Lektüre dieses Buches empfohlen). Diese Empfehlung bereitet dem Autor auch deshalb keine Skrupel, weil er meint, daß noch genügend originelle Beiträge im vorliegenden Buch übriggeblie-ben sind. Oder hat der Leser z.B. schon in einem anderen Lehrbuch von der Möglichkeit gelesen, biplare Transistoren und Feldeffekttransistoren in strukturell gleichen elektrischen Ersatzschaltbildern darzustellen?

Zu einer Abrundung, Ergänzung und Verbesserung des Stoffes haben auch meine Mitar-beiter durch entsprechende kritische und konstruktive Vorschläge beigetragen. Hier möchte ich zunächst meine ehemaligen Mitarbeiter R.Kalhöfer und M.Lobjinski nennen, die sich besonders für die analoge Schaltungstechnik engagierten, und selbstverständlich auch meine jetzigen Mitarbeiter J.Wietzke, K.-R.Siedenburg, U.Bellmann, St.Vey und J.Meyer, die sich im Laufe der Zeit unterschiedlich stark für dieses Thema interessierten, mich aber allesamt durch eine sorgfältige letzte Durchsicht des vorliegenden Manuskriptes sehr unterstützten. Schließlich möchte ich mich auch besonders bei Frau I.Cordoni für die hervorragend gelungene Niederschrift des Manuskriptes mit unserem individuellen Textverarbeitungssystem bedanken und bei Frau K.Schork für die saubere Zeichnung der unzähligen Abbildungen.

Im Herbst 1992

W.Hilberg

1.0 Allgemeine Grundlagen

1.1 Die unterschiedlichen Abstraktionsebenen

In der elektrischen Schaltungstechnik finden sich auf der untersten Betrachtungsebene die Elemente, die häufig auch Bauelemente oder Schaltelemente genannt werden. Wie Bild 1.1 symbolisch zeigt, sind dies z. B. Widerstände, Kapazitäten, Induktivitäten, Dioden, Transistoren, Ferritringkerne, Leitungen, Stromquellen und Spannungsquellen.

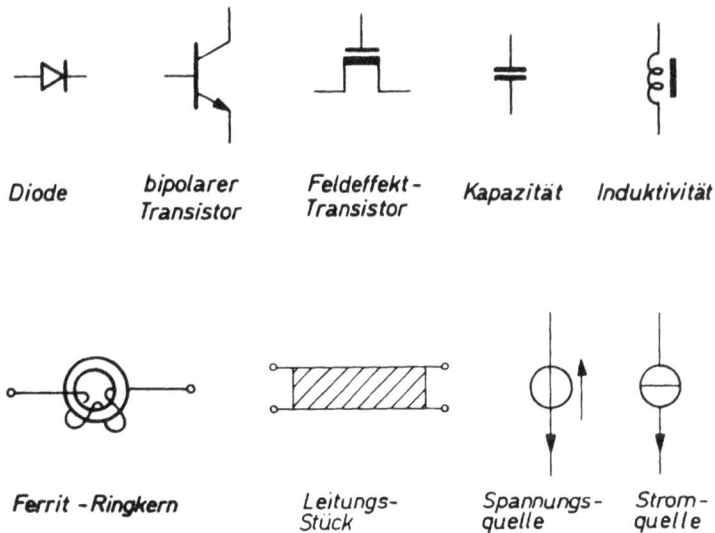

Diode	bipolarer Transistor	Feldeffekt-Transistor	Kapazität	Induktivität

Ferrit-Ringkern	Leitungs-Stück	Spannungs-quelle	Strom-quelle

Bild 1.1:   Bauelemente (Schaltelemente).

Faßt man mehrere Elemente zu einer kleinen typischen Schaltung zusammen, ergibt dies die Ebene der elementaren Schaltungen. Solche sind z. B. Inverter, Gatter, Impulsformer, Flipflops, Speicherelemente, Operationsverstärker, Komparatoren, Oszillatoren usw., siehe Bild 1.2. Faßt man wiederum mehrere solcher elementaren Schaltungen zusammen, ist es meistens günstig, die besondere Funktion zu nennen, die damit realisiert wird. Man gelangt damit auf die Funktionsebene. Beispiele sind Zähler, Addierer, Wandler, Modulatoren, usw., siehe Bild 1.3. Man erkennt, daß die Grenzen

zwischen den Ebenen fließend sind. Dies gilt auch für die Abgrenzung zur nächst-
höheren Ebene der Funktionsblöcke. Bild 1.4 zeigt als Beispiele einen Prozessor, einen
Arbeitsspeicher und eine Arithmetisch-Logische-Einheit. Im allgemeinen enthält jeder
Funktionsblock mehrere Funktionsschaltungen.

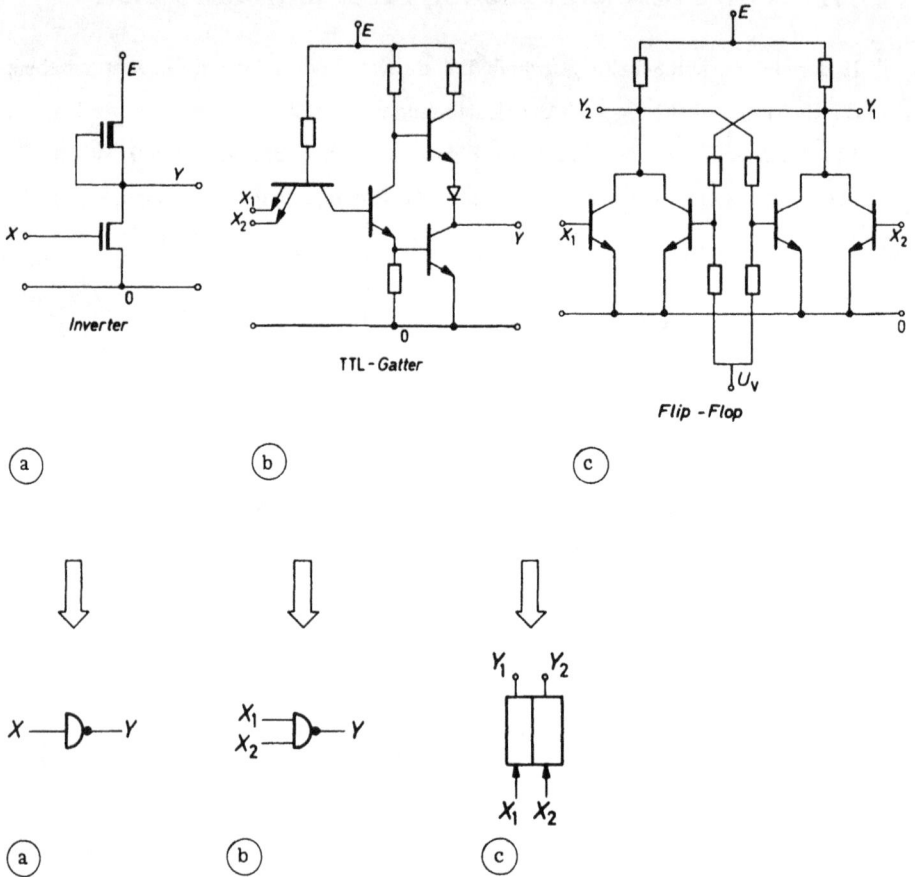

Bild 1.2:   Grundbausteine

a) Inverter, b) TTL-Gatter, c) Flip-Flop.

Ist ein Element, eine elementare Schaltung, eine Funktion oder ein Funktionsblock auf
einem Chip realisiert, spricht man, unabhängig von seiner Komplexität, von entsprechenden "Bausteinen". So kann z. B. ein Einchip-Mikroprozessor ebenso ein Baustein
sein wie ein Einchip-Gatter.

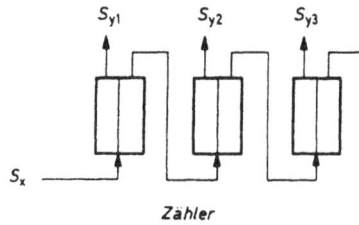

Bild 1.3:

Funktionsbausteine

a) Zähler, b) Analog-Digital-Wandler.

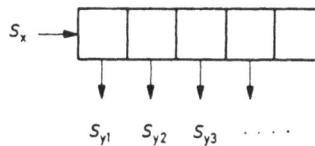

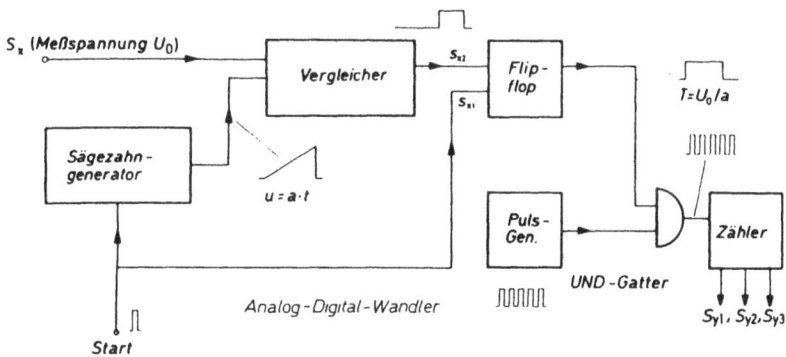

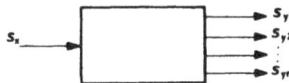

In der Digitaltechnik hat man die Möglichkeit, die verschiedenen Ebenen schärfer zu definieren, siehe Bild 1.5. Man bezieht sich dabei üblicherweise auf die zu lösende Entwurfsaufgabe. Sie darf stets nur so komplex sein, daß ein Mensch sie auch noch überblicken und gut bewältigen kann (mit Hilfe von maschinellen Entwurfswerkzeugen).

Das ist z. B. bei einem großen Rechnersystem nur möglich, indem man, von Ebene zu Ebene aufsteigend, ständig idealisiert, d. h. indem man immer mehr von uninteressant gewordenen Details absieht. Dies nennt man den Prozeß der Abstraktion, der eines der wirksamsten menschlichen Hilfsmittel bei der Bewältigung komplexer Probleme ist. In diesem Sinne spricht man dann auch von Abstraktionsebenen.

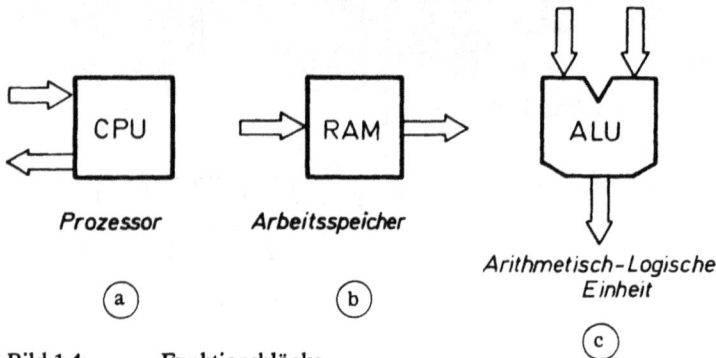

Bild 1.4:   Funktionsblöcke

a) Prozessor, b) Arbeitsspeicher, c) Arithmetisch-logische Einheit.

Beim Entwurf von digitalen Rechnersystemen geht man z. B. nach dem Entwurf von elementaren Schaltungen wie Inverter und Gatter zur nächsten Abstraktionsebene über, die man die logische Ebene nennt, siehe Bild 1.5. Hier werden auf den Eingangs- und Ausgangsleitungen statt kontinuierlicher Spannungsverläufe in der Regel nur noch zwei Spannungswerte unterschieden (High = H, Low = L), die dann als logisch "1" und logisch "0" bezeichnet werden. Von der elementaren Schaltung wird dabei vorausgesetzt, daß sie elektrisch so gebaut ist, daß sie die gewünschte logische Funktion erfüllt. D. h. schon auf der logischen Ebene sehen wir ganz von Strom und Spannung ab, bzw. von elektrotechnisch definierten Signalamplituden und dem genauen zeitlichen Verlauf des Übergangs von einem Spannungswert zum anderen. Lediglich Verzögerungszeiten werden zuweilen noch berücksichtigt. Netzwerke, die sich aus derartigen logischen Funktionen zusammensetzen, nennt man Schaltwerke. Daneben gibt es aber selbst bei digitalen Rechnern noch Funktionen und größere Funktionsblöcke, die man noch in ihrer Gesamtheit als elektrische Schaltung entwerfen muß. Das sind alle speziellen Funktionen außerhalb der logischen Netzwerke wie z. B. Speicher und arithmetisch-logische Spezialschaltungen in Prozessoren.

Entwurfsebenen	Ziele	Stichworte, Beispiele
System	Maximieren des gesamten Durchsatzes durch Definition eines Netzwerkes aus geeigneten Subsystemen. (Grobstrukturentwurf)	Konfiguration eines Rechnersystems mit CPU, Plattenspeicher, Schnelldrucker, usw.
Programmierung	Erstellen von Programmen, die als Firmware oder Systemsoftware zur Verfügung stehen.	Compiler, Betriebs-system, Datenverwal-tungssystem.
Befehlssatz	Erstellen eines optimalen Befehlssatzes.	für wissenschaftliches Rechnen oder für kom-merzielle Rechneran-wendung
Organisation	Ermittlung der wichtigsten Einrichtungen und Datenpfade zur Implementierung des Befehlssatzes.	Aufbau einer schnellen CPU mit Dezimalarith-metik, Zeichenketten-verarbeitung, Cache, Gleitkommarechenwerk, Pipeline-Verarbeitung, usw.
Algorithmen	Entwicklung von Steueralgorithmen mit welchen ein Befehlssatz realisiert werden kann.	Mikroprogrammierung
Register	Ausführliche Darstellung der Organisation für obige Steueralgorithmen unter weitge-hender Vernachlässigung der technologi-schen Randbedingungen.	Beschreibung und Simu-lation mit Register-Transfer-Sprachen
Gatter	Entwurf logischer Netzwerke mit Gattern, Flipflops, usw. unter Berücksichtigung des logisch zeitlichen Verhaltens.	Beispiel: ,,carry look ahead" Addierer, syn-chrone bzw. asynchrone Zähler usw.
Schaltkreis	Entwurf elektrischer Netzwerke aus Transi-storen etc. zur Realisierung logischer Gatter. Entwickeln von Schaltkreisfamilien.	Programm SPICE, (CACAO), Netzwerk-analyse, Toleranzana-lyse, Optimierung.
Layout	Physikalische Plazierung der Komponenten und deren Verbindungen.	Maskenerstellung.
Transistor	Entwickeln von Modellen für Halbleiter-strukturen. (Transistormodelle)	Transistormodell nach Gummel-Poon.
Technologie	Fertigen von Transistoren und IC's. Ent-wicklung neuer Fertigungsmethoden für Halbleiterstrukturen.	n-Kanal Silicon Gate MOSFET.

Bild 1.5:   Charakterisierung der Entwurfsebenen.

Das vorliegende Buch über elektronische Schaltungen befaßt sich nur mit den Schaltelementen, ihren elektrischen Eigenschaften und ihren Zusammenschaltungen zu elementaren Schaltungen. Schon die Behandlung der Speicher ist einem besonderen Buch vorbehalten. Das Schwergewicht der Darlegungen wird auf der elektronischen Digitaltechnik liegen. Hier ist die Vielfalt der elementaren Schaltungen nicht sehr groß, dafür müssen diese Schaltungen aber sehr sorgfältig dimensioniert werden, um die Anforderungen der Großintegration zu erfüllen. Im Anschluß daran werden die wichtigsten Grundlagen der Analogtechnik dargestellt. Das ist heute weniger als je ein historischer Rückblick, wenn man an die Möglichkeiten der heutigen Mikroelektronik denkt, digitale und analoge Schaltungen sowie bipolare Transistoren und Feldeffekttransistoren auf einem einzigen Chip aufzubringen, so daß man schon sehr komplexe Gesamtsysteme realisieren kann. Die Signalprozessoren sind ein anschauliches Beispiel dafür, wie man auf diese Weise sehr günstig einen digitalen Prozessor mit peripheren signalverarbeitenden Analogschaltungen kombinieren kann.

1.2 Beschreibungsmöglichkeiten

Das Verhalten der Bauelemente und der Grundschaltungen der Impulstechnik läßt sich auf verschiedene Weise beschreiben. Häufig interessiert man sich für den zeitlichen Verlauf der Ausgangssignale bei gegebenem Verlauf der Eingangssignale (Zeitverhalten). Bei Schaltungen mit nur einem Eingang und einem Ausgang betrachtet man dann etwa das Ausgangssignal $s_y(t)$ in Abhängigkeit von einem speziellen Eingangssignal $s_x(t)$. Bild 1.6a ist ein Beispiel für eine (analoge) nichtlineare Schaltung. In der Tabelle in Bild 1.6b sind einige gebräuchliche elementare Schaltungen auf diese Weise beschrieben. Hierbei sind die Eingangssignale gestrichelt und die zugehörigen Ausgangssignale durchgezogen dargestellt.

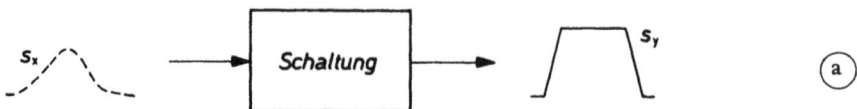

Bild 1.6:   Schaltung mit einem Eingang und einem Ausgang. a) Prinzip,
             b) Zeitverhalten einiger Beispiele.

Differenzierglied	
Integrierglied	
Begrenzer	
Abtaster	
Haltekreis	
Impulsformer (Schmitt-Schaltung, monostabile Kippschaltung)	
Zähler, (einstufiger Binärzähler)	

(b)

Die Anzahl der Eingänge und Ausgänge kann jedoch, anders als in der Nachrichtentechnik, auch größer als eins sein, siehe Bild 1.7a. Zwei Beispiele sind in der Tabelle von Bild 1.7b enthalten.

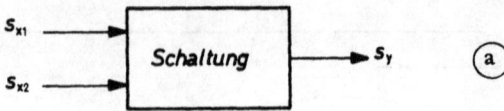

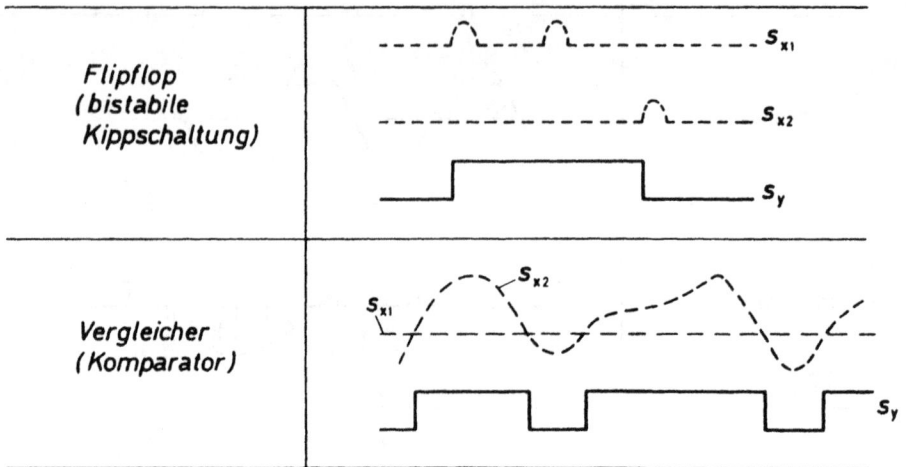

Flipflop *(bistabile* *Kippschaltung)*	s_{x1} s_{x2} s_y
Vergleicher *(Komparator)*	s_{x2} s_{x1} s_y

Bild 1.7:   Schaltung mit zwei Eingängen und einem Ausgang. a) Prinzip,
             b) Zeitverhalten zweier Beispiele.

In manchen Fällen können solche Schaltungen auch mit Hilfe von Kennlinien beschrieben werden. Man trägt dann z. B. die Ausgangsspannung über der Eingangsspannung auf, etwa wie in Bild 1.8 für einen Begrenzer. Solche Kennlinien werden meist nur statisch oder bei niedrigen Frequenzen gemessen. Man nennt sie daher statische Kennlinien. Einerseits sind sie allgemeiner in der Beschreibung als die Signaldarstellung im Zeitbereich, da sie nicht auf spezielle Eingangssignale Bezug nehmen. Andererseits sind sie aber auch durch die Beschränkung auf statische Vorgänge spezieller, da bei schnellen Veränderungen des Eingangssignals s_x das Ausgangssignal s_y im allgemeinen nicht mehr der statischen Kennlinie folgt. Dies ist auf physikalische Trägheitseffekte

zurückzuführen, z. B. solche, die im verwendeten Material auftreten. Andere Trägheitseffekte beruhen auf internen elektrischen oder magnetischen Energiespeichern (Kapazitäten und Induktivitäten), die geladen bzw. entladen werden müssen und damit ein
Nachhinken des Ausgangssignals hinter dem Eingangssignal bewirken. Dies führt zu
den sogenannten dynamischen Kennlinien. Beispiele für die Auswirkung interner Trägheitseffekte sind die Hysteresekurven von nichtlinearen Ferritkernen nach Bild 1.9. Der
gleiche Kern kann je nach Ansteuerung ganz unterschiedliche Hysteresekurven zeigen.

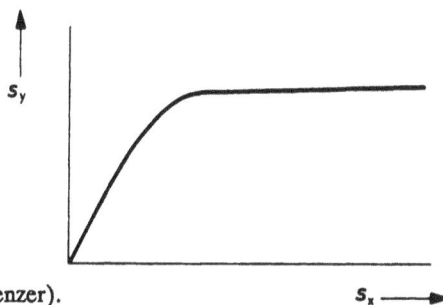

Bild 1.8:

Beispiel einer statischen Kennlinie (Begrenzer).

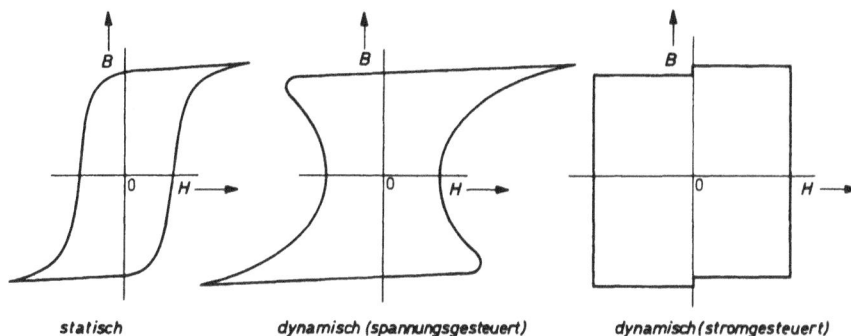

Bild 1.9:   Statische und dynamische Kennlinien eines Ferritringkerns.

Bei Transistoren werden die Trägheitserscheinungen durch interne Ladungs- und En-
ergieansammlungen ausgelöst. Werden diese Transistoren mit großen Signalen ausge-
steuert, lassen sich dynamische Kennlinien nur schlecht ermitteln. Man könnte sie dann
durch ihr Ausgangsverhalten bei Anregung mit typischen Zeitfunktionen, wie z. B.
Sprungfunktionen charakterisieren, siehe Bild 1.10. Bei großen Signalen sind Transistoren jedoch sehr nichtlineare Bauelemente. Dann ist folgendes zu bedenken:

Wäre die zu untersuchende Schaltung eine lineare, so könnte man bekanntlich aus den Einschwingkurven im Prinzip das Ersatzschaltbild aus Widerständen, Kapazitäten und Induktivitäten ableiten. Für den nichtlinearen Fall ist dies nicht möglich wie gleich anschließend dargelegt werden soll. Man muß daher auf anderen Wegen ein statisches nichtlineares Ersatzschaltbild ableiten und dieses dann durch Kapazitäten und Induktivitäten ergänzen. Dann erst läßt es sich durch Anregungen wie in Bild 1.10 überprüfen und eventuell verbessern.

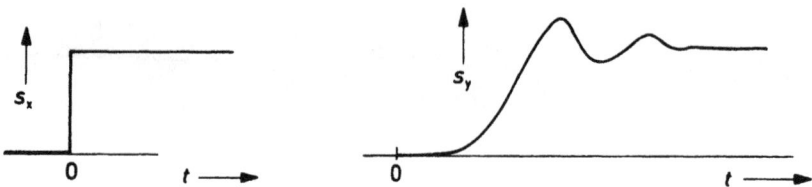

Bild 1.10:   Eingangsspannung s_x und zugehörige Ausgangsspannung s_y bei einem Transistor.

Ein solches nichtlineares, dynamisches Ersatzschaltbild ist dann die allgemeinste signalunabhängige Darstellung. Bild 1.11 zeigt ein Beispiel für einen bipolaren Transistor, bei dem sich die Ströme der Stromquellen direkt aus den Diodenströmen ergeben (gesteuerte Stromquellen). Auf seine Ableitung wird noch ausgiebig eingegangen (erweitertes Ebers-Moll-Modell).

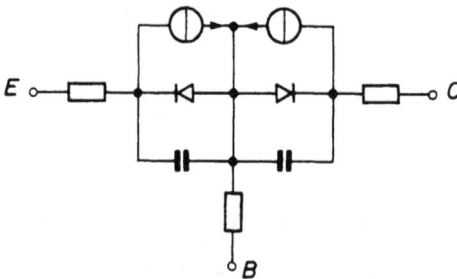

Bild 1.11:   Beispiel eines nichtlinearen und dynamischen Ersatzschaltbildes (bipolarer Transistor).

1.3   Keine Superposition bei nichtlinearen Schaltungen

Fast alle Schaltungen der digitalen Impulstechnik sind nichtlinear. Das hat erhebliche Konsequenzen. Z. B. kann man dann weder eine Fourier-Analyse durchführen noch die Laplace-Transformation einsetzen. Es stellt sich natürlich zuerst die Frage, warum das so ist bzw. was man unter einer Nichtlinearität von Schaltungen versteht. Um hier keine Unklarheiten zu lassen, wollen wir die Begriffe linear und nichtlinear ein wenig präzisieren.

Betrachten wir eine Schaltung mit einem Eingang und einem Ausgang, an die nacheinander und unabhängig voneinander zwei verschiedene Eingangssignale $f_1(t)$ und $f_2(t)$ angelegt werden, worauf die Schaltung am Ausgang ebenfalls nacheinander mit den Signalen $g_1(t)$ und $g_2(t)$ antwortet. Ein Beispiel ist in Bild 1.12 gezeichnet. Diese Schaltung ist dann und nur dann linear, wenn

1.   bei gleichzeitig angelegten Signalen $f_1(t)$ und $f_2(t)$ das Superpositionsgesetz gilt, d. h., wenn für alle denkbaren $f_1(t)$ und $f_2(t)$ das Summensignal $f_1(t) + f_2(t)$ am Eingang die Summe der Einzelantworten $g_1(t) + g_2(t)$ am Ausgang ergibt und wenn

2.   die Multiplikation des Eingangssignales mit einer Konstanten zu einem entsprechend proportionalen Ausgangssignal führt. Ansonsten ist sie nichtlinear.

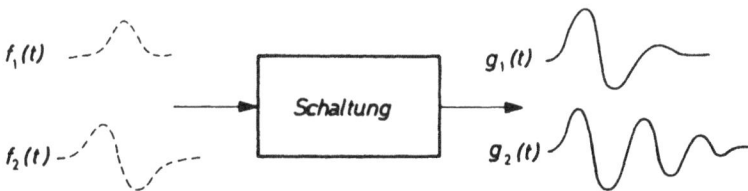

Bild 1.12:   Eine Schaltung, der zwei verschiedene Eingangssignale zugeführt werden und die jeweils zwei entsprechende Ausgangssignale abgibt.

Wichtig bei dieser Aussage ist, daß die Superposition für alle denkbaren Funktionen $f_1(t)$ und $f_2(t)$ gilt, d. h. insbesondere auch für voneinander verschiedene Funktionen.

Um die Tragweite dieser Behauptung einzusehen, bilden wir ein Beispiel einer Schaltung, bei der das Ausgangssignal als Funktion des Eingangssignales durch die geknickte Kennlinie in Bild 1.13 gegeben ist. Hier ist ersichtlich die zweite Bedingung erfüllt, denn jedes beliebige Ausgangssignal ist proportional zum Eingangssignal.

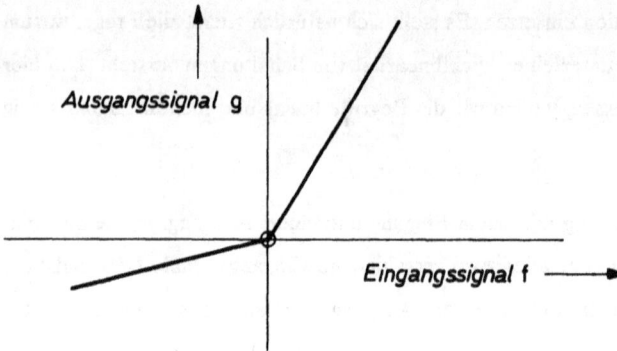

Bild 1.13:   Eine geknickte statische Kennlinie.

D. h., erhöhen wir das Eingangssignal $f(t)$ mit beliebigem Zeitverlauf um einen positiven Faktor α, so wird auch das Ausgangssignal $g(t)$ um den gleichen Faktor vergrößert. Wir können auch eine Summe von Eingangssignalen $f_1(t) + \alpha f_1(t) = (1+\alpha)\,f_1(t)$ bilden, die offenbar richtig eine Summe von Ausgangssignalen $g_1(t) + \alpha g_1(t) = (1+\alpha)g_1(t)$ zur Folge haben. Die Schaltung erfüllt anscheinend auch das Superpositionsgesetz. Das ist aber tatsächlich nicht der Fall, denn dann müßte es für alle denkbaren Funktionspaare gelten, insbesondere auch für solche, die nicht zueinander proportional sind. In unserem Fall findet man leicht ein Paar von Funktionen, für die das Superpositionsgesetz nicht gilt. Sehen wir uns die beiden Rechteckfunktionen $f_1(t)$ und $f_2(t)$ in Bild 1.14 an.

Durch die geknickte Kennlinie ergeben sich daraus die gezeichneten Funktionen $g_1(t)$ und $g_2(t)$ mit vergrößerten positiven und verkleinerten negativen Amplituden. Die Summe der Eingangsfunktionen $f(t)$ ist ersichtlich gleich Null, die Summe der Ausgangsfunktionen jedoch endlich. Die Kennlinie in Bild 1.13 zeigt aber, daß für $f(t) = 0$ das Ausgangssignal $g(t) = 0$ sein muß. Aus diesem Widerspruch folgt, daß für die Schaltung mit der obigen Kennlinie das Superpositionsgesetz nicht gilt, es handelt sich um ein nichtlineares Netzwerk. Proportionalität von Eingangs- und Ausgangssignal bei verschiedenen Amplituden ist ersichtlich ein notwendiges aber kein hinreichendes Kriterium für Linearität.

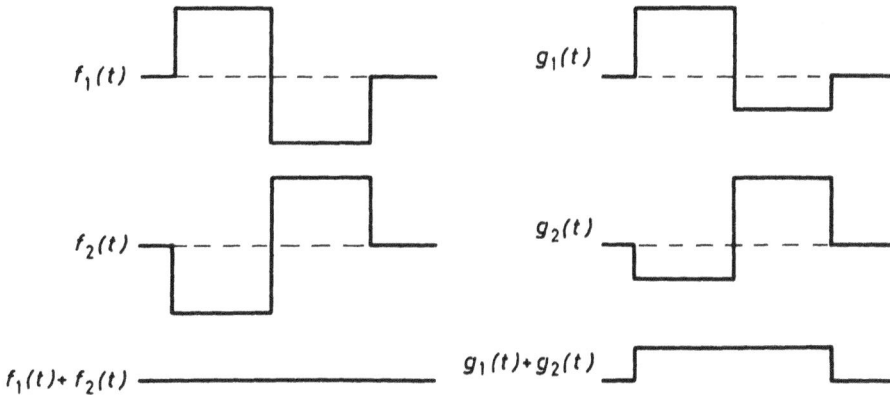

Bild 1.14:   Zwei Funktionen $f_1(t)$ und $f_2(t)$, die gleichzeitig auf eine Schaltung mit
der Kennlinie von Bild 1.13 gegeben werden und das unter der An-
nahme der Superposition konstruierte Ausgangssignal.

In bestimmten Fällen kann man auch aus dem Aufbau der Schaltung auf ihre Linearität
schließen. Enthält etwa eine Schaltung nur lineare Schaltelemente (z. B. lineare Widerstände, Kondensatoren, Induktivitäten), dann ist sie mit Sicherheit linear und eine um-
fassende Beobachtung des Ein/Ausgangsverhaltens erübrigt sich. Dabei muß man sich
allerdings darüber klar sein, daß viele Elemente wie z. B. ein Transistor oder eine
Spule mit Eisenkern je nach Aussteuerung oder Arbeitsbereich linear oder nichtlinear
sein können, siehe Bild 1.15.

Enthält eine Schaltung oder ein System nichtlineare Bauelemente oder Bausteine, dann
folgt umgekehrt daraus jedoch noch lange nicht, daß diese Schaltung nichtlinear sein
muß (z. B. digitale Filter).

Betrachten wir noch einige Beispiele von linearen und nichtlinearen Schaltungen. Eine
Rundfunkübertragungsstrecke von einem Sprecher zu den Hörern am Lautsprecher ist
ein lineares System, obwohl in diesem System bekanntlich zahlreiche nichtlineare Elemente eingebaut sind. Das Magnetbandgerät für die Aufzeichnung von Ton und Bild
ist in dem zugelassenen Aussteuerungsbereich ein lineares System, obwohl die Magnet-
schicht aus Partikeln mit Rechteckhystereseschleifen besteht. Digitale Schaltungen wie
z. B. binäre Zähler, bei denen die Ausgangsamplituden unabhängig von den Ein-
gangsamplituden und konstant sind, stellen ganz typische nichtlineare Schaltungen dar.

Dioden und Transistoren sind nur für ganz kleine Spannungen als lineare Elemente anzusehen. Für größere Aussteuerungen verformen sie aufgrund ihrer krummen (nichtlinearen) Kennlinien die Impulse mit wachsenden Eingangsspannungen immer mehr, siehe Bild 1.15. Sie gehören also im wesentlichen zur Klasse der nichtlinearen Elemente. Die Linearität ist in der realen Welt also meist auf ganz bestimmte und meist sehr kleine Amplitudenbereiche begrenzt.

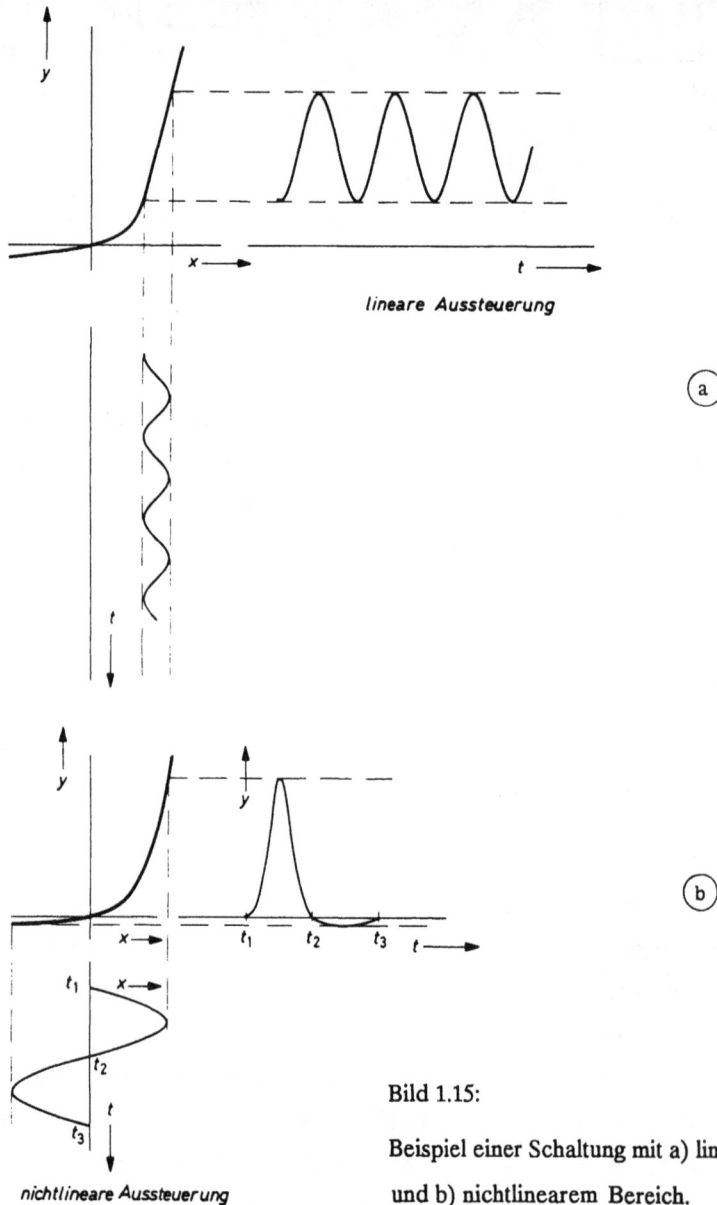

lineare Aussteuerung

a)

b)

nichtlineare Aussteuerung

Bild 1.15:

Beispiel einer Schaltung mit a) linearem Bereich und b) nichtlinearem Bereich.

Aus dem letzten Beispiel wird auch ersichtlich, daß eine Theorie der nichtlinearen Elemente auch immer das lineare Element für den Spezialfall sehr kleiner Aussteuerungen mit einschließen muß. Ferner, daß ein allgemeines nichtlineares Netzwerk auch Elemente mit linearen Kennlinien enthalten kann.

1.4   Impulse und Übergangsfunktionen

Das Hauptmerkmal, das die digitale Impulstechnik von anderen Sparten der Schaltungstechnik unterscheidet, ist, daß die Erzeugung, Übertragung und Verknüpfung einer Klasse von Signalformen s(t) im Vordergrund des Interesses steht, die wir als Impulse (transient) oder Übergangsfunktionen bezeichnen. Diese Klasse ist charakterisiert dadurch, daß die Signalform s(t)

1. einen stationären Anfangszustand s(- ∞), und
2. einen stationären Endzustand s(+ ∞) hat.

Nehmen wir als erstes an, daß diese beiden stationären Zustände gleich sind. Dann ist ein Impuls als eine zeitlich begrenzte Änderung eines stationären Zustandes zu verstehen. Wenn dagegen die stationären Anfangs- und Endzustände verschieden voneinander sind, dann bezeichnet man den Übergang vom einen zum anderen Zustand nicht als einen Impuls, sondern als eine Übergangsfunktion. Ein Impuls läßt sich daher stets aus zwei entgegengesetzt verlaufenden Übergangsfunktionen zusammensetzen, was bei der Analyse linearer Schaltungen (wegen der Superpositionsmöglichkeit) in der Regel zu großen Vereinfachungen bei der Rechnung führt. Bei den nichtlinearen Schaltungen ist ein solcher Vorteil jedoch nicht vorhanden. Trotzdem ist gerade in der Digitaltechnik ein besonderer Übergang, nämlich der idealisierte abrupte Übergang die am häufigsten diskutierte Zeitfunktion. Dies gilt vor allem für die höheren Abstraktionsebenen. Wir wollen uns hier jedoch vor allem den realen Übergängen mit einer endlichen Übergangzeit zuwenden.

Stationäre Anfangs- und Endzustände können durch eine konstante physikalische Größe (z. B. eine Gleichspannung) gleicher oder verschiedener Höhe oder eine Sinusschwingung gleicher oder verschiedener Frequenz bzw. Amplitude charakterisiert sein. Typische Signalformen sind in den Bildern 1.16 und 1.17 dargestellt.

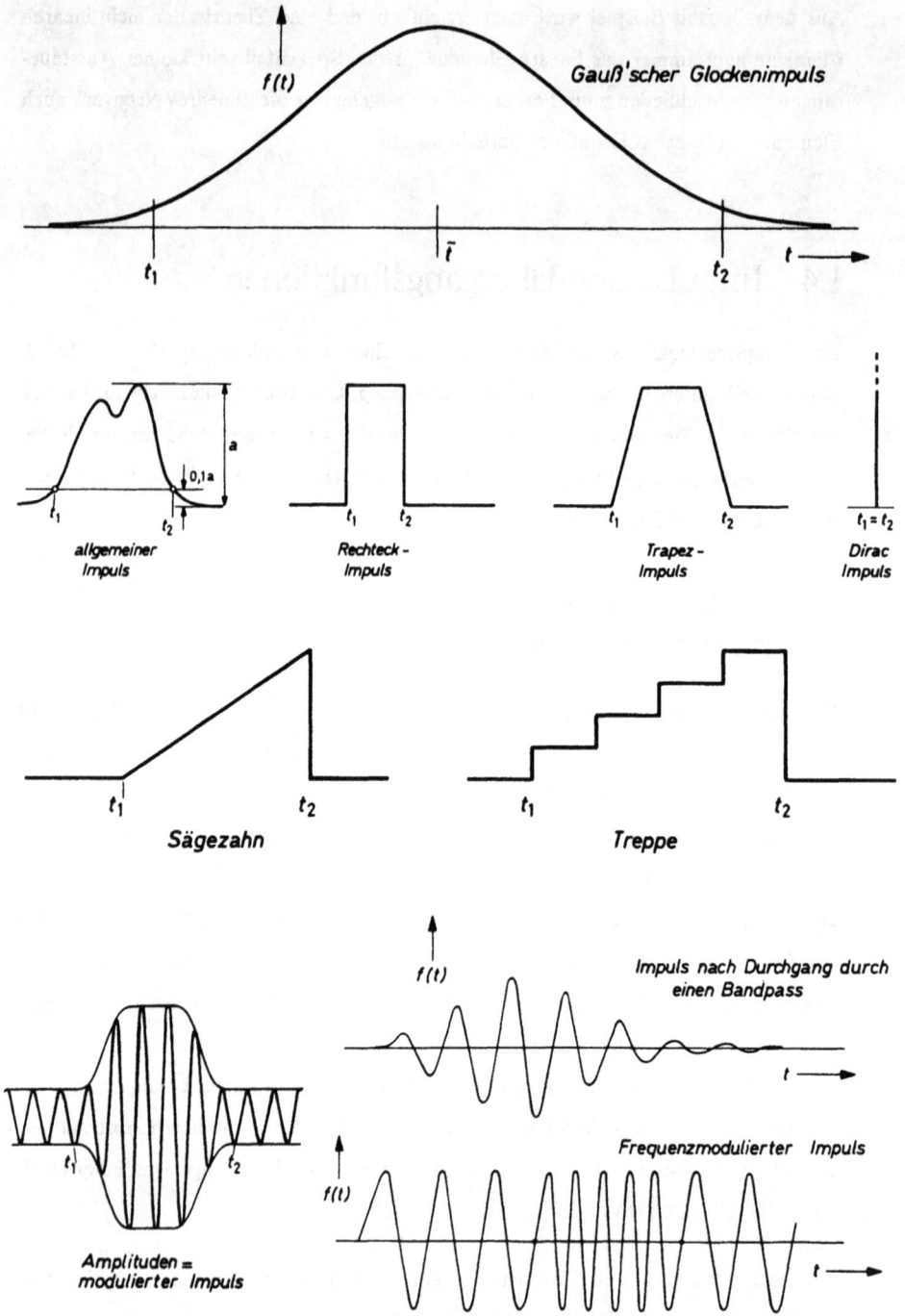

Bild 1.16:   Verschiedene Beispiele für Impulse.

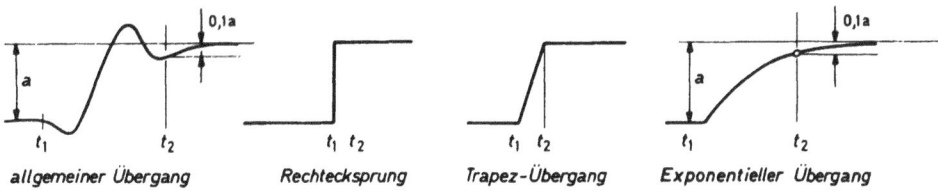

allgemeiner Übergang   Rechtecksprung   Trapez-Übergang   Exponentieller Übergang

Bild 1.17:   Verschiedene Beispiele für Übergänge.

Bei Signalformen mit gleitendem Übergang vom Anfangs- zum Endzustand, insbesondere bei solchen (wie z. B. dem exponentiellen Übergang), die den Endwert streng genommen erst für $t \to \infty$ erreichen, ist es im Interesse einer definierten Signaldauer üblich, einen Toleranzbereich zu definieren (z. B. ± 10% einer Bezugsamplitude) und dann die Anfangs- und Endzeiten t_1 und t_2 als Zeitpunkte zu definieren, an denen $s(t)$ den Toleranzbereich erstmalig verläßt, bzw. letztmalig in den Toleranzbereich eintritt.

Impulse als Informationsträger kommen in der Radartechnik, der Strahlenmeßtechnik, der Nachrichtenübertragung, der digitalen Speichertechnik und vielen anderen Gebieten vor, wobei entweder der Zeitpunkt oder die Höhe des Impulses von Bedeutung sind. Sägezahn- und Trapezkennlinien werden in der Meß-, Fernseh- und Displaytechnik, in Ablenksystemen für Kathodenstrahloszillographen oder für Analog-Digital-Wandler und dergleichen verwendet. Impulse müssen erzeugt, übertragen, empfangen und verstärkt werden. Vielfach kommt es darauf an, die Impulsdauer möglichst klein zu halten und die Impulsform möglichst genau der idealen Rechteckform anzugleichen. Dem sind aus Gründen, die im nächsten Abschnitt behandelt werden, Grenzen gesetzt.

Die wichtigste Signalform der Digitaltechnik ist, wie schon gesagt, der Übergang zwischen zwei genormten Spannungspegeln, die den binären Werten 0 und 1 entsprechen. Hier stehen Schaltungen im Vordergrund des Interesses, die solche binären Signale nach den Gesetzen der Boole'schen Algebra verknüpfen und die möglichst schnell und verzögerungsfrei von dem einen zum anderen Signalzustand übergehen können.

1.5   Impulse und ihr Spektrum

Bei der Erzeugung und Verarbeitung von Signalimpulsen bzw. Signalsprüngen ist man meist an einer möglichst kurzen Dauer des Zustandsübergangs, insbesondere an möglichst steilen Flanken interessiert. Welcher Art die Grenzen sind, auf die man in Verfolgung dieses Ziels stößt, wird am besten sichtbar, wenn man das Spektrum der betreffenden Signalformen untersucht.

Zwischen einer Zeitfunktion f(t) und dem zugehörigen Spektrum F(ω) gelten bekanntlich die Fourier'schen Integralbeziehungen

$$F(\omega) = \frac{1}{2\pi} \int_{-\infty}^{+\infty} f(t)e^{-j\omega t} \, dt, \qquad (1.1)$$

$$f(t) = \int_{-\infty}^{+\infty} F(\omega)e^{+j\omega t} \, d\omega. \qquad (1.2)$$

Dadurch wird unter der Voraussetzung, daß die Integrale

$$\int_{-\infty}^{+\infty} |f(t)| \, dt \quad \text{oder} \quad \int_{-\infty}^{+\infty} f^2(t) \, dt \, , \qquad (1.3)$$

endlich sind (d. h. daß die Energie eines Impulses endlich ist), einer Impulsfunktion f(t) eindeutig eine Spektralfunktion F(ω) zugeordnet. Es erhebt sich die Frage, ob sich bei Beschränkung auf reelle Impulse allgemeine Aussagen über die zugehörigen Spektren gewinnen lassen. Das ist in der Tat so.

Betrachten wir zuerst das Spektrum R(ω) eines Rechteckimpulses r(t) siehe Bild 1.18.

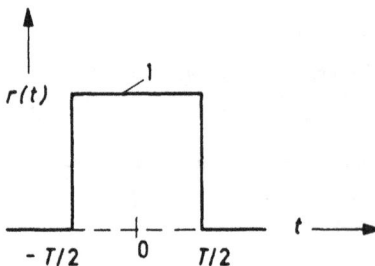

Bild 1.18:

Der Rechteckimpuls r(t).

Es ergibt sich wie folgt:

$$R(\omega) = \frac{1}{2\pi} \int_{-T/2}^{+T/2} 1 \cdot e^{-j\omega t} dt = \frac{1}{2\pi} \left. \frac{e^{-j\omega t}}{-j\omega} \right|_{-T/2}^{+T/2} = \frac{1}{2\pi} \cdot \frac{e^{-j\omega \frac{T}{2}} - e^{j\omega \frac{T}{2}}}{-j\omega}$$

$$\tag{1.4}$$

$$= \frac{2 \sin \omega \frac{T}{2}}{2\pi\omega} = \frac{T}{2\pi} \cdot \frac{\sin \frac{\omega T}{2}}{\frac{\omega T}{2}} \cdot$$

In Bild 1.19 ist diese Funktion veranschaulicht. Das (normierte) Spektrum reicht mit Werten nennenswerter Amplitude umso mehr zu hohen Frequenzen, je kleiner die Impulsbreite T ist. Die erste Nullstelle ist gegeben durch

$$\omega_0 \cdot \frac{T}{2} = \pi, \quad \text{d. h.} \quad \omega_0 = \frac{2\pi}{T}, \quad \text{oder} \quad f_0 = \frac{1}{T} \cdot \tag{1.5}$$

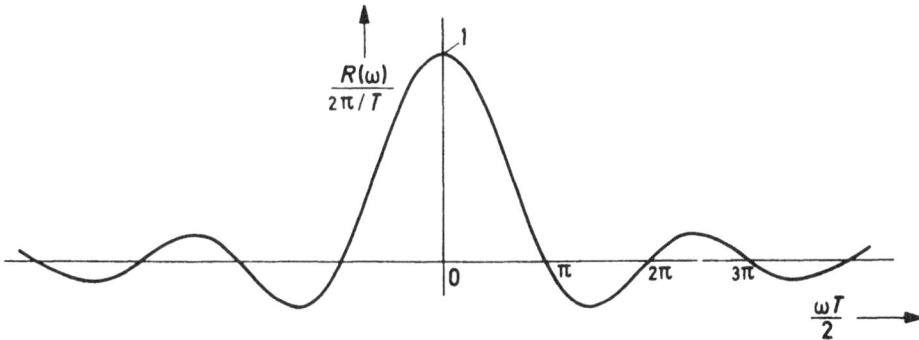

Bild 1.19:   Das Spektrum R(ω) des Rechteckimpulses.

Wir haben damit eine erste Abschätzung für die Beziehung der Dauer eines Impulses und der Breite seines Spektrums gewonnen. Man erkennt, daß ω_0 umgekehrt proportional zur Impulsdauer T ist. Dies bedeutet, daß das Spektrum umso breiter wird, je schmaler der Impuls ist, und daß mit kürzerer Impulsbreite die Forderungen an die Bandbreite der Übertragungsglieder immer höher werden.

Zu ähnlichen Resultaten kommt man bei der Betrachtung der Flankensteilheit eines Signalüberganges. Eine Abschätzung über die Beziehungen der Zeitdauer für eine solche Zustandsänderung (Impulsflanke) zu ihrem Spektrum läßt sich ebenfalls sehr einfach ableiten. Sie ist als die "Küpfmüller-Beziehung" bekanntgeworden.

Betrachten wir zunächst einen sehr schmalen und hohen Impuls, den sogenannten Dirac'schen Impuls $\delta(x)$, aus dem sich bei Berücksichtigung einer Amplitude S_0 die Funktion $s_1(x)$ ergibt

$$s_1(x) = S_0 \cdot \delta(x) \; . \tag{1.6}$$

Hierbei ist definiert

$$\int_{-\infty}^{+\infty} \delta(x)dx = 1 \quad \text{und} \quad \delta(x) = 0 \text{ für } x \neq 0. \tag{1.7}$$

Dies ist in Bild 1.20 veranschaulicht. Der unendlich hohe Impuls mit verschwindend kleiner Impulsbreite wird symbolisch meist durch einen starken Pfeil dargestellt. Die Funktion $\delta(x)$ ist genauso wie z. B. die Funktion $\sin(x)$ dimensionslos, was auch für die jeweiligen Argumente gilt. (Solch eine ausgefallene Funktion wird als eine Distribution bezeichnet und steht damit etwas außerhalb der normalen Funktionen, was aber bezüglich der Dimensionslosigkeit keine Rolle spielt). Nun wird jedoch häufig auch eine Abhängigkeit von einer dimensionsbehafteten Größe, z. B. der Zeit t, benötigt. Das gelingt durch Einführung eines entsprechenden Faktors τ, wobei $x = t/\tau$ ist. Dann wird aus Gl.(1.7)

$$\int_{-\infty}^{+\infty} \delta(\frac{t}{\tau}) \, d\frac{t}{\tau} = 1. \tag{1.8}$$

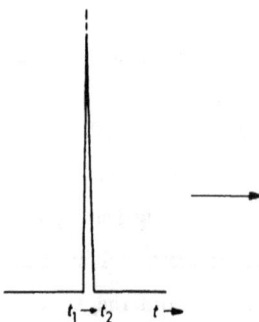

Bild 1.20:

Der Nadelimpuls und seine Idealisierung als Dirac-Impuls.

$t_1 \rightarrow t_2 \quad t \rightarrow$

$0 \quad x \rightarrow$

Ein Dirac-Impuls hat für alle ω ein konstantes Spektrum S_1. Das ergibt sich wie folgt (wenn man wie üblich die Funktionen $S(\omega t)$ und $s(t/\tau)$ abkürzend nur mit $S(\omega)$ und $s(t)$ bezeichnet):

$$S_1(\omega) = \frac{1}{2\pi} \int_{-\infty}^{+\infty} s_1(t) e^{-j\omega t} \, dt = \frac{\tau}{2\pi} \int_{-\infty}^{+\infty} S_0 \cdot \delta(t/\tau) e^{-j\omega t} \, d\frac{t}{\tau}$$

$$= \frac{S_0 \cdot \tau}{2\pi} \,. \tag{1.9}$$

Hierbei ist, um Gl.(1.8) direkt anwenden zu können, mit τ erweitert worden. Der Faktor $e^{-j\omega t}$ ist bei $t = 0$ genau gleich 1.

Umgekehrt ergibt sich die Zeitfunktion $s_1(t)$, d. h. der Nadelimpuls, auch in der spektralen Darstellung

$$s_1(t) = \int_{-\infty}^{+\infty} S_1(\omega) e^{j\omega t} \, d\omega = \frac{S_0 \cdot \tau}{2\pi} \int_{-\infty}^{+\infty} e^{j\omega t} \, d\omega = \frac{S_0 \cdot \tau}{2\pi} \int_{-\infty}^{+\infty} \cos \omega t \, d\omega$$

$$= \frac{S_0 \cdot \tau}{\pi} \int_{0}^{+\infty} \cos \omega t \, d\omega \,. \tag{1.10}$$

Wie schon erwähnt, ist τ hierbei eine Konstante mit der Dimension Sekunde, die einen geeigneten Zahlenwert, z. B. 1 haben kann (um die Rechnung weiter zu vereinfachen und diesen Faktor τ nicht überall mitschleppen zu müssen, führen viele Autoren auch gleich eine dimensionsbehaftete Funktion δ ein, z.B.

$$\int_{-\infty}^{+\infty} \delta(t) dt = 1 \quad \text{oder} \quad \int_{-\infty}^{+\infty} \delta(\omega) d\omega = 1 \quad .$$

Damit ist sie jedoch nicht mehr allgemein verwendbar, je nach Anwendung bekommt sie dann unterschiedliche Dimensionen, z.B. im t-Bereich die Dimension 1/s und im ω-Bereich die Dimension s).

Begrenzen wir das Spektrum des Impulses, so verändert sich auch seine Form im Zeitbereich. Schneiden wir z. B. sein Spektrum oberhalb einer Grenzfrequenz ω_g einfach ab, so ergibt sich die Zeitfunktion (siehe auch Bild 1.21).

$$g_1(t) = \frac{S_0 \cdot \tau}{\pi} \int_{0}^{\omega_g} \cos \omega t \, d\omega = \frac{S_0 \cdot \tau}{\pi} \cdot \omega_g \cdot \frac{\sin (\omega_g \cdot t)}{\omega_g \cdot t} \,. \tag{1.11}$$

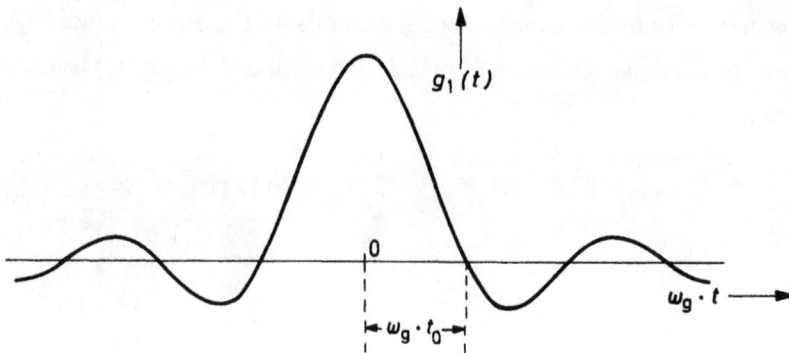

Bild 1.21:   Der Dirac-Impuls nach einer Bandbegrenzung.

Die Zeit bis zur ersten Nullstelle sei t_0. Sie ergibt sich aus

$$\omega_g \cdot t_0 = \pi \quad \text{bzw.} \quad t_0 = \frac{\pi}{\omega_g} = \frac{1}{2 \cdot f_g} . \qquad (1.12)$$

D. h. auch die Zeitdauer eines frequenzbandbegrenzten Dirac-Impulses ist genau wie bei dem zeitbegrenzten Impuls (Rechteckimpuls) umgekehrt proportional zu einer oberen Grenzfrequenz (beim Vergleich von Gl.(1.5) mit Gl.(1.12) setze man $T = 2t_0$ und $f_0 = f_g$). Einsetzen von Gl.(1.12) in Gl.(1.11) liefert schließlich das einfache Ergebnis:

$$g_1(t) = S_0 \frac{\sin (\omega_g \cdot t)}{\omega_g \cdot t} \cdot \frac{\tau}{t_0} . \qquad (1.13)$$

Das Abschneiden eines Spektrums oberhalb einer Grenzfrequenz kann man sich technisch mit einer Schaltung "idealer Tiefpaß" durchgeführt denken, siehe Bild 1-22a. (Genau genommen kann ein idealer Tiefpaß nie exakt realisiert werden.)

Dieser Tiefpaß ist eine lineare Schaltung. Aus der Gültigkeit des Superpositionsgesetzes ergibt sich, daß auch die integrierten Eingangs- und Ausgangssignale (bei unveränderter Schaltung) miteinander zusammenhängen. D. h., wenn man zu der integrierten Eingangsfunktion die bandbegrenzte Ausgangsfunktion sucht, braucht man nur ebenfalls die bekannte Ausgangsfunktion zu integrieren.

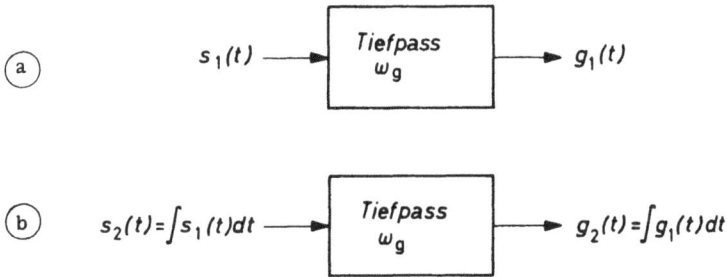

Bild 1.22:   Anwendung der Superposition: a) Eingangssignal $s_1(t)$ und Ausgangssignal $g_1(t)$, b) Integralbildung über Eingangs- und Ausgangssignal.

Wir können von diesen Beziehungen Gebrauch machen, um die Flankendauer eines Impulses (Zustandsänderung) auf seine spektralen Anteile hin zu untersuchen. Dazu integrieren wir zuerst $s_1(t)$ in Gl.(1.6)

$$s_2(t) = \int_{-\infty}^{t} s_1(t)\ dt = \tau \int_{-\infty}^{t} S_o \cdot \delta\left(\frac{t}{\tau}\right) \frac{dt}{\tau} = S_o \cdot \tau \cdot \sigma\left(\frac{t}{\tau}\right), \qquad (1.14)$$

wobei $\sigma(t/\tau)$ die dimensionslose Sprungfunktion ist (der Einheitssprung entsteht aus der Integration des Nadelimpulses). Dann integrieren wir $g_1(t)$ in Gl.(1.13)

$$g_2(t) = \int_{-\infty}^{t} g_1(t)\ dt = \frac{S_o \cdot \tau}{t_o} \int_{-\infty}^{t} \frac{\sin(\omega_g \cdot t)}{\omega_g \cdot t}\ dt$$

$$= \frac{S_o \cdot \tau}{t_o \cdot \omega_g} \int_{-\infty}^{x/\omega_g} \frac{\sin x}{x}\ dx \ . \qquad (1.15)$$

Hierbei ist die Substitution $\omega_g \cdot t = x$ bzw., $\omega_g \cdot dt = dx$ verwendet worden.

Die Eingangsfunktionen $s_1(t)$, $\int s_1(t)dt$ und die Ausgangsfunktionen $g_1(t)$, $\int g_1(t)dt$ sind in Bild 1.23 einander gegenübergestellt.

Bei der gezeichneten Funktion $\int g_1(t)dt$ bezeichnet t_o die Zeit von der mittleren Höhe der Flanke bis zum Maximum des ersten Überschwingens. Diese Zeit ist identisch mit der Zeit zwischen den Punkten P_1 und P_2.

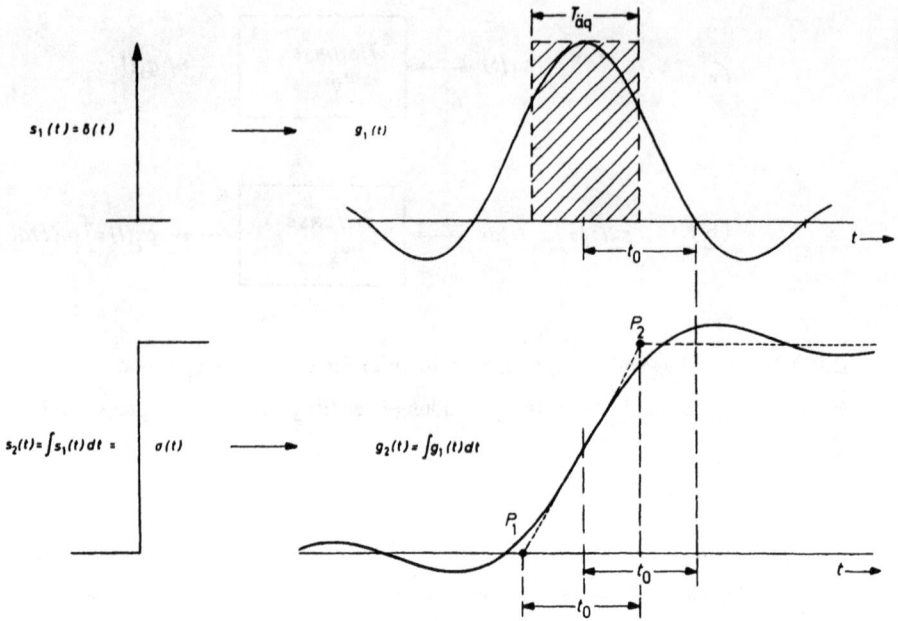

Bild 1.23:   Die Sprungfunktion als integrierter Dirac-Impuls sowie die entsprechend integrierte Ausgangsfunktion.

Man findet dies Ergebnis auf folgende Weise. Wir ersetzen die Zeitfunktion $g_1(t)$ in Bild 1.21 bzw. Gl.(1.13) durch einen flächengleichen Rechteckimpuls mit gleicher maximaler Amplitude:

$$\int_{-\infty}^{+\infty} g_1(t)\,dt = S_0\,\frac{\tau}{t_0}\int_{-\infty}^{+\infty}\frac{\sin \omega_g t}{\omega_g t}\cdot dt \equiv S_0\,\frac{\tau}{t_0}\,T_{äq}\;.\quad (1.16)$$

Wegen $\omega_g \cdot t = x$ und der bekannten Beziehung

$$\int_{-\infty}^{+\infty}\frac{\sin x}{x}\,dx = \pi\;,\quad\quad\quad (1.17)$$

wird aus Gl.(1.16) nach Erweitern mit ω_g

$$T_{äq} = \frac{1}{\omega_g}\int_{-\infty}^{+\infty}\frac{\sin \omega_g t}{\omega_g t}\cdot \omega_g\,dt = \frac{\pi}{\omega_g} = \frac{1}{2f_g}\;.\quad (1.18a)$$

Hierbei ist $T_{\ddot{a}q}$ die Dauer des flächengleichen Rechteckimpulses (im Bild 1.23 schraffiert). Wegen Gl.(1.12) sieht man, daß $T_{\ddot{a}q}$ gleich t_0 ist.

$$T_{\ddot{a}q} = t_0 = \frac{1}{2f_g} .$$

(1.18b)

Da die Integration des Rechteckimpulses die Rampenfunktion ergibt, können wir anstelle von $\int g_1(t)dt$ in Bild 1.23 auch die Rampenfunktion als äquivalente erste Näherung heranziehen. So kommt man zu den Näherungen von Bild 1.24, die zum Teil schon in der Übergangsfunktion von Bild 1.23 gestrichelt eingezeichnet sind.

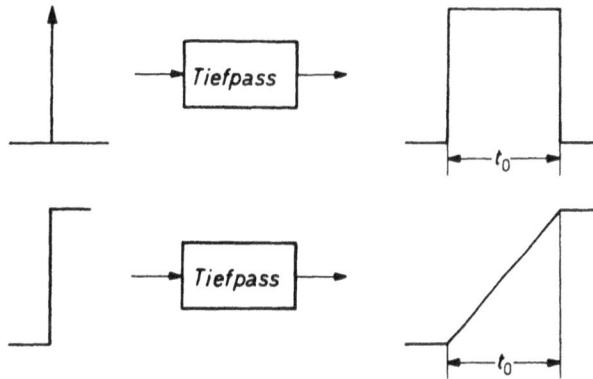

Bild 1.24:   Grobe Näherungen für die Verformung eines Nadelimpulses und eines Sprunges durch Bandbegrenzung.

In Gl.(1.18b) steht das berühmte Ergebnis von K.Küpfmüller [1.4], das besagt, daß die Flankendauer eines Impulses umgekehrt proportional zur doppelten Grenzfrequenz des Spektrums ist. Es ist ein Näherungsergebnis, wie man z. B. daraus ersieht, daß in Bild 1.23 auch schon für negative t kleine Schwingungen vorhanden sind. Man nennt dies ein akausales Verhalten (Wirkungen sind schon vorhanden, bevor die Ursache erscheint). Dies kann selbstverständlich nicht sein. In Wirklichkeit verschwinden diese "akausalen Vorläufer", wenn man die bisher noch vernachlässigten Phasenbeziehungen an der Grenze von realen Tiefpässen berücksichtigt.

Betrachten wir jetzt einige praktische Auswirkungen der Küpfmüller-Beziehung. Alle Schaltungen der Impulstechnik werden durch Leitungen miteinander verbunden, die nur bis zu einer definierten oberen Grenzfrequenz Signale übertragen können. Sie sind daher näherungsweise dem idealen Tiefpaß der obigen Rechnung vergleichbar. Infolgedessen werden Impulse bei der Übertragung von einer Schaltung zur anderen entsprechend verlängert. Ein am Eingang angelegter idealer Dirac'scher Impuls wird zum Beispiel wie oben gezeigt zu einem Impuls der Dauer t_o verlängert. Dazu kommt,. daß die Impulse in den Schaltungen weiter verflacht werden, weil fast alle Schaltelemente wie Transistoren usw. Tiefpaßcharakter haben.

Die Grenzen in der Digitaltechnik hinsichtlich der Geschwindigkeiten (performance) ergeben sich daher im wesentlichen durch die unvermeidlichen Flankendauern t_o der Impulse. Ein Ideal bleibt zwar stets die abrupte Zustandsänderung, der man sich im Laufe der Jahre mit fallenden Flankenzeiten in der Größenordnung ms, µs, ns und jetzt ps stetig nähert. Das berührt aber nicht die grundsätzliche Position des Schaltungstechnikers, der eine Zustandsänderung stets in endlicher Zeit annehmen muß, während auf höheren Betrachtungsebenen, z. B. der der Rechnerorganisation, die Annahme einer abrupten Zustandsänderung erlaubt und sinnvoll ist.

Daß sehr schnell erfolgende Spannungsänderungen bzw. sehr kurze Impulse ein Spektrum mit einer so hohen Grenzfrequenz haben, hat natürlich noch eine ganze Reihe weiterer Auswirkungen in der Praxis. Sie ergeben sich im wesentlichen dadurch, daß die Signale in denjenigen Spektralbereich geraten, den man gewöhnlich Hochfrequenztechnik nennt. Hier müssen dann auf den Leitungen und an Eingang und Ausgang der Schaltungen die Erscheinungen der Wellenausbreitung, Brechung, Reflexion, Anpassung, Abstrahlung, Überkopplung, usw., insbesondere bei nichtlinearen Abschlüssen, berücksichtigt werden. Dies wird in Zukunft einen Hauptaspekt bei der Entwicklung digitaler Schaltungen bilden, siehe z. B. die Darstellung in [3.11].

Schließlich sei noch auf einen anderen Zusammenhang aufmerksam gemacht. Die Küpfmüller-Beziehung gibt nämlich auch genau diejenige Frequenz an, die man in der digitalen Signalverarbeitung die "Faltungsfrequenz" nennt (siehe S.D.Stearns: Digitale Verarbeitung analoger Signale. Oldenbourg-Verlag), Das heißt, diejenige Frequenz $\omega_s = \pi/T$, mit der man eine Zeitfunktion mindestens in Zeitabständen T abtasten muß, damit kein Informationsverlust entsteht. Wird diese Bedingung nicht erfüllt, kommt es zu Verzerrungen (aliasing).

1.6   Die Unschärferelation der Informationstechnik

Die Betrachtungen des vorigen Abschnittes lassen sich noch verallgemeinern, wenn man Vorstellungen zu Hilfe nimmt, die der Physiker Werner Heisenberg Ende der zwanziger Jahre in einem ähnlich gelagerten Fall entwickelt hatte [6.9]. Dann ergibt sich eine Beziehung, die ganz ähnlich wie die berühmte "Heisenberg'sche Unschärfe-relation" gebaut ist und die man deshalb als die "Unschärferelation der Informations-technik" bezeichnen kann (da die entsprechenden Veröffentlichungen [6.10 bis 6.13] noch vor der Zeit lagen, in der sich der Begriff der Informationstechnik erst gebildet hat, ist diese Beziehung zuerst als die "Unschärferelation der Nachrichtentechnik" be-zeichnet worden).

Ein elektrischer Impuls hat eine zeitliche Dauer und eine spektrale Breite. Diese bei-den Größen hängen voneinander ab. In den vorangehenden Betrachtungen findet man z. B. Impulsformen, in denen die zeitliche Dauer und die spektrale Breite umgekehrt proportional zueinander sind. Man kann vermuten, daß dies auch für viele andere Im-pulsformen gilt. Bemerkenswert ist aber nun, daß man für alle nur möglichen Impuls-formen streng beweisen kann, daß es ein Minimalprodukt für die zeitliche Dauer und die spektrale Breite gibt. Dazu braucht man eine entsprechend allgemein verwendbare Definition für die zeitliche Dauer einer Zeitfunktion f(t) und die spektrale Breite einer dazu gehörenden Spektralfunktion F(ω), siehe Gl.(1.1) und Gl.(1.2). In Anlehnung an die Heisenberg'schen Berechnungen wählen wir das zweite (normierte und zentrierte) Moment der quadrierten Zeit- und Spektralfunktionen als Maß für die quadrierte zeit-liche Dauer (Δt)^2 und die quadrierte spektrale Breite ($\Delta\omega$)^2. Mit der Bezeichnung $\bar{t}$ für den Schwerpunkt der zeitlich verteilten Leistung, und bei einer Leistung, die bei stets reeller Zeitfunktion f(t) einfach proportional zu f^2(t) angesetzt werden kann, findet man zunächst

$$(\Delta t)^2 = \frac{\int\limits_{-\infty}^{+\infty} (t-\bar{t})^2 \; f^2(t) \; dt}{\int\limits_{-\infty}^{+\infty} f^2(t) \; dt} \; . \tag{1.19}$$

Bei der Aufstellung des entsprechenden Spektralausdrucks muß man zunächst beden-ken, daß zu einer beliebigen (reellen) Zeitfunktion im allgemeinen eine Spektralfunk-tion gehört, die sowohl einen reellen als auch einen imaginären Anteil aufweist. Der entsprechende Leistungsausdruck ist also als Betragsquadrat zu formulieren. Dann ist noch zu beachten, daß die Breite eines Spektrums nur im physikalisch reellen Spektrum $S(\omega)$ gesucht werden muß, das sich bekanntlich nur über positive ω erstrecken kann, weil es physikalisch keine negativen Frequenzen gibt. (Man denke z. B. an das Spektrum eines trägerfrequenten Signals. In Bild 1.28a ist die Breite des Spektrums z.B. nicht durch die Entfernung von der linken Gauß-Kurve zur rechten Gauß-Kurve gegeben, sondern nur durch die geeignet zu messende Breite einer einzigen Gauß-Kurve. Solche Differenzen zur Heisenbergschen Aufgabenstellung, die leicht übersehen werden, wurden erst Jahrzehnte später durch Gabor, Hilberg, Rothe, Leontowitsch und Meyer aufgedeckt). Die Umrechnung der beiden Spektralanteile des üblichen (rechnerischen) Spektrums $F(\omega)$ in die entsprechenden Spektralanteile des physikalisch reellen Spektrums ist leicht und ergibt jeweils einen Faktor 2. Er kürzt sich bei der Definition der normierten Spektralbreite aber gleich wieder heraus. Die quadrierte Spektralbreite läßt sich demnach wie folgt ansetzen

$$(\Delta\omega)^2 = \frac{\int_0^\infty (\omega-\bar{\omega})^2 |S(\omega)|^2 \, d\omega}{\int_0^\infty |S(\omega)|^2 \, d\omega} . \qquad (1.20)$$

Die Forderung nach dem optimalen Impuls, der sowohl eine möglichst kurze Zeitdauer als auch eine möglichst kleine Spektralbreite aufweisen soll, können wir nun als Produktforderung formulieren

$$\Delta t \cdot \Delta\omega \overset{!}{=} \text{Min.} \qquad (1.21)$$

Die Größen Δt und $\Delta\omega$ sind dabei als positive Wurzeln aus den Gl.(1.19) und (1.20) zu verstehen. Die Minimalfunktion muß nun in der Menge aller Zeit- und Spektralfunktionen gesucht werden, die eine Fourier-Transformierte besitzen. Weitere Einschränkungen braucht man nicht zu fordern. Nun ist evident, daß die Suche nach dem minimalen Produkt $\Delta t \cdot \Delta\omega$ zu derselben Funktion führen muß, wie die Suche nach dem minimalen quadrierten Produkt

$$(\Delta t)^2 \cdot (\Delta\omega)^2 \overset{!}{=} \text{Min.} \qquad (1.22)$$

Die weitere Diskussion dieses Ausdruckes führt zu der Differentialgleichung [6.10, 6.11, 6.13]

$$F_0''(x) - \left[\tfrac{1}{4} (x-x_0)^2 - \Delta t \cdot \Delta\omega \right] F_0(x) = 0 , \qquad (1.23)$$

in der x eine zu ω proportionale (genormte) Frequenz ist und $F_o(x)$ eine Spektralfunktion, die der Differentialgleichung genügt (Eigenfunktion). Die Lösung läßt sich numerisch gewinnen. In Bild 1.25 ist das Produkt $\Delta t \cdot \Delta \omega$ über dem zugehörigen Parameterwert x_o aufgetragen. Der minimale Produktwert liegt an der Stelle $x_o \approx 1,086$ und hat den Wert Min = 0,295... Dazu gehört die Spektralfunktion $F_o(\omega)$ nach Bild 1.26a. Da für alle anderen Impulse der Produktwert größer sein muß, läßt sich die Unschärferelation der Informationstechnik wie folgt formulieren

$$\Delta t \cdot \Delta \omega \geq \text{Min.} \tag{1.24}$$

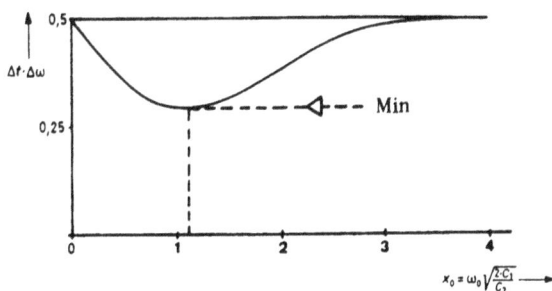

Bild 1.25:   Der Verlauf des minimalen Produktes $\Delta t \cdot \Delta \omega$ als Funktion von x_o.

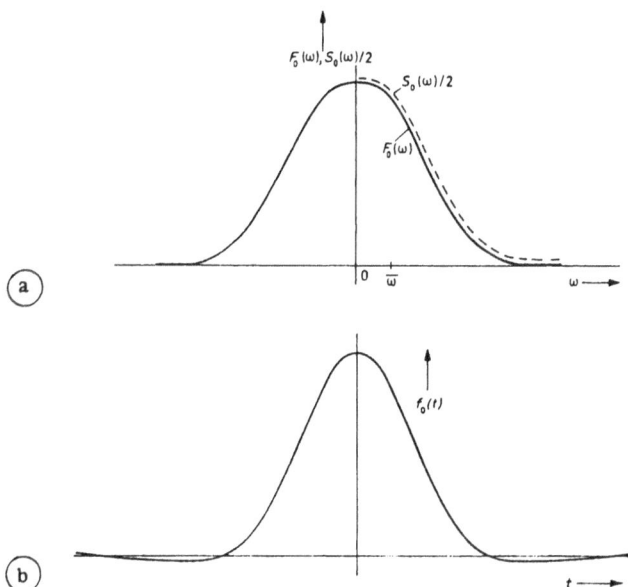

Bild 1.26:   Die Spektralfunktion $F_o(\omega)$ und die Zeitfunktion $f_o(t)$ für das Minimum der Kurve im vorigen Bild. Das ist die Lösung der Unschärferelation der Informationstechnik.

Die Unterschiede zu anderen schon früher diskutierten "Unschärferelationen" lassen sich leicht erkennen, wenn man den Parameter x_0 an andere Stellen verschiebt. Z. B. kann man ihn zu $x_0 \to 0$ bzw. $\omega \to 0$ verschieben. Man erhält dann rein mathematisch die quantenphysikalische Lösung, die in Bild 1.27 dargestellt ist (sinnvoller ist es in diesem Fall jedoch, wie Heisenberg schon darlegte, für die quantenphysikalischen Funktionen, die beide komplex sind, den Bezugspunkt von vorneherein zu $\overline{\omega} = \omega_0 = 0$ zu wählen bzw. die Integration in Gl.(1.20) stets von $\omega = -\infty$ bis $\omega = +\infty$ zu erstrecken. Es ergeben sich dann, wie Bild 1.27 zeigt, für beide Funktionen Gauß'sche Glockenimpulse).

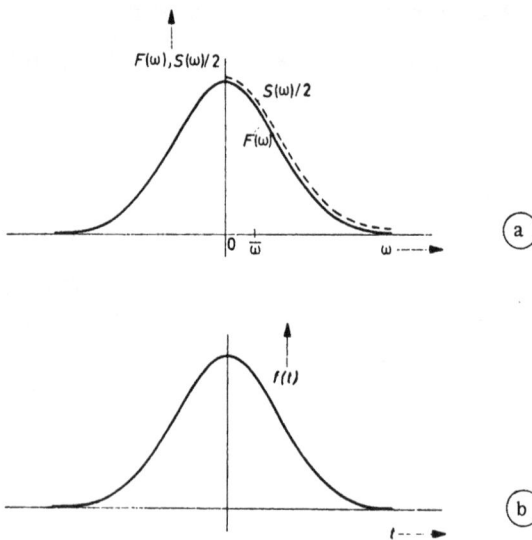

Bild 1.27:   Spektral- und Zeitfunktion für den linken Eckpunkt $x_0 = 0$,

$\Delta t \cdot \Delta \omega = 0,5$ in Bild 1.25. Das ist die Lösung der Unschärferelation der Quantenphysik (Heisenberg).

Man kann auch in der Kurve von Bild 1.25 weiter nach rechts gehen. Dann findet man oberhalb eines Wertes von etwa $x_0 = 4$ nach Bild 1.28 als Lösungen getrennte Spektralfunktionen und eine dazu gehörende trägerfrequente Zeitfunktion. Diese Funktionen hatte auch schon D.Gabor in einer berühmten Arbeit gefunden [6.14]. Allerdings gehört nach Bild 1.25 (wie wir jetzt wissen), zu trägerfrequenten Impulsen ein Produkt $\Delta t \cdot \Delta \omega$, das fast doppelt so groß ist wie der Minimalwert in Gl.(1.24). Man hielt im Gegensatz dazu die Funktionen in Bild 1.27 und Bild 1.28 lange Zeit für die

Lösungsfunktionen einer allgemeinen Unschärferelation der Nachrichtentechnik. Dieser Irrtum hat sich interessanterweise jahrzehntelang in der Literatur gehalten.

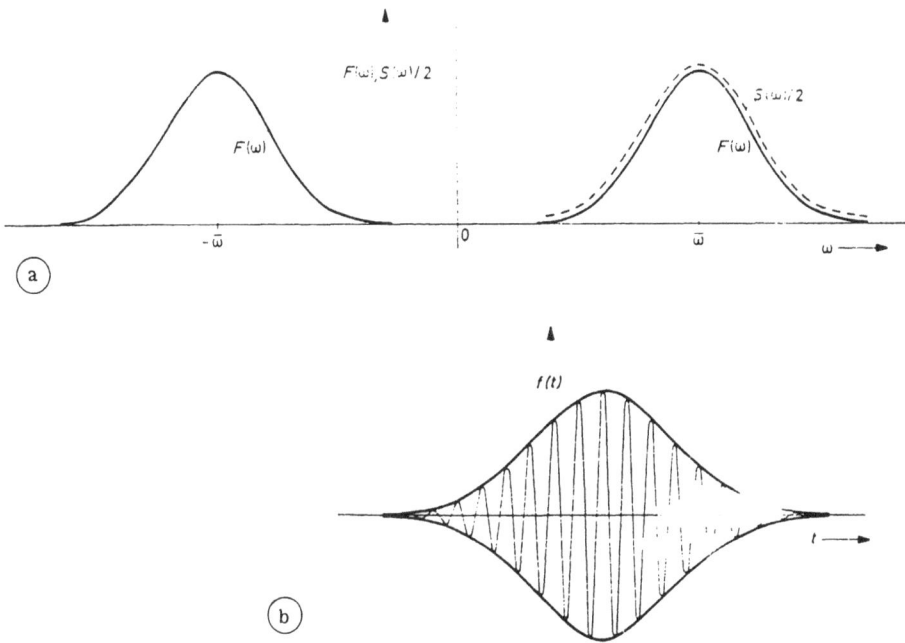

Bild 1.28: Spektral- und Zeitfunktion für einen Punkt $x_0 > 4$, $\Delta t \cdot \Delta\omega \approx 0,5$ in Bild 1.25. Das ist die Lösung für bandbegrenzte Impulse (Gabor).

1.7 Schaltvorgänge in linearen passiven Schaltungen

Nichtlineare Impulsschaltungen enthalten im allgemeinen auch lineare passive Bauelemente, insbesondere ohm'sche Widerstände, Kapazitäten und Induktivitäten. Sie werden entweder bewußt eingeführt, um bestimmte Wirkungen im zeitlichen Verlauf der Signale zu erzielen, oder aber sie treten unerwünscht in Form von Streukapazitäten, Streuinduktivitäten, Verlust- oder Bahnwiderständen auf. Man kann sie auch oft aus den Eigenschaften der verwendeten Werkstoffe und der räumlichen Ausdehnung der Schaltung ableiten.

Man muß daher lernen, die Auswirkungen solcher Schaltungsbestandteile zu bestimmen, weil sie auch beim Entwurf von im wesentlichen nichtlinearen Impulsschaltungen wichtig sind. Wir wollen uns hier jedoch auf die Behandlung bestimmter einfacher Bauelemente-Konfigurationen bzw. Grundschaltungen, die häufig vorkommen, beschränken. Eine eingehende systematische Behandlung der Ausgleichsvorgänge in linearen Schaltungen findet der Leser z. B. in [1.1], [1.2], [1.4] und vielen anderen Lehrbüchern.

1.7.1 Grundschaltungen mit nur einem Energiespeicher

Unter den Grundschaltungen sind solche mit nur einem Energiespeicher besonders leicht zu berechnen. Die leichte Berechenbarkeit ergibt sich dadurch, daß die Analyse immer auf eine Differentialgleichung erster Ordnung führt. Und diese kann man bekanntlich stets leicht durch eine Quadratur lösen. (Später werden wir sehen, daß wir nicht unbedingt eine Einschränkung bezüglich der Linearität zu machen brauchen. Nichtlineare Schaltungen mit nur einem Energiespeicher sind in vielen Fällen fast genauso leicht berechenbar.) Die Berechtigung der üblichen Behandlung solcher Schaltungen sei kurz dargelegt.

Werden lineare Schaltungen mit nur einem Energiespeicher mit einem Spannungs- oder Stromsprung angeregt, so ergibt sich in der Berechnung eine Differentialgleichung, die höchstens die erste zeitliche Ableitung der veränderlichen Größe enthält und die mit den Konstanten k_1 und k_2 lautet (sie wird hier nur für i geschrieben)

$$\frac{di}{dt} + k_1 \cdot i + k_2 = 0 \ . \tag{1.25}$$

Separation der Variablen und Integration führen zu

$$\int \frac{di}{k_1 \cdot i + k_2} = - \int dt + K, \quad \text{wobei } K = \text{Integrationskonstante.} \tag{1.26}$$

Nach der Ausführung der Integration wird daraus

$$i = \frac{k_2}{k_1} e^{-k_1(t-K)} - \frac{k_2}{k_1} = \frac{k_2}{k_1} e^{k_1 \cdot K} \cdot e^{-k_1 t} - \frac{k_2}{k_1} \ . \tag{1.27}$$

Man kann dies unter Einführung neuer Konstanten A und E (A = Anfangswert), E = Endwert) sowie der Zeitkonstanten $\tau = 1/k_1$ schreiben

$$i = (A-E) \cdot e^{-t/\tau} + E \; , \qquad\qquad (1.28a)$$

und auch noch die Umformung vornehmen

$$i = (E-A)(1 - e^{-t/\tau}) + A \; . \qquad\qquad (1.28b)$$

Ist A > E, so wird man am besten nach Gl.(1.28a) verfahren und ist E > A, so wird man Gl.(1.28b) heranziehen, da man dann die Zeitfunktion gleich anschaulich erfassen kann, siehe die Beispiele in Bild 1.29.

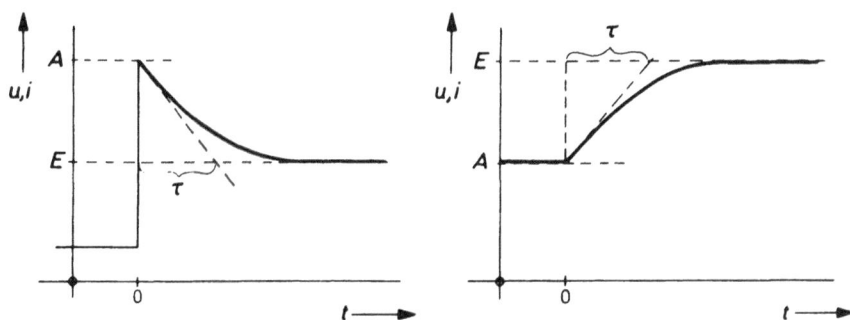

Bild 1.29:   Mögliche Ausgleichsvorgänge in einem linearen Netzwerk mit einem elektrischen Energiespeicher bei Anregung durch einen Sprung.

Es sei schließlich noch an einige bekannte Regeln zur praktischen Berechnung von Ausgleichvorgängen in linearen Netzwerken erinnert. So sollte man z. B. im Auge behalten, daß die Spannung an einer Kapazität und der Strom durch eine Induktivität in Wirklichkeit nie springen können. Haben wir jedoch ein Netzwerk entworfen mit Maschen, in denen z. B. nur Spannungsquellen, Kapazitäten und ideale Schalter enthalten sind, so gibt es erfahrungsgemäß bei der Berechnung wegen dieser praktischen Regeln Schwierigkeiten. Eine Methode hilft hier stets über die Schwierigkeiten hinweg. Man denkt sich etwas wirklichkeitsnäher in Serie zu einer Spannungsquelle einen sehr kleinen Widerstand, berechnet den Ausgleichsvorgang und läßt dann den Widerstand gegen Null gehen. Bei Stromquellen und Induktivitäten wird entsprechend ein großer parallel liegender Widerstand eingesetzt, den man schließlich gegen unendlich gehen läßt. Bei derartig stark idealisierten Netzwerkbeispielen ergeben sich dann auch Erscheinungen, die mit der obigen Praxis-Regel nicht vereinbar sind (z. B. die sprunghafte Aufladung einer Kapazität durch einen unendlich hohen Stromstoß).

1.7.2 Das Differenzierglied

Wir wollen als Beispiel jetzt berechnen, was in der Schaltung nach Bild 1.30 geschieht, wenn wir den Schalter einlegen, d. h. wenn eine Sprungfunktion das hier gezeichnete sog. Differenzierglied aus C und R_2 anregt. Wir könnten diese Schaltung sofort nach dem soeben erörterten allgemeinen Schema berechnen. Zur Abwechslung wollen wir hier aber wieder auf die elementaren Methoden der Schaltungsberechnung zurückgehen, da man bei der Behandlung nichtlinearer Schaltungen häufig entsprechend verfahren muß.

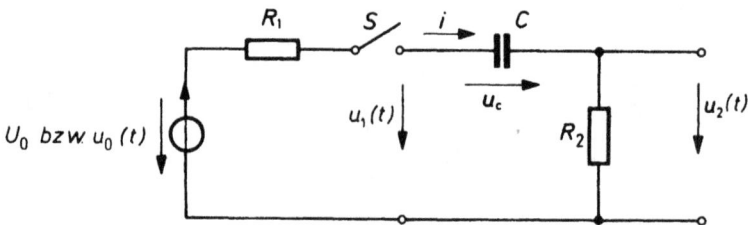

Bild 1.30:   Differenzierglied.

Für einen Spannungsumlauf ergibt sich für $t > 0$

$$U_0 = i \cdot R_1 + \frac{1}{C} \int i\,dt + iR_2 \; . \tag{1.29}$$

Wenn wir diese Beziehung nach t differenzieren, wird daraus

$$0 = R_1 \frac{di}{dt} + \frac{1}{C} i + R_2 \frac{di}{dt} \; . \tag{1.30}$$

Nach Trennung der Variablen läßt sich integrieren

$$\int \frac{di}{i} = -\int \frac{dt}{(R_1 + R_2)C} + K, \quad K = \text{Konstante} \; , \tag{1.31}$$

und es folgt

$$\ln i = - \frac{t}{(R_1+R_2)C} + K \quad, \qquad (1.32)$$

bzw.

$$i = e^{-\frac{t}{(R_1+R_2)C} + K} = e^{K} \cdot e^{-\frac{t}{(R_1+R_2)C}} = A \cdot e^{-\frac{t}{(R_1+R_2)C}} \quad.$$

Dabei wurde der Faktor e^K ersichtlich zu einem Anfangswert A zusammengefaßt. Er ergibt sich aus der Anfangsbedingung $i(0) = U_0/(R_1 + R_2)$ für $t = 0$, die man für $u_c = 0$ in Bild 1.30 abliest. Aus Gl.(1.32) folgt dann $i(0) = A$, so daß man schließlich unter Benutzung der Abkürzung (Zeitkonstante) $\tau = (R_1 + R_2)C$ erhält:

$$i = \frac{U_0}{R_1+R_2} e^{-t/\tau} \quad. \qquad (1.33)$$

Die in Bild 1.30 eingezeichneten Spannungen ergeben sich daraus in folgender Weise:

$$u_2 = i \cdot R_2 = \frac{R_2}{R_1+R_2} U_0 e^{-t/\tau} \quad, \qquad (1.34)$$

$$u_c = U_0 - i(R_1+R_2) = U_0 (1 - e^{-t/\tau}) \quad, \qquad (1.35)$$

$$u_1 = U_0 - i R_1 = U_0 (1 - \frac{R_1}{R_1+R_2} \cdot e^{-t/\tau}) \quad. \qquad (1.36)$$

Man kann diese Aufgabe natürlich nicht nur durch Separation der Variablen lösen. Z. B. ergeben sich dieselben Beziehungen, wenn man in Gl.(1.30) den Ansatz $i = \text{const.} \, e^{\lambda t}$ macht. Man kann ferner auch, was sich insbesondere für kompliziertere Aufgaben der linearen Schaltungstechnik empfiehlt, zuerst in den Frequenzbereich gehen, und die Lösung zum Schluß wieder in den Zeitbereich zurücktransformieren. Rechnen wir zur Rekapitulation dieser Methode dieselbe Aufgabe noch einmal mit der Laplace-Transformation. Im Frequenzbereich ist der Strom für den stationären Fall (wobei jetzt I und U_0 Funktionen von ω sind)

$$I(\omega) = \frac{U_0(\omega)}{R_1+R_2 + 1/j\omega C} = \frac{U_0(\omega)}{R_1+R_2} \cdot \frac{1}{1+1/j\omega(R_1+R_2)C} \quad. \qquad (1.37)$$

Wir setzen formal $j\omega = p$, d. h. wir betrachten in Wirklichkeit die Schaltung bei der komplexen Frequenz $p = \beta + j\omega$. Ein abrupter zeitlicher Sprung vom Wert 0 auf den Wert U_o hat im Spektralbereich die Darstellung $U_o(p) = U_o/p$. Mit der Abkürzung $\tau = (R_1 + R_2)C$ folgt dann aus Gl.(1.37) die Darstellung im p-Bereich

$$I(p) = \frac{U_o}{p(R_1+R_2)} \cdot \frac{1}{1+1/p\tau} = \frac{U_o}{R_1+R_2} \frac{1}{p+1/\tau} \cdot \qquad (1.38)$$

Die Rücktransformation in den Zeitbereich ist bestimmt durch

$$i(t) = \frac{1}{2\pi j} \oint_{-\infty}^{+\infty} \frac{U_o}{R_1+R_2} \frac{1}{p+1/\tau} e^{pt} \, dp. \qquad (1.39)$$

Nach der Cauchy'schen Formel

$$f(z_o) = \frac{1}{2\pi j} \oint_R \frac{f(\zeta)d\zeta}{\zeta-z_o} \, , \qquad (1.40)$$

wobei R ein geschlossener Weg um den Pol bei z_o bedeutet, läßt sich in Gl.(1.39) entsprechend um den Pol bei $p = -1/\tau$ integrieren, so daß folgt:

$$i(t) = \frac{U_o}{R_1+R_2} e^{-t/\tau} \, . \qquad (1.41)$$

Man wird sich nun fragen, warum man die Schaltung in Bild 1.30 ein Differenzierglied nennt. Dazu sehen wir uns zuerst einmal an, was diese Schaltung aus einer Folge von Rechteckimpulsen macht, siehe Bild 1.31a. (Bei zeitlich veränderlichem $u_o(t)$ denke man sich den Schalters stets geschlossen.)

Wählen wir die Zeitkonstante sehr klein, $\tau \ll T_1, T_2, T$, so entstehen am Ausgang Nadelimpulse wie in Bild 1.31b. Wählen wir jedoch die Zeitkonstante verhältnismäßig groß, so sind die Ausgleichsvorgänge noch nicht abgeschlossen, wenn der nächste Spannungssprung erfolgt. Es findet ein Einschwingvorgang über mehrere Impulse hin statt, siehe Bild 1.31c. Wegen der Kapazität kann keine Gleichstromkomponente übertragen werden; im stationären Fall sind daher die Flächen oberhalb und unterhalb der

Null-Linie gleich groß. Aus Bild 1.31b ist zu ersehen, daß für $\tau \ll T$ die Nadelimpulse in erster Näherung eine Differentiation der Eingangsspannung darstellen. Das kann man noch auf andere Art zeigen. Nehmen wir an, der Schaltung in Bild 1.30 werde eine Eingangsspannung $u_0(t)$ zugeführt, die entweder eine eindeutige obere Grenzfrequenz ω_g hat, oder die nach dem Prinzip der Überschlagsrechnung in Abschnitt 1.5 nur Impulse mit maximalen Flankensteilheiten t_r aufweist, welche einer oberen Frequenz $f_g = 1/(2t_r)$ entsprechen.

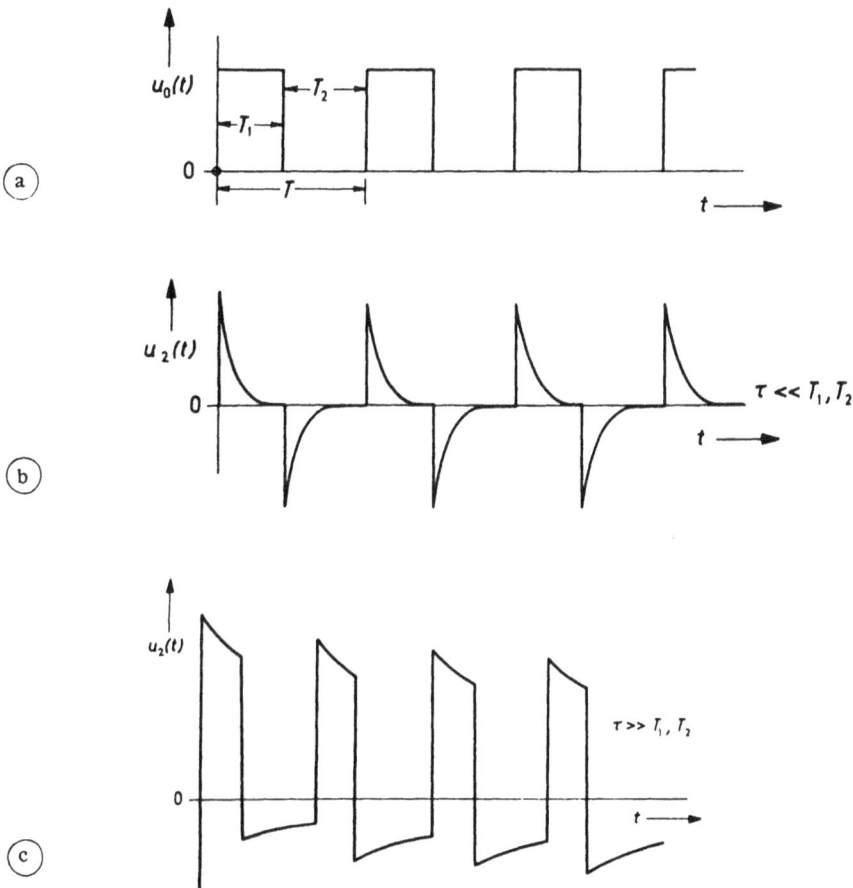

Bild 1.31:   Eingangs- und Ausgangsspannungen an einem Differenzierglied bei verschiedenen Dimensionierungen.

Dimensioniert man nun das RC-Glied wie folgt

$$(1.42)$$

$$(R_1+R_2)C \ll \frac{1}{\omega_g} \quad, \quad \text{bzw.} \quad (R_1+R_2)C \ll 2t_r \quad, \quad \text{bzw.} \quad R_1+R_2 \ll \frac{1}{\omega_g C} \quad,$$

so ist für jede Frequenz $\omega \leq \omega_g$ die Reaktanz der Kapazität sehr viel größer als die Summe der Widerstände. Das bedeutet, daß die angelegte Spannung in jedem Augenblick fast nur an der Kapazität abfällt, bzw. daß der Strom fast völlig von ihr bestimmt wird. Dann läßt sich aber schreiben

$$i = C\frac{du_c}{dt} \approx C \cdot \frac{du_1}{dt} \approx C \cdot \frac{du_o(t)}{dt} \quad . \qquad (1.43)$$

Mit $u_2 = i \cdot R_2$ wird schließlich

$$u_2 \approx R_2\, C \cdot \frac{du_o(t)}{dt} \quad . \qquad (1.44)$$

Das heißt, die Ausgangsspannung ist in sehr guter Näherung, nämlich so gut wie Gl.(1.42) erfüllt ist, proportional zur zeitlichen Ableitung der Eingangsspannung.

1.7.3 Das Integrierglied

Das Integrierglied unterscheidet sich von dem Differenzierglied nur durch eine Vertauschung von R_2 und C, siehe Bild 1.32.

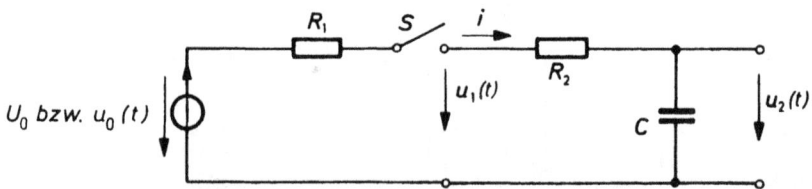

Bild 1.32:   Integrierglied.

Wir brauchen deshalb keine neue Berechnung anzufangen, denn die Spannung an den Elementen wird von der Reihenfolge nicht verändert. Wir haben beim Integrierglied lediglich u_c in Gl.(1.35) als Ausgangsspannung u_2 zu deuten, i in Gl.(1.33) und u_1 in

Gl.(1.36) bleiben unverändert. Dementsprechend ergeben sich z. B. für die Anregung mit einer Impulsfolge die Ausgangsspannungen nach Bild 1.33 (man diskutiere die verschiedenen Steigungen der Kurvenabschnitte).

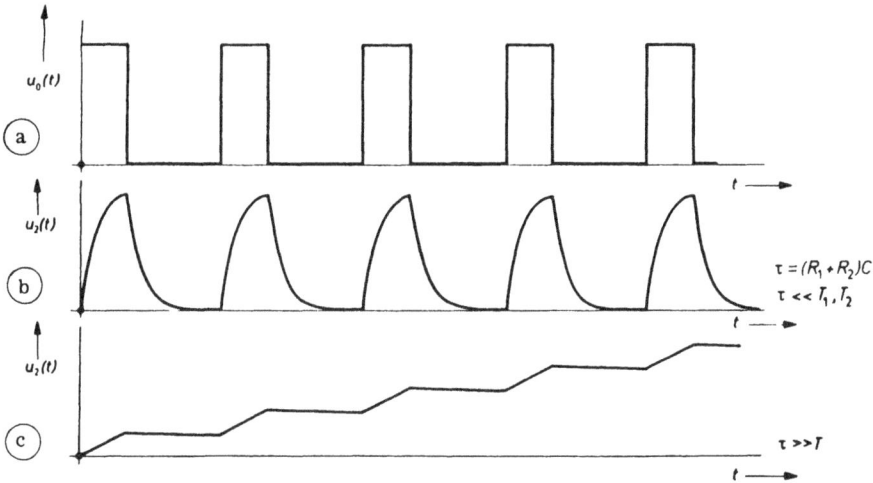

Bild 1.33:   Eingangs- und Ausgangsspannungen an einem Integrierglied bei verschiedenen Dimensionierungen (wenn $u_0(t)$ benutzt wird, dann ist Schalter S stets geschlossen).

Unter welchen Bedingungen diese Schaltung eine Integration der Eingangsspannung durchführt, ergibt sich aus folgendem. Wir führen der Schaltung in Bild 1.32 eine Eingangsspannung $u_0(t)$ zu, die entweder eine eindeutige untere Grenzfrequenz ω_u hat, oder die unterhalb einer solchen Frequenz völlig vernachlässigbare Spektralkomponenten aufweist. Dimensioniert man nun das RC-Glied wie folgt

$$(R_1+R_2)C \gg \frac{1}{\omega_u} \quad \text{bzw.} \quad R_1+R_2 \gg \frac{1}{\omega_u \cdot C} \, , \qquad (1.45)$$

so ist für jede Frequenz $\omega \geq \omega_u$ die Summe der Widerstände sehr viel größer als die Reaktanz der Kapazität. Das bedeutet, daß die angelegte Spannung in jedem Augenblick fast nur an den Widerständen abfällt bzw. daß der Strom fast völlig von ihnen bestimmt ist. Dann läßt sich schreiben

$$i \approx u_0(t)/(R_1+R_2) \, . \qquad (1.46)$$

Schließlich erhält man

$$u_2 = \frac{1}{C} \int i\,dt = \frac{1}{(R_1+R_2)C} \int u_o(t)\,dt \quad . \tag{1.47}$$

D. h. die Ausgangsspannung ist nach Maßgabe der Bedingung (1.45) proportional zum Integral der Eingangsspannung. Aufgrund dieser Abschätzungsbetrachtung erkennt man gleich noch folgendes: Störspannungen mit niedriger Frequenz werden durch ein Integrierglied unverhältnismäßig stark hervorgehoben, da für sie meist nicht die Bedingung (1.45) gilt. Diese Störspannungen fallen hauptsächlich an der Kapazität ab und werden dadurch direkt an den Ausgang geliefert.

1.7.4 Kompensierter Spannungsteiler

Eine der Grundaufgaben der Impulstechnik besteht darin, einen vorgegebenen Spannungsverlauf $u_1(t)$ mit einem konstanten Faktor κ zu multiplizieren, d. h. ihn gleichmäßig in seiner Amplitude zu verändern, so daß

$$u_2(t) = \kappa \cdot u_1(t) \quad . \tag{1.48}$$

Ist $\kappa < 1$, so kann man hierfür einen Spannungsteiler einsetzen. Dabei wird allerdings ein Leistungsverlust eintreten. Ist κ größer oder kleiner als 1 und soll die Leistung bei der Spannungsumsetzung ungefähr erhalten bleiben, so ist ein Übertrager das geeignete Übertragungsglied. Soll dagegen das Ausgangssignal u_2 eine größere Leistung als das Eingangssignal u_1 haben, so muß ein Verstärker eingesetzt werden.

Wir wollen hier nur den Spannungsteiler erörtern. Mit Hilfe zweier idealer Widerstände wäre die Aufgabe, einen definierten Bruchteil einer beliebigen Spannung $u_o(t)$ zu erzeugen, sehr leicht zu lösen, siehe Bild 1.34.

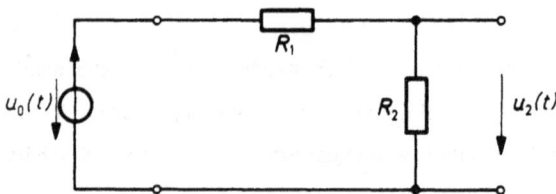

Bild 1.34:   Idealer Spannungsteiler.

Es gilt

$$u_2(t) = \frac{R_2}{R_1 + R_2} \cdot u_0(t) \ . \qquad (1.49)$$

Bei hohen Frequenzen oder kurzen Impulsen läßt sich jedoch häufig der ideale Spannungsteiler nicht verwirklichen, weil z. B. Schaltkapazitäten oder die Eingangskapazitäten eines folgenden Transistors (z. B. eines FET) parallel zu R_2 liegen, und deren Wirkung nicht mehr vernachlässigbar ist, siehe Bild 1.35a.

Es ergibt sich dann eine Verformung der Signale ähnlich wie beim Integrierglied, wie das für Rechteckimpulse in Bild 1.35b angedeutet ist. Die Zeitkonstante beträgt dabei

$$\tau_1 = \frac{R_1 \cdot R_2}{R_1 + R_2} \cdot C_2 \ . \qquad (1.50)$$

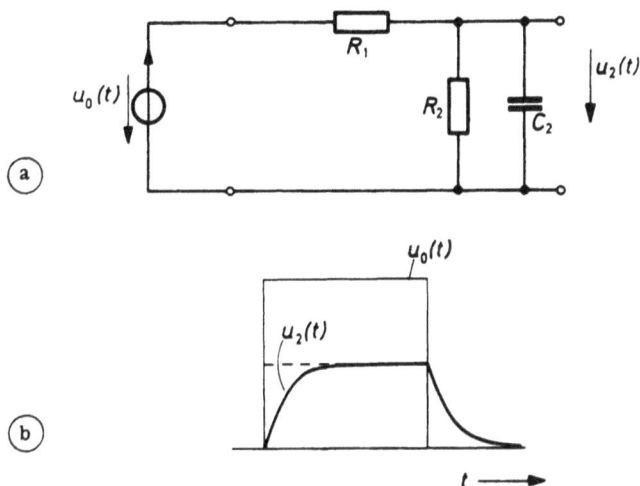

Bild 1.35:   Nichtidealer Spannungsteiler a) mit Schaltkapazität, b) Auswirkung auf die Ausgangsspannung.

Mit einer geeignet bemessenen zusätzlichen Kapazität parallel zu R_1 läßt sich jedoch wieder ein idealer Spannungsteiler herstellen, siehe Bild 1.36, (das Beispiel dient zur Vorbereitung auf die kapazitive Ansteuerung von Transistoren). Wir können das ganz einfach mit Hilfe der üblichen Wechselstromrechnung zeigen. Sie liefert für die Ausgangsspannung

$$U_2(j\omega) = U_o(j\omega) \; \frac{\dfrac{R_2}{1+j\omega R_2 C_2}}{\dfrac{R_2}{1+j\omega R_2 C_2} + \dfrac{R_1}{1+j\omega R_1 C_1}} = U_o(j\omega) \; \frac{R_2}{R_2+R_1 \dfrac{1+j\omega R_2 C_2}{1+j\omega R_1 C_1}}. \qquad (1.51)$$

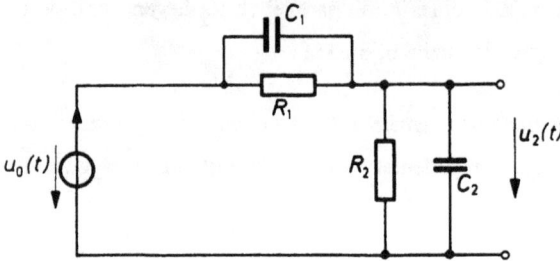

Bild 1.36:   Kompensierter Spannungsteiler.

Wählt man in diesem Ausdruck $R_2 C_2 = R_1 C_1$, so erhält der Bruch im Nenner den Wert 1 und es resultiert ein von der Frequenz unabhängiges Spannungsteilerverhältnis. Das bedeutet die Realisierung des idealen Spannungsteilers nach Gl.(1.49). Legt man einen Spannungssprung an einen solchermaßen kompensierten Spannungsteiler an, dann wird er am Ausgang unverzerrt, jedoch mit verminderter Amplitude erscheinen. Es erhebt sich jedoch noch die Frage, welche Signalform bei dieser Ansteuerung am Ausgang erscheint, wenn der Spannungsteiler nicht ganz ideal kompensiert ist $(R_2 C_2 \neq R_1 C_1)$. Wir nehmen zur Beantwortung dieser Frage die Laplace-Transformation zu Hilfe und formen zunächst den Ausdruck (1.51) noch etwas um

$$U_2(j\omega) = U_o(j\omega) \; \frac{R_2(1+j\omega\, R_1 C_1)}{R_2(1+j\omega\, R_1 C_1)+R_1(1+j\omega\, R_2 C_2)} \qquad (1.52)$$

$$= \frac{U_o(j\omega)}{R_1+R_2} \; \frac{R_2+j\omega\, R_1 R_2 C_1}{1+j\omega\, \dfrac{R_1 R_2(C_1+C_2)}{R_1+R_2}} = U_o(j\omega) \; \frac{R_2}{R_1+R_2} \; \frac{1+j\omega\, R_1 C_1}{1+j\omega\, \tau_2}.$$

Hier ist zur Abkürzung in ersichtlicher Weise die Zeitkonstante τ_2 eingeführt worden. Setzt man nun $j\omega = p$ und berücksichtigt wieder die spektrale Kennzeichnung U_o/p für einen Sprung der Höhe U_0, so erhält man die Form

$$U_2(p) = \frac{U_0}{R_1+R_2} \frac{b+cp}{p(1+ap)} , \qquad (1.53)$$

wobei a,b,c Konstante sind.

Die Rücktransformation in den Zeitbereich kann man mit Hilfe einer Tabelle oder in diesem einfachen Fall auch leicht direkt durchführen. Setzen wir den zweiten Bruch von Gl.(1.53) in das Laplace-Integral ein, so ergibt sich

$$f(t) = \frac{1}{2\pi j} \oint_{-\infty}^{+\infty} \frac{b+cp}{p(1+ap)} e^{pt} dp . \qquad (1.54)$$

Um mit der Cauchy'schen Formel (1.40) vergleichen zu können, substituieren wir

$$ap = z, \quad a \cdot dp = dz , \qquad (1.55)$$

und erhalten:

$$f(t) = \frac{1}{2\pi j} \oint_R \frac{b + \frac{c}{a} z}{\frac{1}{a} \cdot z(1+z)} \cdot e^{\frac{z}{a} - t} \frac{dz}{a} \qquad (1.56)$$

$$= b + (\frac{c}{a} - b) e^{-t/a} .$$

Setzen wir die Werte von a,b,c nach Gl.(1.52) und Gl.(1.53) ein und berücksichtigen $a = \tau_2$, so erhält man:

$$U_2(t) = \frac{U_0}{R_1+R_2} \left[b + (\frac{c}{a} - b) e^{-t/a} \right] \qquad (1.57)$$

$$= \frac{U_0}{R_1+R_2} \left[R_2 + (\frac{C_1(R_1+R_2)}{C_1+C_2} - R_2)e^{-t/\tau_2} \right] .$$

Je nach Betrag und Vorzeichen des Faktors vor der Exponentialfunktion treten Einschwing- oder Überschwingerscheinungen auf, siehe Bild 1.37.

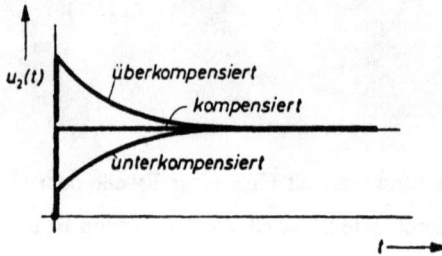

Bild 1.37:

Ausgangsspannungen bei
unterschiedlicher Kompensation.

Eine ideale Kompensation wird erreicht, wenn die runde Klammer verschwindet:

$$\frac{C_1(R_1+R_2)}{C_1+C_2} = R_2, \quad \text{bzw.} \quad C_1R_1 = C_2R_2 \quad . \tag{1.58}$$

Diese Bedingung ist identisch mit der aus der Wechselstromrechnung abgeleiteten Bedingung. Die in Bild 1.37 skizzierten Fälle ergeben sich für folgende Relationen zwischen den Kapazitäten und Widerständen

$$\frac{C_1}{C_1+C_2} \begin{array}{c} > \\ = \\ < \end{array} \frac{R_2}{R_1+R_2} \quad \begin{array}{l} \text{überkompensiert} \\ \text{kompensiert} \\ \text{unterkompensiert} \end{array} \quad . \tag{1.59}$$

1.8   Leistung und Energie in nichtlinearen Schaltungen

1.8.1   Maximale Leistungsübertragung von einem nichtlinearen Generator zu einem nichtlinearen Verbraucher

Ableitung

Es stellt sich häufig die Frage nach der größtmöglichen Übertragung der Leistung von einem Generator zu einem Verbraucher, wobei sowohl der Innenwiderstand R_1 als auch der Lastwiderstand R_2 im allgemeinen nichtlinear sind, siehe Bild 1.38.

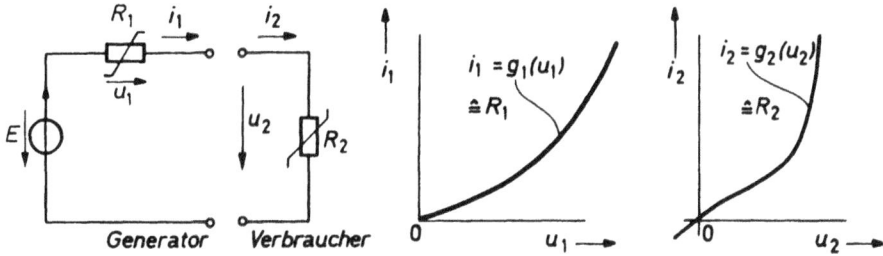

Bild 1.38:   Generator und Verbraucher mit nichtlinearen Widerständen R_1 und R_2. Als Beispiele sind zwei unterschiedliche Kennlinien gezeichnet.

Betrachten wir zuerst eine graphische Darstellung der Verlustleistung $P_1 = u_1 \cdot i_1$ und der Nutzleistung $P_2 = u_2 \cdot i_2$ bei fester Spannung E in dem $i_1 - u_1$ Diagramm von Bild 1.39. Wegen $i_1 = i_2$ und $u_2 = E - u_1$ kann man beide in einem Diagramm $i_1 = g_1(u_1)$ zeichnen. Sehen wir uns die drei verschiedenen Fälle in a,b,c an. Die schraffierten Flächen stellen die Leistungen P_1 und P_2 dar, denn

$$P_1 = u_1 \cdot i_1 , \qquad\qquad\qquad (1.60)$$
$$P_2 = u_2 \cdot i_2 = (E - u_1) \cdot i_1 . \qquad\qquad\qquad (1.61)$$

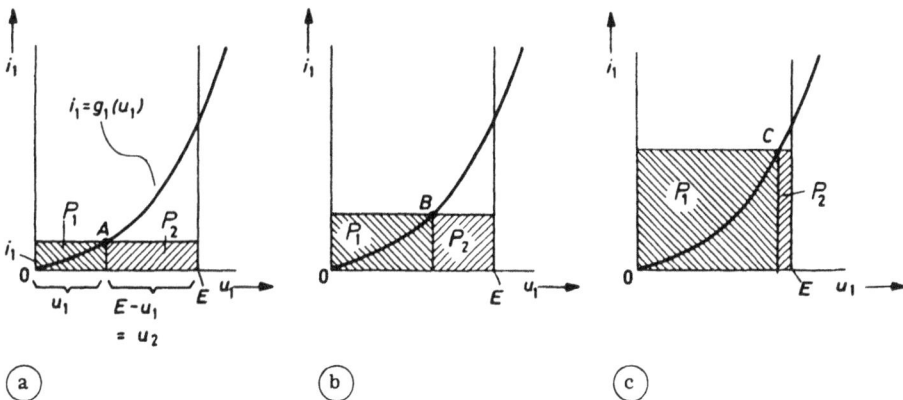

Bild 1.39:   Veranschaulichung verschiedener Fälle für die Verteilung der Leistungen P_1 (nach links schraffiert) und P_2 (nach rechts schraffiert) in Abhängigkeit der Arbeitspunkte A, B und C.

Wählt man i_1 bzw. u_1 entweder sehr klein oder sehr groß, wie in a) und c), so ist auch P_2 klein. Dazwischen gibt es einen mittleren Wert von u_1, bei dem die Fläche für P_2 ein Maximum annimmt. Für den gezeichneten Fall bestimmt man das Maximum rechnerisch sehr leicht, indem man Gl. (1.61) nach u_1 differenziert

$$\frac{d\,P_2}{du_1} = E \cdot \frac{di_1}{du_1} - i_1 - u_1\,\frac{di_1}{du_1}\ , \tag{1.62}$$

und diese Ableitung gleich Null setzt:

$$i_1 = (E - u_1)\,\frac{di_1}{du_1}\ . \tag{1.63}$$

Um besser zum Ausdruck zu bringen, daß das hierdurch bestimmte Optimum der Leistungsabgabe für einen beliebigen nichtlinearen Widerstand R_1 gilt, kann man Gl. (1.63) auch in der Form schreiben:

$$g_1(u_1) = (E - u_1)\,\frac{dg_1(u_1)}{du_1}\ . \tag{1.64}$$

Bedeutsam ist, daß die maximal zum Verbraucher abgebbare Leistung nur von den Eigenschaften des Generators abhängt und nicht von den Eigenschaften des nichtlinearen Widerstandes R_2. Spannung E und Generatorwiderstand R_1 bestimmen die maximal abgebbare Leistung eindeutig. Um dies noch etwas deutlicher zu machen, kann man für die Klemmen des Generators Spannung u_G und Strom i_G in der üblichen Zählrichtung wie in Bild 1.40 definieren.

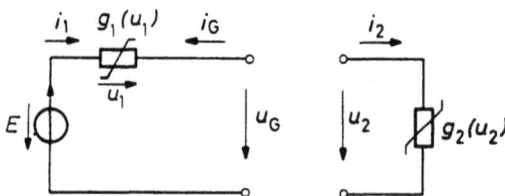

Bild 1.40:   Zur Zählrichtung von Spannungen und Strömen.

Wegen $u_G = u_2 = E - u_1$ und $i_G = -i_1$ sowie $du_G = -du_1$ wird dann aus Gl. (1.63):

$$\frac{u_G}{i_G} + \frac{du_G}{di_G} = 0 \ . \tag{1.65}$$

Der erste Term ist ein Gleichstromwiderstand R_G und der zweite ein differentieller Widerstand r_G:

$$R_G + r_G = 0 \ . \tag{1.66}$$

Spannung und Strom des optimalen Generatorarbeitspunktes sind durch Gl. (1.64) oder Gl. (1.66) eindeutig bestimmt. Den Belastungswiderstand R_2, der im allgemeinen nichtlinear sein kann, muß man dann nur so bemessen, daß er einen Gleichstromarbeitspunkt aufweist, der mit dem optimalen Arbeitspunkt des Generators identisch ist. Wegen $u_G = u_2$ und $i_G = -i_2$ ergibt sich folgende Beziehung zwischen R_2 und R_G

$$R_2 = \frac{u_2}{i_2} = \frac{u_G}{-i_G} = -R_G \ , \tag{1.67}$$

so daß aus Gl. (1.66) wird:

$$r_G = R_2 \ . \tag{1.68}$$

D. h., der differentielle Generatorwiderstand muß bei optimaler Anpassung gleich dem (nichtlinearen) Großsignal-Lastwiderstand R_2 sein.

Eine leicht zu handhabende graphische Methode folgt, wenn man sich die Bedeutung des Ausdruckes (1.64) für einen Arbeitspunkt A klarmacht. Schreibt man ihn in der Form

$$\frac{d \ g_1(u_1)}{d \ u_1} = \frac{g_1(u_1)}{E - u_1} \ , \tag{1.69}$$

so lassen sich die optimalen Steigungen in diesem Arbeitspunkt sofort erkennen, siehe Bild 1.41. Der Term $d \ g_1(u_1)/d \ u_1$ ist die Tangente im Arbeitspunkt A und $g_1(u_1)/(E-u_1)$ ist dort die komplementäre Steigung.

Man kann dieses Ergebnis auch wie folgt in Worten ausdrücken: Soll bei gegebener Leerlaufspannung und Innenwiderstandskennlinie $g_1(u_1)$ des Generators die abgegebene Leistung ein Maximum werden, so sind im optimalen Arbeitspunkt von Bild 1.41

die Neigung der Tangente in A und die der Verbindungsgeraden $\overline{AE}$ dem Absolutbetrag nach gleich, d. h. beide Geraden bilden den gleichen Winkel α mit der u_1-Achse.

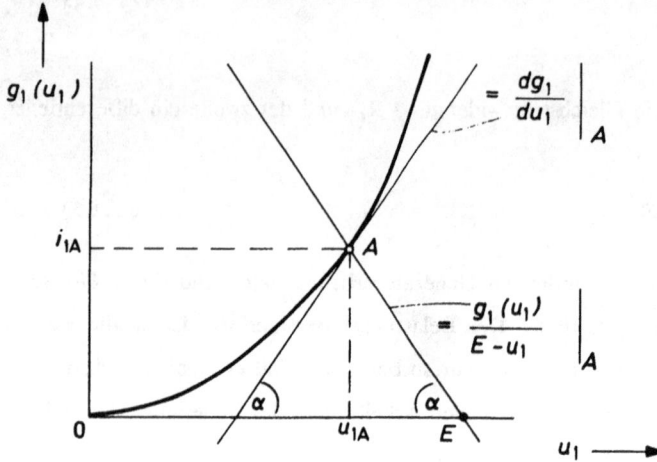

Bild 1.41:   Zur graphischen Ermittlung des optimalen Arbeitspunktes vermittels zweier Geraden mit betragsgleicher Steigung aber unterschiedlichen Vorzeichen.

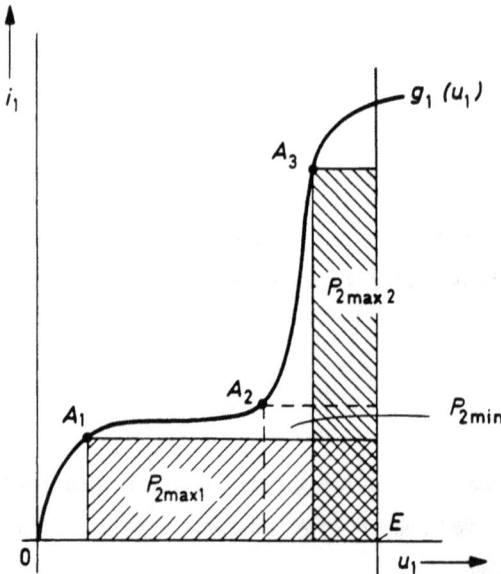

Bild 1.42:   Beispiel einer nichtlinearen Generatorkennlinie, die zwei Leistungsmaxima und ein Leistungsminimum hinsichtlich der abgebbaren Leistung hat.

Liegen andere Formen der Kennlinie $g_1(u_1)$ vor, so kann es unter Umständen nicht nur einen einzigen optimalen Arbeitspunkt A, sondern auch mehrere Punkte A_ν geben, an denen lokale Maxima oder Minima der abgebbaren Leistung auftreten. Bei der Generatorkennlinie nach Bild 1.42 erhält man z. B. zwei Leistungsmaxima und ein Minimum.

Betrachten wir noch einige Beispiele:

Lineare Widerstände

Das Einsetzen des Ohm'schen Gesetzes in Gl. (1.63) ergibt $u_1/R_1 = (E-u_1)/R_1$, d. h. $u_1 = E/2$ und aus Gl. (1.68) findet man, daß $R_1 = R_2$. Mithin ergibt sich die bekannte Regel, daß die maximal abgebbare Leistung bei Leistungsanpassung beträgt

$$P_{2max} = \frac{E^2}{4R_1} = \frac{E^2}{4R_2} \ . \tag{1.70}$$

Parabolische Kennlinien

Es seien folgende Kennlinien gegeben

$$g_1(u_1) = \alpha \, u_1^2 \ , \ g_2(u_2) = \beta \, u_2^2 \ . \tag{1.71}$$

Hier erhält man nach Einsetzen in Gl. (1.64) zuerst die Bedingung für eine maximale Leistungsabgabe, dann die Restspannung und schließlich die im optimalen Arbeitspunkt geltenden Relationen zwischen α und β:

$$u_1 = 2E/3, \quad u_2 = E/3, \quad \beta = 4\alpha \ . \tag{1.72}$$

Die maximale Leistung wird dann

$$P_{2max} = \frac{4}{27} \alpha E^3 \ . \tag{1.73}$$

Hyperbolische Kennlinien

Faßt man im besonderen Gl. (1.64) als Bestimmungsgleichung für eine Kennlinie $g_1(u_1)$ auf, die für alle $0 \le u_1 \le E$ die Extremwertbedingung stets erfüllt, dann findet man durch Trennung der Variablen und Integration als Kennlinie die Hyperbel

$$g_1(u_1) = \frac{K}{E-u_1} \, , \qquad\qquad (1.74)$$

siehe Bild 1.43. Eine Schaltung mit dieser Kennlinie hat für jeden beliebigen Arbeitspunkt im Intervall $0 \leq u_1 \leq E$ die gleiche abgebbare Leistung:

$$P_2 = i_2 \cdot u_2 = i_1 \cdot (E-u_1) = \frac{K}{E-u_1} \cdot (E-u_1) = K \, . \qquad (1.75)$$

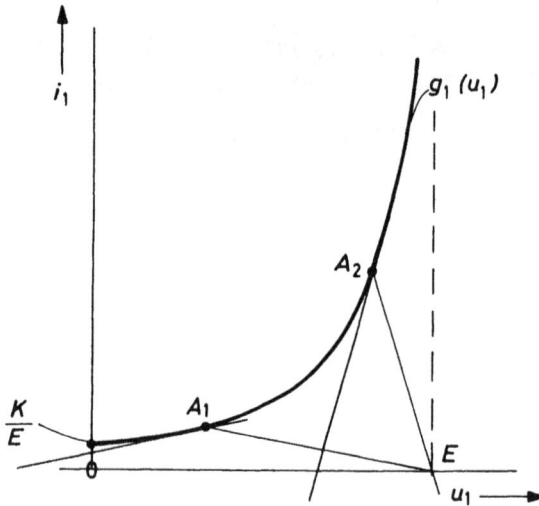

Bild 1.43:   Die hyperbolische Generator-Kennlinie mit gleicher Leistungsabgabe in jedem Arbeitspunkt.

1.8.2 Nichtlineare Energiespeicher

Kapazität

Für einen linearen Ladungsspeicher gilt, daß das Verhältnis von Ladung Q zu Spannung U stets einen konstanten Wert ergibt. Diesen Wert nennt man eine (lineare) Kapazität C:

$$C = \frac{Q}{U} \, . \qquad\qquad (1.76)$$

Ist nun allgemein die Ladung nichtlinear von der Spannung abhängig

$$Q = F(U) \; , \tag{1.77}$$

so ergibt sich die Kapazität aus

$$C = \frac{dQ}{dU} \; . \tag{1.78}$$

In Bild 1.44 ist ein Beispiel skizziert. Wir beschränken uns dabei zunächst darauf, daß Q eine eindeutige Funktion von U ist.

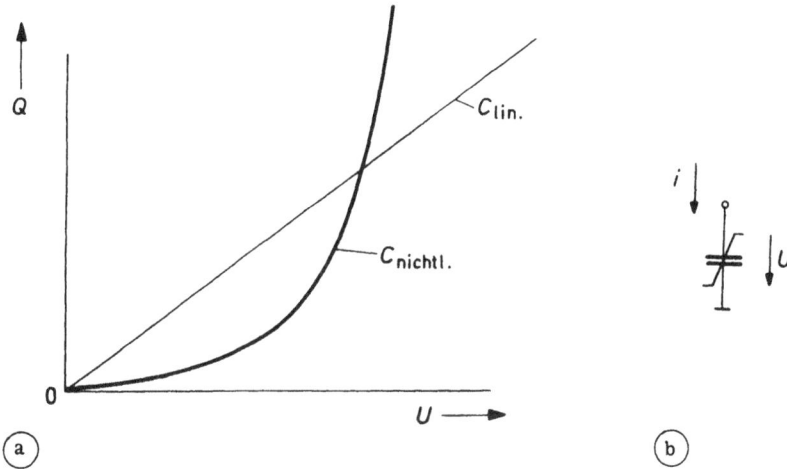

Bild 1.44:   Die elektrische Ladung in Abhängigkeit von der Spannung für eine lineare und eine nichtlineare Kapazität.

Geht man von der Definition der Ladung aus:

$$Q = \int_{0}^{\infty} I\,dt \; , \tag{1.79}$$

so ergibt eine Differentiation unter Berücksichtigung von Gl. (1.78)

$$I = \frac{dQ}{dt} = \frac{dQ}{dU} \cdot \frac{dU}{dt} = C(U) \cdot \frac{dU}{dt} \; . \tag{1.80}$$

Die in eine Kapazität geflossene Energie ist

$$W_C = \int\limits_0^\infty U\, I\, dt = \int\limits_0^\infty U\, \frac{dQ}{dt}\, dt = \int\limits_0^{Q_0} U\, dQ \; . \tag{1.81}$$

Bei Erreichung eines bestimmten Punktes P mit $U = U_0$ und $Q = Q_0$ ist daher die senkrecht schraffierte Fläche gleich der gespeicherten Energie, siehe Bild 1.45a. Wäre C linear, so wäre diese Fläche gleich der Hälfte des durch den Arbeitspunkt und die Achsen bestimmten Rechtecks:

$$W_{C\ lin} = \tfrac{1}{2} \cdot Q_0 \cdot U_0 = \tfrac{1}{2} \cdot C_{lin} \cdot U_0^2 \; . \tag{1.82}$$

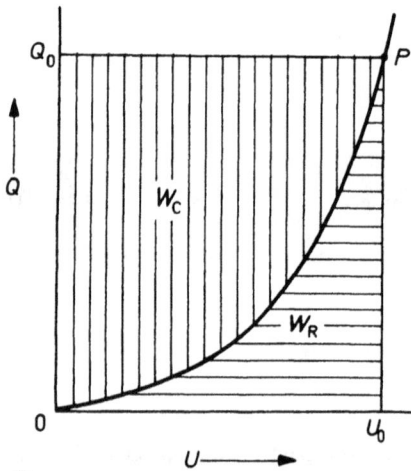
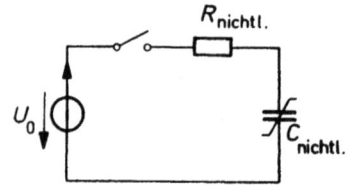

(a)   (b)

Bild 1.45:   Die bei der Aufladung einer nichtlinearen Kapazität gespeicherte und
              die im nichtlinearen Widerstand umgesetzte Energie, a) die Energie
              W_C und W_R im Q-U-Diagramm, b) Schaltung zur Aufladung.

Ist dagegen C nichtlinear, so gilt eine entsprechende Formel im allgemeinen nicht:

$$W_{C\ nichtl} \neq \tfrac{1}{2} \cdot C_{nichtl} \cdot U_0^2 \; . \tag{1.83}$$

Über die unterhalb der Kurve liegende restliche Fläche läßt sich ebenfalls eine einfache Aussage machen. Laden wir z. B. die Kapazität über einen Widerstand R auf, der auch nichtlinear sein kann, so wird ein Strom I fließen. Die Quelle U_0 gibt insgesamt folgende Energie ab:

$$W_Q = \int_0^\infty U_0 \ I \ dt = U_0 \int_0^\infty I \ dt = U_0 \cdot Q \ . \qquad (1.84)$$

Das ist der Flächeninhalt des gesamten Rechtecks. Die Summe der abgegebenen Energie W_Q muß gleich der Summe der im Widerstand verbrauchten elektrischen Energie W_R und der in der Kapazität gespeicherten Energie W_C sein:

$$W_Q = W_R + W_C \ . \qquad (1.85)$$

Daraus folgt, daß die waagerecht schraffierte Fläche in Bild 1.45a die verbrauchte, d. h. die in Wärme umgesetzte elektrische Energie angibt:

$$W_R = \int_0^{U_0} Q \ dU \ . \qquad (1.86)$$

Stellen wir die verschiedenen Fälle noch einmal zusammen:

1. Fall: C ist linear, R ist linear oder nichtlinear.

Die Kapazitätsgerade verläuft linear durch die Punkte 0 und P.

Die verbrauchte (elektrische) Energie ist stets gleich $\frac{1}{2} \cdot C \cdot U_0^2$.

2. Fall: C ist nichtlinear, R ist linear oder nichtlinear.

Die Kurve für die nichtlineare Kapazität bestimmt die Größe der gespeicherten und der verbrauchten (elektrischen) Energie. Folglich ist die verbrauchte Energie wieder unabhängig davon, ob R linear oder nichtlinear ist.

Die energetischen Verhältnisse ändern sich erheblich, wenn man Kapazitäten mit Kennlinien betrachtet, bei denen Q keine eindeutige Funktion von U ist. Bild 1.46 zeigt ein Beispiel, das für ferroelektrische Materialien gilt. Die analytische Behandlung stimmt formal überein mit der von ferromagnetischen Materialien, weshalb wir uns im folgenden auf die Betrachtung der bekannteren ferromagnetischen Verhältnisse beschränken wollen.

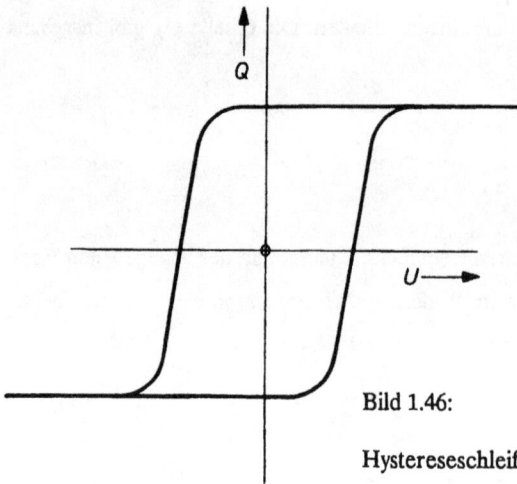

Bild 1.46:

Hystereseschleife für ferroelektrische Materialien.

Induktivität

Für einen nichtlinearen Speicher magnetischer Energie gilt das entsprechende wie für einen nichtlinearen Speicher elektrischer Energie. D. h. ist die lineare Induktivität L durch den konstanten Quotienten von magnetischem Fluß Φ und Strom I definiert:

$$L = \frac{\Phi}{I} \, , \qquad (1.87)$$

so ergibt der Differentialquotient

$$L = \frac{d\Phi}{dI} \, , \qquad (1.88)$$

der von Strom oder Fluß abhängt, eine nichtlineare Induktivität, siehe ein Beispiel in Bild 1.47.

Bei der Aufladung einer solchen nichtlinearen Induktivität parallel zu einem nichtlinearen Widerstand ergeben sich die Verhältnisse von Bild 1.48.

Eine Berechnung analog der im kapazitiven Fall liefert die in der Induktivität gespeicherte magnetische Energie (senkrecht schraffiert)

$$W_L = \int_0^{\Phi_0} I d\Phi \, , \qquad (1.89)$$

und die bei der Aufladung im Widerstand umgesetzte Verlustenergie (waagrecht schraffiert)

$$W_R = \int_0^{I_0} \Phi \, dI \ .$$ (1.90)

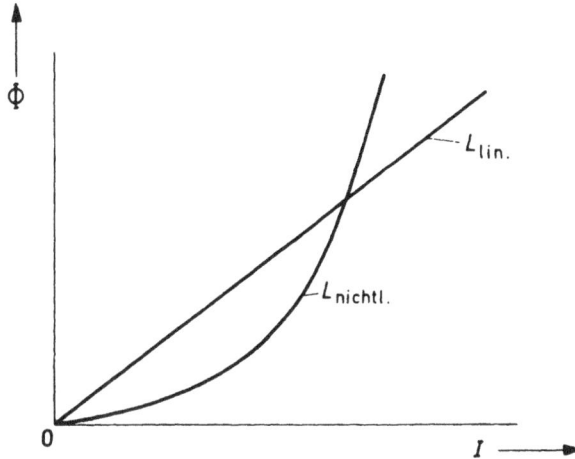

Bild 1.47:   Der magnetische Fluß in Abhängigkeit vom Strom für ferromagnetische Materialien. Zwei Beispiele für eine lineare und eine nichtlineare Induktivität.

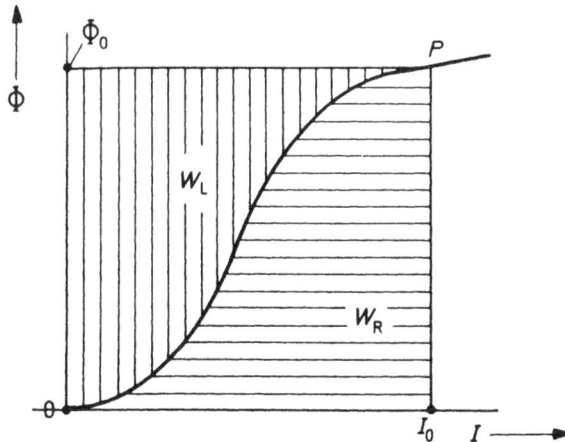

Bild 1.48:   Die bei der Aufladung einer nichtlinearen Induktivität gespeicherte und die im nichtlinearen Widerstand umgesetzte Energie.

Die Summe beider Anteile ergibt die von der Quelle gelieferte Gesamtenergie:

$$W_Q = W_L + W_R = \Phi_o \cdot I_o .$$ (1.91)

Dies folgt aus der in Bild 1.48 ablesbaren Beziehung

$$\int_o^{\Phi_o} I d\Phi + \int_o^{I_o} \Phi \, dI = \Phi_o \cdot I_o ,$$ (1.92)

oder auch aus der Integration

$$W_Q = \int I_o \cdot U \, dt = I_o \int U \, dt = I_o \cdot \Phi_o .$$ (1.93)

Betrachten wir jetzt den vorzugsweise bei ferromagnetischen oder ferrimagnetischen Materialien vorliegenden Fall, daß Φ keine eindeutige Funktion von I ist, siehe die Hysteresekurve in Bild 1.49. Hier handelt es sich im Gegensatz zu den bisherigen Betrachtungen nicht um Kennlinienstücke, die reversibel durchlaufen werden. Verantwortlich dafür ist die Tatsache, daß die in das magnetische Material hineinfließende Energie $\int I \, d\Phi$ dort nicht gespeichert sondern hauptsächlich in eine magnetische Umstrukturierung und damit energetisch in Wärme umgesetzt wird. Wenn daher in Bild 1.49 durch einen anwachsenden Strom I der Arbeitspunkt vom unteren Remanenzpunkt $-\Phi_m$ nach P_1 gewandert ist, so wird er bei langsamer Verminderung des Stromes nicht wieder zum Ursprungspunkt zurückkehren, sondern von P_1 nach dem oberen Remanenzpunkt $+\Phi_m$ auf die Φ-Achse zurückfallen. Die senkrecht schraffierte Fläche gibt dann die im Magnetmaterial in Wärme umgesetzte Energie wieder. Ob die waagrecht schraffierte Fläche die in einem Generatorinnenwiderstand verbrauchte Energie enthält oder ebenfalls noch zu den Magnetisierungsverlusten beiträgt, ist vom Material und den Ansteuerbedingungen abhängig, siehe z. B. in [3.10]. Bei einer langsamen einmaligen Umfahrung einer Hystereseschleife, bei der man wieder an den Ausgangspunkt zurückkehrt, stellt jedenfalls nur die Innenfläche der Hystereseschleife die magnetischen Verluste dar. Wird dagegen der in P_1 bestehende Strom abrupt umgepolt, so wandert der Arbeitspunkt sofort nach P_2, um sich darauf entlang einer senkrechten Geraden mit ungleichmäßiger Geschwindigkeit dem Punkt P_3 zu nähern. Vom Punkt P_3 führt eine weitere Umpolung des Stromes zunächst unmittelbar zu P_4 und dann schließlich wieder mit endlicher, ungleichmäßiger Geschwindigkeit zu P_1 zurück. In diesem Falle stellt der Inhalt des gesamten Rechteckes $P_1 P_2 P_3 P_4$ die magnetischen Verluste dar.

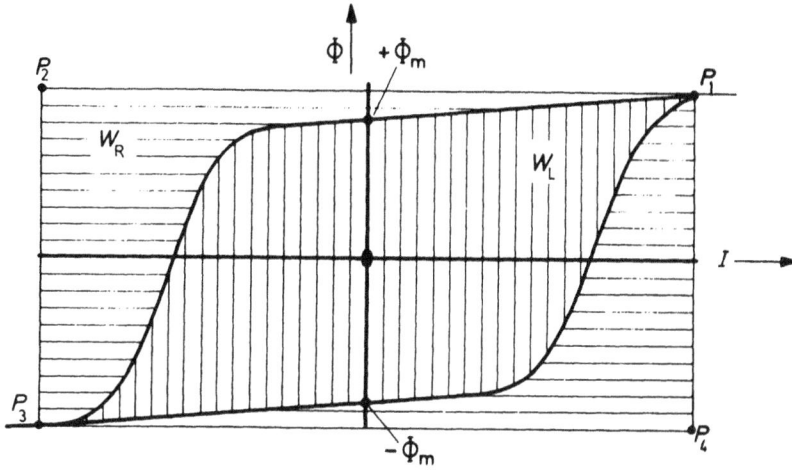

Bild 1.49:   Hystereseschleife für ferromagnetische Materialien. Die Fläche W_L ist proportional zu den magnetischen Verlusten beim Ummagnetisieren und die Fläche W_R proportional zu den Ansteuerverlusten.

2.0 Schaltungen mit nichtlinearen Zweipolen

2.1 Der allgemeine nichtlineare Zweipol

Wir wollen alle zweipoligen Bauelemente, deren Stromspannungscharakteristiken nichtlinear sind, in Erweiterung des klassischen Widerstandsbegriffes als nichtlineare Widerstände bezeichnen. Wird solch ein Widerstand in seinem Verhalten schon vollständig durch die Stromspannungscharakteristik beschrieben, was zumindest für alle langsamen Vorgänge zutrifft, so wollen wir von einem statischen nichtlinearen Widerstand sprechen. Reicht bei schnellen Vorgängen die Kenntnis der statischen Kennlinie zur Erfassung des wirklichen Verhaltens nicht aus, weil z. B. bei einem realen Bauelement kapazitive und induktive Effekte hervortreten, so wollen wir ihn als dynamischen nichtlinearen Widerstand bezeichnen. Im folgenden wird zuerst auf die statischen Widerstände und die Berechnung von Schaltvorgängen in Netzwerken mit wenigstens einem solchen nichtlinearen Element eingegangen. Das Problem der Schaltvorgänge in Netzen mit dynamischen nichtlinearen Widerständen wird erst in Abschnitt 2.7 behandelt.

Beispiele von nichtlinearen Stromspannungskennlinien sind in Bild 2.1 wiedergegeben. Bildet man in einzelnen Arbeitspunkten das Produkt von u und i, d. h. bestimmt man dort die Leistung, so kann dieses Produkt ersichtlich im 1. und 3. Quadranten positive und im 2. und 4. Quadranten negative Werte annehmen. Bedenkt man die Pfeilrichtungen von Strom und Spannung für einen solchen Widerstand, so muß man ein positives Produkt als Energieaufnahme und ein negatives Produkt als Energieabgabe deuten. Man spricht zur kurzen Kennzeichnung dieses Sachverhaltes auch von passiven und aktiven Bauelementen. Das letzte Beispiel in Bild 2.1 ist in dieser Hinsicht besonders lehrreich. Es betrifft eine sog. Photodiode, die ohne Belichtung völlig passiv ist (gestrichelt), aber bei Belichtung elektrische Energie abgeben kann (durchgezogen).

Betrachten wir in einem Arbeitspunkt nur kleine Änderungen du und di, so kann auch hier das Produkt positiv oder negativ sein. Man beachte jedoch, daß das Vorzeichen des Produktes nur von der speziellen Form der Kennlinie und nicht mehr von der Lage des Arbeitspunktes in einem Quadranten abhängt. Da das Vorzeichen des Produktes gleich dem Vorzeichen des Quotienten von du und di ist, kann man auch den differentiellen Widerstand r = du/di betrachten. Gibt es z. B. Arbeitspunkte im ersten Quadranten, in denen r, d. h. die reziproke Steigung, negativ ist, so ist dort für kleine Wechselströme das Bauelement aktiv und kann insbesondere dort zur Erzeugung von kleinen oder großen Schwingungen oder zur Verstärkung von kleinen Signalen verwendet werden. Voraussetzung ist jedoch noch eine geeignete äußere Beschaltung.

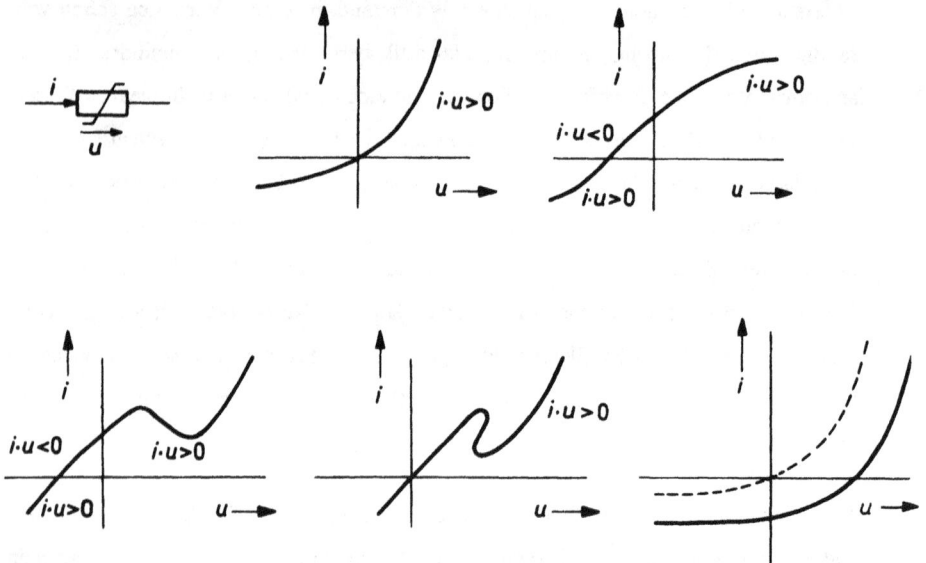

Bild 2.1:   Beispiele von Kennlinien nichtlinearer Widerstände.

2.2   Die pn-Diode

Das häufigste Beispiel für einen nichtlinearen Widerstand ist eine Diode. Zwei gebräuchliche symbolische Schaltbilder sind in Bild 2.2 wiedergegeben. Der analytische Ausdruck für die statische Kennlinie einer Diode läßt sich unter idealisierenden Bedingungen ableiten. Wir wollen dies hier jedoch nicht tun sondern die physikalischen

Grundlagen der Halbleiterelemente als bekannt voraussetzen. Die sich an einem pn-Übergang einstellende Minoritätsträgerladung Q ist in folgender Weise von der Spannung U abhängig:

$$Q = Q_s (e^{U/U_T} - 1) \; . \qquad\qquad (2.1)$$

Bild 2.2:   Zuordnung von Strom I und Spannung U zu den gebräuchlichen Dioden-Symbolen.

Dabei ist Q_s eine Konstante und U_T die sogenannte Temperaturspannung

$$U_T = kT/q \; , \qquad\qquad (2.2)$$

wobei

> k = Boltzmannkonstante
>
> T = absolute Temperatur
>
> q = Elementarladung.

Bei Zimmertemperatur ist $U_T \approx 25$ mV. Der Gleichstrom durch eine solche Diode ist proportional zur Ladung, d. h. er kann in gleicher Weise wie diese geschrieben werden

$$I = I_s (e^{U/U_T} - 1) \; , \qquad\qquad (2.3)$$

was nach U aufgelöst lautet:

$$U = U_T \ln (1 + I/I_s) \; . \qquad\qquad (2.4)$$

I_s wird als Sperrstrom bezeichnet. Der prinzipielle Verlauf von I ist in Bild 2.3 skizziert. Das Teilbild a zeigt den Strom im linearen Maßstab und das Teilbild b im logarithmischen Maßstab. Für sehr viel niedrigere Werte des Sperrstromes, die heute aktuell sind, ergeben sich die entsprechenden Kurvenformen in Bild 2.4. Wenn wir später Näherungen für Diodenkennlinien diskutieren werden, sollten wir diese wirklichen Meßkurven und nicht die prinzipiellen Kurven vor Augen haben. Eine Schwell- oder

Kniespannung U_K definiert man in der linearen Darstellung meist durch einen Schnitt einer Tangente an die Diodenkennlinie mit der Spannungsachse, siehe Bild 2.5a, oder genauer, als denjenigen Spannungswert, der zu einem definierten Referenzstrom I_{ref} im Kniebereich gehört; in Bild 2.4a z. B. die Spannung zu dem Stromwert $I = 0{,}1$ mA. Bei der Benutzung solcher Größen beachte man aber, daß die exponentielle Dioden-kennlinie je nach Wahl des Stromreferenzwertes zu ganz verschiedenen Schwellspan-nungen führt, und daß dies bei passender Wahl des Strommaßstabes in der linearen Darstellung auch ganz verständlich wird, siehe die Beispiele in Bild 2.5b und Bild 2.5c.

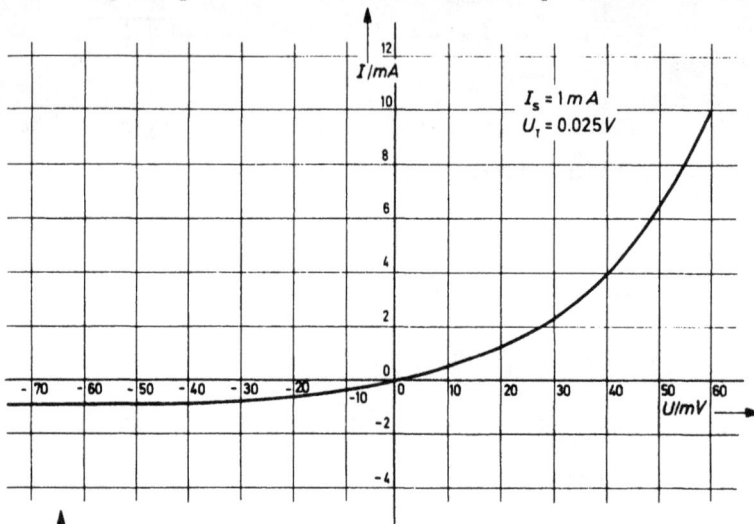

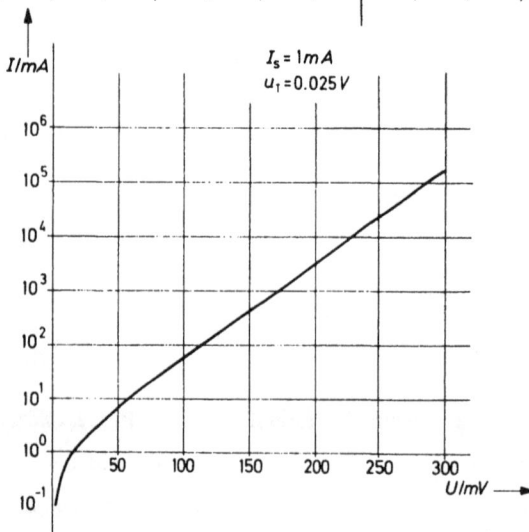

Bild 2.3:   Stromspannungs-Kennlinie einer Diode mit großem Sperrstrom

          a) linearer Strom-Maßstab, b) logarithmischer Strom-Maßstab, Prinzip.

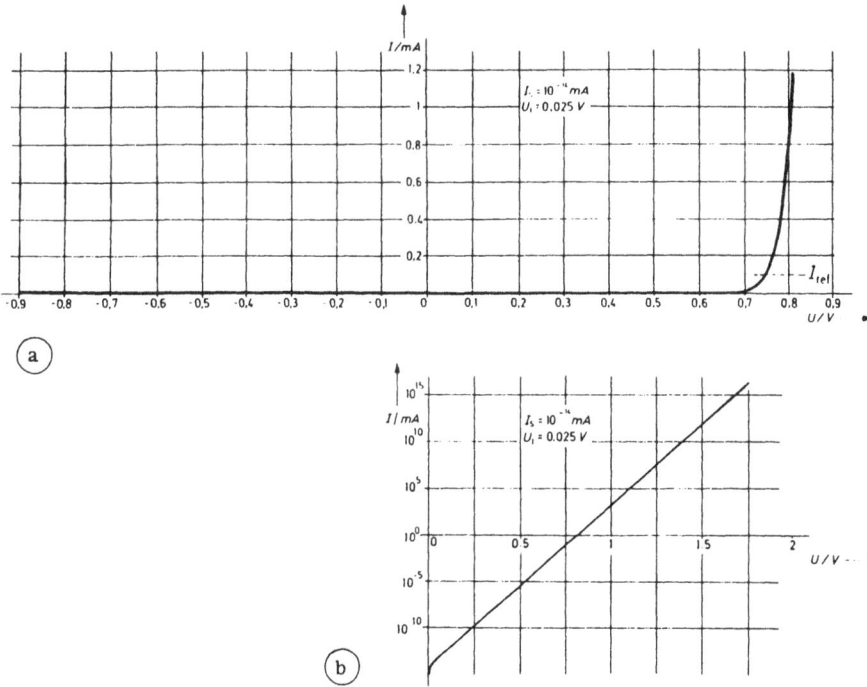

Bild 2.4:   Stromspannungs-Kennlinie einer Diode mit kleinem Sperrstrom

a) linearer Strom-Maßstab, b) logarithmischer Strom-Maßstab.

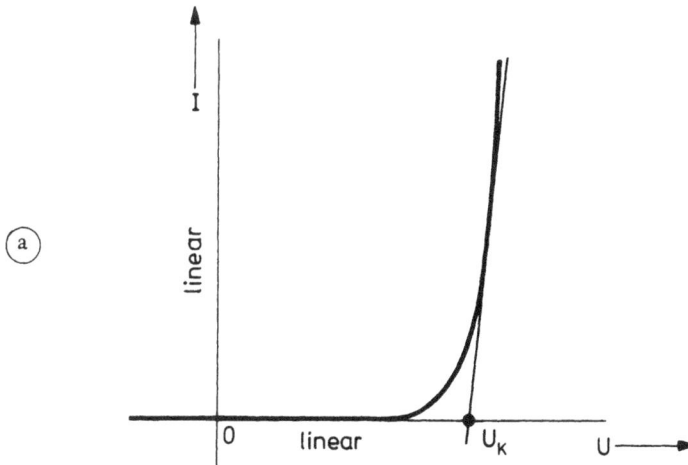

Bild 2.5:   Zur Definition einer Diodenknickspannung:

a) Die Tangente an die linear aufgetragene Kennlinie ergibt im Schnitt-

punkt mit der Abszisse die Kniespannung (Schwellspannung U_K).

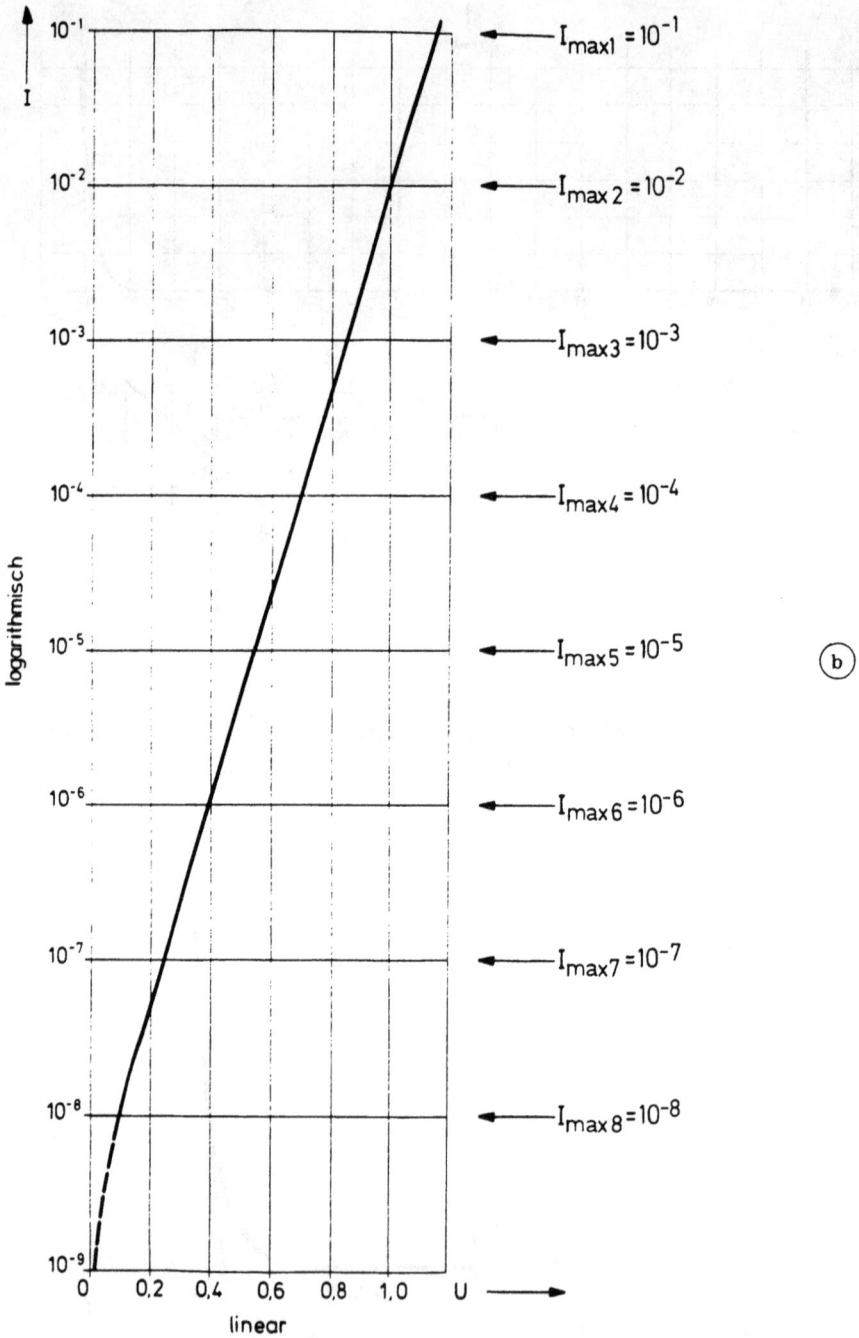

Bild 2.5:   b) Eine über viele Dekaden des Stromes exponentielle Dioden-Kennlinie in der halblogarithmischen Darstellung mit Angabe verschiedener
möglicher Maximalströme I_{max}.

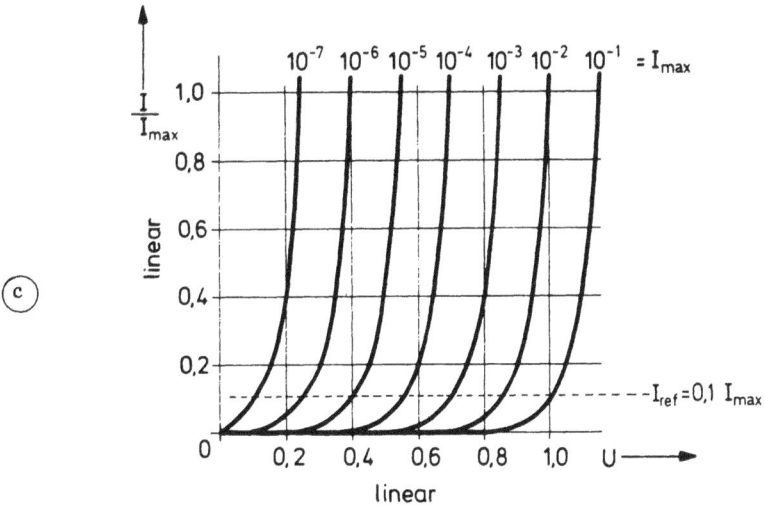

Bild 2.5:   c) Lineare Darstellung der Kurve in b für verschiedene Maximalströme.
Im Beispiel wird die jeweilige Schwelle durch den Referenzstrom
$I_{ref} = 0.1\,I_{max}$ definiert.

Bei einer bestimmten Sperrspannung, der sog. Zener-Spannung U_Z biegt die wirkliche
Dioden-Kennlinie plötzlich nach unten ab, siehe Bild 2.6a, die Diode "bricht durch".
Dieses Verhalten ist in der obigen Gleichung (2.3) nicht berücksichtigt. Dioden, die
man in diesem Durchbruchsbereich betreibt, nennt man Zener-Dioden. Sie werden
meistens entsprechend Bild 2.6b symbolisch dargestellt.

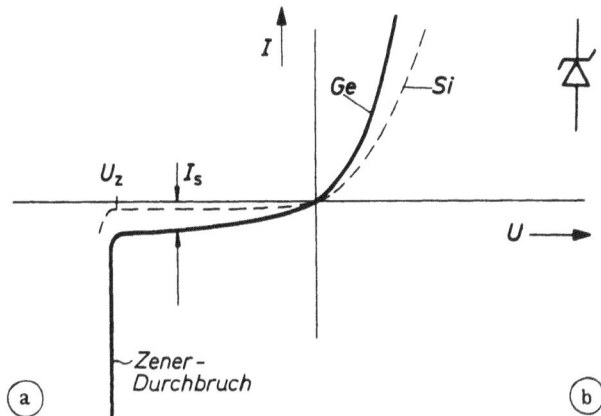

Bild 2.6:   a) Kennlinien bei Berücksichtigung des Zener-Durchbruches,
b) Schaltsymbol der Zener-Diode.

Wird eine Diode nur durch die Exponentialfunktion in Gl. (2.3) beschrieben, wollen wir sie zum Zwecke einer raschen Kennzeichnung die "physikalisch ideale Diode" nennen. Die "reale Diode" unterscheidet sich von ihr nicht nur durch das Vorhandensein einer Zener-Durchbruchsspannung sondern auch durch Abweichungen im "normalen" Strombereich.

Vergleicht man die durch Gl. (2.3) definierte Kennlinie der physikalisch idealen Diode mit gemessenen Kennlinien, siehe z. B. mögliche Kurvenformen in Bild 2.7, so ergibt sich im Durchlaßbereich in der Regel eine Steigung, die etwas kleiner ist als die der e-Funktion. Deshalb führt man im Exponenten der e-Funktion einen Faktor m ein, dessen Wert im Bereich zwischen 1 und 2 liegt:

$$I = I_s (e^{U/(m \cdot U_T)} - 1) \ . \hspace{3cm} (2.5)$$

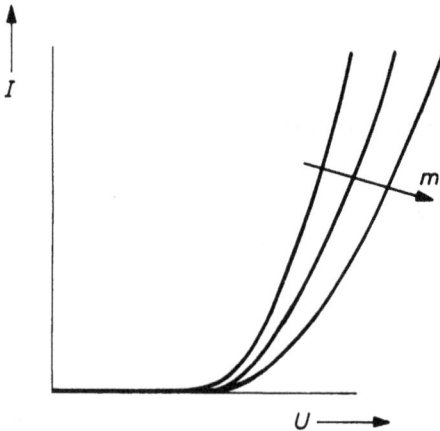

Bild 2.7:

Auswirkung des Parameters m.

Seine Auswirkung ist für wachsende m durch den Pfeil in Bild 2.7 angedeutet. Meßtechnisch ermittelt man den Faktor m am besten wegen der Schwierigkeiten der Bestimmung eines eindeutigen Sperrstromes nur aus der Durchgangskennlinie, indem man dort zwei Meßpunkte P_1 und P_2 mit $U \gg U_T$ aufnimmt, siehe Bild 2.8. Die Auflösung der beiden Diodengleichungen nach m liefert:

$$m = \frac{U_2 - U_1}{U_T \cdot \ln(I_2/I_1)} \ . \hspace{3cm} (2.6)$$

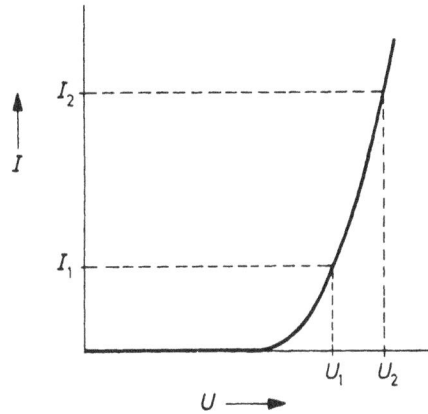

Bild 2.8:

Zur Elimination des Sperrstromes

in der Diodengleichung.

Beim Blick auf gemessene Diodenkennlinien erkennt man schließlich noch, daß sich bei größeren Strömen der exponentielle Anstieg abflacht. Dies ist auf die Wirkung eines Bahnwiderstandes zurückzuführen. Die endliche Steigung der Sperrkennlinie insbesondere bei realen Siliziumdioden kann man im Ersatzbild noch durch einen Widerstand, den sog. Sperrwiderstand zum Ausdruck bringen. In Bild 2.9a sind diese beiden Widerstände eingezeichnet und in Bild 2.9b sind die verschiedenen Abweichungen der realen von der physikalisch idealen Diodenkennlinie zusammengefaßt skizziert.

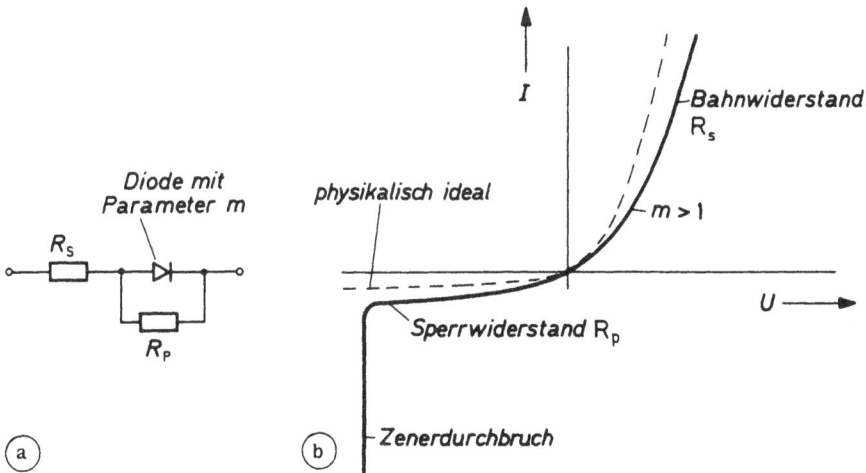

Bild 2.9:   Darstellungen der realen Diode. a) Ersatzschaltbild für Spannungen ab $U > U_Z$. b) Abweichungen der realen Kennlinie von der physikalisch idealen Kennlinie.

Die üblichen pn-Dioden sind durchwegs passiv, d. h. das Produkt u·i ist in allen Arbeitspunkten positiv. Auch der differentielle Widerstand ist positiv:

$$r = \frac{dU}{dI} = U_T \frac{1}{1+I/I_s} \cdot \frac{1}{I_s} = U_T/(I_s \cdot e^{U/U_T}) \approx \frac{U_T}{I} . \qquad (2.7)$$

Er wird mit steigender Aussteuerung kleiner.

Wie die hier ermittelten analytischen Kennlinien zur Berechnung von Schaltvorgängen in Netzwerken mit einer Diode verwendet werden können, welcher Rechenaufwand selbst in einfachen Beispielen schon getrieben werden muß, und wie selbst ganz einfache Schaltungen nicht mehr analytisch berechnet werden können, werden wir am besten anhand einiger Beispiele im nächsten Abschnitt kennenlernen.

2.3   Berechnung von Schaltvorgängen in Diodenschaltungen

2.3.1   Diode, Widerstand und Spannungssprung

Es sei bei einem Spannungsteiler, der aus einem linearen Widerstand R und einer Diode D besteht, siehe Bild 2.10 die Ausgangsspannung u_R zu berechnen, wenn an den Eingang ein Spannungssprung der Amplitude U_0 angelegt wird. Im Schaltbild liest man ab:

$$U_0 = u_D + u_R , \qquad (2.8)$$

was mit Gl. (2.4) wird zu

$$U_0 = U_T \ln (1 + i/I_s) + iR. \qquad (2.9)$$

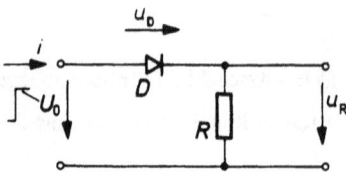

Bild 2.10:

Elementare Schaltung aus Diode und Widerstand.

Diese Beziehung müßten wir nach i auflösen, um z. B. bei gegebenen U_0 und R die Ausgangsspannung u_R zu erhalten. Da dies hier analytisch nicht möglich ist, wollen wir es später in Kapitel 2.4 graphisch machen. Hier genüge lediglich der Hinweis auf das dabei zu beachtende Prinzip, daß bei gleichem Strom i die beiden Spannungen u_D und u_R zur angelegten Spannung U_0 addiert werden müssen, siehe Bild 2.11.

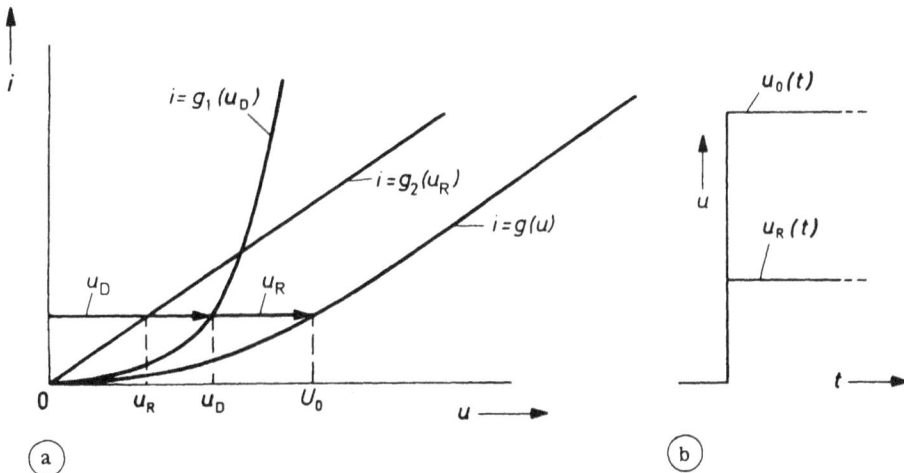

Bild 2.11:   Konstruktion der Spannungen bei Anregung mit einem Spannungssprung.

Es ist sicher verblüffend, daß für ein so einfaches Beispiel eine analytische Lösung nicht möglich ist. Es ist jedoch für viele Zwecke ausreichend, ein graphisches Verfahren einsetzen zu können.

2.3.2 Diode, Kapazität und Spannungssprung

Als nächstens betrachten wir das Übertragungsverhalten eines Spannungsteilers, bestehend aus einer physikalisch idealen Diode in Serie mit einem linearen kapazitiven Energiespeicher (DC-Glied) nach Bild 2.12.

Die Schaltung werde am Eingang zur Zeit t = 0 von einem Spannungssprung angesteuert. Der Verlauf der Ausgangsspannung $u_c(t)$ ist zu berechnen.

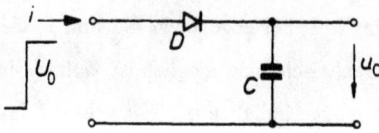

Bild 2.12:

Elementare Serienschaltung

aus Diode und Kapazität.

Für die Spannungen gilt für t > 0 die Gleichung

$$U_0 = U_T \cdot \ln(1 + i/I_s) + \frac{1}{C}\int i\, dt \; . \qquad (2.10)$$

Differenziert man diese Beziehung nach t, so ergibt sich

$$0 = U_T \cdot \frac{1}{1 + i/I_s} \cdot \frac{1}{I_s}\frac{di}{dt} + \frac{1}{C} i \; , \qquad (2.11)$$

Man separiert die Variablen und integriert

$$\frac{C}{I_s} U_T \int \frac{di}{(1 + i/I_s)i} = -\int dt + const. \qquad (2.12)$$

Daraus folgt

$$\frac{i/I_s}{1 + i/I_s} = K\, e^{-\frac{I_s}{C\cdot U_T} t} \; . \qquad (2.13)$$

Aufgelöst nach i/I_s und unter Benutzung von $\tau_D = C\cdot U_T/I_s$ erhält man

$$\frac{i}{I_s} = \frac{K\, e^{-t/\tau_D}}{1 - K\, e^{-t/\tau_D}} = \frac{K}{e^{t/\tau_D} - K} \; , \qquad (2.14)$$

wobei sich K aus dem Anfangsstrom $I(t = 0 + \varepsilon) \equiv I_0$ ergibt zu

$$K = \frac{I_0/I_s}{1 + I_0/I_s} \; . \qquad (2.15)$$

Zugleich ist I_0 wegen $u_C = 0$ für t = 0 einfach der Diodenstrom

$$I_o = I_s \, (e^{U_o/U_T} - 1) \, .$$ (2.16)

Einsetzen von Gl. (2.15) in Gl. (2.14) ergibt

$$\frac{i}{I_s} = \frac{I_o/I_s \, e^{-t/\tau_D}}{1 + \dfrac{I_o}{I_s} - \dfrac{I_o}{I_s} e^{-t/\tau_D}} \, .$$ (2.17)

Die Spannung an der Kapazität folgt durch Integration zu

$$u_C = \frac{1}{C} \int_o^t i \, dt = U_T \cdot \ln \, (1 + (I_o/I_s) \, (1 - e^{-t/\tau_D})) \, .$$ (2.18)

Man sieht mit Gl. (2.16), daß $u_C(t \rightarrow \infty) = U_o$.

Die Steilheit des Anstieges zum Zeitpunkt $t = 0$ des Spannungssprungs mit der Amplitude U_o beträgt nach Gl.(2.18) und Gl.(2.17)

$$\frac{du_C}{dt} \bigg|_{t=0} = \frac{i}{C} \bigg|_{t=0} = \frac{1}{C} \cdot I_s \cdot (e^{U_o/U_T} - 1) = \frac{1}{C} \cdot I_o \, .$$ (2.19)

Wir wollen nun der DC-Schaltung eine RC-Schaltung gegenüberstellen, d. h. einen linearen Widerstand in Serie mit einer Kapazität, siehe Bild 2.13. Man erhält unter Zugrundelegung gleicher Kapazität C und gleichen Ansteuerbedingungen die Gleichungen

$$i = (U_o/R) \, e^{-t/\tau_R} \, , \quad \text{wobei} \quad \tau_R = RC \quad \text{und} \quad U_o/R = I_o{}' , $$ (2.20a)

$$u_C = U_o(1 - e^{-t/\tau_R}) \, , $$ (2.20b)

$$\frac{du_C}{dt} \bigg|_{t=0} = \frac{i}{C} \bigg|_{t=0} = \frac{U_o}{RC} = \frac{1}{C} \cdot I_o{}' \, .$$ (2.20c)

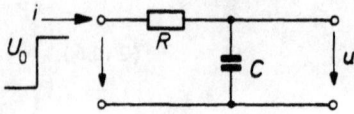

Bild 2.13:   RC-Glied als Vergleich zur vorigen Schaltung.

Vergleicht man den Verlauf der Kondensatorspannung der DC-Schaltung nach Gl.(2.19) mit dem der RC-Schaltung nach Gl.(2.20) so läßt sich erkennen:

1.   Wählt man bei der RC-Schaltung den Widerstand R so, daß sich im Augenblick des Spannungssprungs U_0 der gleiche Anfangsstrom und damit die gleiche Steilheit des Anstiegs der Kondensatorspannung ergibt wie bei der DC-Schaltung d. h. wählt man $I_0 = I_0'$, dann erreicht die Ausgangsspannung an der DC-Schaltung erst später ihren Endwert als die Ausgangsspannung an der RC-Schaltung. Um dies einzusehen, braucht man nur den Spannungsverlauf nach Gl. (2.18) bzw. Gl. (2.20b) unter der Nebenbedingung

$$I_0' = \frac{U_0}{R} = I_0 = I_s\ (e^{U_0/U_T} - 1)\ , \qquad (2.21)$$

oder umgestellt

$$R = U_0/(I_s(e^{U_0/U_T} - 1))\ , \qquad (2.22)$$

zu berechnen und einander gegenüberzustellen (siehe Bild 2.14).

2.   Erhöht man bei unverändert bleibendem Widerstand R in beiden Schaltungen die Größe des Spannungssprunges, dann wächst nach Gl. (2.19) die Anfangssteilheit der Ausgangsspannung der DC-Schaltung exponentiell mit U_0, die der RC-Schaltung nach Gl. (2.20c) aber nur linear mit U_0 an. D. h. die Kurve für die DC-Schaltung steigt sehr viel schneller mit der Ansteueramplitude an als bei der RC-Schaltung (in Bild 2.14 ist dies für eine Erhöhung von U_0 auf das Doppelte gezeigt). Hierbei reduziert sich die äquivalente Zeitkonstante auf etwa 27% des ursprünglichen Wertes. Dies ist natürlich darauf zurückzuführen, daß der nur durch die Diode bestimmte Anfangsstrom bei wachsender Spannung überproportional ansteigt (je höher die Spannung, umso höher der Strom und umso niederohmiger die Diode, siehe auch Gl. (2.7)).

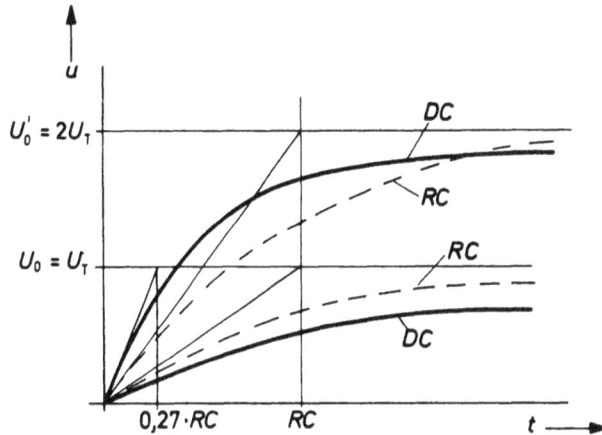

Bild 2.14:   Verlauf der Ausgangsspannung, wenn die Schaltung in Bild 2.12 im Fall a mit einem Spannungssprung der Amplitude $U_0 = U_T$ und im Fall b mit einem Spannungssprung der Amplitude $U_0 = 2U_T$ angeregt wird.

2.3.3 Diode, Kapazität und Stromsprung

Die in Bild 2.12 dargestellte Aufgabe läßt sich noch etwas variieren, indem man Spannungssprung mit Stromsprung und Serienschaltung mit Parallelschaltung vertauscht. Eine solche Vertauschung würde bei einem linearen Netzwerk in ihrer Wirkung sofort überschaubar sein. Nicht jedoch bei einem nichtlinearen Netzwerk. Wir werden sehen, daß wir hier sogar Zeitkonstanten erhalten, deren Wert direkt von der Ansteueramplitude abhängt.

In Bild 2.15 wird zur Zeit t = 0 ein Stromsprung der Amplitude I_0 auf eine Parallelschaltung einer Diode und einer Kapazität gegeben und es wird nach der Aufteilung der Ströme und dem Verlauf der Spannung u als Funktion der Zeit gefragt. Die Rechnung verläuft völlig analog mit der oben angegebenen.

Wir gehen für t > 0 von den Beziehungen aus:

$$I_0 = i_C + i_D, \quad \text{und} \quad u_C = u_D . \qquad (2.23)$$

Daraus wird:

$$\frac{1}{C} \int i_C \, dt = U_T \ln (1 + i_D/I_s) = U_T \ln (1 + (I_0 - i_C)/I_s) . \qquad (2.24)$$

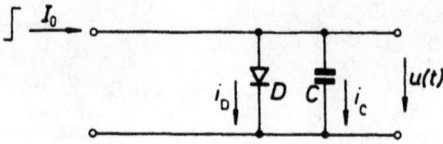

Bild 2.15:   Elementare Parallelschaltung aus Diode und Kapazität.

Wir differenzieren nach t:

$$\frac{i_C}{C} = - U_T \frac{1}{1+(I_0-i_C)/I_s} \cdot \frac{1}{I_s} \frac{di_C}{dt} \cdot \qquad (2.25)$$

Nach der Trennung der Variablen wird integriert

$$- \frac{I_s}{U_T \cdot C} \int dt = \int \frac{di_C}{i_C(1+(I_0-i_C)/I_s)} + \text{const.} \qquad (2.26)$$

Mit der Anfangsbedingung $i_C(0) = I_0$ ergibt sich

$$\frac{i_C}{I_s} = \frac{(I_0/I_s)(1 + I_0/I_s) e^{-t/\tau_D}}{1 + (I_0/I_s) e^{-t/\tau_D}} \cdot \qquad (2.27)$$

Die Zeitkonstante τ_D ist jetzt sogar abhängig von der Ansteueramplitude

$$\tau_D = C \cdot U_T/(I_s + I_0) \cdot \qquad (2.28)$$

Der Diodenstrom ergibt sich aus $i_D = I_0 - i_C$ und die Spannung u damit z. B. aus der Formel für die Diodenspannung

$$u(t) = U_T \ln (1 + \frac{I_0}{I_s} - \frac{(I_0/I_s)(1 + I_0/I_s) e^{-t/\tau_D}}{1 + (I_0/I_s) e^{-t/\tau_D}}) \cdot \qquad (2.29)$$

Der Verlauf von $i_C(t)$ und u(t) ist in Bild 2.16 für ein Beispiel berechnet und aufgetragen worden.

(a)

(b)

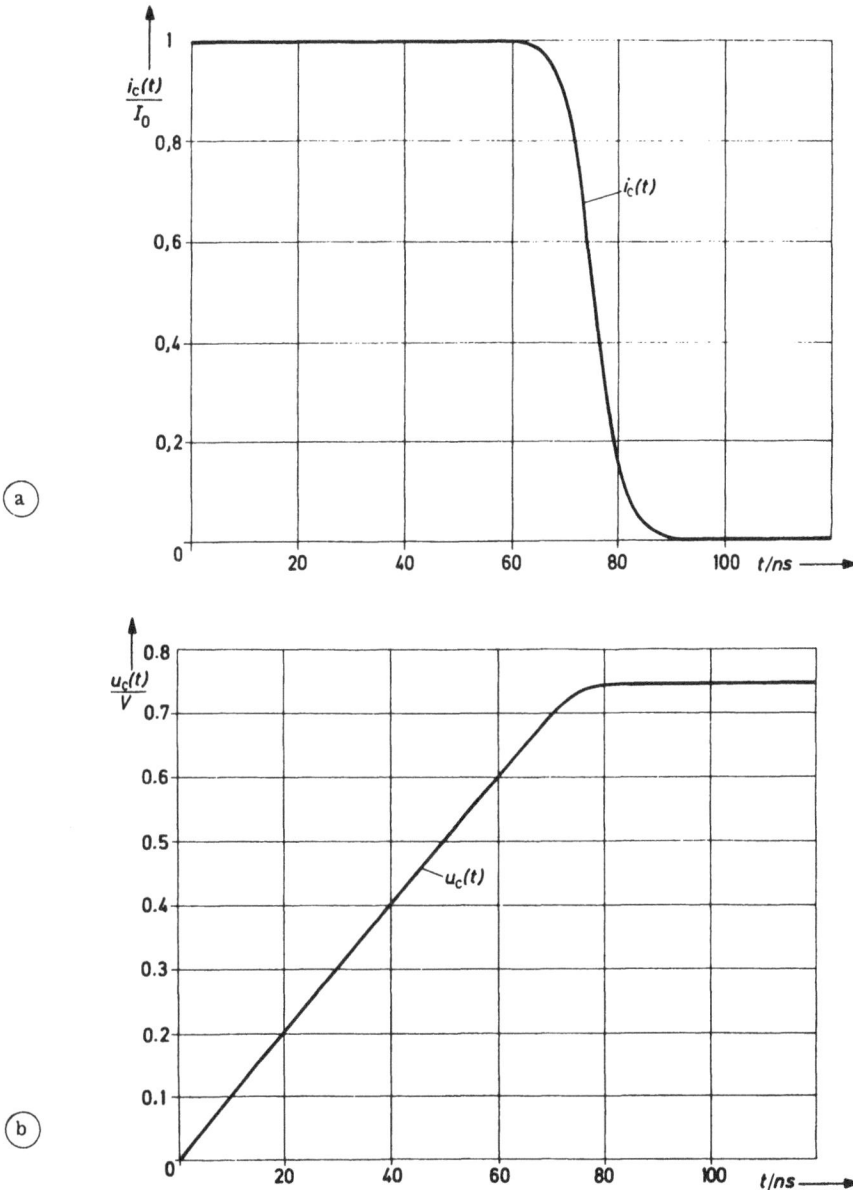

Bild 2.16:   Für ein Beispiel Verlauf von Strom und Spannung an der Kapazität der Schaltung von Bild 2.15.

Wenn wir versuchen, noch weitere Beispiele von einfachen Schaltungen zu finden, bei denen wir einen Schaltvorgang analytisch berechnen können, werden wir fast nie Erfolg haben. Versuchen wir z. B. nur, die Schaltung des letzten Beispieles ganz geringfügig zu

verändern, siehe Bild 2.17a. Nach dem Prinzip der Umwandlung einer Ersatz-
spannungsquelle in eine Ersatzstromquelle finden wir die äquivalente Darstellung in
Bild 2.17b, die im Grunde nur drei verschiedene Schaltelemente aufweist. Für die
Ströme und Spannungen liest man in der Schaltung dann leicht ab

$$u_C = u_D = u_R \equiv u \,, \qquad\qquad (2.30)$$

und

$$I_0 = i_C + i_D + i_R = C \frac{du}{dt} + I_s(e^{u/U_T} - 1) + \frac{u}{R} \,. \quad (2.31)$$

Hier läßt sich die resultierende Differentialgleichung erster Ordnung deshalb nicht
mehr geschlossen lösen, weil man die Variablen nicht trennen kann. Man muß dann
andere Lösungsmöglichkeiten suchen.

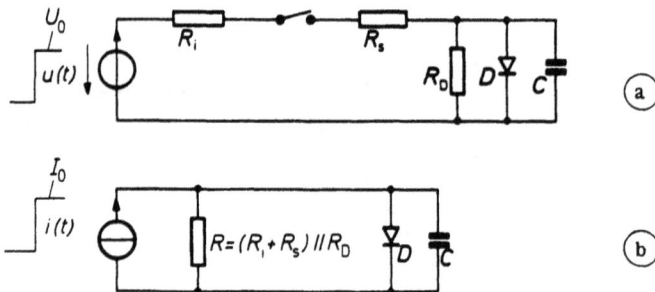

Bild 2.17:   Elementare Schaltungen, in denen Ströme und Spannungen nicht mehr
analytisch zu bestimmen sind.

2.4   Das Arbeiten mit statischen Kennlinien

2.4.1   Definition von Kennlinien

Bei elektrischen Schaltungen interessieren sehr häufig nur die Ströme und Spannungen
am Eingang und am Ausgang. Diese Größen sind im allgemeinen von der Belastung
abhängig, siehe Bild 2.18.

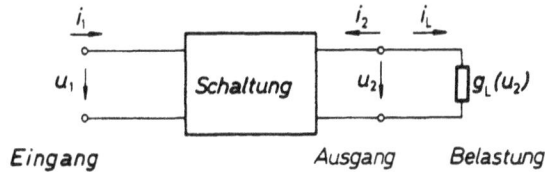

Bild 2.18:   Definition der Strom- und Spannungsrichtungen an einer nichtlinearen
               Schaltung.

Man kann sie sich entweder bei Kenntnis der Schaltung direkt berechnen, oder aus bekannten Eingangs- und Ausgangskennlinien konstruieren. Bei nichtlinearen Schaltungen gibt es nun verschiedene Möglichkeiten, mit Kennlinien zu arbeiten. Auch in
dieser Hinsicht unterscheiden sie sich von den linearen Netzwerken, bei denen ein ein-
ziger Satz von Vierpolparametern genügt, da andere Darstellungen immer leicht durch
Umrechnungen zu gewinnen sind. Eine solche Umrechnung von Vierpolparametern ist
bei nichtlinearen Netzwerken im allgemeinen nicht möglich.

Bevor wir einige spezielle Kennlinien betrachten, wollen wir uns überlegen, welche Abhängigkeiten überhaupt existieren können. In Bild 2.18 sind die Klemmengrößen i_1, i_2,
u_1, u_2 eingezeichnet. Sie sind eindeutig bestimmt, wenn an den Schnittstellen "Eingang"
und "Ausgang" definierte Bedingungen zu den anschließenden Schaltungen herrschen.
Ein dadurch charakterisierter Arbeitspunkt, sofern er eindeutig möglich ist, kann als
ein Punkt im vierdimensionalen Raum angesehen werden. Lassen wir eine Koordinate
unbestimmt, so bilden die übrigbleibenden Koordinaten Flächen im Dreidimen-
sionalen, auf denen der Arbeitspunkt liegen kann. Dies sind gewissermaßen "Kennli-
nien-Flächen", die man im Zweidimensionalen als Kurvenschar mit der dritten Koordinate als Parameter zeichnen kann. Da man jeweils die Tripel (u_1,u_2,i_1), (u_2,i_1,i_2),
(i_1,i_2,u_1), (u_1,u_2,i_2) betrachten kann, ergeben sich 4 verschiedene Kennlinienflächen.
Für jedes Tripel lassen sich 3 Parameterdarstellungen im Zweidimensionalen finden,
bzw. es läßt sich nach jeder dieser drei Größen auflösen, so daß sich insgesamt 12 Darstellungen ergeben.

Die gebräuchlichsten Kennlinien sind (f bedeutet im folgenden eine Spannung als
Funktion von zwei Strömen, g ein Strom als Funktion von zwei Spannungen, h ein
Strom als Funktion einer Eingangs- und einer Ausgangsgröße, k ein Strom als Funktion

der Größen der jeweils anderen Seite, l eine Spannung als Funktion einer Eingangs-
und Ausgangsgröße und m eine Spannung als Funktion der Größen der jeweils anderen Seite):

(2.32)

1. $u_1 = f_1(i_1,i_2)$ = Primärspannungs-f-Kennlinie,

2. $u_2 = f_2(i_1,i_2)$ = Sekundärspannungs-f-Kennlinie,

3. $i_1 = g_1(u_1,u_2)$ = Primärstrom-g-Kennlinie,

4. $i_2 = g_2(u_1,u_2)$ = Sekundärstrom-g-Kennlinie,

5. $i_1 = h_1(u_1,i_2)$ = Primärstrom-h-Kennlinie,

6. $i_2 = h_2(i_1,u_2)$ = Sekundärstrom-h-Kennlinie,

7. $i_1 = k_1(u_2,i_2)$ = Rückwirkungskennlinie,

8. $i_2 = k_2(u_1,i_1)$ = Steilheitskennlinie.

Die restlichen Kennlinien sind

9. $u_1 = l_1(i_1,u_2)$,

10. $u_2 = l_2(i_2,u_1)$,

11. $u_1 = m_1(i_2,u_2)$,

12. $u_2 = m_2(i_1,u_1)$.

Die Abhängigkeit von zwei unabhängigen Variablen läßt sich auf eine Variable reduzieren, wenn wir die Abschlußbedingungen festlegen. Dadurch entstehen z. B. die beiden Beziehungen mit speziellen Bezeichnungen

$u_2 = N(u_1)$ = Spannungsübertragungskennlinie (SpÜK) ,   (2.33)

$i_2 = M(i_1)$ = Stromübertragungskennlinie (StÜK).

Ein typisches Beispiel für die Anwendung der Kennlinien ist die Ermittlung von Spannung und Strom an der Schnittstelle zwischen zwei Schaltungen, die nach Bild 2.19 in
Kette geschaltet sind. Für die Ströme und Spannungen gilt dort offensichtlich

$u_A = u_B$,   (2.34)

und

$-i_A = i_B$.   (2.35)

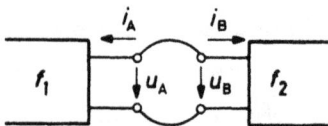

Bild 2.19:

Schnittstelle zwischen zwei Schaltungen.

Hat man z. B. für die erste Schaltung die Ausgangskennlinie $u_A = f_1(i_A)$ und für die zweite Schaltung die Eingangskennlinie $u_B = f_2(i_B)$ vorliegen, siehe Bild 2.20a,b so ergibt sich der Arbeitspunkt als Schnittpunkt zwischen der gespiegelten Kurve $f_2(-i_B)$ und $f_1(i_A)$, siehe Bild 2.20c.

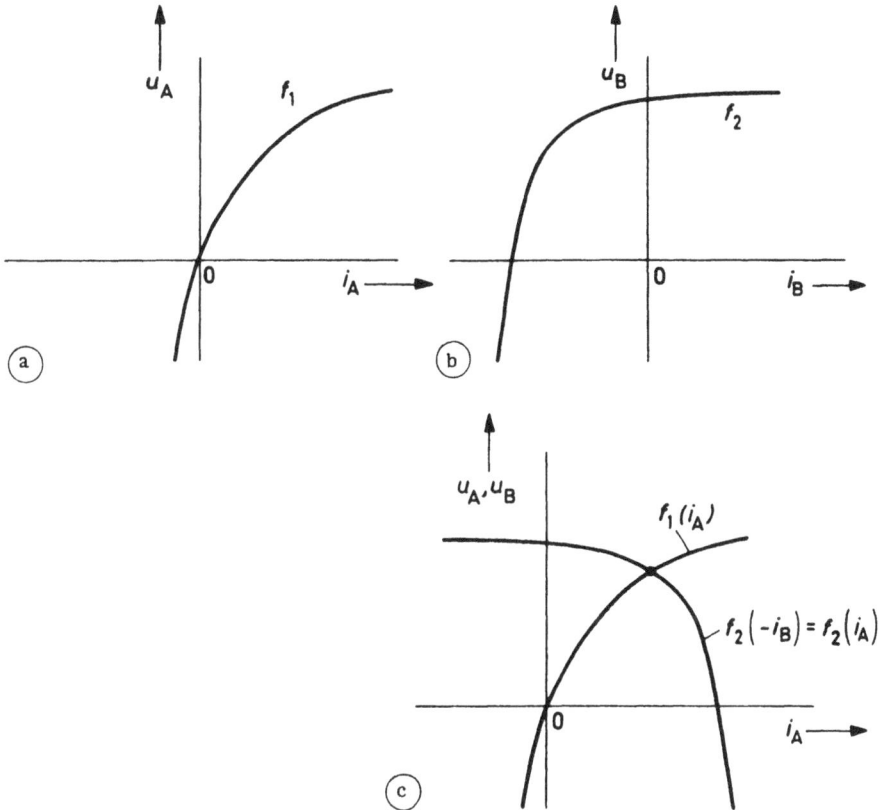

Bild 2.20:   Arbeitspunktbestimmung an der Schnittstelle zwischen zwei nichtlinearen Schaltungen.

Bevor wir nun daran gehen, Schaltungen mit solchen Kennlinien miteinander zu kombinieren, müssen wir zuerst einmal klären, wie man die erwähnten Kennlinien ermittelt, wenn eine Schaltung aus linearen und nichtlinearen statischen Elementen vorgegeben ist.

Einige Beispiele:

Serienschaltung zweier nichtlinearer Widerstände.

Zwei nichtlineare Widerstände seien wie in Bild 2.21 durch die Funktionen $i = g(u)$ oder $u = f(i)$ gekennzeichnet. Schaltet man diese Widerstände in Serie, so fließt durch sie ersichtlich der gleiche Strom i, siehe Bild 2.21d.

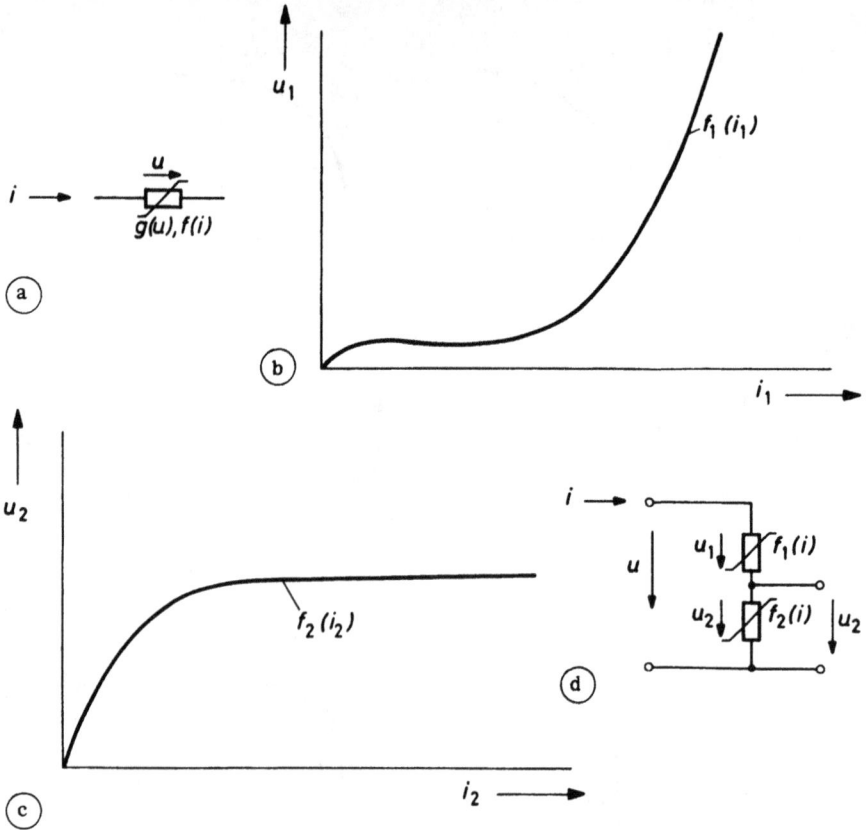

Bild 2.21:   Nichtlinearer Spannungsteiler, a) Strom- und Spannungsrichtungen,
b) Kennlinie des ersten Widerstandes, c) Kennlinie des zweiten
Widerstandes, d) Spannungsteilerschaltung.

Bei diesem Strom addieren sich die beiden Spannungen u_1 und u_2 zur Gesamtspannung u. Es gilt daher

$$u = u_1 + u_2 = f_1(i) + f_2(i) = f(i) \ . \qquad (2.36)$$

Diese Addition läßt sich graphisch sehr einfach durchführen, siehe Bild 2.22. Die häufig gesuchte Spannungsübertragungskennlinie $u_2 = N(u)$ ergibt sich jetzt mit bekannten Werten von u, u_1 und u_2 einfach durch die Differenzbildung

$$u_2 = (u_1 + u_2) - u_1 = u - u_1 \ , \ \text{bzw.} \ f_2(i) = u - f_1(i) \ . \qquad (2.37)$$

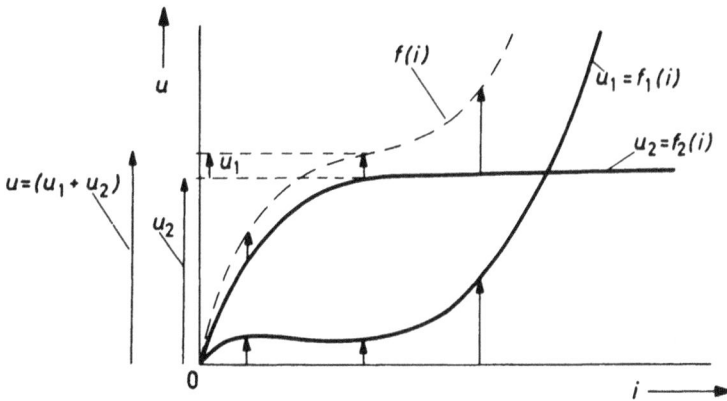

Bild 2.22:   Konstruktion der Spannungen und Ströme des nichtlinearen Spannungsteilers.

Diese Werte lassen sich aus Bild 2.22 entnehmen, indem man für ein gewähltes u das zugehörige u_2 sucht. Auf diese Weise wurde die Kurve in Bild 2.23 punktweise konstruiert.

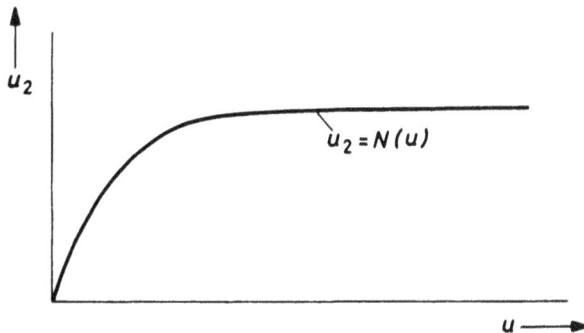

Bild 2.23:   Die resultierende Kennlinie $u_2 = N(u)$.

Parallelschaltung zweier nichtlinearer Widerstände

Es handelt sich um den zum vorigen Beispiel dualen Fall, d. h. wir haben die Rollen von Strom und Spannung zu vertauschen. Bei zwei parallel liegenden nichtlinearen Widerständen, siehe Bild 2.24, liegt dieselbe Spannung u an beiden Widerständen. Bei gegebenen Kennlinie $i_1 = g_1(u)$ und $i_2 = g_2(u)$ müssen wir daher bei gleicher Spannung die Ströme addieren, um zum Gesamtstrom i zu kommen

$$i = i_1 + i_2 = g_1(u) + g_2(u) = g(u). \qquad (2.38)$$

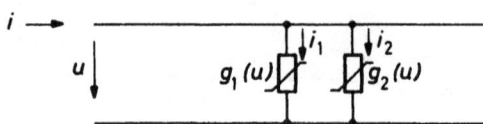

Bild 2.24:

Parallelschaltung zweier

nichtlinearer Leitwerte.

Dies ist in Bild 2.25 veranschaulicht.

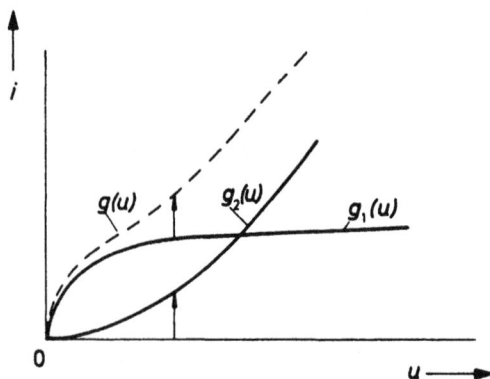

Bild 2.25:

Konstruktion der Spannungen

und Ströme der Parallelschaltung.

Aus diesen Kennlinien läßt sich sofort auch die Stromübertragungskennlinie $i_2 = M(i)$ in Bild 2.26 ermitteln.

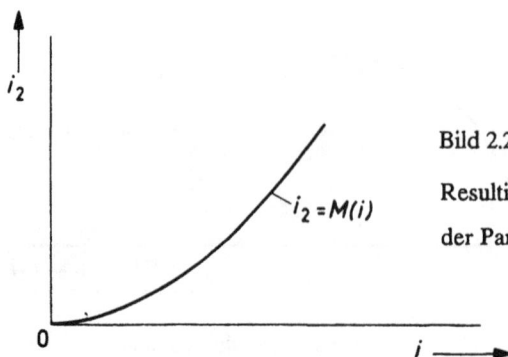

Bild 2.26:

Resultierende Stromübertragungskennlinie

der Parallelschaltung.

Abzweigschaltungen mit nichtlinearen Elementen

Die beiden ersten Beispiele können als die einfachsten Realisierungen der sog. Abzweigschaltungen oder Verzweigungschaltungen betrachtet werden. Abzweigschaltungen lassen sich durch Serienschaltung und Parallelschaltung von Grundelementen aufbauen.

Zur Veranschaulichung des Prinzips diene das folgende Beispiel: In Bild 2.27 soll die Eingangskennlinie $i = g(u)$ einer Art von Begrenzerschaltung ermittelt werden.

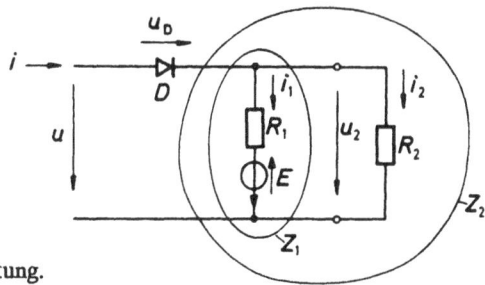

Bild 2.27:

Beispiel einer zu analysierenden Schaltung.

Wir konstruieren in drei Schritten

$i_1 = g_I(u_2)$ aus der Serienschaltung R_1, E, und nennen das Ergebnis Z_1, ────

$i = g_{II}(u_2)$ aus der Parallelschaltung R_2, Z_1, und nennen das Ergebnis Z_2, ── ──

$i = g(u)$ aus der Serienschaltung D, Z_2. ── · ── · ──

Diese Schritte sind in Bild 2.28 veranschaulicht.

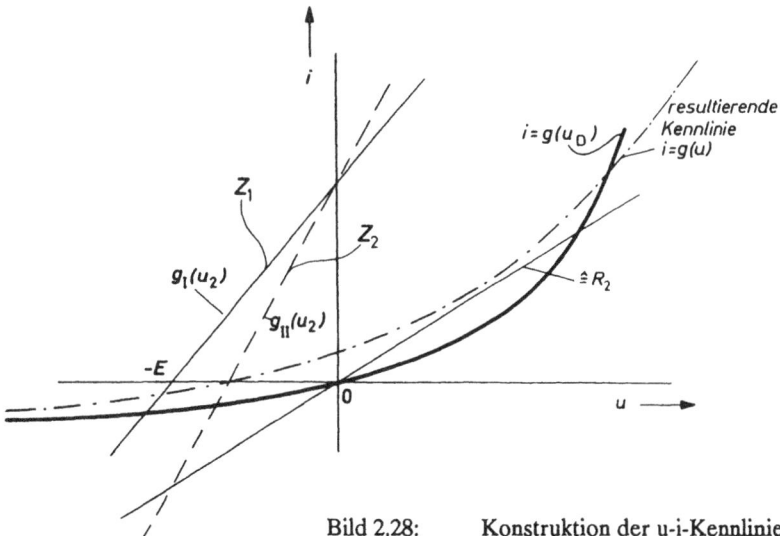

Bild 2.28: Konstruktion der u-i-Kennlinie.

2.5 Stückweise lineare Kennlinien

2.5.1   Problemstellung und elementare, geknickte Kennlinien

Wenn es um Schaltungen geht, die komplexer sind als die besprochenen einfachen Beispiele, werden die Kennlinienadditionen rasch unübersichtlich. Um dann doch wenigstens qualitativ einen Einblick in die Wirkungsweise einer Schaltung zu gewinnen, ist es
häufig empfehlenswert, die Dioden sehr stark zu idealisieren. Die äußerste Idealisierung ist das technisch perfekte Ventil, bzw. die "technisch ideale Diode" mit der
Kennlinie in Bild 2.29a. Soll in einer gegebenen Schaltung eine Diode ausdrücklich so
ideal gesehen werden, vermerken wir dies an dem Diodensymbol mit einem Winkel,
der an den Winkel der idealen Kennlinie erinnern soll, siehe Bild 2.29b.

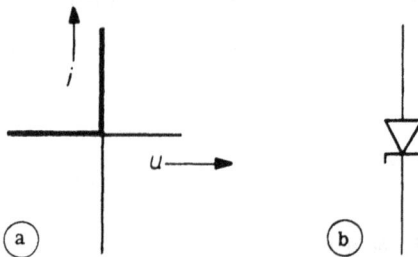

Bild 2.29:   Definition der technisch idealen Diode, a) Kennlinie,

b) Schaltsymbol.

Neben der Möglichkeit einer raschen qualitativen Schaltungsanalyse eröffnet die Einführung technisch idealer Dioden jedoch auch einen grundsätzlichen Vorteil, der bei
der numerischen Behandlung eines elektrischen Netzwerks, insbesondere im Hinblick
auf eine vollständige dynamische Analyse, genutzt werden kann. Dieser Vorteil besteht
darin, daß man in einem hochgradig nichtlinearen System mit sehr vielen technisch
idealen Dioden, aber ansonsten linearen Schaltelementen, die Arbeitspunkte so wählen
kann, daß für jeden einzelnen Arbeitspunkt und eine gewisse Umgebung die vorhandenen technisch idealen Dioden eindeutig entweder ideal leitend oder ideal gesperrt
sind. In diesen Arbeitspunkten existiert daher für kleine Auslenkungen ein lineares
Netzwerk, für das sich die bekannten mächtigen Analyseverfahren der linearen Technik
anwenden lassen. Insbesondere ist dann die dynamische Analyse auch von umfangrei-
cheren Schaltungen mit nichtlinearen Elementen und kapazitiven und induktiven Energiespeichern mit verhältnismäßig geringem Aufwand möglich. Dieses Verfahren kann

als eine Vorstufe zu den heute in bekannten Netzwerkanalyseprogrammen verwendeten Verfahren angesehen werden (grundsätzlich wird auch hier in einem Arbeitspunkt eine lineare dynamische Analyse durchgeführt, eine kleine Auslenkung bestimmt, die zu einem neuen Arbeitspunkt führt, in dem sich das Verfahren in gleicher Weise fortsetzt, usw.).

Das Arbeiten mit technisch idealen Dioden sei zunächst durch einige sehr einfache Beispiele veranschaulicht. In Bild 2.30 findet man Kombinationen von jeweils einer technisch idealen Diode mit anderen Elementen. Es zeigt sich, daß Schaltungen mit einer Diode stets zwei lineare Bereiche aufweisen. Ferner, daß bei einer Serienschaltung einer Diode mit anderen Elementen die Sperrkennlinie erhalten bleibt und bei einer Parallelschaltung die Durchlaßkennlinie.

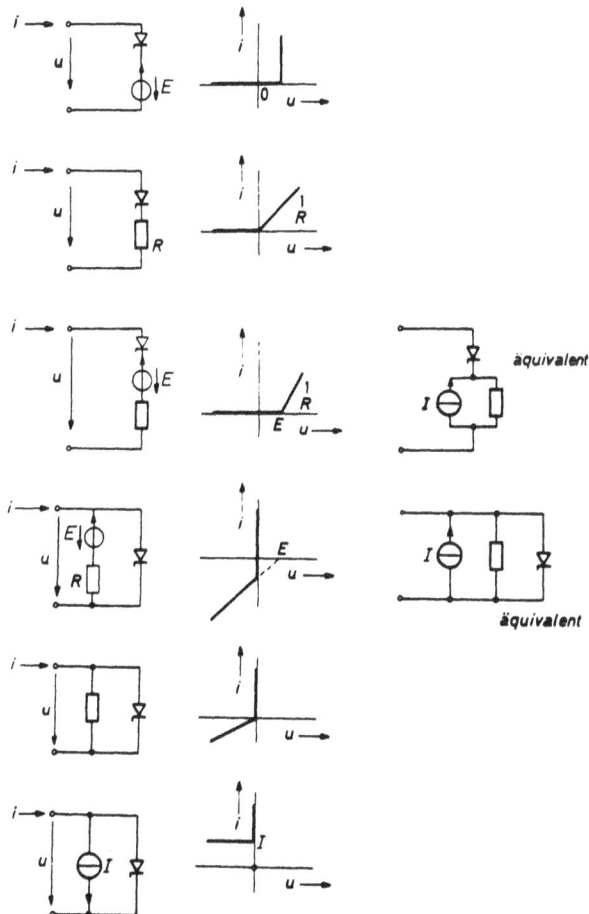

Bild 2.30:   Einfache Schaltungen mit technisch idealen Dioden.

In Bezug auf die Verlustleistung ist zu beachten, daß jedem Arbeitspunkt im ersten und dritten Quadranten, sofern er nicht auf den Achsen liegt, eine Absorption von Energie entspricht. Das ist auch dann richtig - wie z. B. bei der ersten Schaltung der Tabelle - wenn nur technisch ideale Dioden und Spannungsquellen verwendet werden, wenn also im Ersatzbild Dioden mit einer endlichen Schwellspannung gebildet werden. Die Energie wird dann ersichtlich in die Spannungsquelle eingespeist, denn dort fließt der Strom umgekehrt zur Richtung des Stromes, den die Spannungsquelle alleine erzeugen würde. Werden mehrere Dioden verwendet, so kann man Kennlinien mit mehreren Knickpunkten realisieren. Bild 2.31 zeigt ein Beispiel, bei dem die Anzahl der Knickpunkte gleich der Anzahl der Dioden ist. Die systematische Analyse solcher Schaltungen folgt im übernächsten Abschnitt.

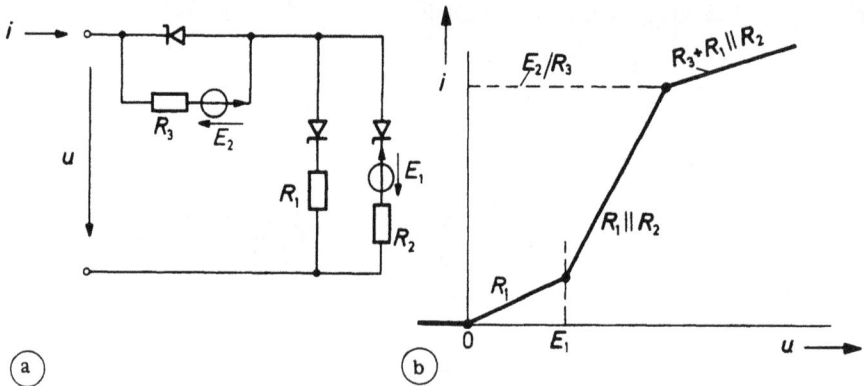

Bild 2.31:   Analyse einer Schaltung mit mehreren technisch idealen Dioden.

Der Vollständigkeit halber sei noch bemerkt, daß man manchmal auch mit Vorteil physikalisch ideale und technisch ideale Dioden in einem Ersatzbild kombinieren kann. So gibt das in Bild 2.32 folgende Ersatzbild in sehr guter Näherung das Verhalten einer realen Diode sowohl im Durchlaß- als auch im Sperrbereich wieder (Nachbildung des Zener-Durchbruches durch die technisch ideale Diode).

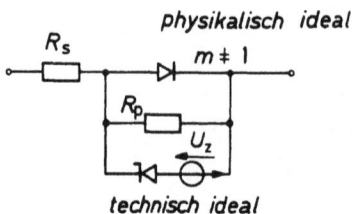

Bild 2.32:

Nichtlineares Ersatzschaltbild einer Diode für den Durchlaß- und den Sperrbereich.

2.5.2 Synthese von Schaltungen mit Dioden (Kennlinienapproximation mit technisch idealen Dioden)

Die Syntheseaufgabe stellt sich meist in der Form, daß eine vorgegebene nichtlineare Kennlinie durch einen stückweise linearen Kurvenzug angenähert werden soll und die äquivalente Diodenschaltung dazu bestimmt werden muß. Hier sollte man sich von vornherein darüber im klaren sein, daß die Aufgabe nicht eine einzige Lösung hat, sondern daß im allgemeinen mehrere Lösungen möglich sind. Dies erkennt man am besten an sehr einfachen Beispielen.

Jede Gerade in Bild 2.33a läßt sich in zweierlei Weise darstellen: Als Serienschaltung einer Spannungsquelle mit einem Widerstand nach Bild 2.33b oder als Parallelschaltung einer Stromquelle mit einem Widerstand nach Bild 2.33c. Das ist nichts anderes als die graphische Darstellung des Prinzips von Thevenin und Norton. Das entsprechende gilt für eine geknickte Kennlinie endlicher Steigungen, bei der der Knick in Richtung einer Koordinate aus dem Nullpunkt verschoben ist, siehe das schon besprochene Bild 2.30. Ist er auch in Richtung der anderen Koordinate verschoben, so kann diese Verschiebung durch Kombination mit einer Geraden erreicht werden. Als Beispiel soll die in Bild 2.34a gezeichnete Kennlinie synthetisiert werden. In Bild 2.34b werden zwei Teilkennlinien ① und ② gezeigt, die durch Addition bei gleicher Spannung, also durch Parallelschaltung entsprechender Teilschaltungen, die gewünschte Kennlinie ergeben. Bild 2.34c enthält dagegen zwei andere Teilkennlinien 1* bzw. 2*, die das gleiche Ergebnis durch Addition bei gleichen Strömen, also Serienschaltung, liefern. Die Diodenschaltungen in Bild 2.35 sind daher äquivalente Lösungen.

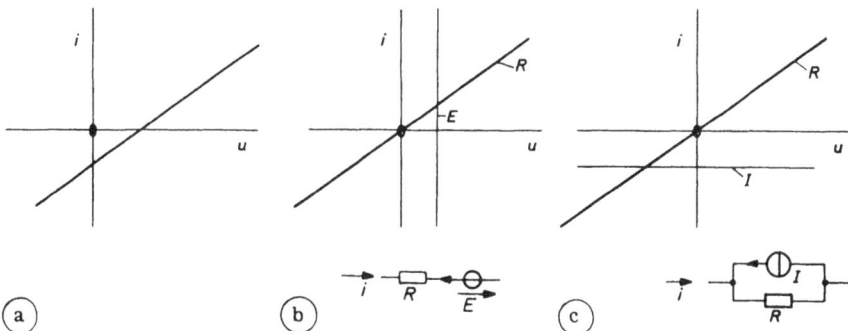

Bild 2.33:   Synthese einer linearen Kennlinie nach Thevenin und Norton,
a) vorgegebene Kennlinie, b) Synthese durch Serienschaltung,
c) Synthese durch Parallelschaltung.

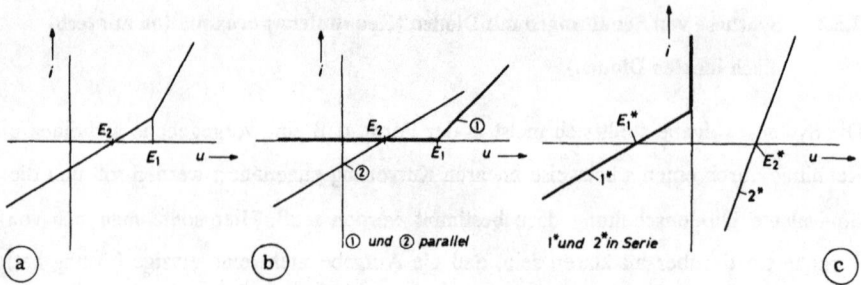

Bild 2.34:   Synthese einer geknickten Kennlinie, a) vorgegebene Kennlinie,

b) Synthese durch Parallelschaltung, c) Synthese durch Serienschaltung.

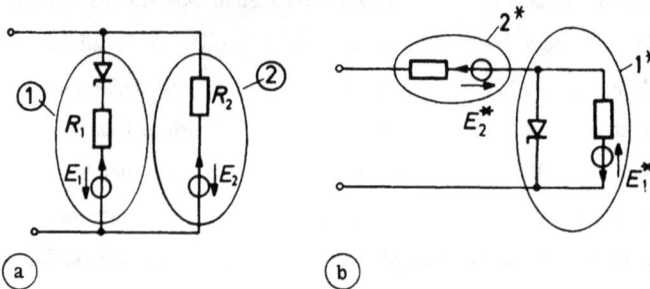

Bild 2.35:   Zwei Diodenschaltungen als Lösungen der Syntheseaufgabe.

Darüberhinaus in beiden Schaltungen die Spannungsquellen in Serie mit einem Widerstand in Stromquellen jeweils parallel zu einem Widerstand umgewandelt werden können, gibt es insgesamt 8 verschiedene äquivalente Schaltungsmöglichkeiten.

2.5.3   Analyse von Schaltungen mit Dioden (Kennlinienkonstruktion von Schaltungen mit technisch idealen Dioden)

Weitaus häufiger als die Synthese betreibt man die Analyse von Schaltungen. In Halbleiterschaltungen wird man z. B. zuerst zur Gewinnung eines ersten Überblickes die Transistoren durch ihre gröbsten Ersatzbilder mit technisch idealen Dioden darstellen und nach dem Verhalten der Gesamtschaltung fragen.

Wenn nun eine derartig idealisierte Diodenschaltung zu analysieren ist, gibt es einige allgemeine Gesichtspunkte, deren Beachtung nützlich ist. Da eine technisch ideale Diode in dem Zustand "leitend" oder "gesperrt" sein kann, sind in einer Schaltung mit n

Dioden maximal 2^n Zustände möglich, d. h. eine solche Schaltung kann maximal 2^n lineare Geradenstücke als Kennlinie aufweisen. Häufig treten jedoch sehr viel weniger Zustände auf. Nehmen wir als erstes Beispiel für eine Analyse die Schaltung in Bild 2.36. Gefragt ist nach der Kennlinie i = g(u). Formal können wir eine Tabelle aufstellen, in der alle prinzipiell möglichen Zustände verzeichnet sind, siehe Bild 2.37

Bild 2.36:

Beispiel für eine zu analysierende Schaltung.

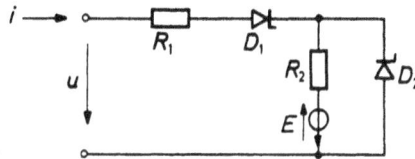

Bild 2.37:

Tabelle aller Diodenzustände.

Zustand	D_1	D_2
1	gesperrt	gesperrt
2	gesperrt	leitend
3	leitend	gesperrt
4	leitend	leitend

Ob alle diese Zustände sich auch wirklich einstellen, prüfen wir am besten nach, indem wir uns vorstellen, daß die Spannung u von $-\infty$ an zu positiven Werten wächst. Es ist das in Bild 2.38 in mehreren Teilschritten skizzierte Verhalten festzustellen. Ersichtlich ist der Zustand 1 in der Tabelle mit zwei gesperrten Dioden überhaupt nicht möglich, Bild 2.39 zeigt die resultierende Kennlinie.

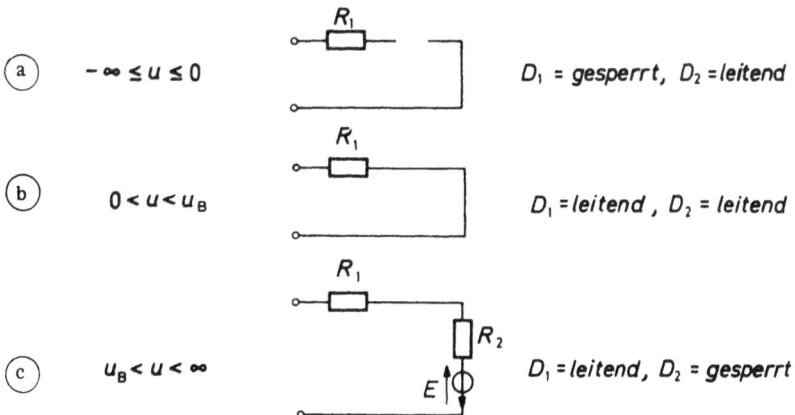

(a) $-\infty \le u \le 0$ D_1 = gesperrt, D_2 = leitend

(b) $0 < u < u_B$ D_1 = leitend, D_2 = leitend

(c) $u_B < u < \infty$ D_1 = leitend, D_2 = gesperrt

Bild 2.38:   Aufeinander folgende Schritte der Analyse.

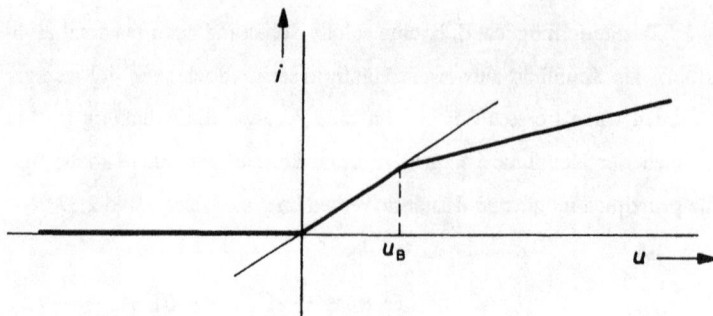

Bild 2.39:   Resultierende Kennlinie.

Die Koordinaten der Knickpunkte ergeben sich durch den Schnittpunkt der Geraden-Gleichungen. In Bild 2.39 ist diesbezüglich z. B. nur der Wert u_B von Interesse. Er ergibt sich aus der Stetigkeitsbedingung von i an der Stelle u_B

$$u_B = i \cdot R_1 \qquad\qquad D_2 \text{ leitend ,} \qquad\qquad (2.39)$$
$$u_B = i(R_1 + R_2) - E \qquad D_2 \text{ gesperrt.}$$

durch Elimination von i zu

$$u_B = \frac{R_1}{R_2} E . \qquad\qquad\qquad (2.40)$$

Ein Beispiel für eine Schaltung, bei der alle prinzipiell möglichen Zustände der Dioden eintreten können, ist in Bild 2.40a gezeigt. Bei Veränderung der Spannung von $-\infty$ bis $+\infty$ werden die einzelnen Zustände in der in Bild 2.40b angegebenen Reihenfolge durchlaufen. In der letzten Spalte ist unter der Annahme gleich großer Widerstände ein Spannungswert u_p angegeben, bei dem man den Zustand leicht nachprüft.

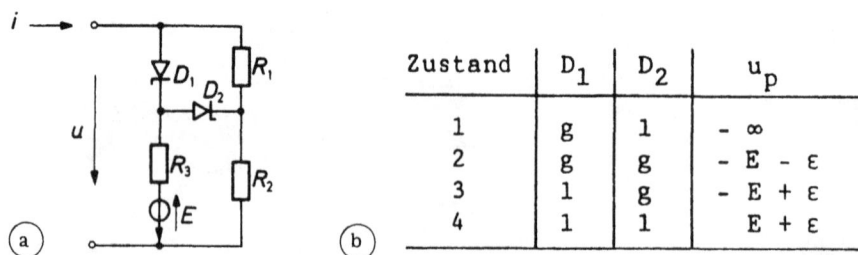

Zustand	D_1	D_2	u_p
1	g	1	$-\infty$
2	g	g	$-E - \varepsilon$
3	1	g	$-E + \varepsilon$
4	1	1	$E + \varepsilon$

Bild 2.40:   Beispiel einer Schaltung, bei der die Dioden alle möglichen Zustände
               einnehmen können.

2.6   Die Analyse von Diodengattern

2.6.1   Dioden-UND-Gatter

Gatter sind logische digitale Schaltungen mit mehreren Eingängen und meist nur einem Ausgang. Mit ihnen werden logische Verknüpfungen realisiert. Die Eingänge wollen wir mit $x_1 ... x_m$ bezeichnen und den Ausgang mit y, siehe Bild 2.41.

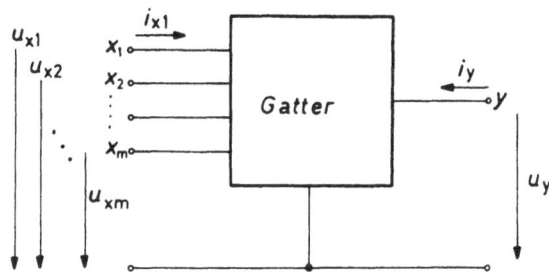

Bild 2.41:   Ströme und Spannungen an einem Gatter.

Statt der in Abschnitt 2.4 beschriebenen Kennlinien mit einer Eingangsspannung u_1 und einem Eingangsstrom i_1 müssen wir nun die entsprechenden m Eingangsspannungen u_{x1}, u_{x2} ... u_{xm} und Eingangsströme i_{x1}, i_{x2} ... i_{xm} einführen. Der Einfachheit halber betrachten wir in den folgenden Beispielen jedoch nur Gatter mit zwei Eingängen.

Bild 2.42 zeigt die Schaltung eines Dioden-Gatters. Es ist überaus einfach gebaut, aber dennoch Vorbild für viele modernere Realisierungen. Wir nähern die Dioden als technisch ideal an. Werden an den Eingängen x_1 und x_2 positive Spannungen u ≥ E angelegt, so sind beide Dioden gesperrt, der Ausgang zeigt im Leerlauf die Spannung E. Geht ein Eingangssignal auf Nullpotential, so wird die zugehörige Diode leitend und das Nullpotential wird sofort auch am Ausgang erscheinen. Definieren wir eine "positive Logik" so, daß die Spannungen U^0 und U^1, welche die logischen Variablen 0 und 1 darstellen, der Relation gehorchen:

$$U^0 < U^1 \le E,$$

(bei TTL-Gattern sind z. B. $U^0 = 0V$, $U^1 = 5V$), so stellt das obige Dioden-Gatter eine "UND"-Schaltung dar. Das logische Verhalten des Gatters läßt sich durch die Tabelle in Bild 2.43a beschreiben. Dem entspricht die Tabelle der Spannungswerte in Bild 2.43b.

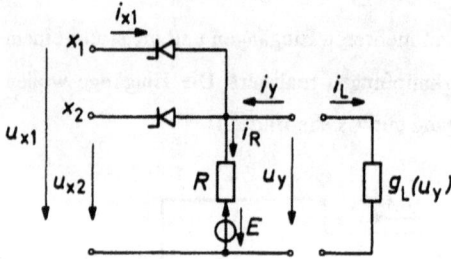

Bild 2.42:   Dioden-UND-Gatter.

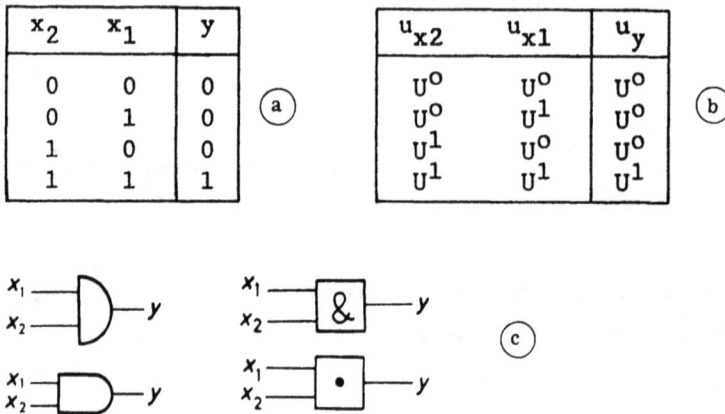

x_2	x_1	y
0	0	0
0	1	0
1	0	0
1	1	1

(a)

u_{x2}	u_{x1}	u_y
U^0	U^0	U^0
U^0	U^1	U^0
U^1	U^0	U^0
U^1	U^1	U^1

(b)

(c)

Bild 2.43:   a) Tabelle des logischen Verhaltens, b) Tabelle der Spannungswerte, c) übliche Schaltsymbole für UND-Gatter.

Symbolisch werden UND-Gatter nach Bild 2.43c gezeichnet. (erstaunlich ist, wie rasch sich hier die "Normen" in der Vergangenheit mehrmals geändert haben.) Es stellt sich nun die Frage, in welchem Bereich die Tabelle der Spannungswerte noch realisiert werden kann, wenn man von dem nicht belasteten Gatter zu einem Gatter mit einer endlichen Last übergeht (wenn z. B. mehrere andere Gatter folgen). Um dies zu klären, müssen wir nach Abschnitt 2.4.1 die Ausgangskennlinie des Gatters mit der Lastkennlinie kombinieren. Wir ermitteln zuerst die Kennlinie

$$i_2 = i_y = g_2 \left(u_{x1}, u_{x2}; u_y \right).$$

(2.41a)

Es sind dabei sowohl u_{x1} als auch u_{x2} als Parameter zu betrachten. Aus Bild 2.42 ist sofort ein Grenzwert für u_y zu entnehmen. Wird nämlich u_y größer als u_{x1} oder u_{x2} gewählt, so wird infolge des einsetzenden Kurzschlusses der (technisch idealen) Diode der Strom $i_y \to \infty$ gehen. Sind beide Dioden gesperrt, so fließt der Strom i_y über den Widerstand R. Bezeichnen wir mit Min (u_{x1}, u_{x2}) den negativeren Wert beider Eingangsspannungen, so läßt sich schreiben:

$$i_y = \begin{cases} (u_y-E)/R & \text{für } u_y \le \text{Min}(u_{x1}, u_{x2}) \\ +\infty & \text{für } u_y > \text{Min}(u_{x1}, u_{x2}) \end{cases} . \qquad (2.41b)$$

Wir können die Beziehungen in einem Diagramm veranschaulichen, siehe Bild 2.44. Die Ausgangskennlinie hat entsprechend den zwei logischen Zuständen des Gatters zwei Äste.

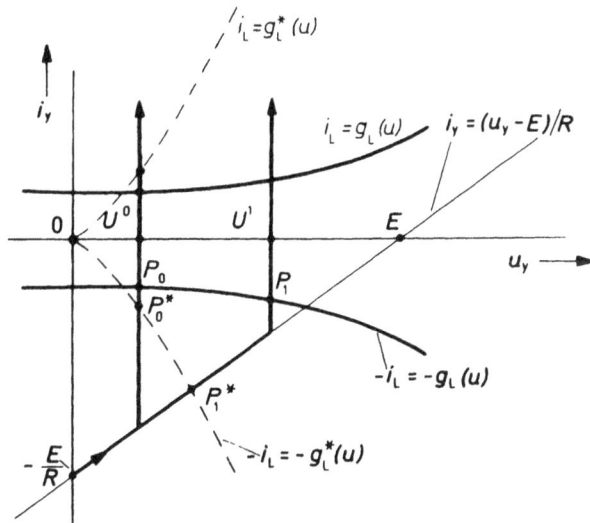

Bild 2.44:   Die Ausgangskennlinie $i_y = g(u_{x1}, u_{x2}; u_y)$ des UND-Gatters.

Für den Fall einer Belastung haben wir zu berücksichtigen, daß $i_y = -i_L$ sein muß. Die Kennlinie einer Last $i_L = g_L(u_y)$ kann in das obige Diagramm eingezeichnet werden, wird dann in die untere Halbebene gespiegelt und liefert dort in den Schnittpunkten P_0, P_1 mit den zwei Ästen der Ausgangskennlinie die statischen Arbeitspunkte. Diese Schnittpunkte liegen in dem genannten Beispiel auf den vertikalen

Kennlinienstücken, so daß auch die richtigen U^0- und U^1-Potentiale weitergegeben werden. Zu vermeiden sind Fälle, in denen die Last zu niederohmig ist. Dies ist bei der ebenfalls eingezeichneten (gestrichelten) zweiten Lastkennlinie $i_L = g_L^*(u_y)$ der Fall. Dann liegt der das höhere Ausgangspotential bestimmende Schnittpunkt P_1^* auf der Widerstandsgeraden, so daß u_y unter den geforderten Pegel U^1 absinkt.

Damit dies nicht geschieht, muß die aus Bild 2.44 zu entnehmende Bedingung eingehalten werden:

$$- i_L = - g_L(U^1) \geq \frac{U^1-E}{R} \quad , \qquad (2.42)$$

bzw. nach Multiplikation mit -1 und entsprechender Umkehrung des Ungleichheitszeichens

$$g_L(U^1) \leq \frac{E-U^1}{R} \quad . \qquad (2.43)$$

Insbesondere ist bei Belastung die Wahl von $U^1 = E$, d. h. diejenige Dimensionierung, mit der man das Funktionieren des Gatters im Leerlauf in der Regel erklärt, nicht zulässig.

Bei den Gattern ist auch die Eingangskennlinie

$$i_{x1} = h_1(u_{x1}, u_{x2}; i_2) \quad , \qquad (2.44a)$$

von Wichtigkeit. Denn daraus lassen sich bequem die Eingangsverhältnisse als Funktion des Ausgangsstromes entnehmen. Die Eingangsgrößen von Strom und Spannung sind aber bei einer Serienschaltung von Gattern zugleich die Ausgangsgrößen der vorhergehenden Schaltung.

Aus dem Schaltbild in Bild 2.42 entnimmt man einmal bei leitender Diode und dann bei gesperrter Diode am Eingang x_1:

$$i_{x1} = \begin{cases} \dfrac{u_{x1}-E}{R} - i_y = \dfrac{u_{x1}-E}{R} + i_L \, , & \text{für } u_{x1} < u_{x2} \\[2em] 0 & , \text{ für } u_{x1} > u_{x2} \end{cases} \quad . \qquad (2.44b)$$

Dies läßt sich in einem u_{x1}, i_{x1}-Diagramm veranschaulichen, siehe Bild 2.45.

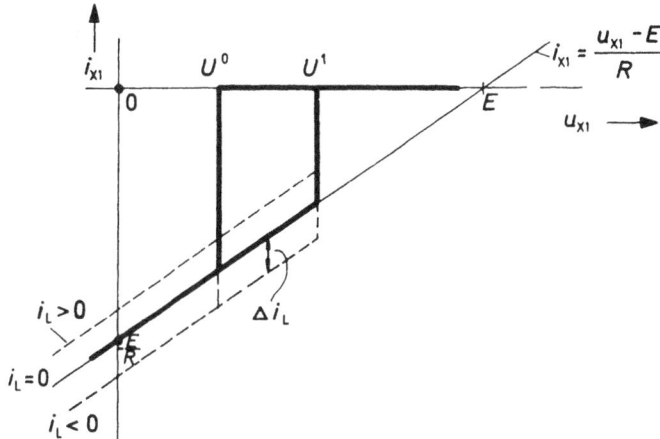

Bild 2.45:   Die Eingangskennlinie $i_{x1} = h_1(u_{x1}, u_{x2}; i_y)$ des UND-Gatters.

Wird das Gatter am Ausgang mit einem konstanten Strom

$$- \left| \Delta i_L \right| \leq i_L \leq + \left| \Delta i_L \right| \, , \qquad\qquad (2.45)$$

belastet, dann gelten die gestrichelten Kennlinien.

Unsere Aufgabe, die Realisierung der Spannungstabelle in Bild 2.43b auch bei Berücksichtigung der Belastung sicherzustellen, ist damit beendet. Man kann jedoch die
Spannungstabelle jetzt noch graphisch darstellen: Ersichtlich enthält die Tabelle in Bild
2.43b nur Eingangs- und Ausgangsspannungen. Ihre graphische Darstellung ist daher
die Spannungsübertragungs-Kennlinie $u_2 = N(u_1)$ bzw. $u_y = N(u_{x1}, u_{x2})$. Sie ist in
Bild 2.46 aufgetragen. Charakteristisch ist wegen der zwei Eingangsparameter die Auf-
spaltung in zwei Kennlinienzweige, die mit --- und — gekennzeichnet sind.

Bild 2.46:

Spannungsübertragungskennlinie (SpÜK)

des UND-Gatters.

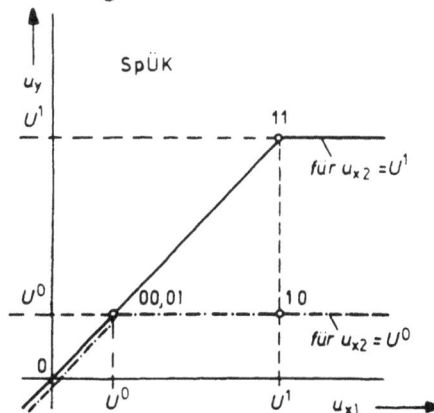

2.6.2 Dioden-ODER-Gatter

Neben der UND-Schaltung benötigt man die ODER-Schaltung. Übliche Schaltungs-symbole sind in Bild 2.47a wiedergegeben.

Die im vorangegangenen Beispiel behandelte UND-Schaltung kann auch als ODER-Schaltung eingesetzt werden, sofern wir von der positiven Logik zur negativen Logik übergehen ($U^1 < U^0 \leq E$). In der Tabelle von Bild 2.43a des vorangegangenen Bei-spiels vertauschen sich dadurch die Werte 0 mit den Werten 1, siehe Bild 2.47b. In Bild 2.47c erhält man durch Vertauschen der Reihenfolge die übliche Darstellung der ODER-Funktion.

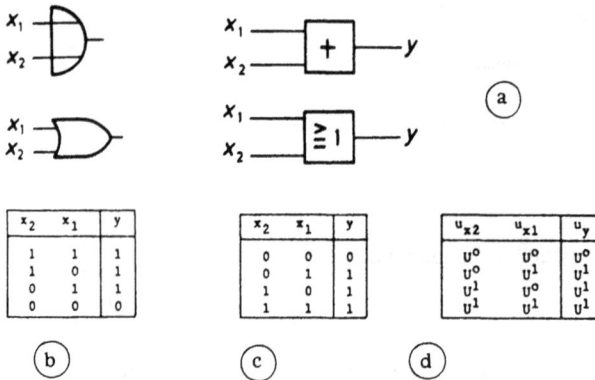

x_2	x_1	y
1	1	1
1	0	1
0	1	1
0	0	0

x_2	x_1	y
0	0	0
0	1	1
1	0	1
1	1	1

u_{x2}	u_{x1}	u_y
U^0	U^0	U^0
U^0	U^1	U^1
U^1	U^0	U^1
U^1	U^1	U^1

Bild 2.47:   a) übliche Schaltsymbole für ODER-Gatter, b) Tabelle des logischen Verhaltens, c) umgeordnete Tabelle, d) Tabelle der Spannungswerte.

An der elektrischen Schaltung verändert sich durch Verändern der Definitionen über-haupt nichts. Dieses Überwechseln von positiver zu negativer Logik ist jedoch für einen gegebenen Anwendungsfall praktisch nicht durchführbar. Man muß für ein Schaltnetz von vorneherein definieren, welche Zuordnung von Spannungen zu logischen Werten gelten soll. Hat man sich dann für eine solche Zuordnung entschieden - wir nehmen hier die positive Logik ($U^0 < U^1 < E$) - so muß zur Realisierung der ODER-Funk-tion eine andere Schaltung entworfen werden. Geeignet ist die Konfiguration in Bild 2.48. Gegenüber der UND-Schaltung ist lediglich die Polarität der Spannungsquelle und die Richtung der Dioden geändert. Solange $u_{x1}, u_{x2} \geq -E$ ist, leitet immer dieje-nige Diode, an der die höhere Eingangsspannung liegt und überträgt diese Spannung auf den Ausgang. Verwendet man am Eingang wieder nur zwei Normpegel U^0, U^1 für die logischen Werte 0 und 1 derart, daß - E < U^0 < U^1 ist, dann liefert die Schaltung von Bild 2.48 am Ausgang entsprechend der Tabelle in Bild 2.47d die Spannung U^1 immer, wenn an mindestens einem Eingang U^1 anliegt.

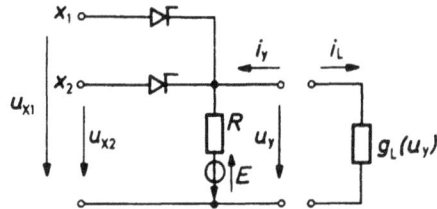

Bild 2.48:   Dioden-ODER-Gatter.

Für die Ausgangs-g-Kennlinien ergibt sich (wenn mit Max(u_{x1},u_{x2}) immer der positivere Wert beider Spannungen gemeint ist):

$$i_y = g(u_{x1}, u_{x2}; u_y) = \begin{cases} \dfrac{u_y + E}{R} & , \text{ für } u_y > \text{Max}(u_{x1}, u_{x2}) \\[4mm] -\infty & , \text{ für } u_y < \text{Max}(u_{x1}, u_{x2}) \end{cases} \qquad (2.46)$$

Diese Kennlinien sind in Bild 2.49 dargestellt. Für die Belastung $i_L = g_L(u_y)$ gilt wieder $i_y = - i_L$. Die Schnittpunkte dieser beiden Kennlinien in Bild 2.49a liefern die statischen Arbeitspunkte P_0 und P_1, gezeichnet für einen passiven nichtlinearen Widerstand R_L als Last. Handelt es sich bei $g_L(u_y)$ um einen Widerstand in Serie mit einer Spannungsquelle, siehe Bild 2.49b, so kann sich die Belastungskennlinie auch nach oben verschieben und bei ungeeigneter Belastung (z. B. durch g_L^*) den U^0-Pegel verändern (gestrichelte Kurve). Damit die ODER-Schaltung einwandfrei arbeitet, muß ersichtlich folgende Bedingung erfüllt sein:

$$-g_L(U^0) \leq \frac{U^0 + E}{R} \quad . \qquad (2.47)$$

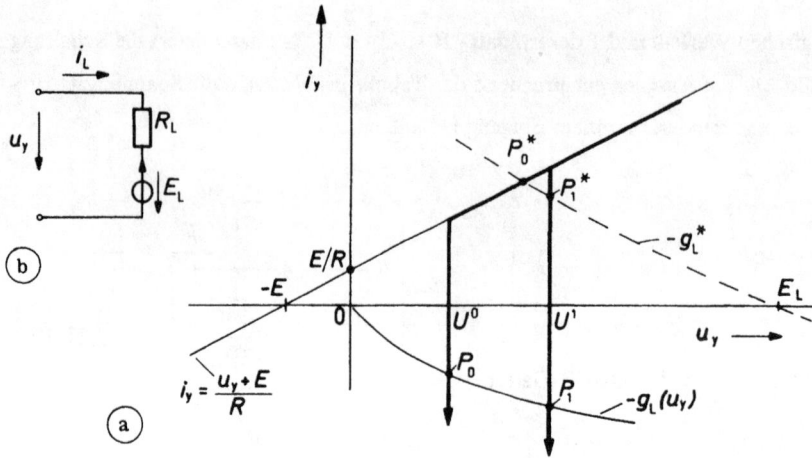

Bild 2.49:   a) Die Ausgangskennlinie $i_y = g(u_{x1}, u_{x2}; u_y)$ des ODER-Gatters,
b) eine Belastung mit einer Lastkennlinie g_L.

Die Eingangs-h-Kennlinien ergeben sich bei Betrachtung des Schaltbildes in Bild 2.48
zu

$$i_{x1} = h_1(u_{x1}, u_{x2}; i_y) = \begin{cases} 0 & \text{, für } u_{x1} < u_{x2} \\ \dfrac{u_{x1} + E}{R} - i_y & \text{, für } u_{x1} > u_{x2} \end{cases} \tag{2.48}$$

Dies ist in Bild 2.50 veranschaulicht. Die Spannungsübertragungskennlinien, d. h. das
spannungsmäßige Abbild der Tabelle in Bild 2.47b, ist in Bild 2.51 aufgetragen. Für die
folgenden Erörterungen über Anpassungen benötigen wir sie jedoch nicht.

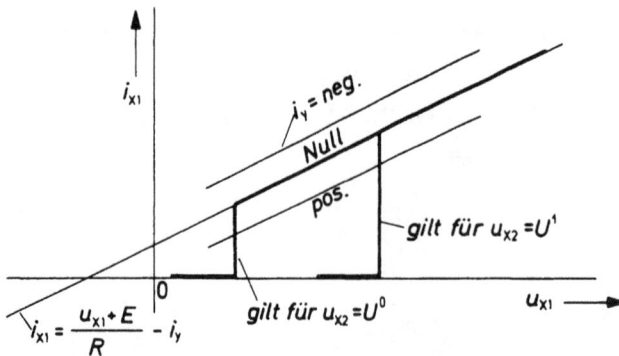

Bild 2.50:   Die Eingangskennlinie $i_{x1} = h_1(u_{x1}, u_{x2}; i_y)$ des ODER-Gatters.

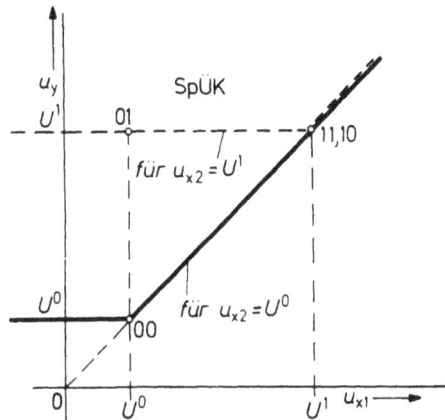

Bild 2.51:   Spannungsübertragungskennlinie (SpÜK) des ODER-Gatters.

2.6.3 Die Hintereinanderschaltung von UND- und ODER-Schaltungen

In Schaltnetzen werden meist nur UND- und ODER-Schaltungen in der in Bild 2.52 gezeigten Art hintereinander geschaltet. (Zur besseren Unterscheidung sind alle Größen der zweiten Schaltung mit einem Strich versehen.)

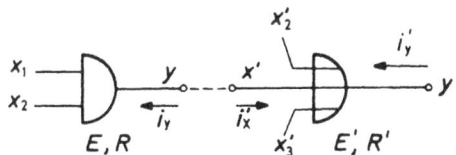

Bild 2.52:   Hintereinanderschaltung von UND- und ODER-Schaltung.

Der Ausgang der UND-Schaltung wird also belastet durch den Eingang der ODER-Schaltung. Dabei muß der Ausgang y' definierte Pegel U^0 und U^1 abgeben. Sie dürfen sich durch die Belastung nicht unzulässig verändern, d. h. u_y' muß entweder $\leq U_0$ oder $\geq U^1$ sein. Um Regeln für eine richtige Dimensionierung abzuleiten, untersuchen wir die Schnittpunkte der Ausgangskennlinie $i_y = g(u_{x1}, u_{x2}; u_y)$ der UND-Schaltung mit der Eingangskennlinie $i_{x1}' = h_1(u_{x1}', u_{x2}'; i_y')$ der ODER-Schaltung. Unter Berücksichtigung der Beziehungen $i_y = -i_x'$ und $u_y = u_{x1}'$ kann man beide Kennlinien (von Bild 2.44 und Bild 2.50) zusammen zeichnen, siehe Bild 2.53.

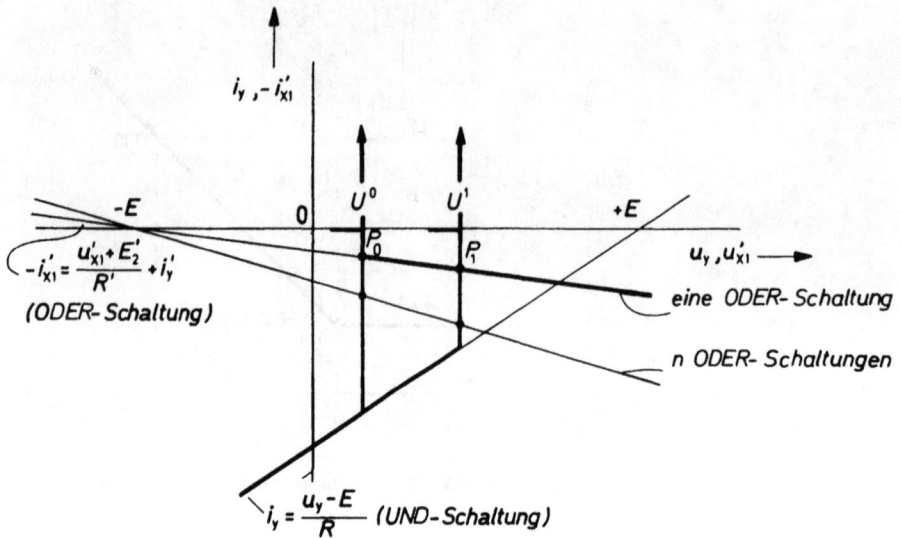

Bild 2.53:   Schnittpunkte der Ausgangskennlinie des UND-Gatters und der Eingangskennlinie des ODER-Gatters.

Es muß darauf geachtet werden, daß die statischen Arbeitspunkte P_0 und P_1 auf den vertikalen Linien liegen. Deshalb ist ersichtlich die Einhaltung des Pegels U^1 kritisch. Bei Leerlauf ($i_y{}' = 0$) am Ausgang der ODER-Schaltung muß man fordern:

$$\frac{U^1 - E}{R} \leq - \frac{U^1 + E'}{R'} \; . \tag{2.49}$$

Dies lautet nach Multiplikation mit -1:

$$\frac{E - U^1}{R} \geq \frac{U^1 + E'}{R'} \; . \tag{2.50}$$

Wird vom Ausgang der UND-Schaltung auf n Eingänge von ODER-Schaltungen verzweigt (fan-out), so entsteht für die UND-Schaltung ein n-facher Belastungsstrom. Soll dieser n-fache Eingangsstrom der ODER-Schaltungen fließen und sollen gleichzeitig die Potentialbedingungen eingehalten werden, so ist die letzte Beziehung folgendermaßen zu modifizieren:

$$\frac{E - U^1}{R} \geq n \cdot \frac{U^1 + E'}{R'} \; . \tag{2.51}$$

Das maximale n, für das diese Bedingung noch gilt, nennt man die "fan-out"-Zahl. Ähnliche Bedingungen lassen sich ableiten für den Fall, daß die Reihenfolge der logischen Schaltungen vertauscht wird, daß also eine ODER-Schaltung durch mehrere UND-Schaltungen belastet wird. Hier wird dann die Einhaltung des Pegels U^0 zuerst kritisch.

Ersichtlich werden sich die Bedingungen verschärfen, wenn man auch die Last $i_L = -i_y'$ der ODER-Schaltungen mit einbezieht:

$$\frac{E - U^1}{R} \geq n \left[\frac{U^1 + E'}{R'} + i_L \right] . \qquad (2.52)$$

Die "fan-out"-Zahl wird dadurch erwartungsgemäß kleiner.

2.7 Dynamisches Verhalten von pn-Dioden

2.7.1 Durchlaßbereich

Treten in Schaltungen mit Dioden sehr rasche Änderungen von Strom und Spannung auf, so genügt es nicht, die Dioden alleine durch ihre statische Kennlinie zu beschreiben. Wir müssen vielmehr bedenken, daß sich in der Diode Minoritätsträgerladungen auf- und abbauen müssen, was nicht beliebig schnell geschehen kann. Auch weist die Diode als Schaltelement mit endlichen Dimensionen alle Effekte auf wie andere reale Schaltelemente, die bei hohen Frequenzen betrieben werden. Es sind dies z. B. die Induktivität und der Widerstand der Zuleitungen, die Streukapazitäten und Sperrwiderstände von einer Elektrode zur anderen und andere derartige Ersatzgrößen. Bild 2.54 zeigt, in welcher Weise die statische Diode für positive Spannungen durch die nichtlineare Diffusionskapazität C_D und die linearen Elemente L_s, R_s, R_h und C_h häufig ergänzt wird. Die Diffusionskapazität C_D definiert man wie alle nichtlinearen Kapazitäten als eine Differentialgröße für kleine Strom- und Spannungsänderungen. Den Kleinsignalwiderstand r haben wir schon entsprechend in seiner Abhängigkeit vom Strom berechnet. Holen wir dasselbe nun für die Kleinsignalkapazität c nach (und nennen der Einheitlichkeit halber C_D = c)

$$c = \frac{dQ}{dU} = \frac{d\, Q_s(e^{U/U_T} - 1)}{dU} = \frac{Q_s \cdot e^{U/U_T}}{U_T}$$

$$= \frac{Q_s}{U_T} (1 + \frac{I}{I_s}) \, . \tag{2.53}$$

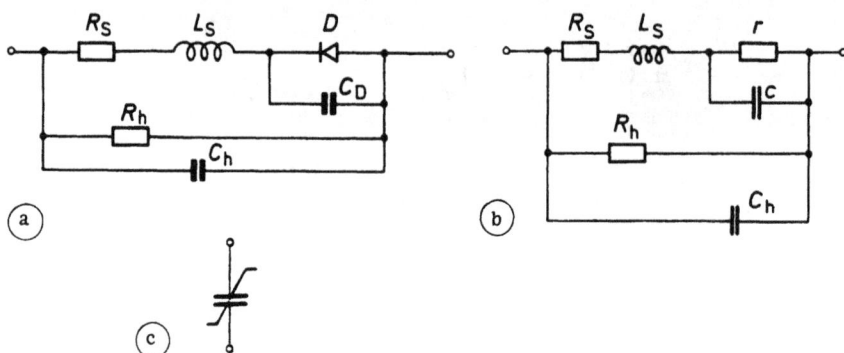

Bild 2.54:   Darstellung dynamischer Eigenschaften von Dioden.

a) Großsignalersatzbild, b) Kleinsignalersatzbild, c) Symbolische
Darstellung einer spannungsabhängigen Diffusionskapazität.

Für Arbeitspunkte oberhalb der Schwellspannung mit $I \gg |\, I_s\,|$ wird dies zu der meist angegebenen Beziehung

$$c \approx \frac{Q_s}{I_s \cdot U_T} \cdot I = const \cdot I \, . \tag{2.54}$$

Bildet man das Produkt von r und c aus Gl. (2.53) und Gl. (2.7), so ergibt sich eine Konstante, die wir τ nennen:

$$r \cdot c = \frac{U_T/I_s}{1+I/I_s} \cdot \frac{Q_s(1+I/I_s)}{U_T} = \frac{Q_s}{I_s} \equiv \tau \, . \tag{2.55}$$

Dies ist eine quasistatische Berechnung. Sie wird dann richtig sein, wenn sich die Minoritäts-Ladungsträgerdichten relativ nahe bei dem pn-Übergang befinden. Mit gewissen zusätzlichen Maßnahmen kann man dies erzwingen wie z. B. bei dem noch zu be-

sprechenden bipolaren Transistor, wo der sog. "Kollektor" die Minoritätsträgerdichte
in ganz kurzer Entfernung von der (Emitter)-pn-Schicht auf Null zwingt. Erstreckt sich
jedoch die Minoritätsträgerdichte wie bei den einfachen pn-Dioden exponentiell ab-
klingend relativ weit in das Material hinein, so muß man noch die Dynamik der räum-
lich ausgedehnten Ladungen erfassen. D. h. man muß berücksichtigen, daß sich sperr-
schichtnahe Ladungen bei schnellen Vorgängen anders bewegen als sperrschichtferne
Ladungen. Auch für diesen Fall erhält man ein konstantes Produkt von r und c, es tritt
lediglich gegenüber Gl. (2.55) noch ein Faktor ½ hinzu:

$$(r \cdot c)_{dyn} = \tau/2 \ . \tag{2.56}$$

Die Bedeutung von τ erkennt man z. B., wenn man I durch Q teilt

$$\frac{I}{Q} = \frac{I_s(e^{U(U_T} - 1)}{Q_s(e^{U/U_T} - 1)} = \frac{I_s}{Q_s} \ , \tag{2.57}$$

und für quasistatische Verhältnisse noch Gl. (2.55) berücksichtigt.

$$I = \frac{I_s}{Q_s} \cdot Q = \frac{Q}{\tau} \ . \tag{2.58}$$

Danach ist τ die mittlere Lebensdauer der Ladungsträger, aus welchen sich die Ladung
Q zusammensetzt. Im dynamischen Falle ergibt die Zunahme oder Abnahme der Ladung ebenfalls noch einen Stromanteil, so daß insgesamt folgt:

$$i(t) = \frac{dQ}{dt} + \frac{Q}{\tau} = \frac{dQ}{dt} + I \ . \tag{2.59}$$

Diesen Ladungsteuerungsansatz bei Dioden werden wir gleich bei der Besprechung
des plötzlichen Sperrens von Dioden und auch bei der Besprechung von bipolaren
Transistoren wieder aufgreifen, wo er sich als ungemein nützlich erweist.

2.7.2 Das Sperren von Dioden

Die primäre Steuerung des Diodenzustandes durch die Ladung läßt sich auf eine recht verblüffende Weise demonstrieren. Kehrt man die Spannung an einer Diode in ihrer Polarität um, siehe die Schaltung in Bild 2.55a, in der R_1 und R_2 nicht allzu große Widerstände sind, so müßte sich bei ausschließlicher Betrachtung der statischen Kennlinie der relativ große Strom in Flußrichtung nach dem Umpolen sofort auf den relativ kleinen Sperrstrom reduzieren. Da die Ladung an der Sperrschicht aber nicht in unendlich kurzer Zeit wegfließen kann, ist eine solche abrupte Sperrung nicht möglich. Es kann und wird kurze Zeit sogar ein Strom in umgekehrter Richtung fließen. Bild 2.55b zeigt diesen Vorgang bis zur Zeit $t = t_s$. Dann sperrt die Diode und die Sperrkapazität lädt sich exponentiell auf die Umpolspannung U_2 auf.

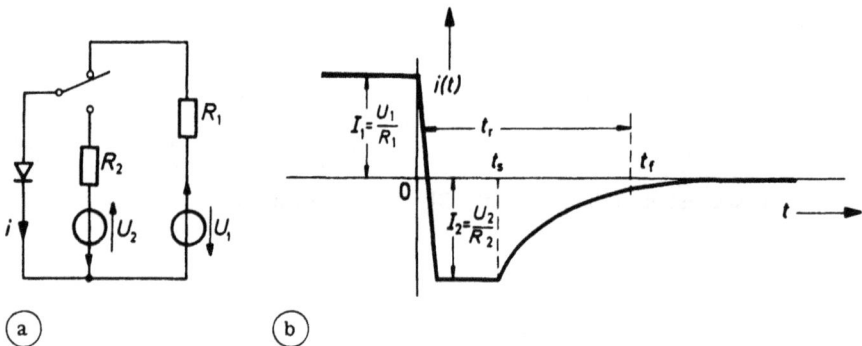

Bild 2.55:   a) Schaltung zur Messung der Speicherzeit, b) zeitlicher Verlauf des Diodenstromes beim Umschalten vom Durchlaßbereich in den Sperrbereich (t_s = storage time, t_f = fall time, t_r = diode recovery time).

Natürlich sind die Verhältnisse meist nicht so deutlich sichtbar wie in dem Beispiel von Bild 2.55b, weil sich der Speichereffekt nur in einem sehr kleinen Zeitbereich (bei kleinen Dioden typisch unter einer Nanosekunde) auswirkt. Um ihn zu messen, benötigt man sehr schnell funktionierende Schalter. Wie sich die Ladungsträgerverteilungen in Abhängigkeit der Entfernung von der Sperrschicht bei einem solchen plötzlichen Umpolen der Spannung vermindern, ist qualitativ in Bild 2.56 dargestellt.

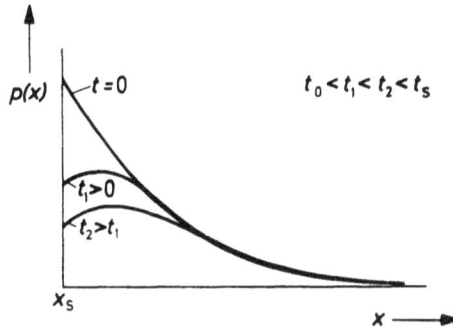

Bild 2.56:   Prinzipielle Veränderung der Minoritätsträgerdichte einer Diode
außerhalb der Sperrschichtgrenze ($x > x_s$) nach dem Abschalten des
Stromes.

Wollen wir in erster Näherung von der örtlich verschiedenen Verminderung der La-
dungsverteilung einmal absehen und quasistatisch rechnen, so können wir von Gleichung (2.59) ausgehen. Wir vernachlässigen zuerst die Rekombinationen und gewinnen
mit $i(t) = -I_2$ und $Q(t=0) = Q_2 = I_1 \cdot \tau$ aus

$$- I_2 = \frac{dQ}{dt} \, , \qquad\qquad (2.60)$$

die Beziehung:

$$Q(t) - Q_2 = - I_2 \cdot t, \quad \text{bzw.} \quad Q(t) = Q_2 - I_2 \cdot t \, . \qquad (2.61)$$

Sobald die Ladung $Q(t)$ gleich 0 ist, kann kein Strom mehr fließen. Die Speicherschalt-
zeit t_s beträgt daher

$$t_s = \frac{Q_2}{I_2} = \frac{I_1}{I_2} \cdot \tau \, . \qquad\qquad (2.62)$$

Die Berücksichtigung auch der örtlich unterschiedlichen Ladungsverminderungen führt
anstelle von Gl. (2.62) zu der genaueren Beziehung

$$\mathrm{erf} \; \sqrt{t_s/\tau} = \frac{I_1}{I_1 + I_2} \, . \qquad\qquad (2.63)$$

Nimmt man von der Reihenentwicklung der Funktion

$$\text{erf}(x) = \frac{2}{\sqrt{\pi}} \int_0^x e^{-t^2} dt \quad , \tag{2.64}$$

nur das erste Glied, so erhält man für $t_s < 0,1\,\tau$ eine Näherung, die schon wesentlich besser ist als die in Gl. (2.62)

$$\frac{t_s}{\tau} \approx (\frac{I_1}{I_2})^2 \quad , \quad (\text{gilt für } I_2/I_1 > 3) \quad . \tag{2.65}$$

Ersichtlich sind solche Trägheitseffekte beim Großsignalverhalten einer pn-Diode aus physikalischen Gründen grundsätzlich immer zu erwarten. Meist kann man jedoch in sog. "normalen Anwendungen" von der Trägheit der Minoritätsträgerladungen absehen. Das dynamische Modell der Dioden ist jedoch bei allen schnellen Umpolungen der Spannung an einer Diode zu berücksichtigen.

3.0 Schaltungen mit bipolaren Transistoren

3.1 Allgemeine Beschreibung

Der bipolare Transistor wird durch die Aufeinanderfolge dreier halbleitender Schichten mit positiven und negativen Dotierungen gebildet. Man kann demzufolge zwei Typen unterscheiden, den PNP- und den NPN-Transistor, siehe Bild 3.1, obere Zeile. In den entsprechenden Schaltsymbolen wird durch einen Pfeil noch auf eine Unsymmetrie der Anordnung aufmerksam gemacht.

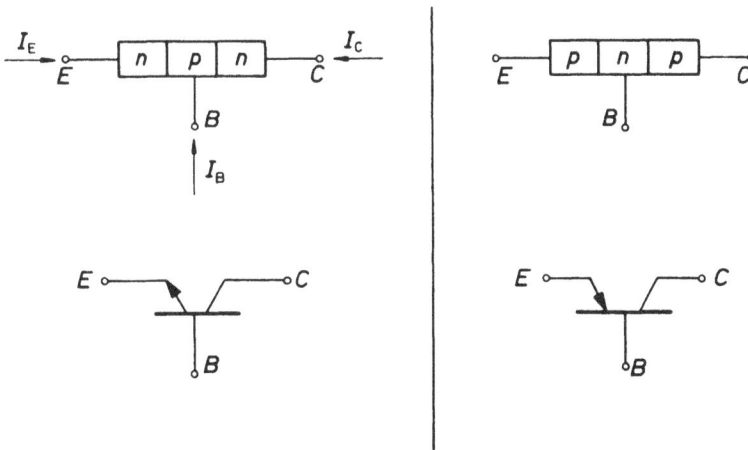

Bild 3.1: Zonenfolge der beiden möglichen Transistortypen und zugehörige Schaltungssymbole.

Beschränken wir uns zunächst auf die Betrachtung des NPN-Transistors. Das Prinzip ist in Bild 3.2a dargestellt. Er wird in der heute üblichen Planartechnik durch Eindiffusion von Dotierungselementen in eine planare monokristalline Siliziumscheibe gebildet, siehe einen solchen Transistor in Bild 3.2b. Aus dieser Herstellungsmethode ergeben sich dann Dotierungsprofile nach Art von Bild 3.3, bei denen die Konzentrationen der Majoritätsträger mit wachsender Eindringtiefe in die monokristalline Kristallscheibe abnehmen. Daher ändert ein solcher Transistor in der Regel, anders als man es nach dem NPN-Blocksymbol vermuten würde, sein elektrisches Verhalten beim Vertauschen der beiden Anschlüsse an den N-Zonen.

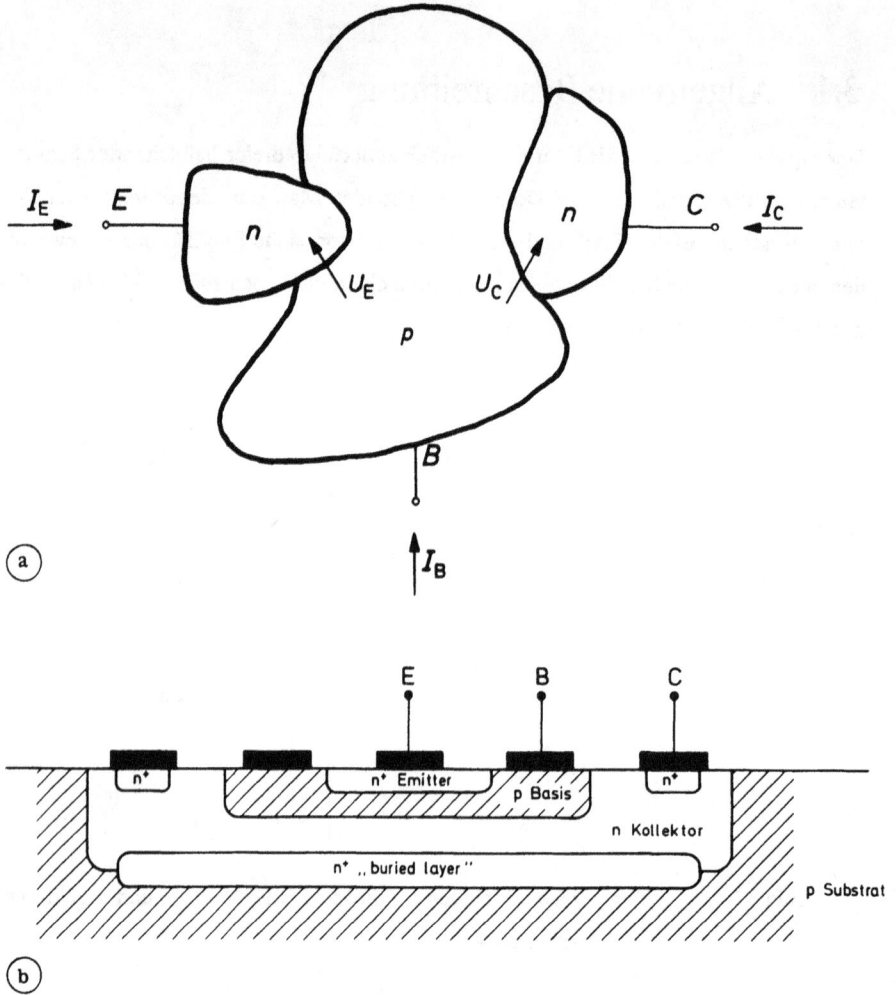

Bild 3.2:   a) Beispiel einer an sich beliebigen Transistorgeometrie mit Definition der Sperrschichtspannungen U_E und U_C, b) Prinzip der planaren Transistorgeometrie mit "buried layer" zur Verringerung des Kollektorwiderstandes.

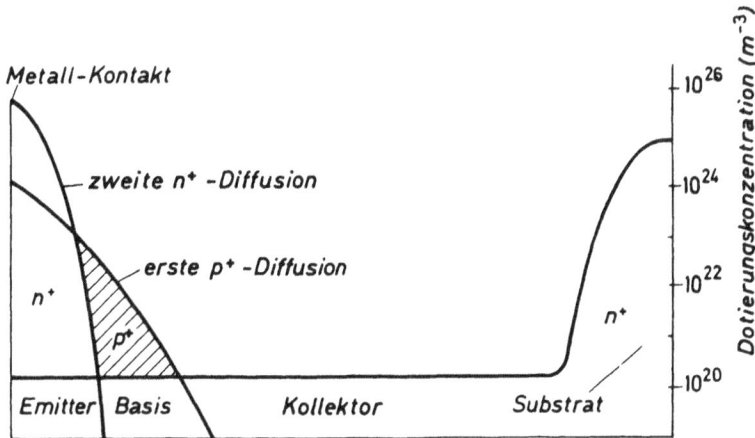

Bild 3.3:   Diffusionsprofil.

Vom Emitteranschluß E zum Kollektoranschluß C fortschreitend, finden wir zuerst
eine NP-Diode vor und dann eine PN-Diode. Wenn wir nun zwischen B und E eine positive Spannung und zwischen B und C eine negative Spannung anlegen, wird man erwarten, daß die Emitterdiode leitend und die Kollektordiode gesperrt ist. Die erste
wird dann einen beträchtlichen Durchgangsstrom führen und die zweite (was sich als
falsch herausstellt) nur einen sehr geringen Sperrstrom. Wesentlich für die Wirkungsweise eines Transistors ist nämlich, daß die mittlere P-Zone sehr dünn ist. Es bildet
sich dann bei der Emitterdiode wie bei jeder einfachen Diode von der Sperrschichtgrenze in die P-Zone hinein eine diffundierte Minoritätsträgerdichte, die sich, wenn
keine Kollektorsperrschicht vorhanden wäre, exponentiell abfallend in das P-Gebiet
hinein erstrecken würde, siehe Bild 3.4, gestrichelte Linie. Ist jedoch in kurzem Abstand eine gesperrte Kollektor-Diodensperrschicht vorhanden, so werden die dorthin
durch Diffusion gelangenden Minoritätsträger, nämlich die Elektronen, vom elektrischen Feld der gesperrten Kollektordiode in Richtung des hohen Kollektorpotentiales
beschleunigt. Man pflegt zu sagen, daß die Minoritätsträger an der Stelle der Kollektorsperrschicht abgesaugt werden, so daß dort fast die Minoritäts-Trägerdichte Null
erzwungen wird. (Die positiven Majoritätsträger der Basis werden hingegen von dem
positiven Kollektorpotential abgestoßen.) So kommt es dann zu einer von der Emittersperrschicht zur Kollektorsperrschicht ziemlich rasch linear abfallenden Minoritäts-
Trägerdichte, siehe die durchgezogene Linie in Bild 3.4. (Die zeitliche Änderung dieser
Ladung wird, genau wie bei der Diode, zu Trägheitseffekten führen.)

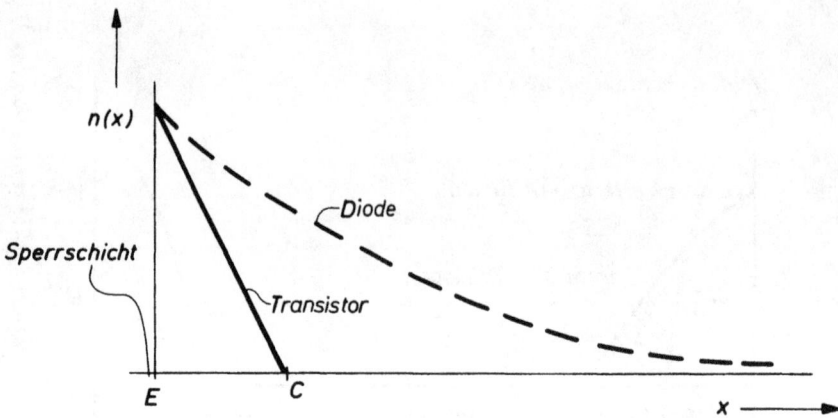

Bild 3.4:   Vergleich zwischen Diode und Transistor bezüglich der Weiten der
                von einer Sperrschicht wegdiffundierenden Ladungsträger.

Eine Verstärkung der Leistung eines Signales am Emitter zur Leistung eines Signales
am Kollektor ergibt sich dadurch, daß fast alle emittierten Elektronen die Kollektorsperrschicht erreichen und dort durch das Durcheilen der Kollektorsperrschicht eine
höhere Energie erhalten. D. h. elektronisch gesehen, stellt der Kollektor jetzt nach
außen hin einen Generator mit hohem Innenwiderstand dar. Ferner ergibt der fast
gleich große Strom am Emitter bei kleiner Durchgangsspannung eine kleine Auf-
nahmeleistung. Das Verhältnis von abgegebener zu aufgenommener Leistung ist weit
größer als Eins, der Transistor ist in der Tat in bezug auf die Signalspannung ein aktives Element bzw. ein Leistungsverstärker.

Zur Erzielung eines hohen Wirkungsgrades ist es von Wichtigkeit, daß die Dotie-
rungskonzentrationen auf beiden Seiten der Sperrschichten sehr unterschiedlich sind.
Nur so kann man erreichen, daß vom Emitter fast nur Elektronen in die Basis diffun-
dieren, in der Gegenrichtung aber fast keine Löcher in den Emitter. Schließlich ist
noch die Rekombination der Ladungsträger in der Basis zu berücksichtigen, die wegen
der sehr schmalen Schicht zu einem sehr kleinen, über die Basis zufließenden Löcher-
Rekombinationsstrom führen muß. Bei den Dimensionen der heutigen Transistoren
kann der kleine Diffusionsstrom der Löcher von der Basis in den Emitter durchaus in
der Größenordnung des Rekombinationsstromes sein. Wenn man den Transistor
umgekehrt (invers) betreibt, d. h. mit leitender Kollektordiode und gesperrter Emitterdiode, ist dieser Diffusionsstrom sogar sehr viel größer als der Rekombinationsstrom.

Dazu kommt, daß nur ein kleiner Bruchteil der vom Kollektor ausgehenden Elektronen den Emitter erreicht. So wird der Verstärkungseffekt des invers betriebenen Transistors entsprechend klein. Näheres entnehme man dem angegebenen Schrifttum.

3.2 Die Grundgleichungen von Ebers und Moll

Das statische Verhalten bipolarer Transistoren wird durch die Beziehungen zwischen Emitterstrom I_E, Kollektorstrom I_C, Basisstrom I_B und den Spannungen an den beiden Sperrschichten U_E und U_C bestimmt, siehe Bild 3.5 und Bild 3.2a, wobei diese Spannungen stets von der p- zur n-Zone als positiv gerechnet werden. Bei Vernachlässigung von Spannungsabfällen an Bahn- und Kontaktwiderständen können die Spannungen U_E und U_C auch mit den Klemmenspannungen gleichgesetzt werden: $U_E = U_{BE}$ und $U_C = U_{BC}$. Üblich ist es auch noch, in der Reihenfolge der Indizes die Richtung festzulegen, also $U_{BE} = - U_{EB}$ und $U_{BC} = - U_{CB}$.

Bild 3.5:

Schaltung zur Ableitung der Ebers-Moll-Gleichungen (Basisgrundschaltung).

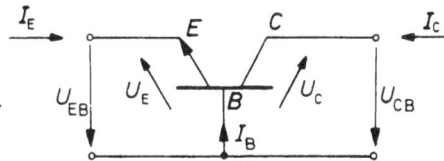

Schon aus dem Aufbau des Transistors können wir etwas über seine möglichen Zustände feststellen. Wir betrachten hierzu, in welchen Zuständen die Emittersperrschicht und die Kollektorsperrschicht sein können. Die Tabelle in Bild 3.6 zeigt, daß man vier Betriebs-Zustände des Transistors unterscheiden kann, die man als gesperrt, aktiv normal, aktiv invers, und gesättigt bezeichnet.

Numerierung der Zustände	Zustand des Transistors	Spng. U_E	Zustand d.Emittersperrschicht	Spng. U_C	Zustand d.Kollektorsperrschicht
I	gesperrt	neg.	gesperrt	neg.	gesperrt
II_n	(aktiv)normal	pos.	leitend	neg.	gesperrt
II_i	(aktiv)invers	neg.	gesperrt	pos.	leitend
III	gesättigt	pos.	leitend	pos.	leitend

Bild 3.6:   Tabelle zur Definition der Transistor-Zustände

Ebers und Moll haben 1954, also kurz nach der Erfindung des Transistors gezeigt, daß sich die Strom-Spannungs-Beziehungen für eine große Klasse bipolarer Transistoren mit guter Genauigkeit als Linearkombination zweier pn-Diodenkennlinien darstellen lassen. Beschränkt man sich auf die physikalisch ideale Diode, so lautet eine Kennlinie

$$I = I_S (e^{U/U_T} - 1) . \qquad (3.1)$$

Dabei ist I_S der maximale Sperrstrom, U_T die Temperaturspannung und U die an der p-n-Grenzschicht der Diode (bzw. Sperrschicht) liegende Spannung. Die positive Richtung der Strom-Spannungsgrößen ist in Bild 3.7 dargestellt.

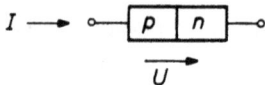

$I \longrightarrow$ ▭ p | n ▭   Bild 3.7:

$\overrightarrow{U}$ Strom und Spannung an einer p-n-Schicht (Diode).

Beim Transistor wird eine Diode vom Emitter-Basis-Übergang (Emitter-Diode), die andere vom Kollektor-Basis-Übergang (Kollektor-Diode) gebildet. Die durch sie fließenden Transistor-Dioden-Ströme I_E^* bzw. I_C^* werden nach Gl. (3.1) durch die an der jeweiligen Sperrschicht anliegenden Spannungen U_E bzw. U_C bestimmt:

$$I_E^* = I_{ES} (e^{U_E/U_T} - 1) , \qquad (3.2)$$

$$I_C^* = I_{CS} (e^{U_C/U_T} - 1) . \qquad (3.3)$$

Nach Ebers und Moll ist nun der vollständige Strom I_E am Emitteranschluß und der vollständige Strom I_C am Kollektoranschluß eine Linearkombination von I_E^* und I_C^*, d. h. es gilt

$$I_E = a_{11}' \cdot I_E^* + a_{12}' \cdot I_C^* , \qquad (3.4)$$

$$I_C = a_{21}' \cdot I_E^* + a_{22}' \cdot I_C^* , \qquad (3.5)$$

mit den noch zu bestimmenden Koeffizienten a_{11}', a_{12}', a_{21}' und a_{22}'. Der vollständige Basis-Strom I_B ist dann nach dem Kirchhoff'chen Gesetz eindeutig bestimmt durch

$$I_B = -I_E - I_C . \qquad (3.6)$$

Nehmen wir die unbekannten Sperrströme I_{ES} und I_{CS} mit in die Koeffizienten hinein, was wir mit

$$a_{11}' \cdot I_{ES} = a_{11} , \quad a_{12}' \cdot I_{CS} = a_{12} , \qquad (3.7)$$

$$a_{21}' \cdot I_{ES} = a_{21} , \quad a_{22}' \cdot I_{CS} = a_{22} , \qquad (3.8)$$

tun können und drücken I_E^* und I_C^* durch Gl. (3.2) und Gl. (3.3) aus, so schreibt sich der Ebers-Moll-Ansatz schließlich

$$I_E = a_{11} (e^{U_E/U_T} - 1) + a_{12} (e^{U_C/U_T} - 1) , \qquad (3.9)$$

$$I_C = a_{21} (e^{U_E/U_T} - 1) + a_{22} (e^{U_C/U_T} - 1) . \qquad (3.10)$$

Dieser Ansatz gilt für sehr allgemeine Bedingungen, insbesondere für beliebige Geometrien des Sperrschichtverlaufes nach Bild 3.2, solange nur die Stromdichte in der Basis nicht zu hoch und die Dotierung im Basisbereich annähernd konstant ist.

Ausgehend von dem Gleichungspaar (3.9) und (3.10) lassen sich die Koeffizienten a_{11}, a_{12}, a_{21}, a_{22} durch die gemessenen Kurzschluß- bzw. Leerlaufströme wie folgt ausdrücken:

1. Messung: Kurzschluß am Kollektor

Man mißt I_C und I_E nach Bild 3.8a und setzt sie ins Verhältnis. Nach dem Ebers-Moll-Ansatz erhält man

$$-\frac{I_C}{I_E} = \frac{+a_{21}(e^{U_E/U_T}-1)}{-a_{11}(e^{U_E/U_T}-1)} = \frac{-a_{21}}{a_{11}} = A_n , \quad \text{bei } U_C = 0 . \qquad (3.11)$$

Dieses charakteristische Verhältnis wird A_n genannt, die Stromverstärkung (Amplification) im normalen Zustand.

2. Messung: Kurzschluß am Emitter.

Man mißt I_E und I_C nach Bild 3.8b und setzt sie ins Verhältnis

$$-\frac{I_E}{I_C} = \frac{-a_{12}}{a_{22}} = A_i , \quad \text{bei } U_E = 0 . \qquad (3.12)$$

Dieses charakteristische Verhältnis wird A_i genannt, die Stromverstärkung im inversen Zustand.

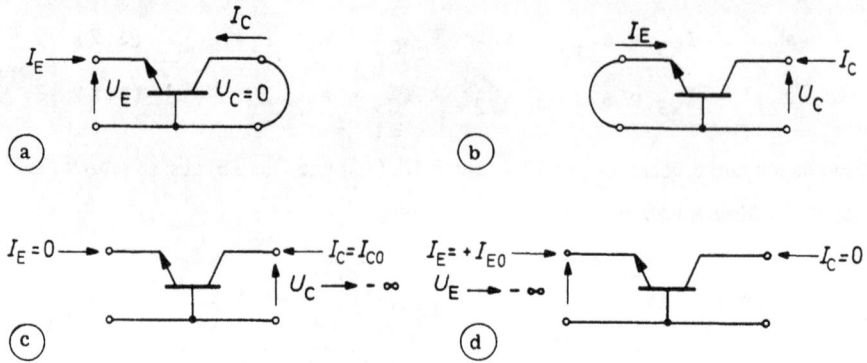

Bild 3.8:   Prinzip der Messung von, a) Stromverstärkung A_n, b) Stromverstärkung A_i, c) Kollektorreststrom I_{C0}, d) Emitterreststrom I_{E0} durch primär- oder sekundärseitigen Leerlauf oder Kurzschluß.

3. Messung: Leerlauf am Emitter.

Es wird bei hoher Kollektorsperrspannung nach Bild 3.8c der Kollektorstrom bestimmt. Aus dem Ebers-Moll-Ansatz folgt

$$0 = a_{11}(e^{U_E/U_T} - 1) - a_{12} ,\tag{3.13}$$

$$I_{C0} = a_{21}(e^{U_E/U_T} - 1) - a_{22} .\tag{3.14}$$

Die Elimination der Klammer ergibt

$$I_{C0} = \frac{a_{12} \cdot a_{21}}{a_{11}} - a_{22} .\tag{3.15}$$

I_{C0} wird als Kollektor-Reststrom bezeichnet.

4. Messung: Leerlauf am Kollektor.

Es wird bei hoher Emittersperrspannung nach Bild 3.8d der Emitterstrom gemessen. Aus dem Ebers-Moll-Ansatz folgt

$$I_{E0} = -a_{11} + a_{12}(e^{U_C/U_T} - 1) \; , \tag{3.16}$$

$$0 = -a_{21} + a_{22}(e^{U_C/U_T} - 1) \; . \tag{3.17}$$

Die Elimination der Klammer ergibt

$$I_{E0} = \frac{a_{12} \cdot a_{21}}{a_{22}} - a_{11} \; . \tag{3.18}$$

I_{E0} wird als Emitter-Reststrom bezeichnet.

Wir haben damit insgesamt 4 Beziehungen für A_n, A_i, I_{C0}, I_{E0} in Abhängigkeit von 4 Koeffizienten a_{11}, a_{22}, a_{12}, a_{21}. Diese vier Beziehungen lassen sich durch einfache Rechnung nach den vier Koeffizienten auflösen. Man erhält:

$$a_{11} = -\frac{I_{E0}}{1-A_nA_i} \; , \tag{3.19}$$

$$a_{22} = -\frac{I_{C0}}{1-A_nA_i} \; , \tag{3.20}$$

$$a_{12} = \frac{A_iI_{C0}}{1-A_nA_i} \; , \tag{3.21}$$

$$a_{21} = \frac{A_nI_{E0}}{1-A_nA_i} \; . \tag{3.22}$$

Ebers und Moll haben gezeigt, daß unter den weiter oben erwähnten Annahmen für diese Beziehungen stets gilt

$$a_{12} = a_{21} \quad \text{d. h.} \quad A_iI_{C0} = A_nI_{E0} \; . \tag{3.23}$$

Setzt man nun die Koeffizienten a_{ik} in das Gleichungspaar (3.9) und (3.10) ein, so erhält man

$$I_E = -\frac{I_{E0}}{1-A_nA_i}(e^{U_E/U_T} - 1) + \frac{A_iI_{C0}}{1-A_nA_i}(e^{U_C/U_T} - 1) \; , \tag{3.24}$$

$$I_C = \frac{A_n I_{E0}}{1-A_n A_i} (e^{U_E/U_T} - 1) - \frac{I_{C0}}{1-A_n A_i} (e^{U_C/U_T} - 1) . \quad (3.25)$$

Dies sind die allgemeinen Ebers-Moll-Gleichungen für das Großsignalverhalten eines n-p-n Transistors. Sie enthalten nur die folgenden Parameter, die an den Klemmen gemessen werden können:

I_{E0} = maximaler Sperrstrom der Emitterdiode bei offenem Kollektor ($I_C = 0$)

I_{C0} = maximaler Sperrstrom der Kollektordiode bei offenem Emitter ($I_E = 0$)

A_n = Gleichstrom-Stromverstärkung im aktiv normalen Betrieb bei kurzgeschlossenem Kollektor (es ist $A_n < 1$ bzw. $A_n = 1-\varepsilon$)

A_i = Gleichstrom-Stromverstärkung im aktiv inversen Betrieb bei kurzgeschlossenem Emitter.

Infolge der Beziehung in Gl. (3.23) sind aber von den vier Parametern nur drei unabhängig voneinander wählbar. Es sei jetzt gezeigt, daß es auch sinnvoll ist, für den üblichen Anwendungsfall im aktiv-normalen Bereich, in dem keineswegs der Kollektor kurzgeschlossen ist sondern eine hohe Kollektorspannung aufweist, was einer negativen Diodenspannung entspricht ($U_C \ll 0$), den Stromverstärkungsfaktor A_n unverändert beizubehalten.

Setzt man $U_C \ll 0$ in den Ebers-Moll-Ansatz in Gl. (3.9) und Gl. (3.10) ein und eliminiert noch die von U_E abhängige Klammer, so ergibt sich

$$I_C = \frac{a_{21}}{a_{11}} I_E + (\frac{a_{12} \cdot a_{21}}{a_{11}} - a_{22}) . \quad (3.26)$$

Dies kann man mit A_N und I_{C0} auch schreiben

$$I_C = - A_N \cdot I_E + I_{C0} . \quad (3.27)$$

D. h. das Verhältnis von $-I_C$ zu I_E ist nach wie vor im wesentlichen durch A_n gegeben, lediglich ergänzt durch einen zusätzlichen sehr kleinen Korrekturterm.

Häufig braucht man die Ebers-Moll-Gleichungen (3.24) und (3.25) noch in einer anderen Form

$$-I_{E0} \; (e^{U_E/U_T} -1) \; = \; I_E + A_i I_C \; , \qquad (3.28)$$

$$-I_{C0} \; (e^{U_C/U_T} -1) \; = \; A_n I_E + I_C \; . \qquad (3.29)$$

Man erhält sie durch Auflösung von Gl. (3.24) und Gl. (3.25) nach den Klammerausdrücken.

3.3   Das Injektionsersatzschaltbild

Die Funktion eines neuen Bauelementes läßt sich häufig leichter übersehen, wenn es gelingt, eine Schaltung aus schon bekannten, einfacheren Bauelementen anzugeben, die sich von den Anschlüssen her gesehen genauso verhält wie das neue Bauelement. Man nennt eine derartige Schaltung "Ersatzschaltung". Die entsprechenden Ersatzschaltbilder sind stets ins Bildliche übersetzte Gleichungen. Machen wir uns dies gleich mit dem heute am häufigsten benutzten Ersatzschaltbild für den Transistor klar, dem sog. Injektions-Ersatzschaltbild.

Wir gehen aus von den Gleichungen (3.24) und (3.25). Setzen wir in der ersten $U_C = 0$ und in der zweiten $U_E = 0$, schließen also diese Sperrschichten gewissermaßen kurz, so folgt für die Klemmenströme

$$I_E = - \frac{I_{E0}}{1 - A_n A_i} \; (e^{U_E/U_T} -1) \; , \qquad (3.30)$$

$$I_C = - \frac{I_{C0}}{1 - A_n A_i} \; (e^{U_C/U_T} -1) \; . \qquad (3.31)$$

Zwischen Emitter und Kollektor ist dann jeweils nur eine einzige Diodensperrschicht wirksam, d. h. der Transistor verhält sich zwischen diesen Klemmen jeweils wie eine einfache Diode. Um dies noch etwas deutlicher zu sehen, bezeichnen wir die Diodenströme wieder mit einem Stern und fassen wie in Gl. (3.2) und Gl. (3.3) die Terme vor der jeweiligen Klammer als Sperrströme I_{ES} und I_{CS} zusammen

$$I_E{}^* = \frac{I_{E0}}{1 - A_n A_i} \; (e^{U_E/U_T} -1) \; = \; I_{ES} \; (e^{U_E/U_T} -1) \; , \qquad (3.32)$$

$$I_C^* = \frac{I_{C0}}{1-A_nA_i} (e^{U_C/U_T}-1) = I_{CS} (e^{U_C/U_T}-1) \ . \qquad (3.33)$$

Man prüft durch Einsetzen in die Gleichungen (3.30) und (3.31) auch rasch nach, daß die vom p- zum n-Bereich positiv definierten Diodenströme die umgekehrte Richtung wie die Klemmenströme haben.

Wir sind jetzt in der Lage, die Ebers-Moll-Gleichungen (3.24) und (3.25) mit den neuen Bezeichnungen für die Diodenströme kürzer zu schreiben

$$I_E = - I_E^* + A_iI_C^* \ , \qquad\qquad (3.34)$$

$$I_C = A_nI_E^* - I_C^* \ . \qquad\qquad (3.35)$$

Es ist vielleicht noch interessant, diese Gleichung mit unserem Ansatz in Gl. (3.4) und Gl. (3.5) zu vergleichen. Man findet:

$$a_{11}' = - 1 \ , \ a_{22}' = - 1 \ , \ a_{12}' = A_i \ , \ a_{21}' = A_n \ ,$$

also sehr einfache Koeffizienten.

Die Gleichungen (3.34) und (3.35) lassen sich jeweils als Parallelschaltung einer Diode und einer Stromquelle darstellen, die sich wegen $I_B = -I_E -I_C$ noch zusammenführen lassen und damit den Basisanschluß ergeben, siehe Bild 3.9a.

Damit hat man das vollständige Ersatzbild eines Transistors mit zeichnerischen Vereinfachungen nach Bild 3.9b. Man nennt es das Injektionsersatzschaltbild. Es enthält gesteuerte Stromquellen, die ersichtlich von den über Kreuz liegenden Diodenströmen und damit den Sperrschichtspannungen U_E und U_C abhängen. Dieses Ersatzbild ist aufgrund seiner Herleitung für alle Transistorzustände gültig.

Es ist recht interessant, daß die Pioniere Ebers und Moll nur die Gleichungen, nicht aber daraus abgeleitete Ersatzschaltbilder angegeben haben (später wird noch gezeigt, daß man ganz unterschiedliche Ersatzschaltbilder bilden kann). Es handelt sich dabei um eine Weiterentwicklung, die viele Jahre später stattgefunden hat, um dem Ingenieur die Analyse von Transistorschaltungen zu erleichtern.

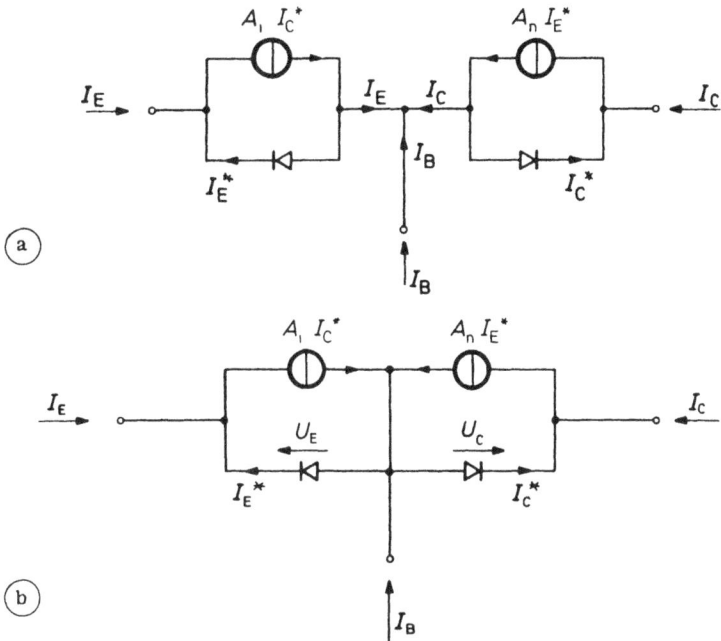

Bild 3.9:   a) Zur Herleitung des Injektions-Ersatzschaltbildes, b) übliche
Zeichnung des Injektions-Ersatzschaltbildes eines npn-Transistors.

Das Ersatzschaltbild des komplementären pnp-Transistors erhält man sehr leicht in
folgender Weise: Bleibt man bei den bei einem pn-Übergang positiv definierten Richtungen von Strom und Spannung, so überzeugt man sich leicht, daß in der vorgenom-
menen Ableitung der Ebers-Moll-Gleichungen keine Änderung eintritt, wenn man nur
sämtliche Ströme und Spannungen in ihrer Zählrichtung umkehrt. Damit gilt für den
pnp-Transistor das Ersatzschaltbild von Bild 3.10.

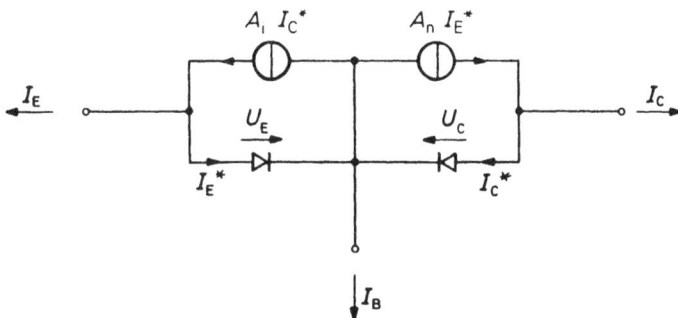

Bild 3.10:   Injektions-Ersatzschaltbild des pnp-Transistors durch Umkehrung
aller Strom- und Spannungsrichtungen.

3.4   Die physikalisch richtige Stromrichtung

Die Klemmenströme I_E, I_B und I_C sind als Rechengrößen positiv angenommen, wenn sie in die jeweilige Klemme hineinfließen. Es erhebt sich die Frage, ob und wie die obigen Berechnungen und Ersatzschaltbilder auch die physikalisch richtige Stromrichtung liefern. Dazu erinnern wir uns an einige zu Anfang eingeführte Definitionen, deren Berechtigung nur durch Vergleich mit dem physikalischen Verhalten sinnvoll wird. So haben wir die Stromverstärkungen A_n und A_i im aktiv normalen und aktiv inversen Bereich als positive Größen $(0 < A_n < 1, 0 < A_i < 1)$ eingeführt. Da man beobachtet, daß von den Strömen I_C und I_E in den genannten Bereichen nur jeweils einer wirklich in positiver Richtung fließt, mußte man in Gl. (3.11) und Gl. (3.12) beim Einsetzen von A_n und A_i die Vorzeichen entsprechend wählen. In diesen Gleichungen ist auch die Wahl der Sperrströme I_{C0} und I_{E0} als positive Größen nur durch den Vergleich mit der Wirklichkeit gerechtfertigt.

Damit sind aber schon alle notwendigen Beziehungen festgelegt. Die mit der Wirklichkeit übereinstimmenden Richtungen der Ströme ergeben sich jetzt einfach aus dem Ersatzschaltbild. D. h., wir brauchen nur die Polaritäten von U_E und U_C zu betrachten. Diejenigen Ströme, die sich infolge dieser Spannungen ergeben, sind nach Betrag und Richtung "physikalisch richtig". Nehmen wir als Beispiel den aktiv normalen Betrieb. Hier ist $U_C \ll 0$ und $U_E \gg 0$. Demzufolge ist I_E^* und $A_n I_E^*$ positiv. I_C^* und $A_i I_C^*$ können wir in erster Näherung vernachlässigen, so daß sich ergibt $I_C \approx A_n I_E^*$ und $I_E \approx -I_E^*$. Der Kollektorstrom hat in Wirklichkeit eine positive und der Emitterstrom eine negative Richtung.

Betrachten wir noch die wirkliche Stromrichtung von I_B. Aus Bild 3.9 liest man ab

$$I_B = I_E^* + I_C^* - A_i I_C^* - A_n I_E^* \; . \tag{3.36}$$

Mit den üblichen Näherungen für den aktiv normalen Betrieb $(A_n \approx 1, A_i \ll A_n)$ bleibt ein positiver Term übrig

$$I_B \approx I_C^* - A_i I_C^* = I_C^* \, (1-A_i) > 0 \; . \tag{3.37}$$

Der Basisstrom hat also genauso wie der Kollektorstrom rechnerisch und infolge unserer Definitionen auch in Wirklichkeit eine positive Richtung.

3.5 Kennlinien des bipolaren Transistors

Ein Transistor hat 3 Anschlüsse: Emitter, Basis und Kollektor. Will man ihn als Übertragungsglied (Vierpol) mit zwei Klemmen am Eingang und zwei Klemmen am Ausgang betreiben, dann gibt es hierfür, je nachdem, ob a) die Basis, b) der Emitter oder
c) der Kollektor Eingang und Ausgang gemeinsam ist, nach Bild 3.11 drei Möglichkeiten: Basis-Grundschaltung, Emitter-Grundschaltung, Kollektor-Grundschaltung. Für
diese Grundschaltungen interessieren vor allem die folgenden Kennlinien, deren Anzahl nicht klein ist:

Primärstrom-g-Kennlinie: $\qquad\qquad\qquad\qquad\qquad\qquad$ (3.38)

$$i_1 = g_1(u_1, u_2); \quad \text{speziell:} \quad \text{a)} \quad I_E = g_{11}(U_{EB}, U_{CB}) = g_{11}(U_E, U_C)$$
$$\text{b)} \quad I_B = g_{12}(U_{BE}, U_{CE}) = g_{12}(U_E, U_C)$$
$$\text{c)} \quad I_B = g_{13}(U_{BC}, U_{EC}) = g_{13}(U_E, U_C)$$

Sekundärstrom-g-Kennlinie:

$$i_2 = g_2(u_1, u_2); \quad \text{speziell:} \quad \text{a)} \quad I_C = g_{21}(U_{EB}, U_{CB}) = g_{21}(U_E, U_C)$$
$$\text{b)} \quad I_C = g_{22}(U_{BE}, U_{CE}) = g_{22}(U_E, U_C)$$
$$\text{c)} \quad I_E = g_{23}(U_{BC}, U_{EC}) = g_{23}(U_E, U_C)$$

Primärstrom-h-Kennlinie:

$$i_1 = h_1(u_1, i_2); \quad \text{speziell:} \quad \text{a)} \quad I_E = h_{11}(U_{EB}, I_C) = h_{11}(U_E, I_C)$$
$$\text{b)} \quad I_B = h_{12}(U_{BE}, I_C) = h_{12}(U_E, I_C)$$
$$\text{c)} \quad I_B = h_{13}(U_{BC}, I_E) = h_{13}(U_C, I_E)$$

Sekundärstrom-h-Kennlinie:

$$i_2 = h_2(i_1, u_2); \quad \text{speziell:} \quad \text{a)} \quad I_C = h_{21}(I_E, U_{CB}) = h_{21}(I_E, U_C)$$
$$\text{b)} \quad I_C = h_{22}(I_B, U_{CE}) = h_{22}(I_B, U_C, U_E)$$
$$\text{c)} \quad I_E = h_{23}(I_B, U_{EC}) = h_{23}(I_B, U_C, U_E)$$

Dazu kommen die Steilheitskennlinien $i_2 = k_2(u_1, i_1)$, die Rückwirkungskennlinien
$i_1 = k_1(u_2, i_2)$, sowie die unter Berücksichtigung der Anschlußbedingungen vereinfachten Kennlinien $i_2 = M(i_1)$ und $u_2 = N(u_1)$.

Alle diese Kennlinien lassen sich glücklicherweise aus den zwei Gleichungen von Ebers
und Moll herleiten, denn die Klemmenspannungen U_{BE}, U_{BC}, U_{CE} sowie ihre Um-
kehrungen $U_{EB} = -U_{BE}$, $U_{CB} = -U_{BC}$, $U_{EC} = -U_{CE}$ ergeben sich wegen

$U_{BE} = U_E$, $U_{BC} = U_C$, $U_{CE} = U_E - U_C$ letzten Endes aus den zwei inneren Spannungen U_E und U_C. In den oben aufgeführten Kennlinien soll die letzte Spalte nur diese wesentlichen Abhängigkeiten zum Ausdruck bringen.

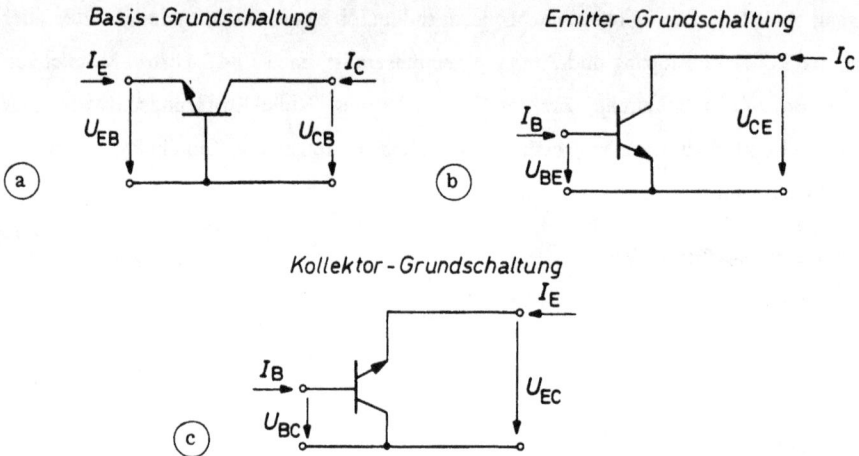

Bild 3.11:   Transistor-Grundschaltungen und zugehörige Ströme und Spannungen
a) Basisgrundschaltung, b) Emittergrundschaltung, c) Kollektor-grundschaltung.

Basisgrundschaltung (für den aktiv normalen Betrieb)

In den vorangegangenen Ableitungen der grundlegenden Transistor-Gleichungen wurde nur die Basisschaltung zugrundegelegt. Einige ihrer Kennlinien haben wir daher schon explizit angeschrieben. So sind die Kennlinien g_{11} und g_{21} durch Gl. (3.24) und Gl. (3.25) gegeben. Die Kennlinien h_{11} und h_{21} durch Gl. (3.28) und Gl. (3.29). Alle diese Beziehungen sind, wie gesagt, leicht aus dem Ersatzschaltbild in Bild 3.9 abzulesen.

Auch graphische Darstellungen der Gleichungen (Kennlinienfelder) benötigt man häufig. Man betrachte z. B. in Bild 3.12 das I_C-U_C-Kennlinienfeld mit I_E als Parameter, das sich direkt aus Gl. (3.29) gewinnen läßt. Die Grenzen zwischen den Transistor-Bereichen sind gegeben durch $U_C = 0$ und $I_E = 0$. Das ist gerade dann der Fall, wenn sich die Stromrichtung in den Sperrschichten am Kollektor und am Emitter umkehrt. Bild 3.13 zeigt ein gemessenes Kennlinienfeld. Man beachte hier besonders, daß der Kollektorstrom noch in voller Größe fließt, wenn sich die Spannung U_{CB} schon ein Stück umgepolt hat (siehe eine Anwendung in der später zu besprechenden I²L-Technik).

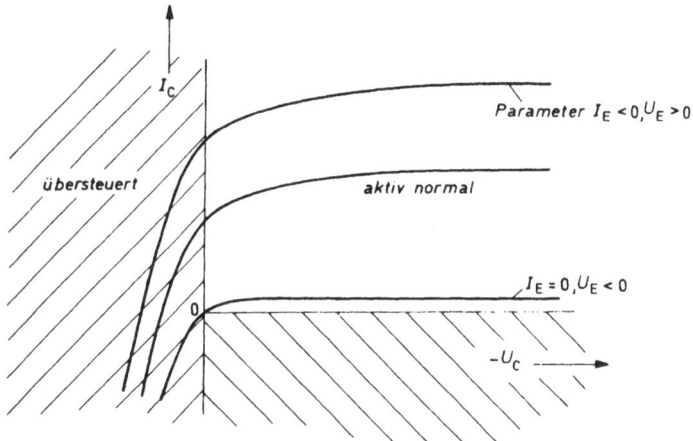

Bild 3.12: Basisgrundschaltung. Das Ausgangskennlinienfeld I_C in Abhängigkeit von U_C und I_E. Prinzipieller Verlauf.

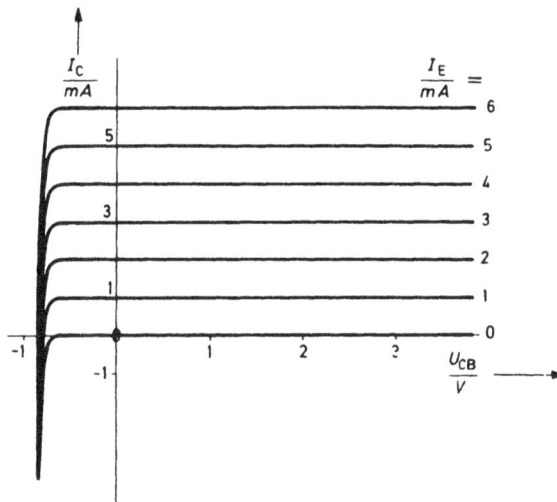

Bild 3.13: Gemessenes Ausgangskennlinienfeld.

Betrachten wir als nächstes Beispiel I_C als Funktion von U_E. Wir können direkt die Gleichung (3.25) heranziehen. Aufgezeichnet hat sie den prinzipiellen Verlauf in Bild 3.14. Aus diesen Kurven ergibt sich durch Differenzieren die häufig benutzte Kleinsignalgröße "Steilheit" dI_C/dU_E.

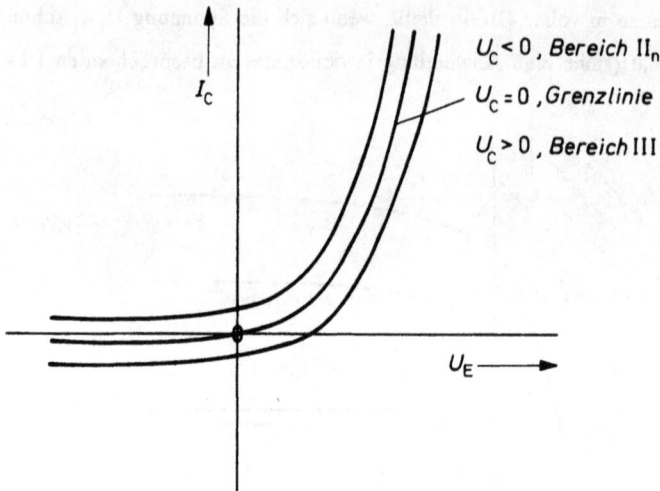

Bild 3.14:   Prinzipieller Verlauf der Sekundärstrom-Kennlinie I_C als Funktion von U_E und U_C.

Hätte man sich nicht an die Gleichung (3.25) erinnert, so gewinnt man das gleiche Ergebnis, wenn man das Ersatzbild in Bild 3.9 heranzieht und daraus $I_C = A_n \cdot I_E^* - I_C^*$ abliest. Dann braucht man nur noch die Diodenströme I_E^* und I_C^* explizit hinzuschreiben.

Emittergrundschaltung (häufigste Schaltung)

Zunächst wollen wir für die Emittergrundschaltung mit Hilfe des Kirchhoffschen Satzes

$$I_B + I_C + I_E = 0 , \tag{3.39}$$

den Emitterstrom I_E eliminieren und an seine Stelle den Basisstrom I_B setzen. Aus Gl. (3.29) wird dann z. B.

$$I_C = - A_n I_E - I_{C0}(e^{U_C/U_T} - 1) \tag{3.40}$$

$$= A_n(I_B + I_C) - I_{C0}(e^{U_C/U_T} - 1) .$$

Die Auflösung nach I_C bringt

$$I_C = \frac{A_n}{1-A_n} I_B - \frac{I_{C0}}{1-A_n} (e^{U_C/U_T} - 1) \ . \tag{3.41}$$

Hier setzt man meistens zur Abkürzung

$$\frac{A_n}{1-A_n} = B_n \ , \tag{3.42}$$

und nennt B_n die Stromverstärkung in Emitterschaltung. (Analog wird im inversen Betrieb mit

$$\frac{A_i}{1-A_i} = B_i \ , \tag{3.43}$$

verfahren.) Führt man schließlich noch den Sperrschichtstrom I_C^* nach Gl. (3.33) ein, so schreibt sich Gl. (3.41)

$$I_C = B_n I_B - I_C^* \cdot \frac{1-A_n A_i}{1-A_n} = B_n \cdot I_B - I_C^* B_n (\frac{1}{A_n} - A_i) \ . \tag{3.44}$$

Das Ergebnis läßt sich in einem besonderen Ersatzschaltbild darstellen, siehe Bild 3.15a. Im aktiven Bereich mit gesperrter Kollektordiode kann man den Sperrstrom häufig vernachlässigen und es bleibt das vereinfachte Ersatzschaltbild von Bild 3.15b. Die Stromrichtungen und Stromgrößen kann man bei Beachtung der physikalisch richtigen Stromrichtungen in der in Bild 3.15c skizzierten Weise anschaulich darstellen.

Die Größenordnung der Stromverstärkung B_n liegt bei heutigen Transistoren im Bereich von 100 bis 1 000. Nimmt man z. B. den ersten Wert, so folgt

$$A_n = \frac{B_n}{1+B_n} \approx 1 - \frac{1}{B_n} = 1 - \frac{1}{100} \ . \tag{3.45}$$

Ersichtlich weicht dann A_n nur ganz wenig von 1 ab.

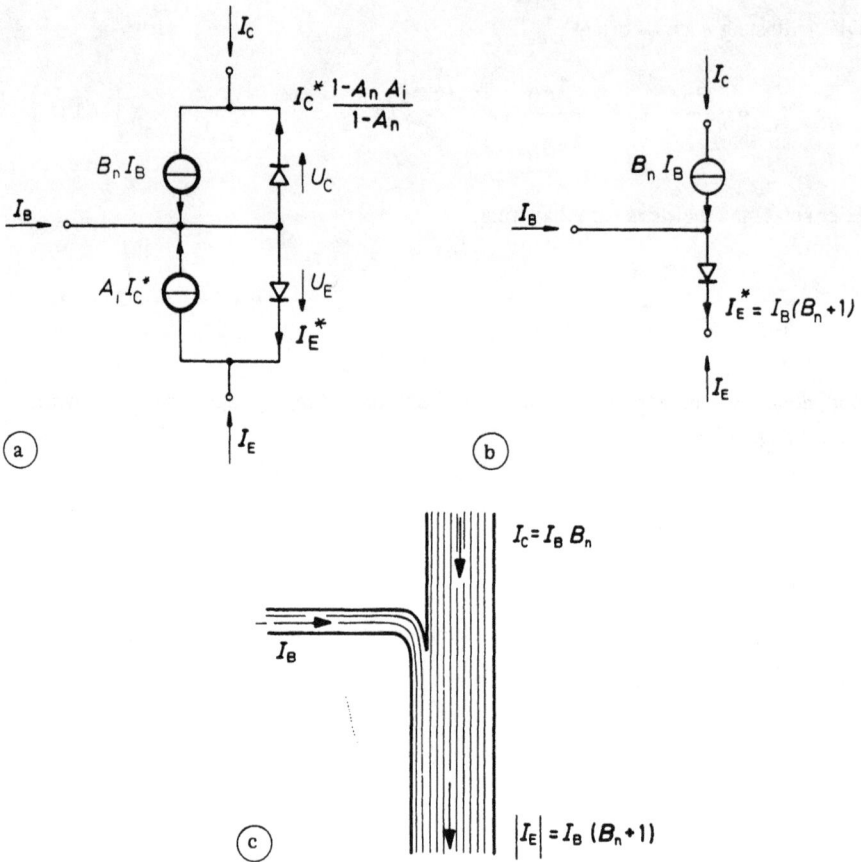

Bild 3.15:   Emittergrundschaltung. a) Injektions-Ersatzschaltbild,

b) vereinfachtes Ersatzschaltbild, c) Veranschaulichung der

Transistorströme.

Betrachten wir nun auch die Spannungen. Wir lösen zuerst die Gleichungen (3.28) und (3.29) nach den Sperrschichtspannungen U_E und U_C auf:

$$U_E = U_T \cdot \ln \left(- \frac{I_E + A_i I_C}{I_{E0}} + 1\right) , \qquad (3.46)$$

$$U_C = U_T \cdot \ln \left(- \frac{I_C + A_n I_E}{I_{C0}} + 1\right) . \qquad (3.47)$$

Dann ergibt sich die Spannung U_{CE} zwischen Kollektor und Emitter unter Berücksichtigung der Pfeilrichtungen in Bild 3.15a als Differenz von U_E und U_C:

$$(3.48)$$

$$U_{CE} = U_E - U_C = U_T \cdot \left[\ln \left(\frac{1 + \dfrac{I_C}{I_B}(1-A_i) + \dfrac{I_{E0}}{I_B}}{A_n - \dfrac{I_C}{I_B} \cdot \dfrac{1-A_n}{A_n} \cdot A_n + \dfrac{I_{C0}}{I_B}} \right) + \ln \frac{I_{C0}}{I_{E0}} \right].$$

Für $A_n \approx 1$ und bei Vernachlässigung der Restströme gegenüber den Termen mit I_C/I_B kann man dies auch schreiben

$$U_{CE} \approx U_T \left[\ln \frac{1 + \dfrac{I_C}{I_B}(1-A_i)}{1 - \dfrac{I_C}{I_B} \cdot \dfrac{1}{B_n}} + \ln \frac{I_{C0}}{I_{E0}} \right]. \qquad (3.49)$$

Läßt man $I_C \to I_B \cdot B_n$ gehen, strebt die Kollektorspannung gegen Unendlich. Dieser Kennlinienverlauf (im aktiv normalen Bereich) ist charakeristisch.

Zeichnen wir uns ein Kennlinienfeld I_C als Funktion von U_{CE} nach Gl. (3.49) auf, indem wir I_B als Parameter benutzen, so ergeben sich Kurven nach Bild 3.16a. Rechts von der gestrichelten Linie, die in Gl. (3.52) noch bestimmt wird, ist I_C = const., während links davon bei Verminderung der Spannung U_{CE} der Strom I_C gleichfalls kleiner wird. (Dies gilt auch für den umgekehrten Fall. Zwingt man den Strom I_C auf kleinere Werte, so wird sich U_{CE} ebenfalls vermindern.) Die reziproke Steigung der Kennlinien in diesem übersteuerten Bereich nennt man den Innenwiderstand des Transistors: $R_i = dU_{CE}/dI_C$. Der Innenwiderstand R_i ist sehr klein und liegt meist in der Größenordnung von einem Zehntel bis zu einem Ohm. Allerdings addiert sich in der Praxis zu diesem Innenwiderstand noch der Bahnwiderstand r_{CC}' des Kollektors, so daß reale Kennlinien doch wieder eine geringere Steilheit der Kennlinien im übersteuerten Bereich aufweisen, siehe das Prinzip in Bild 3.16b. Wie bei den Diodenkennlinien sollte man auch bei den Transistoren den Unterschied zwischen den prinzipiellen Skizzen und den quantitativen, d. h. gemessenen Kennlinienfeldern beachten.

Man vergleiche z. B. mit den gemessenen Kennlinienfeldern in Bild 3.17a für den normal und im Bild 3.17b für den invers betriebenen Transistor.

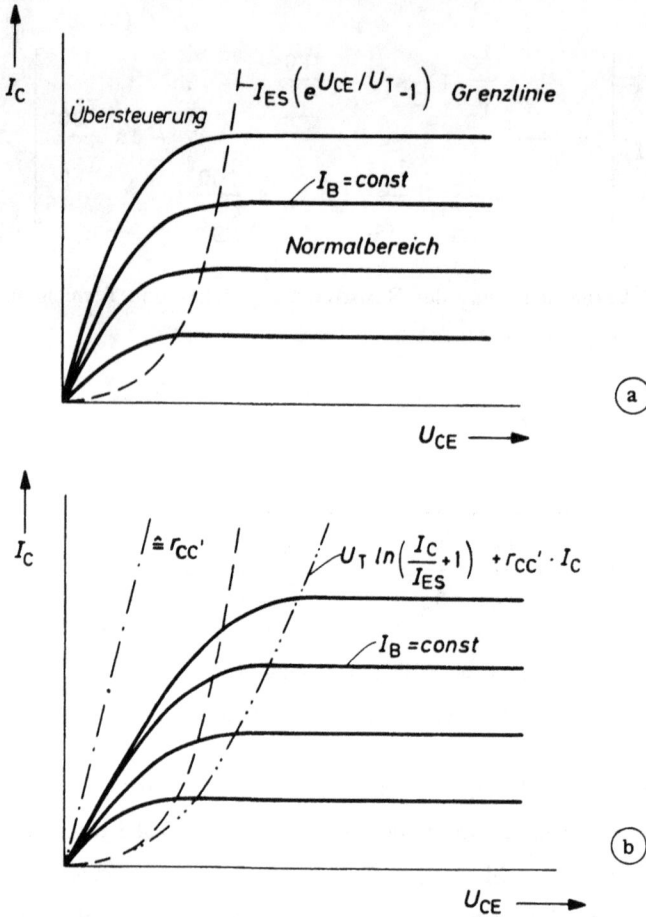

Bild 3.16:   Emittergrundschaltung. a) Prinzipieller Verlauf des Ausgangs-
kennlinienfeldes I_C als Funktion von U_{CE} und I_B, b) bei Berücksichtigung eines Kollektorbahnwiderstandes.

Wird der Transistor stark übersteuert, ist also I_C/I_B klein, kann die Restspannung wenige Millivolt betragen, denn für sehr kleine Werte von $I_C/(I_B \cdot B_n)$ kann man z. B. den Nenner in Gl. (3.49) umwandeln und erhält mit üblichen Näherungen

$$U_{CE} \approx U_T \cdot \left[\frac{I_C}{I_B} (1 + \frac{1}{B_n} - A_i) + \ln \frac{I_{CO}}{I_{EO}} \right] . \qquad (3.50)$$

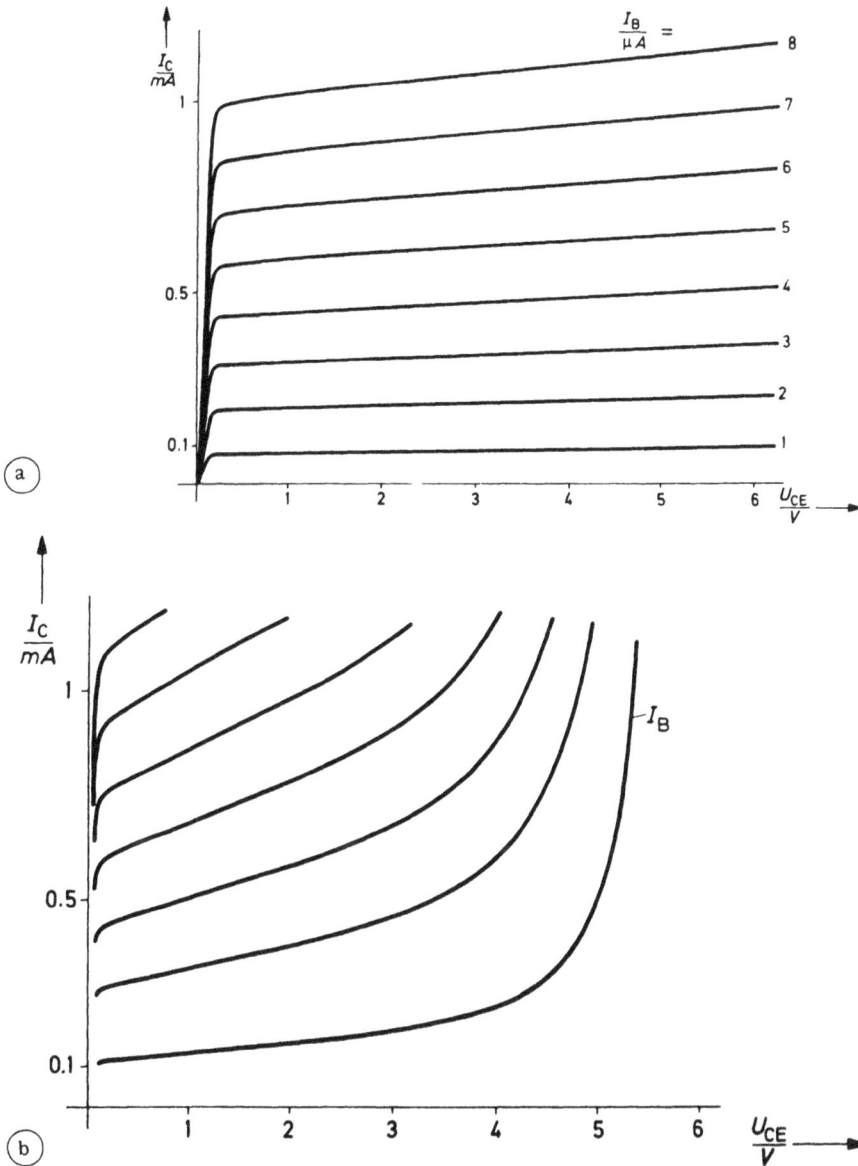

Bild 3.17:   Emittergrundschaltung. a) gemessenes Kennlinienfeld für den normalen Betrieb, b) gemessenes Kennlinienfeld für den inversen Betrieb

Gemessene Kennlinien wie z. B. in Bild 3.18 in der Umgebung des Nullpunktes
stimmen mit dem errechneten Verlauf sehr gut überein. Wenn solche sehr kleinen
Spannungen erreicht werden, der Transistor also sehr tief in der Übersteuerung bzw.
im Sättigungsgebiet ist, ergeben sich bezüglich der Trägheit erhebliche Nachteile.

(Darauf wird später noch genauer eingegangen werden.) Daher werden diese "elektronisch einstellbaren Widerstände" bei bipolaren Transistoren praktisch nicht verwendet.

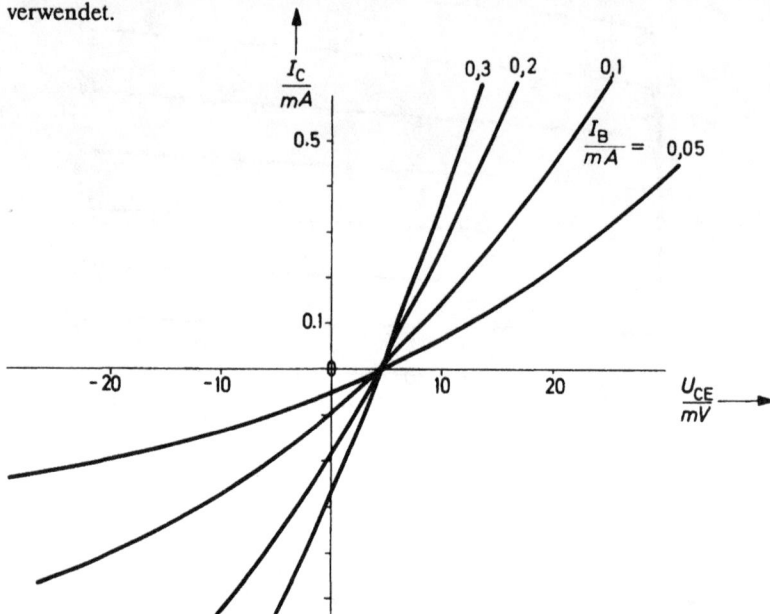

Bild 3.18:   Das Ausgangskennlinienfeld von Bild 3.17a für den Bereich sehr kleiner Spannungen bei starker Übersteuerung.

Die Grenze zwischen dem normalen und übersteuerten Bereich ist nach Definition erreicht, wenn $U_C = 0$. Aus Gl. (3.47) erhält man dafür die Bedingung

$$I_C = -A_n \cdot I_E \; . \tag{3.51}$$

Das läßt sich bei Berücksichtigung der physikalisch unterschiedlichen Stromrichtungen von I_C und I_E auch schreiben: $|I_C| = |A_n I_E|$. Die Übersteuerung tritt dann ein, wenn $|I_C| < |A_n I_E|$ wird.

In der Schaltung kann diese Bedingung z. B. dadurch erzwungen werden, daß man bei konstant bleibendem Kollektorstrom den Emitterstrom oder den Basisstrom erhöht, oder daß man bei konstanten Strömen I_B oder I_E den Kollektorstrom vermindert (z. B. durch Erhöhen des Kollektorwiderstandes).

Über den Grenzzustand läßt sich leicht noch eine weitere Aussage machen, denn dort ist wegen $A_n \approx 1$, bzw. $|I_C| \approx |I_E|$, und unter Berücksichtigung von $U_C = 0$:

$$I_C \approx -I_E = I_E^* = I_{ES}\,(e^{U_E/U_T}-1) = I_{ES}\,(e^{U_{CE}/U_T}-1)\ .\ (3.52)$$

Das ist die gestrichelte Grenzlinie in Bild 3.16a.

Die Eingangskennlinie $I_B = g(U_E)$ hat einen ganz entsprechenden Verlauf wie die Kurven in Bild 3.14. Für den aktiv normalen Bereich ist dies wegen $I_C = B_n \cdot I_B$ sofort einzusehen. Für den allgemeinen Fall kann man es ebenfalls sehen, wenn man das Ersatzbild heranzieht und I_B ermittelt:

$$I_B = I_C^*(1-A_i) + I_E^*(1-A_n) \tag{3.53}$$

$$= I_{C0}\,\frac{1-A_i}{1-A_nA_i}\,(e^{U_C/U_T}-1) + I_{E0}\,\frac{1-A_n}{1-A_nA_i}\,(e^{U_E/U_T}-1)\ .$$

Für konstant gehaltene Werte von U_C ergeben sich wegen $U_E = U_{BE}$ exponentielle Kurven nach Bild 3.19. Die Schwelle in der Eingangsspannung ist in der Regel ausgeprägt.

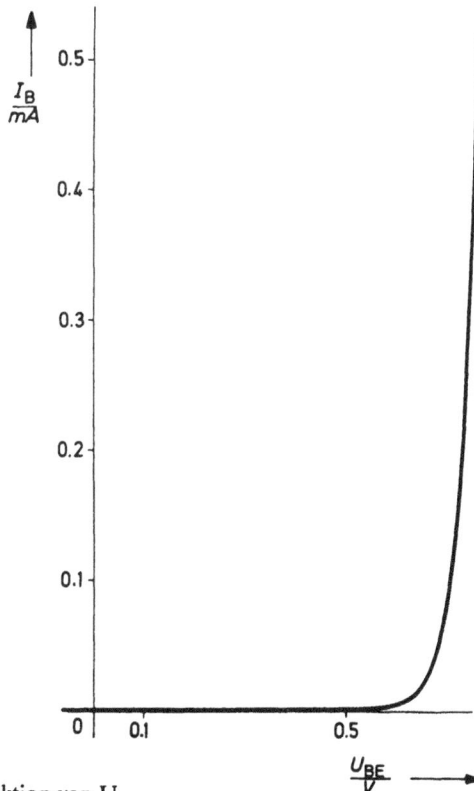

Bild 3.19:

Das Eingangskennlinienfeld I_B als Funktion von U_{BE}.

Kollektorgrundschaltung (ungebräuchlich)

Wählen wir als nächstes die Kollektor-Grundschaltung. In den Ebers-Moll-Grundglei-
chungen wird man jetzt den Kollektorstrom eliminieren. Einsetzen von $I_C = -I_B - I_E$
in Gl. (3.28) ergibt:

$$I_E = \frac{A_i}{1-A_i} \cdot I_B - \frac{I_{EO}}{1-A_i} (e^{U_E/U_T} -1) . \qquad (3.54)$$

Diese Beziehung ist ersichtlich völlig analog zur Beziehung (3.41) für die Emittergrundschaltung und kann dazu dienen, ein entsprechendes Ersatzschaltbild für die
Kollektorgrundschaltung wie in Bild 3.20 aufzustellen. Es ist jedoch zu beachten, daß
dieses Ersatzschaltbild nur Vorteile bei einer Berechnung bringt, wenn der Transistor
invers betrieben wird, d. h. wenn $U_C > 0$ und $U_E < 0$ gewählt werden. Dieser
Zustand muß jedoch in der Planartechnik vermieden werden (siehe das Kennlinienfeld
in Bild 3.17b).

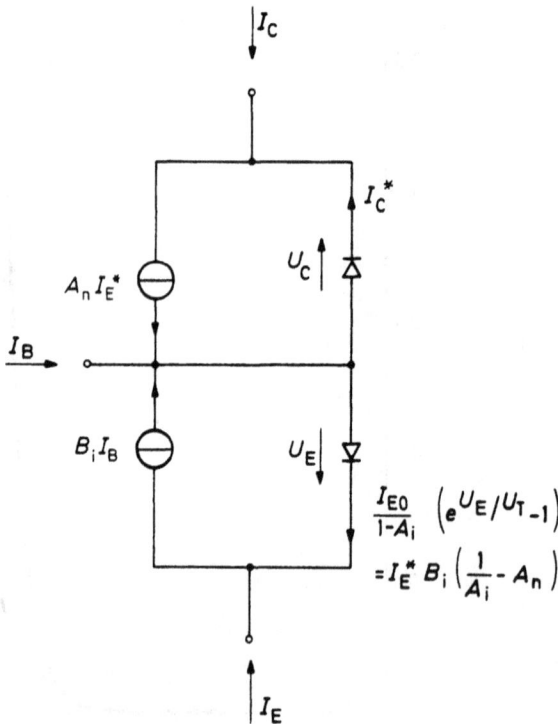

Bild 3.20:   Das Ersatzschaltbild der Kollektorgrundschaltung.

Sehr häufig wird der Transistor in einer Schaltung betrieben, in der zwar der Kollektoranschluß für Ausgangs- und Eingangskreis gemeinsam ist, in der jedoch der Transistor
im aktiv normalen Zustand ist. Ein Widerstand liegt dann in der Emitterzuleitung. Man
nennt diese Schaltung einen Emitterfolger. In diesem Fall ist es günstiger, das Ersatzschaltbild der Emittergrundschaltung zu benutzen.

Der Emitterfolger hat keine Spannungsverstärkung, sondern nur noch eine Strom- und
Leistungsverstärkung. Da er einen hohen Eingangs- und einen niedrigen Ausgangswiderstand besitzt, wird er häufig als Impedanzwandler eingesetzt.

3.6 Weitere Ersatzschaltbilder

Zum besseren Verständnis der Variationsmöglichkeiten, die man bei der Aufstellung
eines Ersatzschaltbildes hat, wollen wir noch zwei andere Ersatzschaltbilder aufstellen.
Das eine mit inneren Stromquellen, die von den Klemmenströmen gesteuert sind und
das sehr unpraktisch ist, und das andere mit Stromquellen, die nur zwischen den Kol-
lektor-Emitter-Klemmen liegen und sehr häufig verwendet wird.

Klemmenstrom-Ersatzschaltbild

Wir definieren Diodenströme I_{ED} und I_{CD} wie folgt

$$I_{ED} = I_{E0} (e^{U_E/U_T} -1) , \qquad (3.55)$$

$$I_{CD} = I_{C0} (e^{U_C/U_T} -1) . \qquad (3.56)$$

Die Ebers-Moll-Gleichungen (3.28) und (3.29) heißen damit

$$I_E + A_i I_C + I_{ED} = 0 , \qquad (3.57)$$

$$I_C + A_n I_E + I_{CD} = 0 . \qquad (3.58)$$

Diesen Gleichungen entspricht das Ersatzschaltbild in Bild 3.21. Es ist völlig unpraktisch, weil innerhalb des Ersatzschaltbildes noch einmal die Klemmenströme erscheinen.

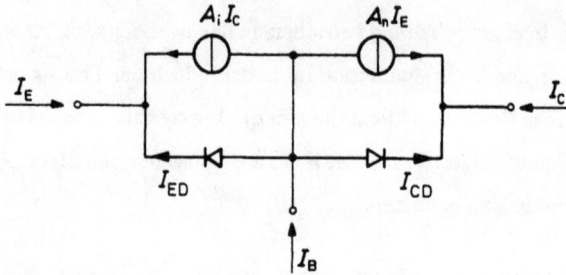

Bild 3.21:   Ersatzschaltbild mit Stromquellen, die von den Klemmenströmen gesteuert werden.

Hybrid-π-Ersatzschaltbild

Zur Gewinnnung des sog. "Hybrid-π-Ersatzschaltbildes" formen wir die Gleichungen (3.34) und (3.35) in folgender Weise um:

$$I_C = - I_C^* + A_n I_E^* = - I_C^* \left(\frac{A_i(1-A_i)}{A_i} + A_i \right) + A_n I_E^* \quad (3.59)$$

$$= - \frac{I_C^* \cdot A_i}{B_i} - A_i I_C^* + A_n I_E^* \ ,$$

$$I_E = - I_E^* + A_i I_C^* = - I_E^* \left(\frac{A_n(1-A_n)}{A_n} + A_n \right) + A_i I_C^* \quad (3.60)$$

$$= - \frac{I_E^* \cdot A_n}{B_n} - A_n I_E^* + A_i I_C^* \ .$$

Für den Basisstrom ergibt sich daraus:

$$I_B = - (I_C + I_E) = \frac{I_C^* \cdot A_i}{B_i} + \frac{I_E^* \cdot A_n}{B_n} \ . \quad (3.61)$$

Jetzt lassen sich diese Beziehungen in einem Ersatzschaltbild veranschaulichen, siehe Bild 3.22.

Verwendet man die kürzeren Bezeichnungen:

$$I_{EH} = I_E^* \cdot A_n \ , \quad (3.62)$$

$$I_{CH} = I_C^* \cdot A_i \ , \quad (3.63)$$

so lassen sich die Abhängigkeiten besser überschauen und merken. Zeichnet man ferner die Schaltung wie in Bild 3.23 noch etwas um, so läßt sich auch erkennen, warum
dieses gebräuchliche Ersatzschaltbild die Bezeichnung "Hybrid-π-Ersatzschaltbild"
trägt.

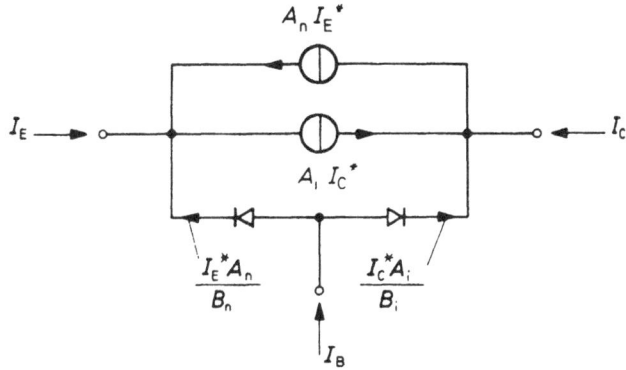

Bild 3.22:   Das Hybrid-π-Ersatzschaltbild unter Verwendung der Größen des
              Injektions-Ersatzschaltbildes.

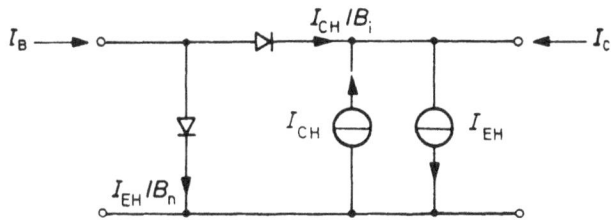

Bild 3.23:   Das Hybrid-π-Ersatzschaltbild mit eigens definierten Strömen.

3.7 Genaue Berechnung einfacher Schaltungen

Transistor mit Basiswiderstand

Es sei die Transistorschaltung in Bild 3.24a gegeben. Der Strom I_C soll als Funktion
von R bestimmt werden. U_{CE} ist eine genügend hohe Kollektorspannung. Wir zeichnen uns zuerst den Transistor mit seinem Ersatzschaltbild auf, siehe Bild 3.24b. Für
den Basisstrom liest man ab:

$$I_B = I_C^* + I_E^* - A_n I_E^* - A_i I_C^* = I_C^*(1-A_i) + I_E^*(1-A_n). \qquad (3.64)$$

Die Ströme I_C^* und I_E^* kann man annähern zu

$$I_C^* = \frac{I_{CO}}{1-A_n A_i}(e^{U_C/U_T}-1) \approx -\frac{I_{CO}}{1-A_n A_i}, \quad (\text{für } U_C \ll 0), \quad (3.65)$$

$$I_E^* = \frac{I_{EO}}{1-A_n A_i}(e^{U_E/U_T}-1) \approx \frac{I_{EO}}{1-A_n A_i}\cdot\frac{U_E}{U_T}, \qquad (3.66)$$

wobei $0 < U_E \ll U_T$ wegen der sehr kleinen Ströme. Für einen Spannungsumlauf im Basis-Emitter-Kreis gilt

$$U_E + I_B \cdot R = 0, \quad \text{bzw.} \quad I_B = -\frac{U_E}{R}. \qquad (3.67)$$

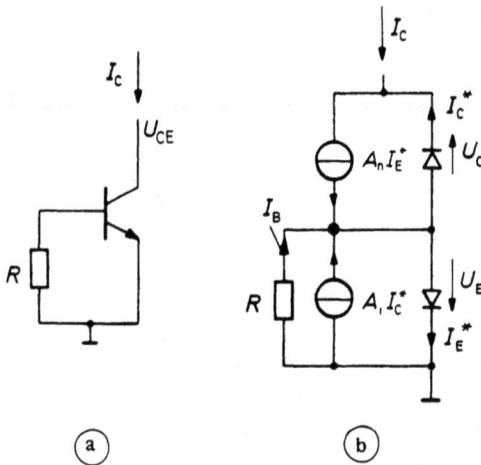

Bild 3.24:   a) Erstes Beispiel einer einfachen Schaltung, b) Berechnung mit Hilfe des Ersatzschaltbildes.

Setzt man die letzten Gleichungen in Gl. (3.64) ein, so ergibt sich

$$-\frac{U_E}{R} = -\frac{I_{CO}}{1-A_n A_i}(1-A_i) + \frac{I_{EO}}{1-A_n A_i}\frac{U_E}{U_T}\cdot(1-A_n). \qquad (3.68)$$

Die Auflösung nach U_E führt zu

$$U_E = \frac{I_{C0} \dfrac{1-A_i}{1-A_nA_i}}{\dfrac{I_{E0}}{U_T} \dfrac{1-A_n}{1-A_nA_i} + \dfrac{1}{R}} \; . \tag{3.69}$$

Der Kollektorstrom ist ersichtlich

$$I_C = A_n I_E^* - I_C^* = A_n \frac{I_{E0}}{1-A_nA_i} \frac{U_E}{U_T} + \frac{I_{C0}}{1-A_nA_i} \; . \tag{3.70}$$

Setzt man U_E von Gl. (3.69) in Gl. (3.70) ein, so lautet das Ergebnis

$$I_C = \frac{I_{C0}}{1-A_nA_i} \left[1 + \frac{A_n(1-A_i)}{(1-A_n) + U_T \dfrac{1-A_nA_i}{R \cdot I_{E0}}} \right] \; . \tag{3.71}$$

Für extrem kleine und große Werte von R erhält man

$$I_C = \frac{I_{C0}}{1-A_nA_i} = I_{CK} \; , \quad \text{für } R \rightarrow 0 \; , \tag{3.72}$$

$$I_C = \frac{I_{C0}}{1-A_n} \; , \quad \text{für } R \rightarrow \infty \; . \tag{3.73}$$

Damit kann der Verlauf von I_C als Funktion von R bei den üblichen unterschiedlichen Werten von A_n und A_i sofort gezeichnet werden, siehe Bild 3.25.

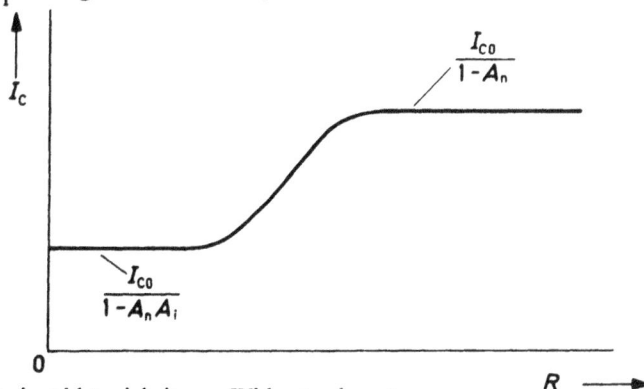

Bild 3.25:

Verlauf des Stromes I_C in Abhängigkeit vom Widerstandswert.

Transistor mit Emitterwiderstand

Wir betrachten als nächstes die geringfügig veränderte Schaltung in Bild 3.26a und fragen wieder nach I_C als Funktion von R. Die Einführung des Transistor-Ersatzschaltbildes in Bild 3.26b zeigt uns das Problem sofort deutlich.

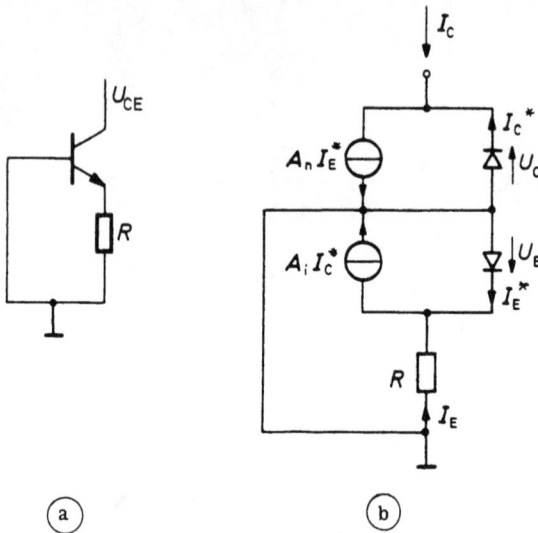

Bild 3.26:   a) Zweites Beispiel einer einfachen Schaltung, b) Berechnung mit Hilfe des Ersatzschaltbildes.

Für den Emitterstrom liest man ab

$$I_E = A_i I_C^* - I_E^* = A_i \frac{I_{CO}}{1-A_n A_i} (e^{U_C/U_T}-1) - \frac{I_{EO}}{1-A_n A_i} (e^{U_E/U_T}-1) \ . \tag{3.74}$$

Angenähert lautet dies für $U_C \ll 0, 0 < U_E \ll U_T$:

$$I_E = - A_i \frac{I_{CO}}{1-A_n A_i} - \frac{I_{EO}}{1-A_n A_i} \frac{U_E}{U_T} \ . \tag{3.75}$$

Für einen Spannungsumlauf im Emitter-Basis-Kreis gilt

$$U_E - I_E \cdot R = 0 \ , \quad \text{bzw.} \quad I_E = U_E/R \ . \tag{3.76}$$

Setzt man dies in Gl.(3.75) ein, so folgt

$$\frac{U_E}{R} = - A_i \frac{I_{C0}}{1-A_nA_i} - \frac{I_{E0}}{1-A_nA_i} \frac{U_E}{U_T} . \tag{3.77}$$

Aufgelöst nach U_E:

$$U_E = \frac{- A_i \dfrac{I_{C0}}{1-A_nA_i}}{\dfrac{I_{E0}}{1-A_nA_i} \cdot \dfrac{1}{U_T} + \dfrac{1}{R}} . \tag{3.78}$$

Der Kollektorstrom I_C lautet:

$$I_C = A_n I_E^* - I_C^* = A_n \frac{I_{E0}}{1-A_nA_i} (e^{U_E/U_T} -1) - \frac{I_{C0}}{1-A_nA_i} (e^{U_C/U_T} - 1)$$

$$= A_n \frac{I_{E0}}{1-A_nA_i} \cdot \frac{U_E}{U_T} + \frac{I_{C0}}{1-A_nA_i} . \tag{3.79}$$

Setzt man in diese Gleichung U_E von Gl. (3.78) ein, so lautet das Ergebnis

$$I_C = \frac{I_{C0}}{1-A_nA_i} \left[1 - \frac{A_nA_i}{1 + U_T \dfrac{1-A_nA_i}{R \cdot I_{E0}}} \right] . \tag{3.80}$$

Für extrem kleine und große Werte von R erhält man:

$$I_C = \frac{I_{C0}}{1-A_nA_i} = I_{CK} , \quad \text{für } R \rightarrow 0 , \tag{3.81}$$

$$I_C = I_{C0} , \quad \text{für } R \rightarrow \infty . \tag{3.82}$$

I_C als Funktion von R in Bild 3.27 fängt bei niedrigem R bei demselben Wert wie im vorigen Beispiel an, biegt dann jedoch bei wachsendem R nach unten statt nach oben ab.

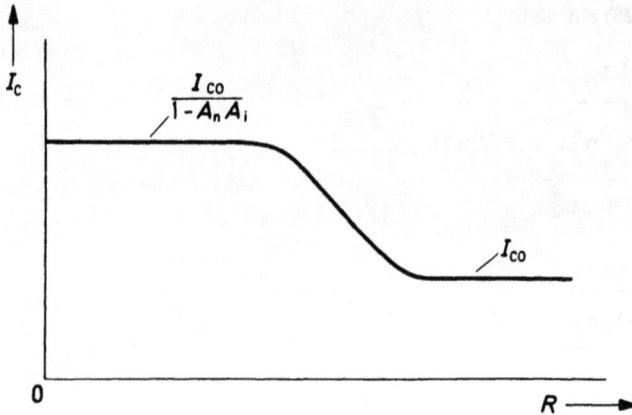

Bild 3.27:   Verlauf des Stromes I_C in Abhängigkeit vom Widerstandswert.

Minimale Restspannung

Wie klein kann die Restspannung U_{CE} bei extremer Übersteuerung werden? Wir gehen aus von den Beziehungen (3.46) und (3.47) und bilden die Differenz

$$U_{CE} = U_E - U_C = U_T \ln \left(- \frac{I_E + A_i I_C}{I_{E0}} + 1 \right) \qquad (3.83)$$

$$- U_T \ln \left(- \frac{I_C + A_n I_E}{I_{C0}} + 1 \right) .$$

Das läßt sich wie folgt zusammenfassen:

$$U_{CE} = U_T \ln \frac{\left(1 + \dfrac{I_C}{I_B} (1-A_i) + \dfrac{I_{E0}}{I_B} \right) \cdot I_{C0}}{\left(A_n - \dfrac{I_C}{I_B} (1-A_n) + \dfrac{I_{C0}}{I_B} \right) \cdot I_{E0}} . \qquad (3.84)$$

Nun halten wir den Kollektorstrom I_C konstant oder wählen ihn zu Null. Zugleich erhöhen wir den Basisstrom I_B sehr stark. Dann geht U_{CE} unter Beachtung von $A_i I_{C0} = A_n I_{E0}$ gegen den Grenzwert:

$$U_{CE} \to U_T \ln \frac{I_{C0}}{A_n \cdot I_{E0}} = U_T \ln \frac{A_n}{A_n \cdot A_i} = U_T \ln \frac{1}{A_i} . \qquad (3.85)$$

Da alle Stromverstärkungen A_n, A_i stets kleiner als 1 sind, ist die Kollektorrestspannung stets positiv. Sie kann für spezielle Transistorstrukturen mit $A_i \to 1$ sogar nahezu gegen Null gehen. (Vergleiche auch mit Gl. (3.50) und Bild 3.18).

Auf dieser Tatsache, daß bei stark übersteuertem Transistor die Spannung $U_{CE} = U_E - U_C$ nahezu eine Konstante ist, beruht z. B. das gebräuchliche Meßverfahren zur Ermittlung des Emitter-Bahnwiderstandes R_{EE}'. Hierbei führt man einem Transistor in Emittergrundschaltung, dessen Kollektor offen ist ($I_C = 0$) einen Basisstrom I_B zu. Die Spannung zwischen Kollektor und Emitter errechnet sich dann wegen $I_E = -I_B$ und des stark übersteuerten Zustandes zu

$$U_{CE} = U_E - U_C + I_B \cdot R_{EE'} = U_T \ln \frac{1}{A_i} + I_B \cdot R_{EE'} \, . \qquad (3.86)$$

Aus der Steigung einer Meßkurve, siehe ein Beispiel in Bild 3.28, ergibt sich dann der gesuchte Emitter-Bahnwiderstand R_{EE}'.

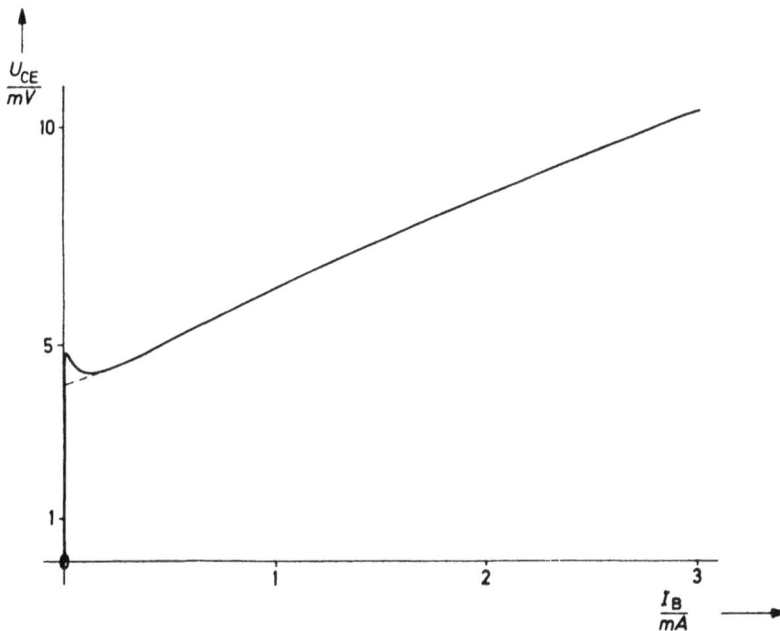

Bild 3.28:   Messung der Spannung U_{CE} in Abhängigkeit des Basisstromes I_B bei offenem Kollektor zur Bestimmung des Emitter-Bahnwiderstandes R_{EE}'.

3.8   Temperaturabhängigkeit der Transistorgrößen

Von großer Wichtigkeit ist die Temperaturabhängigkeit von Halbleiterschaltungen, die bei ungenügender Berücksichtigung zu Verschiebungen von Arbeitspunkten, zu thermischen Durchbrüchen oder zum Instabilwerden der ganzen Schaltung führen kann. Wir müssen daher kurz die Temperaturabhängigkeit der wichtigsten Transistorparameter betrachten, denn die Temperaturspannung $U_T = kT/q$ in den Gleichungen von Ebers und Moll stellt nicht die einzige Abhängigkeit dar. Nacheinander wollen wir die Temperaturabhängigkeit der Sperrströme, der Basisemitterspannung, der Stromverstärkung und des Kollektorstromes betrachten.

Sperrströme

Für p-n-Schichten hat man folgende Temperaturabhängigkeit des Sperrstromes I_S gefunden

$$I_S(T) = K_0 \cdot T^S \cdot e^{-\dfrac{q \cdot \Delta U}{kT}} \; . \qquad (3.87)$$

Es bedeuten hierbei:

K_0 = exemplarabhängige Konstante

ΔU = Bandabstand zwischen Valenzband und Leitungsband.

   Bei Germanium ist $\Delta U = 0{,}67V$, bei Silizium ist $\Delta U = 1{,}25V$.

S = (als Exponent) Materialkonstante in der Größenordnung

   $1{,}35 < S < 1{,}85$. Schwankt innerhalb eines Wafers nur um $0{,}001 - 0{,}05$.

Dem Sperrstrom I_S einer Diode entspricht beim Transistor der Sperrstrom einer p-n-Schicht, wenn die andere p-n-Schicht kurzgeschlossen ist. Je nachdem, welche Schicht kurzgeschlossen wird, haben wir deshalb die Sperrströme I_{ES} und I_{CS} zu betrachten.

Für sie gilt entsprechend:

$$I_{ES}(T) = K_E \cdot T^S \cdot e^{-\dfrac{q \cdot \Delta U}{kT}} \; , \qquad (3.88)$$

$$I_{CS}(T) = K_C \cdot T^S \cdot e^{-\dfrac{q \cdot \Delta U}{kT}} . \qquad (3.89)$$

Berücksichtigt man, daß im Temperaturbereich der üblichen Anwendungen die absolute Temperatur T nur relativ wenig die Bezugstemperatur $T_0 = 293^0 K$ überschreitet (Raumtemperatur), so läßt sich daraus auch eine gebräuchliche Näherung ableiten. Bei der Temperatur T_0 gilt

$$I_S(T_0) = K_0 \cdot T_0^S \cdot e^{-\dfrac{q \cdot \Delta U}{kT_0}} . \qquad (3.90)$$

Die hierdurch bestimmte Konstante K_0 setzen wir in Gl. (3.87) ein und erhalten

$$I_S(T) = I_S(T_0) \left(\frac{T}{T_0}\right)^S e^{\dfrac{q \cdot \Delta U}{k}\left(\frac{1}{T_0} - \frac{1}{T}\right)} \qquad (3.91)$$

$$= I_S(T_0) e^{S \cdot \ln\left(\frac{T}{T_0}\right) + \dfrac{q \cdot \Delta U}{k}\left(\frac{1}{T_0} - \frac{1}{T}\right)} .$$

Mit $T = T_0 + (T-T_0)$ und $(T-T_0)/T_0 \ll 1$ läßt sich umwandeln und annähern:

$$I_S(T) = I_S(T_0) e^{S \cdot \ln\left(1 + \frac{T-T_0}{T_0}\right) + \dfrac{q \cdot \Delta U}{k}\dfrac{T-T_0}{T_0 \cdot T}}$$

$$\approx I_S(T_0) e^{S\dfrac{T-T_0}{T_0} + \dfrac{q \cdot \Delta U}{k}\dfrac{T-T_0}{T_0 \cdot T}} \qquad (3.92)$$

$$= I_S(T_0) e^{(T-T_0) \cdot \left(\frac{S}{T_0} + \dfrac{q \cdot \Delta U}{kT_0 \cdot T}\right)} .$$

Faßt man näherungsweise zu einer Konstanten C zusammen

$$C = (\frac{S}{T_0} + \frac{q \cdot \Delta U}{k \cdot T_0(T_0 + (T-T_0))}) \approx (\frac{S}{T_0} + \frac{q \cdot \Delta U}{kT_0^2}), \quad C \approx 0,16/^{\circ}K, \quad (3.93)$$

so ergibt sich schließlich

$$I_S(T) \approx I_S(T_0) \cdot e^{C \cdot (T-T_0)}. \quad (3.94)$$

Für genauere Berechnungen wird man am besten die Anfangsgleichung (3.87) und für Überschlagsrechnungen die Endgleichung (3.94) heranziehen.

Basisemitterspannung

Die Temperaturabhängigkeit von $U_{BE} = U_E$ läßt sich aus der von I_{ES} ableiten. Wir betrachten hierzu den Diodenstrom

$$I_E^* = I_{ES} (e^{qU_E/kT} -1). \quad (3.95)$$

Die Auflösung nach U_E ergibt

$$U_E = \frac{kT}{q} \ln (\frac{I_E^*}{I_{ES}} + 1). \quad (3.96)$$

Wenn wir nachfolgend nur den aktiv normalen Bereich betrachten und I_C vernachlässigen, so gilt

$$I_E^* \approx - I_E, \quad -I_E/I_{ES} \gg 1,$$

so daß man aus Gl. (3.96) mit Gl. (3.97) erhält

$$U_E(T) = \frac{kT}{q} \ln \frac{-I_E}{I_{ES}} = \frac{kT}{q} \cdot \ln \left[\frac{-I_E}{K_E \cdot T^S} \right] + \Delta U. \quad (3.97)$$

Um die Abhängigkeit der Spannung U_E von T besser zu erkennen, bilden wir die Ableitung dU_E/dT, die man gewöhnlich als Temperaturkoeffizient T_K bezeichnet:

$$\frac{dU_E}{dT} = \frac{k}{q} \left[\ln \frac{-I_E}{K_E \cdot T^S} - S \right] = \frac{k}{q} \left[\ln \frac{-I_E}{K_E} - S(1 + \ln T) \right]. \quad (3.98)$$

Die (logarithmische) Abhängigkeit von T ist so gering, daß man in der Regel von einem temperaturunabhängigen T_K ausgehen kann. Sein Vorzeichen läßt sich am besten erkennen, wenn man den Ausdruck $\ln -I_E/K_E T^S$ aus Gl. (3.97) in Gl. (3.98) einsetzt:

$$\frac{dU_E}{dT} = \frac{U_E - \Delta U}{T} - \frac{k \cdot S}{q} \ . \tag{3.99a}$$

Da stets $U_E < \Delta U$, sind beide Terme negativ, d. h. die Basisemitterspannung U_E sinkt mit wachsender Temperatur.

Stromverstärkung

Man stellt empirisch fest, daß die Stromverstärkung A_n etwa linear mit T wächst. Ein bewährter Ansatz geht davon aus, daß der Transistor bei der maximal zulässigen (Grenz-) Temperatur T_{gr} exakt den Wert $A_n = 1$ erreicht:

$$A_n(T) = A_0 + (1-A_0) \ \frac{T - T_0}{T_{gr} - T_0} \ . \tag{3.99b}$$

Für die Stromverstärkung B_n ergibt sich daraus ($B_0 = A_0/(1-A_0)$)

$$B_n(T) = \frac{A_n(T)}{1 - A_n(T)} = B_0 \ (1 + \frac{1}{A_0} \frac{T - T_0}{T_{gr} - T}) \approx B_0 \ (1 + \frac{T - T_0}{T_{gr} - T}) \ . \tag{3.100}$$

Der Temperaturkoeffizient ergibt sich daraus durch Differenzieren zu:

$$\frac{dB(T)}{dT} = B_0 \ \frac{T_{gr} - T_0}{(T_{gr} - T)^2} \ . \tag{3.101}$$

Er steigt danach mit wachsender Temperatur stark an.

Kollektorstrom

Für die Temperaturabhängigkeit des Kollektorstromes bei vorgegebener Basisemitterspannung U_E sind zwei Faktoren zu berücksichtigen. Aus dem vereinfachten Injektions-Ersatzschaltbild ergibt sich nämlich:

$$I_C = A_n \cdot I_E^* \ . \tag{3.102}$$

Einsetzen von Gl. (3.99), Gl. (3.95) und Gl. (3.88) führt zu

$$I_C = \left[A_0 + (1-A_0) \frac{T-T_0}{T_{gr}-T_0} \right] \cdot \left[K_E \cdot T^S \cdot e^{-\frac{q \cdot \Delta U}{kT}} \right] \cdot \left[e^{qU_E/kT} - 1 \right] . \qquad (3.103)$$

Bei Benutzung der Näherung in Gl. (3.94) wird entsprechend

$$I_C = \left[A_0 + (1-A_0) \frac{T-T_0}{T_{gr}-T_0} \right] \cdot \left[I_{EK}(T_0) e^{C(T-T_0)} \right] \cdot \left[e^{qU_E/kT} - 1 \right]$$

$$= A_0 \cdot I_{EK}(T_0) \cdot \left[1 + \frac{1-A_0}{A_0} \frac{T-T_0}{T_{gr}-T_0} \right] \cdot \left[e^{qU_E/kT} - 1 \right] \cdot e^{C(T-T_0)} . \qquad (3.104)$$

Da der Kollektorstrom bei der Grenztemperatur über alle Grenzen wächst, muß man einen genügenden Sicherheitsabstand vorsehen.

3.9   Häufige Vereinfachungen und Ergänzungen im Transistor-Ersatzschaltbild

3.9.1   Vereinfachungen und Erweiterungen.

Ein großer Vorteil der Verwendung von Ersatzschaltbildern ist die durchsichtige Art, Vereinfachungen vorzunehmen. Dies ist besonders bei den Sperrschichtdioden zweckmäßig. Für Überschlagsrechnungen genügt es oft, anstelle der exponentiellen Kennlinie der physikalisch idealen Diode die Kennlinie einer technisch idealen Diode, eventuell zusammen mit einer Anlaufspannung und einem Serienwiderstand anzusetzen. Das Ersatzschaltbild entartet dann ersichtlich zu einem besonders einfachen Gebilde, siehe Bild 3.29a. (Man könnte dann geradezu von einem "technisch idealen" Transistor sprechen.) Die Berücksichtigung einer Anlaufspannung wie in Bild 3.29b ist in manchen Anwendungen jedoch unbedingt notwendig.

Genauso wie man das Ersatzschaltbild vereinfachen kann, läßt es sich jedoch auch in Richtung einer umfassenderen physikalischen Geltung erweitern. Hierzu braucht man nur zu bedenken, daß wir zu Anfang unserer Betrachtungen das Verhalten einer p-n-Sperrschicht durch eine einzige exponentielle Beziehung beschrieben haben. Wir nannten ein solches Verhalten "physikalisch ideal". Reale Transistordioden weichen jedoch von einem solchen Verhalten stark ab. Wenn wir nun zu Anfang unserer Ableitungen über den bipolaren Transistor reale Diodenkennlinien vorausgesetzt hätten, wäre der Gang der Rechnung im wesentlichen der gleiche geblieben. Wir können dabei erwarten, daß ein Ersatzschaltbild mit "realen" Dioden genauere Ergebnisse liefern wird als das bekannte Ersatzschaltbild mit "physikalisch idealen" Dioden.

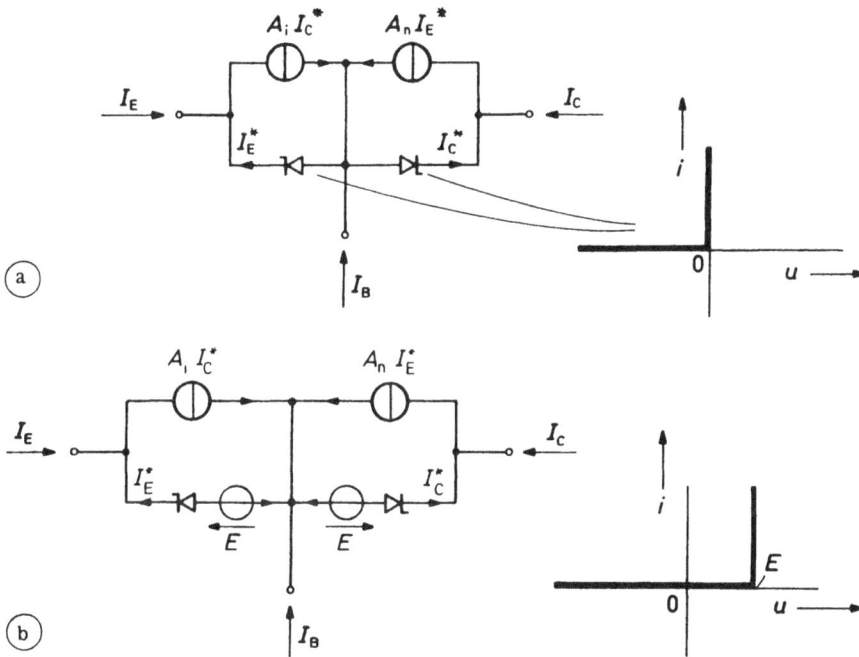

Bild 3.29:   Vereinfachungen des Injektions-Ersatzschaltbildes, a) mit technisch idealen Dioden, b) mit technisch idealen Dioden und einer zusätzlichen Schwellspannung E.

Beispiel: Übersteuerungsschutzdiode

Eine bekannte Methode, die Übersteuerung zu vermindern, besteht darin, eine Diode nach Bild 3.30 zwischen Kollektor und Basis zu schalten. Sobald sich beim Eintritt in die Übersteuerung bzw. Sättigung die Spannung an der Kollektorsperrschicht umdreht, soll diese Diode einen Teil des Stromes übernehmen.

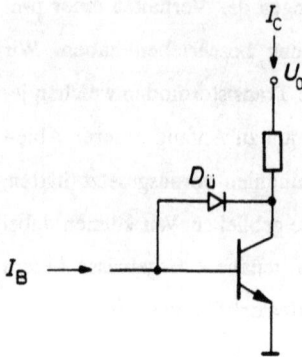

Bild 3.30:

Die Übersteuerungsschutzdiode zwischen Basis und Kollektor eines Transistors in Emitterschaltung.

Dadurch baut der Transistor weniger Überschußladung im Basisraum auf als ohne diese Diode. Die Wirkungsweise läßt sich qualitativ leicht erkennen, wenn man von dem Transistorersatzschaltbild in Bild 3.31a ausgeht. Die Dioden seien technisch ideal mit einer endlichen Knickspannung, wobei wir für die Übersteuerungsdiode eine niedrigere Knickspannung als für die Transistordioden wählen, siehe Bild 3.31b. Dann ist sofort zu sehen, daß die Übersteuerungsgrenze nie erreicht werden kann, sofern wir diese (mehr praktisch als theoretisch) so definieren, daß dann ein Stromfluß in Durchlaßrichtung der Kollektordiode einsetzt. Nähern wir uns z. B. vom normalleitenden Zustand der Übersteuerung, so wird die Spannung U_{BC} von negativen Werten über den Wert Null zu positiven Werten übergehen. Sobald die Knickspannung der Übersteuerungsdiode erreicht ist, übernimmt diese Diode den gesamten Strom. Die Knickspannung der Transistordiode kann so nie erreicht werden.

Da die hier benutzten Idealisierungen doch recht grob sind und man auch nicht immer voraussetzen kann, daß die Knickspannungen der Dioden sehr differieren, sei das Problem noch etwas genauer mit physikalisch idealen Dioden durchgerechnet. Der Transistor in Bild 3.31a habe also am Kollektor die Diodenkennlinie

$$I_C^* = I_{CS} \, (e^{U_C/U_T} - 1), \qquad\qquad (3.105)$$

und die Übersteuerungsdiode habe die Kennlinie

$$I_D = I_{DK} \, (e^{U_C/U_T} - 1). \qquad\qquad (3.106)$$

siehe Bild 3.31c. Da die Größe des Stromes I_C^* ein Maß für die Sättigung ist, bestimmen wir ihn in Abhängigkeit der Klemmenströme I_B und I_C. Bei einem Transistor ohne Übersteuerungsdiode können wir in Gl. (3.44) nach I_C^* auflösen:

$$I_C^* = \frac{A_n I_B - (1-A_n) I_C}{1 - A_n A_i} \,.$$

(3.107)

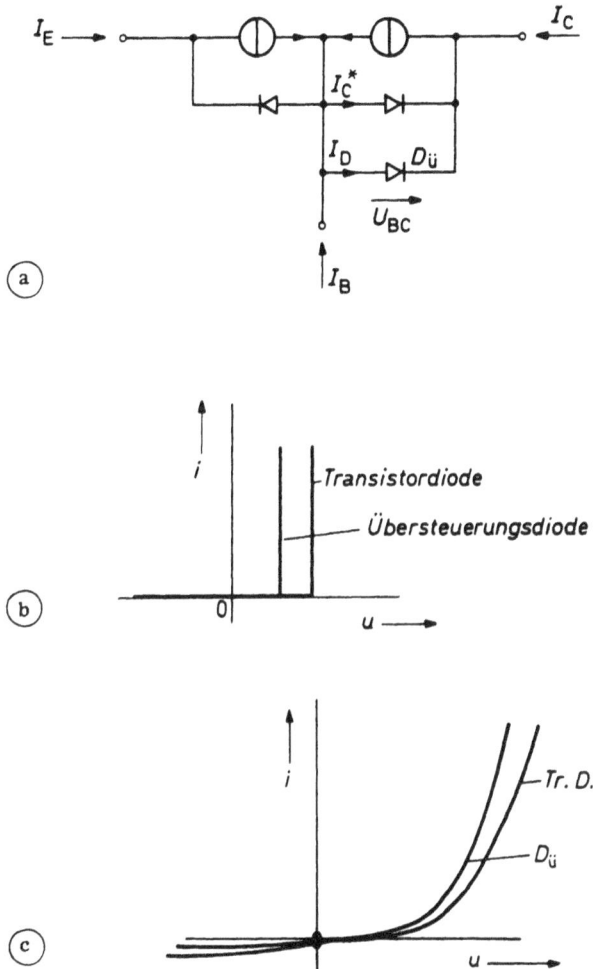

Bild 3.31:   Zur Veranschaulichung der Wirkungsweise. a) Transistorersatz-schaltbild mit Übersteuerungsschutzdiode, b) stark vereinfachte Kennlinien der Dioden mit kleiner Schwellspannung für die Über-steuerungsschutzdiode, c) Kennlinien für physikalisch ideale Dioden in dem Ersatzschaltbild.

Führen wir die Rechnung mit der Übersteuerungsdiode durch, so ergibt sich entsprechend aus:

$$I_C = A_n \cdot I_E^* - I_C^* - I_D \ , \tag{3.108}$$

$$I_B = I_E^* - A_i I_C^* - I_C \ , \tag{3.109}$$

durch Eliminieren von I_E^* und I_D unter Benutzung der aus Gl. (3.105) und Gl. (3.106) folgenden Beziehung

$$I_D = I_C^* \ \frac{I_{DK}}{I_{CS}} \ , \tag{3.110}$$

die zu Gl. (3.107) analoge Form:

$$I_C^* = \frac{A_n I_B - (1-A_n) I_C}{1 + \dfrac{I_{DK}}{I_{CS}} - A_n A_i} \ . \tag{3.111}$$

Infolge des zusätzlichen positiven Termes I_{DK}/I_{CS} im Nenner ergibt sich bei gleichen Klemmenströmen I_B und I_C ein kleinerer Wert für I_C^*. D. h., die Übersteuerung ist kleiner geworden. Dies folgt sogar für gleiche Diodenkennlinien, wie man für $I_{DK} = I_{CS}$ erkennt!

3.9.2 Ergänzungen

Mit Hilfe der abgeleiteten Ersatzschaltbilder ist es leicht, auch noch zusätzliche Einflüsse zu berücksichtigen. Z. B. kann man das Ersatzschaltbild eines Transistors mit Bahn- und Sperrwiderständen ergänzen, siehe Bild 3.32a: (Größenordnung der "äußeren" Bahnwiderstände: $r_{EE'} \approx 0,1\Omega$; $r_{CC'} \approx 2\Omega$; $r_{BB'} \approx 100\Omega$). Die Spannungen zwischen den Klemmen bezeichnen wir mit u_{BE}, u_{BC}, u_{CE}. Ersichtlich ist bei Berücksichtigung der Bahnwiderstände $U_E \neq u_{BE}$ und $U_C \neq u_{BC}$.

Ferner läßt sich aus dem Großsignal-Ersatzschaltbild natürlich stets leicht das Ersatzschaltbild für niederfrequente Wechselströme kleiner Amplituden gewinnen. Hierbei sind nur die konstanten Einströmungen zu vernachlässigen und die Wechselstromwiderstände einzuführen. Betrachten wir den aktiv normalen Bereich mit $I_C^* = 0$, $r_{EL} = \infty$, siehe Bild 3.32b.

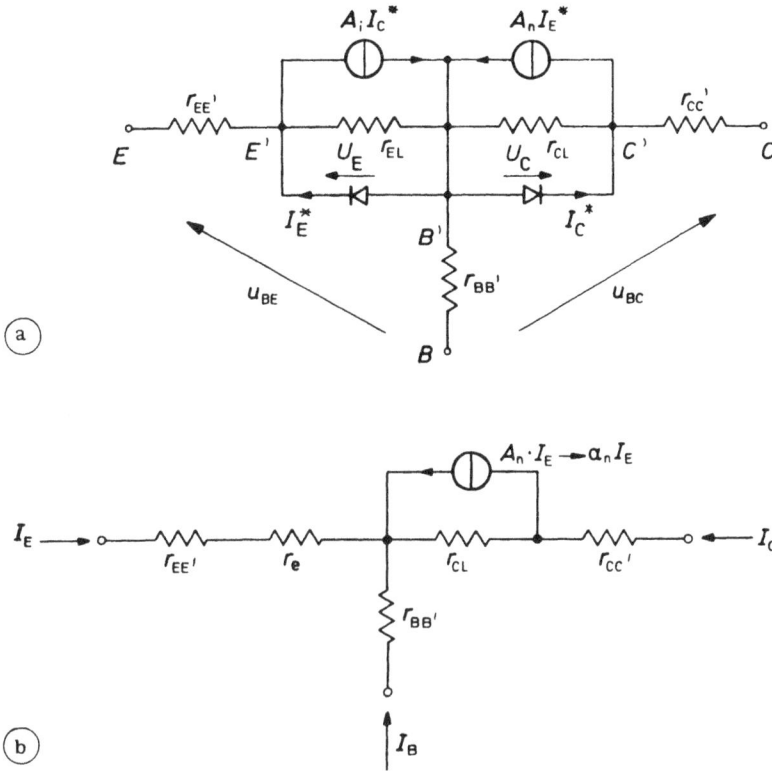

Bild 3.32: Ergänzungen im Ersatzschaltbild. a) Injektions-Ersatzschaltbild mit Bahn- und Sperrwiderständen, b) das für Kleinsignal-Anwendungen linearisierte Ersatzschaltbild.

Den hier neu eingeführten Wechselstrom-Emitterwiderstand r_e erhält man aus der Ebers-Moll-Gleichung (3.24) in folgender Weise

$$r_e = 1/\frac{dI_E}{dU_E} = 1/\left[\frac{-I_{E0}}{1-A_nA_i} \cdot \frac{1}{U_T} e^{U_E/U_T}\right]. \qquad (3.112)$$

Betrachtet man nur den Normalbetrieb, so kann man Gl. (3.24) für $U_C \ll 0$ vereinfachen:

$$I_E \approx -\frac{I_{E0}}{1-A_nA_i} e^{U_E/U_T} + \frac{I_{E0}}{1-A_nA_i} - \frac{A_iI_{C0}}{1-A_nA_i}. \qquad (3.113)$$

Dies läßt sich in die vorige Gleichung einsetzen und mit der Zusatzbedingung in Gl. (3.23) wird

$$r_e = \frac{1}{dI_E/dU_E} = \frac{U_T}{I_E + \dfrac{A_i I_{C0}}{1-A_n A_i} - \dfrac{I_{E0}}{1-A_n A_i}} = \frac{U_T}{I_E - \dfrac{I_{E0}(1-A_n)}{1-A_n A_i}} \quad (3.114)$$

Für sehr nahe bei 1 liegende Werte von A_n folgt daraus die bekannte Näherung:

$$r_e \approx \frac{U_T}{I_E} = \frac{26 \cdot 10^{-3}}{I_E} \left[\frac{V}{A}\right] \quad . \qquad (3.115)$$

3.10 Der Transistor als Schalter

3.10.1 Relais und Transistor

Der Transistor kann mit einem Relais verglichen werden, wenn es sich um die Aufgabe handelt, eine Energiequelle mit einem Verbraucher zu verbinden oder sie von ihm zu trennen. Dem geöffneten Relaiskontakt in Bild 3.33a entspricht dann der gesperrte Zustand des Transistors in Emittergrundschaltung in Bild 3.33c, dem geschlossenen Kontakt entspricht der gesättigte Transistor.

Der Vergleich der beiden Sekundärstromkennlinien $i_y = h(i_x, u_y)$ in Bild 3.33b und Bild 3.33d zeigt, daß der Transistor nur näherungsweise die ideale Schaltercharakteristik des Relais erreicht: im gesperrten Zustand fließt noch ein Sperrstrom und im gesättigten Zustand gibt es eine endliche Restspannung. D. h. beim Transistor wird stets eine gewisse Leistung umgesetzt, während beim Relaiskontakt nahezu keine Verlustleistung auftritt. Auf der Ansteuerseite entscheidet sich die Leistungsbilanz allgemein zugunsten des Transistors.

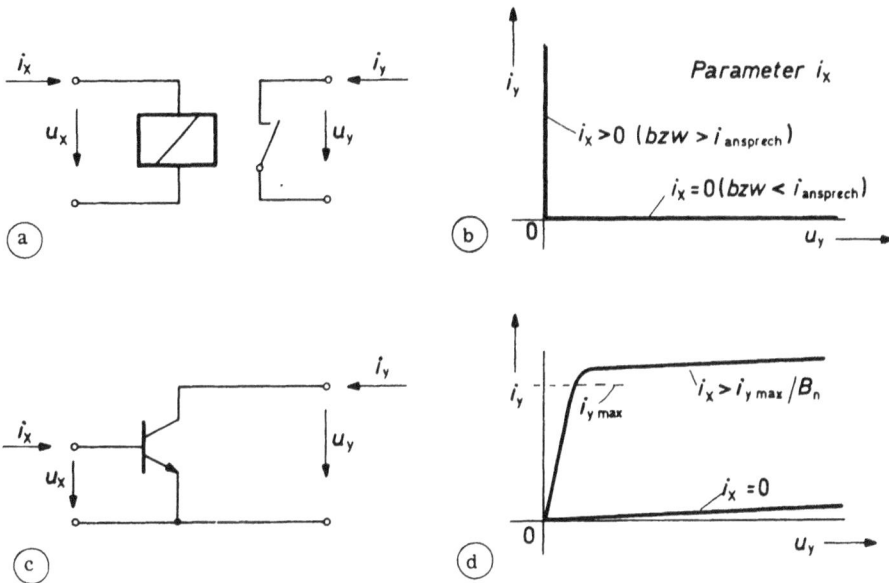

Bild 3.33:   Realisierung von Schaltern, a) Relais als Schalter und b) zugehörige Kennlinie, c) Transistor als Schalter und d) Sekundärstrom-Kennlinien für zwei Steuerströme.

Die Aufgabe, eine Energiequelle mit einer Last zu verbinden und wieder von ihr zu trennen, kann schaltungstechnisch entweder durch eine Serienschaltung oder durch eine Parallelschaltung von Last und Schalter gelöst werden, siehe Bild 3.34. Dann ist noch zu unterscheiden, ob eine Spannungsquelle oder eine Stromquelle vorliegt. In Bild 3.34a und 3.34b ist zunächst die Ansteuerung mit Spannungsquellen dargestellt. Bei der Serienschaltung von Schalter und Last tritt keine Verlustleistung auf. Bei der Parallelschaltung muß jedoch durch einen Vorwiderstand R_v dafür gesorgt werden, daß bei geschlossenem Schalter die Spannungsquelle nicht zu stark belastet wird. Das ergibt eine entsprechende Verlustleistung.

Die Parallelschaltung hat neben der ungünstigen Leistungsbilanz aber die manchmal sehr erwünschte Eigenschaft, bei abgeschalteter Last die Lastklemmen niederohmig miteinander zu verbinden (Kurzschluß). Wählt man Stromquellen zur Ansteuerung wie in den Bildern 3.34c und 3.34d, so ergeben sich wiederum zwei zu unterscheidende Fälle, wobei sich im letzten Fall sogar die günstige Leistungsbilanz mit der niederohmigen Abschaltung verbindet.

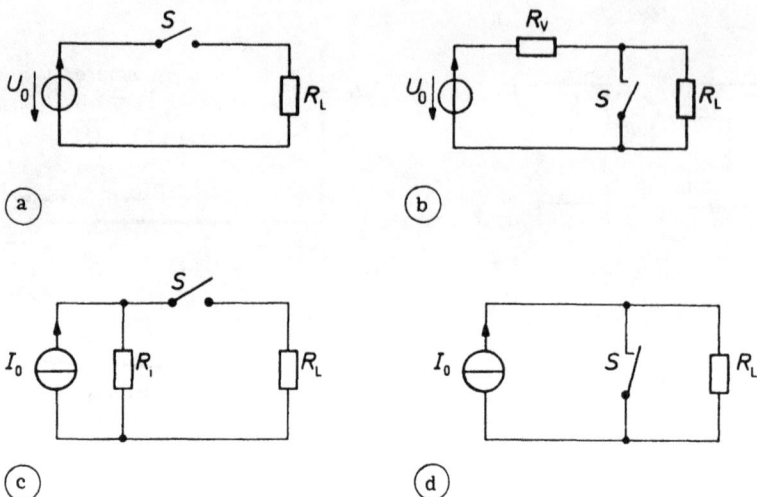

Bild 3.34:   Abschalten einer Last durch

a) Öffnen eines Schalters in Serie zu einer Spannungsquelle und Last,

b) Schließen eines Schalters parallel zu einer Last, c) Öffnen eines

Schalters in Serie zu einer Last, d) Schließen eines Schalters parallel zu

einer Stromquelle und einer Last.

3.10.2 Der Transistor mit ohmscher Last

Es werde die Serienschaltung von Transistor und Lastwiderstand R_C nach Bild 3.35 betrachtet. Die Basis ist über einen Vorwiderstand R_B an die Ansteuerspannung $u_o(t)$ angeschlossen. Die Amplituden der Spannung $u_o(t)$ müssen nun so eingestellt werden, daß der Transistor entweder im gesperrten oder im gesättigten Zustand betrieben wird (U_1 und $-U_0$). Für die Berechnung kann zunächst ein "technisch idealer" Transistor angenommen werden. Dann fließt bei übersteuertem Transistor angenähert der Kollektorstrom

$$i_{CS} \approx E/R_C \, , \qquad\qquad\qquad (3.116a)$$

dessen Größe in erster Näherung nur von den "äußeren" Schaltelementen und nicht vom Transistor bestimmt wird. Der Strom i_{CS} kann allerdings nur fließen, wenn der Basisstrom genügend groß ist, so daß sich der Transistor im gesättigten Zustand befinden kann. Infolgedessen muß gelten:

$$i_B \geq i_{BS} = i_{CS}/B_n \, . \qquad\qquad\qquad (3.116b)$$

Für die Eingangsspannung gilt dann

$$u_o = U_1 = i_B R_B \geq \frac{i_{CS}}{B_n} R_B = \frac{E}{R_C \cdot B_n} \cdot R_B \ . \qquad (3.117)$$

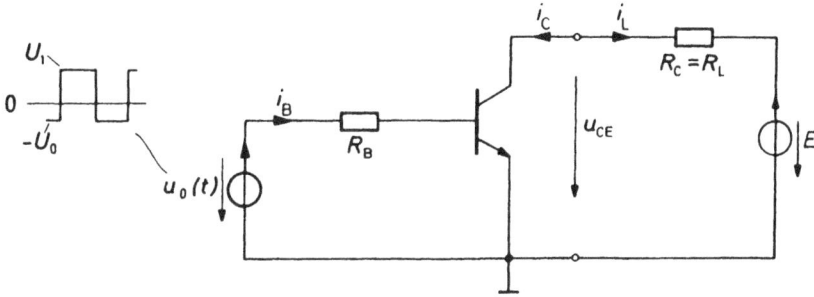

Bild 3.35:   Transistor in Emitterschaltung mit ohmscher Last.

Betrachten wir die Verhältnisse noch im Kennlinienfeld, siehe Bild 3.36. Hier geht die Arbeitsgerade

$$i_C = - i_L = - (U_{CE} - E)/R_L = - U_{CE}/R_L + E/R_L \ , \quad (3.118)$$

mit negativer Steigung durch den Punkt A. Den Punkt B, an dem die Grenze zur Sättigung erreicht ist, findet man mit Hilfe der in Gl. (3.52) berechneten und in Bild 3.16 gezeichneten Kurven. Wird der hierzu gehörende Basisstrom i_{BS} überschritten, so ergibt sich ein weiterer Schnittpunkt B', bei dem der Transistor schon in der Sättigung ist, und bei dem ersichtlich die Restspannung U_{CE} auch noch etwas kleiner als im Punkt B ist.

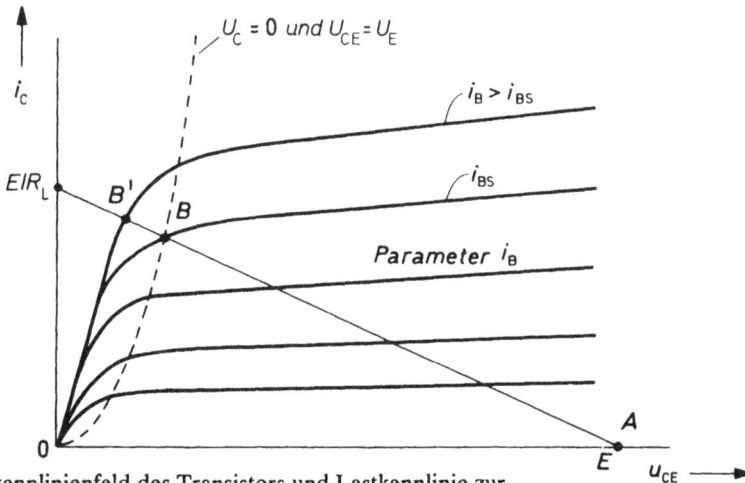

Bild 3.36:   Ausgangskennlinienfeld des Transistors und Lastkennlinie zur Bestimmung der Arbeitspunkte A und B bzw. B'.

3.10.3 Der Transistor mit kapazitiver Last

Wir fügen nun dem Lastwiderstand eine Kapazität hinzu. Sie kann wie in Bild 3.37a zwischen Kollektor und Emitter liegen oder aber wie in Bild 3.37b parallel zum Lastwiderstand R_C. Für die statischen Zustände bei gesperrtem und gesättigtem Transistor gelten die gleichen Überlegungen wie bei einer Widerstandslast. Sind $-U_0$ und $+U_1$ die beiden Ansteuerwerte eines Eingangsimpulses nach Bild 3.37c, so ist nach Abschluß der Ausgleichsvorgänge der Transistor gesperrt (bzw. gesättigt) und befindet sich im Arbeitspunkt A (bzw. B). Welchen Weg der dynamische Transistor-Arbeitspunkt dazwischen nimmt, soll im folgenden geklärt werden.

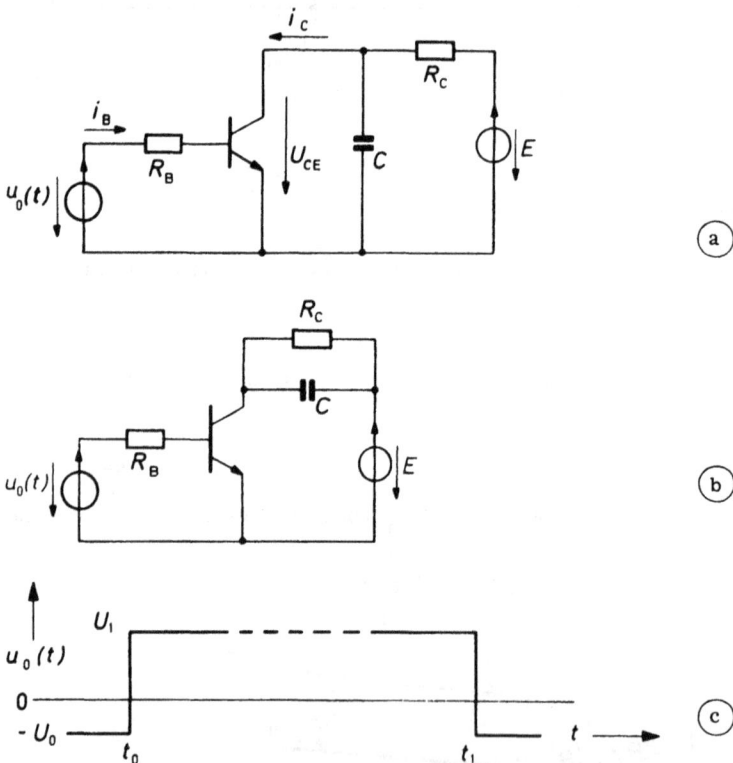

Bild 3.37:   Transistor in Emitterschaltung mit kapazitiver Last a) und b) verschiedene Lage der Kapazität, c) Ansteuerspannung $u_0(t)$.

Einschaltvorgang

Zur Zeit $t = t_0$ ändern wir in Bild 3.37a die Eingangsspannung u_0 von dem Sperrpotential $-U_0$ auf eine positive Spannung U_1. War die Schaltung davor in Ruhe gewesen, so ist die Kapazität zu Anfang auf die Batteriespannung aufgeladen. Sofort nach dem Schalten fließt ein Basisstrom, und, da sich die Spannung an der Kapazität nicht sprunghaft ändern kann, ist sichergestellt, daß der Transistor zunächst in den aktiv normalen Zustand übergeht. Es gilt dann die stark vereinfachte Ersatzschaltung nach Bild 3.38. Im Eingang fließt ein konstanter Strom

$$i_B = U_1/R_B \, , \qquad\qquad\qquad (3.119)$$

der ohne Rücksicht auf die Sättigungsbelange gewählt sein kann, und z. B. größer als I_{BS} ist. Dann fließt sekundärseitig der verstärkte Strom

$$i_C = B_n \cdot i_B \, . \qquad\qquad\qquad (3.120)$$

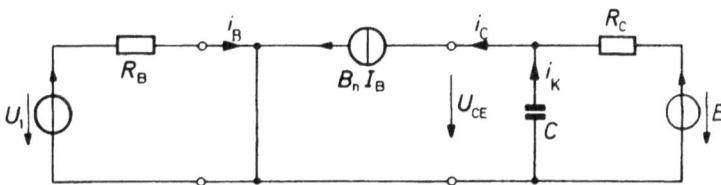

Bild 3.38:   Vereinfachte Verhältnisse für den aktiv normalen Transistor.

Wenn es nur den aktiv normalen Zustand gäbe, so würde sich nach der Umladung der Kapazität eine Spannung einstellen:

$$u_{CE} \, (t \to \infty) = E - i_C R_C = E - B_n i_B R_C \, . \qquad (3.121)$$

Dieser fiktive Wert kann negativ sein. Wir haben ferner nur einen einzigen Energiespeicher C. Deshalb muß sich die Spannung wie folgt ändern:

$$u_{CE} = i_C \cdot R_C \, e^{-t/\tau_1} + (E - i_C R_C) \, , \qquad (3.122)$$

wobei

$$\tau_1 = R_C \cdot C \, .$$

Die Spannung u_{CE} kann jedoch in Wirklichkeit keine negativen Werte annehmen. Denn sobald die Spannung u_{CE} annähernd auf Null abgesunken ist, ändert sich der Zustand des Transistor, er kommt in die Sättigung. Der zugehörige Zeitpunkt $t = t_s$ berechnet sich aus Gl. 3.122 zu

$$t_s = \tau_1 \cdot \ln \frac{i_C \cdot R_C}{i_C \cdot R_C - E} = \tau_1 \ln \frac{B_n \cdot U_1 \cdot R_C}{B_n \cdot U_1 \cdot R_C - E \cdot R_B} \; . \qquad (3.123)$$

Diese Formel ist praktisch nur brauchbar, wenn übersteuert wurde, d. h. wenn $i_B > i_{BS}$. Würde man z. B. gerade mit dem Grenzwert $i_C = E/R_C$ arbeiten, so wäre die Zeit bis zur Sättigung streng genommen unendlich.

Nach Eintritt in die Sättigung bleibt die Spannung an der Kapazität konstant. Der Strom i_k ist dann Null. Bei einem idealisierten Transistor sinkt i_C sofort auf den durch die Arbeitsgerade gegebenen Wert im Arbeitspunkt B ab. In Bild 3.39 sind die zeitlichen Vorgänge dementsprechend veranschaulicht.

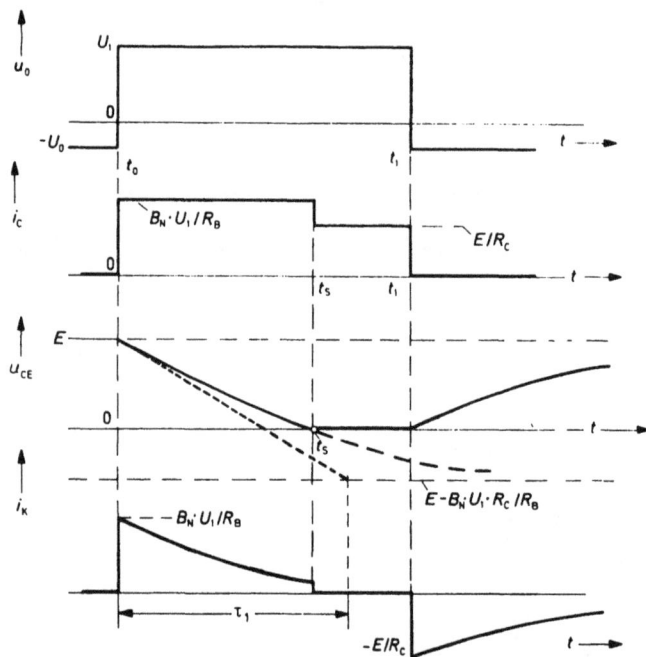

Bild 3.39:   Zeitlicher Verlauf der Ströme und Spannungen zur Schaltung
in Bild 3.37.

Im Kennlinienfeld läßt sich der zeitliche Verlauf von Strom und Spannung mit Hilfe einer Trajektorie sichtbar machen. Sie verläuft in Bild 3.40 vom Punkt A entgegen dem Uhrzeigersinn zum Punkt B. Durch Zeitmarken kann dargestellt werden, wie schnell die einzelnen Kurvenstücke durchlaufen werden. Beschreibt man das Abknicken der Kennlinie nach unten mit einem Innenwiderstand R_i, so läßt sich die Entladung der Kapazität über den gesättigten Transistor noch durch eine Exponentialfunktion mit der Zeitkonstanten

$$\tau_2 = R_i \cdot C \ . \tag{3.124}$$

genauer berechnen.

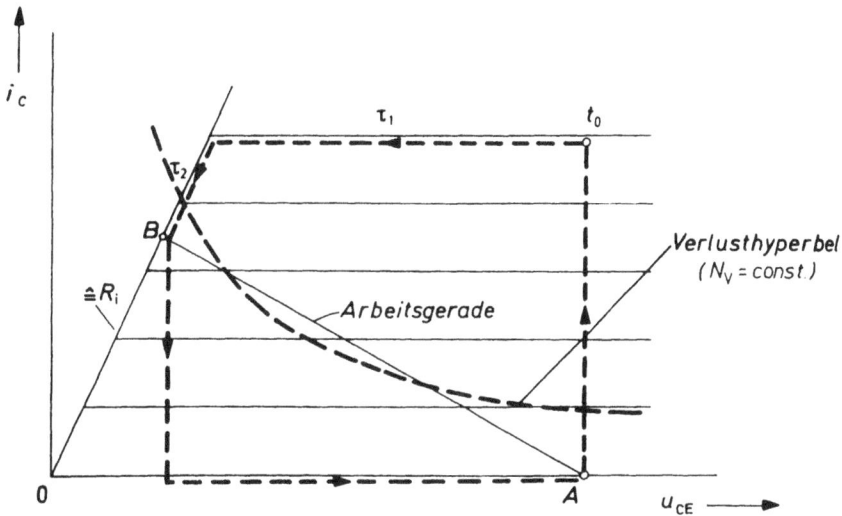

Bild 3.40:   Darstellung der Wanderung des Arbeitspunktes im Kennlinienfeld mit Hilfe einer Trajektorie.

Es ist zu beachten, daß bei einer derartigen kapazitiven Belastung der Transistor eine sehr hohe Verlustleistung $N_V = i_C \cdot u_{CE}$ entwickeln kann. Daher darf der Arbeitspunkt nicht unzulässig lange über der Verlusthyperbel (N_V = const.) verweilen. D. h., die über längere Zeit gemittelte Verlustleistung darf während des Betriebes die zulässige Verlustleistung nicht überschreiten.

Ausschaltvorgang:

Zum Zeitpunkt t_1 wird die Eingangsspannung u_o wieder auf den Sperrwert -U_0 geschaltet. Dadurch wird die Emitterdiode gesperrt und demzufolge der Kollektorstrom sofort abgeschaltet. Es gilt das Ersatzschaltbild in Bild 3.41.

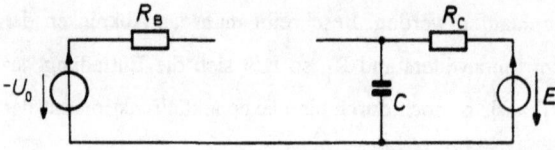

Bild 3.41:   Die nach dem Sperren des Transistors wirksame Schaltung.

Die entladene Kapazität kann sich jetzt wieder mit der Zeitkonstanten $\tau_1 = R_C \cdot C$ auf die Batteriespannung E aufladen. In der Trajektoriendarstellung von Bild 3.40 springt der Arbeitspunkt augenblicklich von B auf die Ebene $i_C = 0$, um von dort waagerecht langsam zum Punkt A zu wandern. Einschalten und Ausschalten ergeben einen geschlossenen Umlauf entgegen dem Uhrzeigersinn.

3.10.4 Der Transistor mit induktiver Last

In Bild 3.42 seien U_1 und $-U_0$ wiederum so groß, daß der Transistor im stationären Zustand entweder gesperrt ist oder an der Grenze der Übersteuerung betrieben wird. Parallel zur Induktivität ist ein Schutzwiderstand R vorgesehen; bei richtiger Bemessung kann damit ein unzulässiger Spannungsanstieg am Kollektor während des Abschaltens verhindert werden (Durchbruch der Kollektordiode!). Die Funktion des Schutzwiderstandes kann auch von einer Diode übernommen werden.

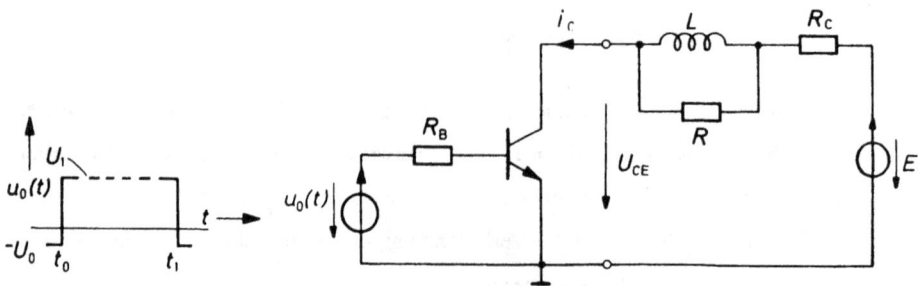

Bild 3.42:   Transistor in Emitterschaltung mit induktiver Last.

Einschaltvorgang:

Zum Zeitpunkt t_0 wird der Transistor sofort in den gesättigten Zustand gesteuert; das folgt unmittelbar aus der Überlegung, daß zu Beginn des Schaltvorganges maximal ein Kollektorstrom von

$$i_C(t_0) = E/(R + R_C) \, , \qquad\qquad (3.125)$$

fließen kann, siehe Bild 3.43, während der stationäre Sättigungsstrom (bei gleichem Basisstrom) einen größeren Wert hat (der Strom durch die Induktivität wächst erst langsam von Null an):

$$i_C(t \to \infty) = \frac{E}{R_C} \, . \qquad\qquad (3.126)$$

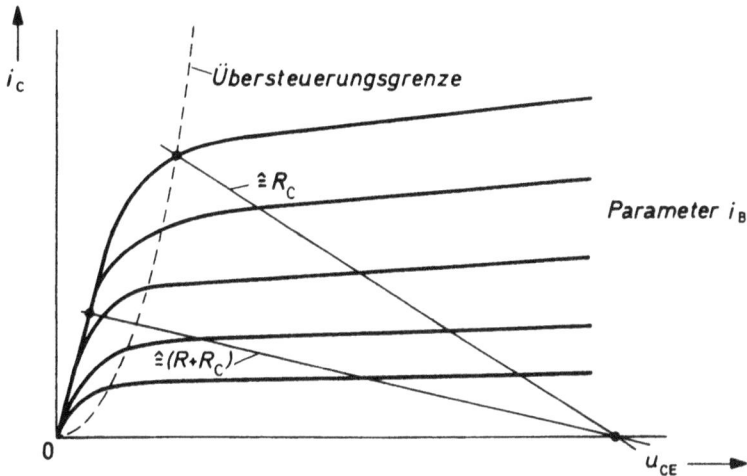

Bild 3.43:   Ausgangskennlinienfeld des Transistors mit zwei Lastkennlinien, deren Widerstandswerte um R differieren.

Die maximal vereinfachte Ersatzschaltung für den Einschaltvorgang ist in Bild 3.44 angegeben. Die maßgebende Zeitkonstante in dieser Schaltung lautet

$$\tau_1 = L/(R\|R_C) \, . \qquad\qquad (3.127)$$

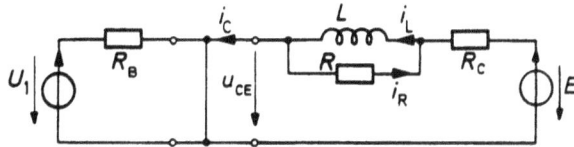

Bild 3.44:   Vereinfachte Verhältnisse für den übersteuerten Transistor.

Die einzelnen zeitlichen Strom- und Spannungsverläufe sind für einen "technisch idealen" Transistor in Bild 3.45 aufgezeichnet.

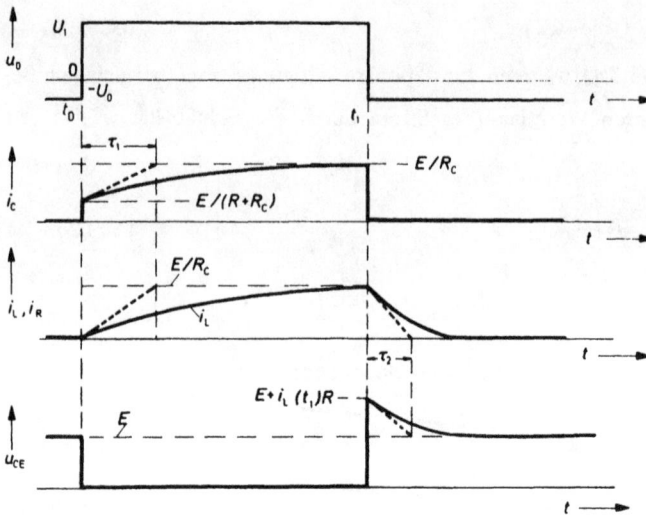

Bild 3.45:   Zeitlicher Verlauf der Ströme und Spannungen zu der Schaltung
in Bild 3.42.

Ausschaltvorgang:

Wird zur Zeit t_1 die Eingangsspannung negativ, so kann kein Basis- und
Kollektorstrom mehr fließen, wenn der Transistor in den Sperrzustand kommt; der
stationäre Strom durch die Induktivität $i_L = i_C = E/R_C$ muß aber im
Schaltaugenblick weiterfließen können. Das ist durch den Schutzwiderstand R
sichergestellt, an dem jetzt ein Spannungsabfall entsteht, der das Kollektorpotential
U_{CE} ansteigen läßt. Die Ersatzschaltung für den Ausschaltvorgang ist durch einen
gesperrten Transistor charakterisiert, siehe Bild 3.46.

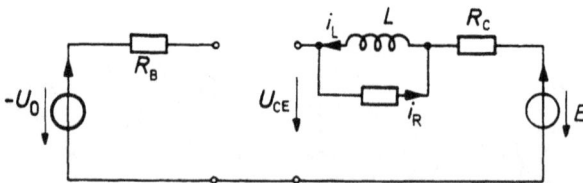

Bild 3.46:   Die nach dem Sperren des Transistors wirksame Schaltung.

Die Zeitkonstante beträgt jetzt

$$\tau_2 = L/R \ .$$

$$(3.128)$$

Charakteristisch für den Ausschaltvorgang ist die Spannungsspitze der Kollektorspannung (siehe Bild 3.45). Darf am Kollektor die Spannung U_{CEmax} nicht überschritten werden, dann ermittelt man aus folgender Gleichung den maximalen Wert für R:

$$U_{CE}(t_1) = E + i_L(t_1) \cdot R$$

$$= E (1 + R/R_C) \leq U_{CEmax} . \qquad (3.129)$$

Ein niederohmiger Schutzwiderstand führt zu niedrigen Kollektorspannungen, aber auch zu einer großen Zeitkonstanten τ_2. Die Trajektorie im Ausgangskennlinienfeld eines idealisierten Transistors zeigt Bild 3.47. Vom Arbeitspunkt B erfolgt ein Sprung nach D in unendlich kurzer Zeit, wenn der Transistor - wie hier angenommen - trägheitsfrei ist und sofort sperrt. Gegenüber der kapazitiven Last verläuft der Umlauf in umgekehrter Richtung, d. h. im Uhrzeigersinn.

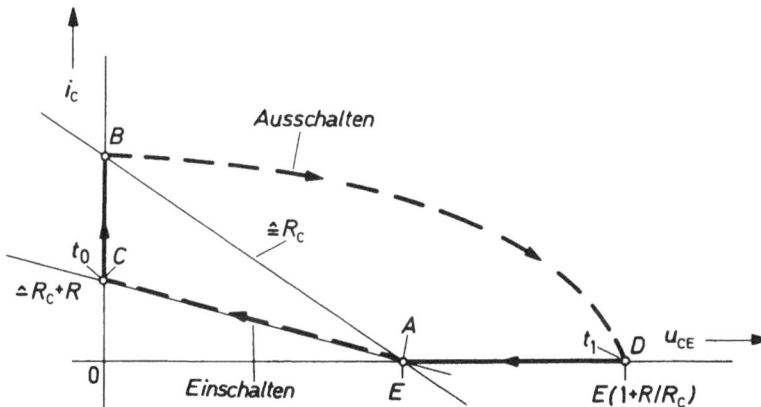

Bild 3.47:   Darstellung der Wanderung des Arbeitspunktes im Kennlinienfeld von Bild 3.43 mit Hilfe einer Trajektorie.

3.10.5 Kapazitive Ansteuerung eines Transistors

In manchen Schaltungen der Digitaltechnik wird eine kapazitive Ansteuerung von Transistoren verwendet, z. B. bei monostabilen und bistabilen Kippstufen. Wir wollen daher hier das Prinzip einer solchen Ansteuerung untersuchen.

In Bild 3.48a wird eine Quelle periodisch erscheinender Impulse $u_0(t)$ über einen Innenwiderstand R_1 und eine Kapazität C mit der Basis eines Widerstandsverstärkers verbunden. Zu dieser Basis führt ebenfalls ein Widerstand R. Die Werte von R und C seien so gewählt, daß die Zeitkonstante RC in der Größenordnung von T_2 liegt. Für die positivere Spannung U_1 der Ansteuerimpulse, siehe Bild 3.48b, soll der Transistor in der Sättigung sein, während er für die negativere Spannung U_0 gesperrt sein soll. Am Ausgang der Schaltung soll so im gleichen Tastverhältnis eine verstärkte, invertierte Impulsfolge erscheinen mit den Spannungswerten $U_{CE} \approx 0$ und $U_{CE} = E$. Wir wollen nun die Bedingungen für eine entsprechende Dimensionierung festlegen.

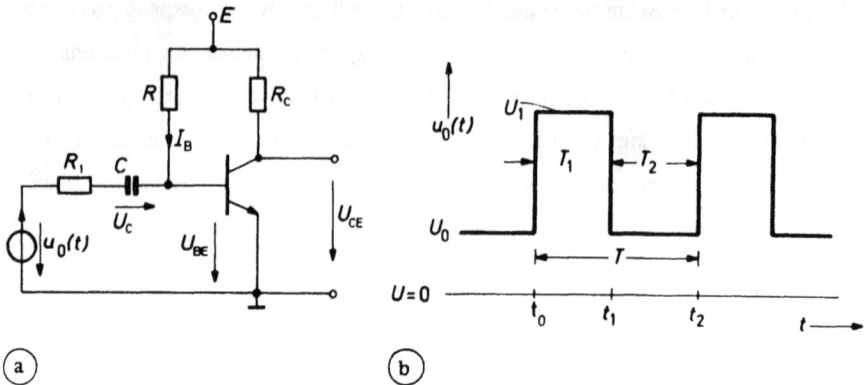

Bild 3.48:   Rechteckimpuls-Ansteuerung eines Transistors in Emitter-Schaltung mit kapazitivem Eingang.

Einschaltvorgang:

Wir beginnen mit einem positiven Impuls zur Zeit t_0. Da der Transistor leitend ist, wird der Impuls den Transistor weiter in den leitenden Zustand steuern. Die Basis-Emitter-Strecke ist dabei näherungsweise als kurzgeschlossen zu betrachten. Daher wird sich die Kapazität C mit der Zeitkonstanten $\tau_1 = R_1 \cdot C$ auf die Spannung U_1 aufladen. Wird diese Zeitkonstante kurz gegenüber der Impulszeit T_1 gewählt, und soll während dieser Zeit der Transistor im leitenden Zustand bzw. in der Sättigung bleiben, so muß über den Widerstand R soviel Strom zufließen, daß dies sichergestellt ist. Man findet

$$I_B = \frac{E}{R} -> I_{BS} = \frac{E}{R_C \cdot B_n} \ . \tag{3.130}$$

Bilden wir den Kehrwert der Brüche, so ergibt sich als Bedingung

$$R < R_C \cdot B_n \ . \tag{3.131}$$

Ausschaltvorgang:

Springt die Eingangsspannung von U_1 auf den negativeren Wert U_0, so soll der Transistor sofort sperren. Dazu müssen Spannungen und Widerstände entsprechend dimensioniert werden. Nehmen wir an, die Basis-Emitter-Strecke sei in der Tat gesperrt worden; dann gilt das Ersatzschaltbild in Bild 3.49.

Bild 3.49:

Ersatzschaltbild für den Eingangskreis

bei gesperrtem Transistor.

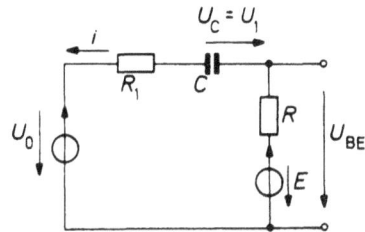

Zur Zeit $t_1 + \varepsilon$, wobei ε ein sehr kleiner Wert sei, wird dann bei Beachtung der aufgeladenen Kapazität folgender Strom fließen:

$$i(t_1 + \varepsilon) = \frac{E + U_1 - U_0}{R + R_1} \, . \tag{3.132}$$

Dieser Strom muß größer sein als der Basisstrom $I_B = E/R$ bei gesättigtem Transistor, damit U_{BE} negativ werden und die Basis-Emitter-Strecker überhaupt sperren kann. D. h. es gilt

$$i(t_1 + \varepsilon) > \frac{E}{R} \, , \tag{3.133}$$

bzw.

$$\frac{E + U_1 - U_0}{R + R_1} > \frac{E}{R} \, , \quad E + U_1 - U_0 > E \frac{R + R_1}{R} \, .$$

Erst wenn der Spannungshub $U_1 - U_0$ die daraus folgende Bedingung

$$U_1 - U_0 > E \frac{R_1}{R} \, , \tag{3.134}$$

erfüllt, gilt das obige Ersatzschaltbild mit der gesperrten Basis-Emitter-Strecke. Sehen wir uns nun den weiteren Verlauf des Basispotentials in Bild 3.50 an.

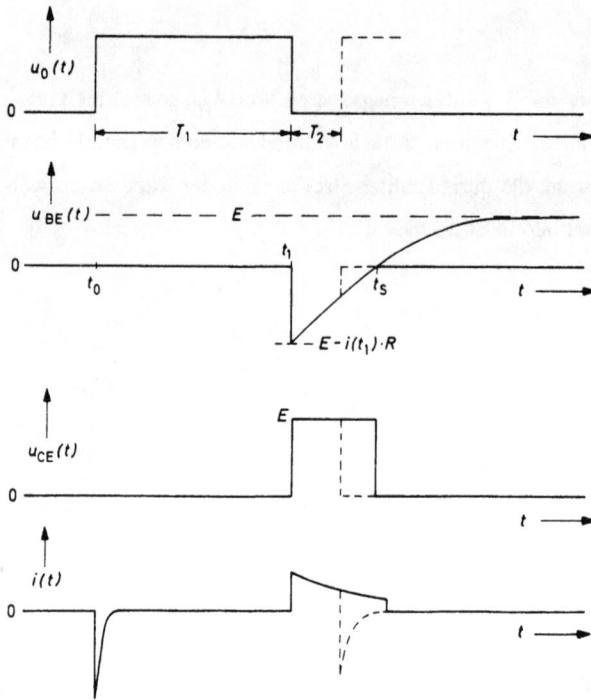

Bild 3.50   Zeitlicher Verlauf der Ströme und Spannungen in der Schaltung
                 von Bild 3.48.

Von dem negativen Wert

$$U_{BEmin} = E - i(t_1) \cdot R , \qquad\qquad (3.135)$$

steigt es wegen

$$i(t) = i(t_1) \, e^{-(t-t_1)/\tau_2} \qquad \text{mit} \quad \tau_2 = (R_1 + R) \, C , \qquad (3.136)$$

in folgender Form

$$U_{BE} = E - \frac{(E+U_1-U_0)}{R+R_1} \cdot R \cdot e^{-(t-t_1)/\tau_2} , \qquad (3.137)$$

gegen den (virtuellen) Endwert E an. Sobald jedoch das Potential $U_{BE} = 0$ erreicht
ist, wird (bei technisch idealem Modell) der Transistor wieder leitend und kurz darauf

gesättigt. Der zugehörige Zeitpunkt t = t_S errechnet sich aus der letzten Gleichung zu

$$
t_S - t_1 = \tau_2 \ln \left[\frac{R}{R+R_1} \left(1 + \frac{U_1-U_0}{E} \right) \right] . \qquad (3.138)
$$

Bei einem digitalen Betrieb sollte man wählen

$$
T_2 < t_S - t_1 , \qquad (3.139)
$$

wie dies in dem obigen Bild 3.50 gestrichelt skizziert ist.

3.11 Gatter mit Transistoren

Mit den zu Anfang beschriebenen Diodengattern können nur die logischen Verknüpfungen UND und ODER realisiert werden. Unter Zuhilfenahme von Transistoren kann auch die NICHT-Verknüpfung realisiert werden, bei der die Eingangsvariable invertiert am Ausgang erscheint. Damit stehen alle aus UND, ODER und NICHT zusammengesetzten Verknüpfungen zur Verfügung, z. B. auch NOR und NAND. Die Transistoren ermöglichen ferner im allgemeinen eine Rückwirkungsfreiheit, so daß sich Belastungen am Ausgang auf den Eingang nicht auswirken.

3.11.1 Der Inverter

Der Inverter nach Bild 3.51 besteht aus einem Transistor in Emittergrundschaltung mit Kollektorwiderstand und einem Spannungsteiler im Basiskreis. In dieser Schaltung kann die Ausgangsspannung u_y nur positive Werte annehmen. Daher sind für den Transistor nur die Zustände gesperrt, aktiv normal und gesättigt möglich. Als Belastung für den Inverter wird eine Parallelschaltung von n gleichartigen Inverterstufen (als Äquivalent für andere Gatter) angenommen. Gezeichnet ist jedoch nur eine einzige. Im folgenden soll zuerst rechnerisch die Eingangsstromkennlinie $i_x = g(u_x)$ und die Spannungsübertragungskennlinie $u_y = N(u_x)$ ermittelt werden; dabei wird mit einem technisch idealen Transistor gerechnet und lediglich der Kollektorbahnwiderstand $r_{CC'}$ berücksichtigt.

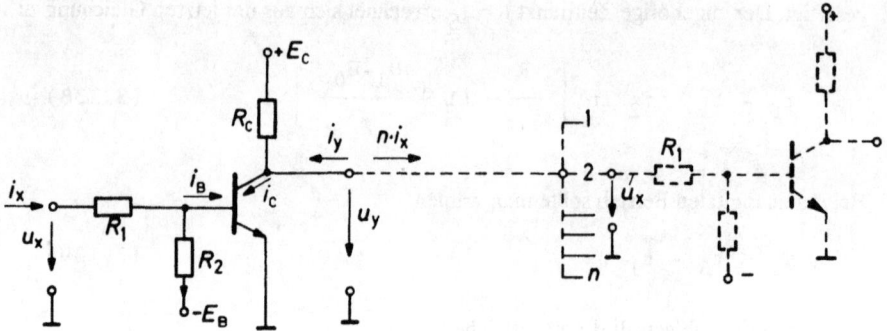

Bild 3.51:   Die elementare Inverterschaltung mit n nachfolgenden, gleich aufgebauten Invertern. Gezeichnet ist nur der zweite angeschlossene
Inverter.

Eingangsstromkennlinien

Für den Eingang sind in Bild 3.52 die beiden Ersatzschaltungen für eine gesperrte und
eine leitende Basis-Emitter-Strecke aufgezeichnet. Bei gesperrtem Eingang in Bild
3.52a, ergibt sich i_x zu

$$i_x = \frac{u_x + E_B}{R_1 + R_2} \, ,$$

(3.140)

und bei leitendem Eingang in Bild 3.52b, zu

$$i_x = \frac{u_x}{R_1} \, .$$

(3.141)

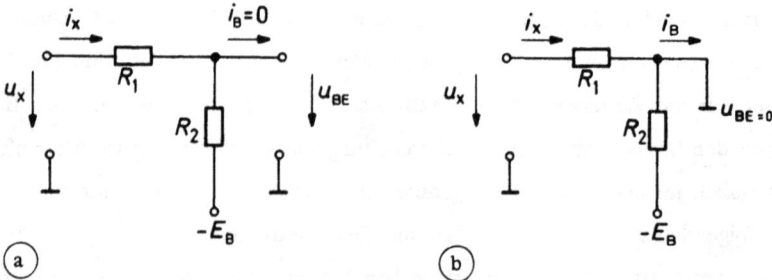

a   b

Bild 3.52:   Die Eingangsschaltung bei
a) gesperrtem und b) leitendem Transistor.

Der Basisstrom i_B bei leitender Basis-Emitter-Strecke ist die Differenz zweier Ströme

$$i_B = i_x - \frac{E_B}{R_2} \; . \tag{3.142}$$

Beim Übergang vom gesperrten zum aktiv normalen Zustand gilt $u_{BE} = 0$ und $i_B = 0$. Die zugehörige Eingangsspannung u_x folgt aus Gl. (3.142) mit $i_B = 0$

$$i_x = \frac{u_x}{R_1} = \frac{E_B}{R_2} \; , \tag{3.143}$$

unter Verwendung des zusätzlichen Index g zu

$$u_x \equiv u_{xg} = E_B \frac{R_1}{R_2} \; . \tag{3.144}$$

Beim Übergang vom aktiv normalen Zustand in den Sättigungszustand ist im Rahmen der hier benutzten Näherung weiterhin $u_{BE} = 0$, aber der Strom $i_B = i_{BS} > 0$. Die Eingangsspannung u_x ergibt sich einfach als Spannungsabfall an R_1 und wird mit dem zusätzlichen Index S versehen (bei leitendem Transistor ist $i_x \gg E_B/R_2$)

$$u_x \equiv u_{xs} = i_x \cdot R_1 \approx i_{BS} \cdot R_1 = \frac{i_{CS} \cdot R_1}{B_n} \; . \tag{3.145}$$

Der Wert u_{xs} hängt ersichtlich vom Kollektor-Sättigungsstrom und damit von der ausgangsseitigen Beschaltung ab. Auf den Verlauf der Eingangsstromkennlinie hat u_{xs} keinen Einfluß.

Die Verhältnisse sind in Bild 3.53 veranschaulicht. Hier läßt sich z. B. auch ablesen, daß der Transistoreingang selbst bei $u_x = 0$ mit der Schwellspannung u_{xg} für i_B noch deutlich gesperrt ist.

Die Spannungsübertragungskurve $u_y = N(u_x)$

Qualitativ ist der Verlauf der gesuchten Kennlinie rasch skizziert, siehe die obere Kennlinie in Bild 3.54. Bei kleinen Eingangsspannungen ($u_x < u_{xg}$) ist der Transistor gesperrt und die Ausgangsspannung u_y also hoch. Steigt die Eingangsspannung über

u_{xg} an, fließt ein Kollektorstrom und infolge des Spannungsabfalles an R_C fällt die Ausgangsspannung ab. Schließlich ist der Transistor übersteuert und die Ausgangsspannung sehr klein.

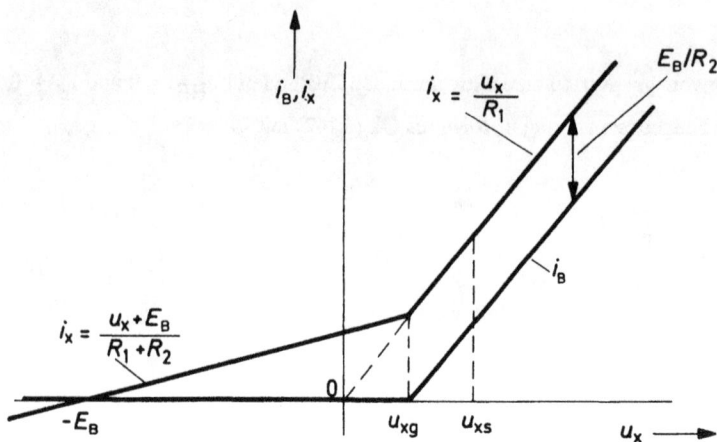

Bild 3.53:   Konstruktion der Eingangskennlinie eines Inverters.

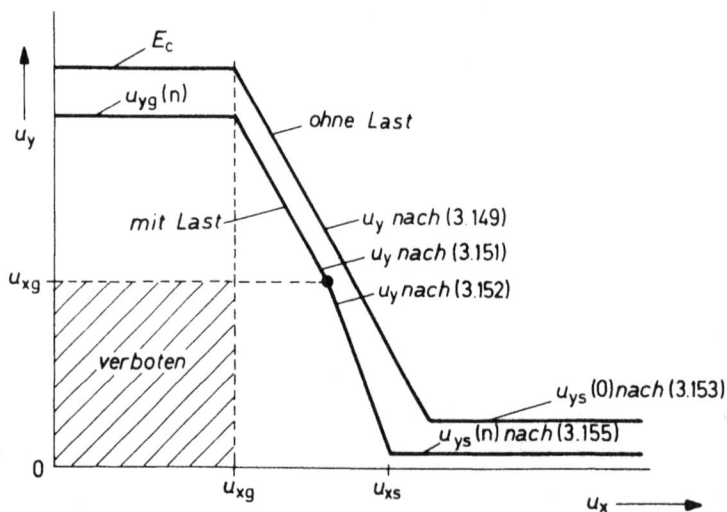

Bild 3.54:   Die Spannungsübertragungskennlinie (SpÜK) eines Inverters, konstruiert durch Auftragen der abgeleiteten Gleichungen. Obere Kurve: ohne Last, untere Kurve: mit Last.

Die genaue Berechnung der einzelnen Kennlinienstücke ist rasch durchgeführt.

Bei gesperrtem Transistor und ohne folgende Belastungsstufen ergibt sich die Ausgangsspannung einfach als Batteriespannung

$$u_y = u_{yg}(0) = E_C \ , \quad \text{für } u_x < u_{xg} \ . \tag{3.146}$$

Bei gesperrtem Transistor und einer Belastung mit n nachfolgenden gleichartigen Inverterstufen, die natürlich dann alle leitend gesteuert werden müssen, verursacht der Belastungsstrom einen Spannungsabfall an R_C, so daß jetzt gilt:

$$u_y = E_C - |\, i_y \,| \cdot R_C = E_C - n \cdot i_x(u_y) \cdot R_C$$

$$= E_C - n \cdot R_C \, \frac{u_y}{R_1} \ . \tag{3.147}$$

Dies kann man nach u_y auflösen und erhält

$$u_y = \frac{E_C}{1 + n \cdot R_C / R_1} \equiv u_{yg}(n) \ . \tag{3.148}$$

Man beachte, daß u_y mit wachsendem n absinkt. Daher gilt diese Gleichung nur für Werte $u_y > u_{xg}$. Durch einen zu großen Verzweigungsfaktor n (fan out), kann die Spannung u_y soweit abgesenkt werden, daß $u_y < u_{xg}$ wird. Damit blieben die folgenden Transistoren unabhängig von der Ansteuerung immer gesperrt.

Für den Transistor im aktiv normalen und im gesättigten Zustand gelten für den Ausgangskreis die Ersatzschaltungen in Bild 3.55. Danach wird bei aktiv normalem Transistor ohne Belastung die Ausgangsspannung

$$u_y = E_C - R_C \, i_C = E_C - B_n \, i_B \, R_C$$

$$= - u_x \, B_n \, \frac{R_C}{R_1} + E_C + E_B \, B_n \, \frac{R_C}{R_2} \ . \tag{3.149}$$

Bei aktiv normalem Transistor und Belastung ergibt sie sich wie folgt:

$$u_y = E_C - R_C(i_C + n \, i_x(u_y))$$

$$= E_C - R_C \, B_n \, \frac{u_x}{R_1} + R_C \, B_n \, \frac{E_B}{R_2} - R_C \, n \, \frac{u_y}{R_1} \ . \tag{3.150}$$

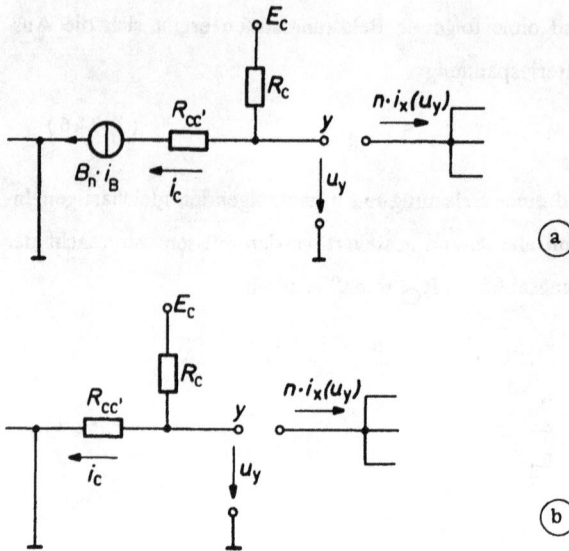

Bild 3.55:   Der Ausgangskreis eines Inverters bei

a) aktiv normalem und b) übersteuertem Transistor.

Faßt man die Terme mit u_y zusammen, so erhält man schließlich für $u_y > u_{xg}$

$$u_y = -u_x \frac{B_n \cdot R_C/R_1}{1+n \cdot R_C/R_1} + \frac{E_C + E_B B_n R_C/R_2}{1+n \cdot R_C/R_1} \quad . \tag{3.151}$$

Wieder fällt u_y mit wachsendem n ab. Absolut gesehen sind es niedrigere Werte als vorhin. Die Beziehung (3.151) gilt nur für $u_y > u_{xg}$, d. h. für leitende Last-Transistoren. Unterschreitet u_y den Wert u_{xg}, so sperren die folgenden Transistoren und die Belastung ist nicht mehr allein durch R_1 sondern durch R_1, R_2 und E_B gegeben. Man erhält für $u_y < u_{xg}$

$$u_y = -u_x \frac{B_n \cdot R_C/R_1}{1+n \cdot R_C/(R_1+R_2)} + \frac{E_C + E_B(B_n \cdot R_C/R_2 - n \cdot R_C/(R_1+R_2))}{1+n \cdot R_C/(R_1+R_2)} \quad . \tag{3.152}$$

Im Sättigungszustand des Ansteuer-Transistors hängt die Ausgangsspannung u_y nicht mehr von seiner Eingangsspannung u_x ab. Bei fehlender Belastung findet man, siehe Bild 3.55b

$$u_y = u_{ys}(0) = E_C \frac{R_{CC'}}{R_{CC'} + R_C} , \qquad (3.153)$$

und bei Belastung

$$u_y = E_C - (i_C + n\, i_x(u_y))R_C . \qquad (3.154)$$

Aufgelöst nach u_y und mit der Festsetzung $u_y \equiv u_{ys}(n)$ folgt

$$u_{ys}(n) = \frac{E_C - n\, E_B R_C/(R_1 + R_2)}{1 + n\, R_C/(R_1 + R_2) + R_C/R_{CC'}} . \qquad (3.155)$$

Die Spannung ist natürlich kleiner als im Falle des Leerlaufes.

3.11.2 Die ideale SpÜK für logische Schaltkreise

Wie sollte die SpÜK für digitale Schaltungen, insbesondere logische Verknüpfungsschaltungen (Gatter) beschaffen sein, damit man mit ihnen möglichst gut ein größeres
Schaltnetz aufbauen kann? Um die grundsätzlichen Beziehungen einfacher herauszu-
finden, sehen wir zunächst einmal davon ab, daß solche Gatter auch Signale invertieren
können. Nehmen wir zunächst auch noch an, daß sie eine lineare SpÜK hätten. Dann
können z. B. Verhältnisse wie in Bild 3.56a vorliegen.

Sind nun viele Schaltkreise hintereinander geschaltet, so ist zu berücksichtigen, daß die
Ausgangsspannung jedes Schaltkreises zugleich die Eingangsspannung des folgenden
Schaltkreises ist, siehe Bild 3.57. Mit den Verhältnissen in Bild 3.56a ist dann jedesmal
nach Durchlaufen eines Schaltkreises von einer kleineren Eingangsspannung auszuge-
hen. Dies läßt sich in Bild 3.56b etwas geschickter darstellen, in dem man abwechselnd
die Eingangs- und Ausgangsspannung auf Abszisse und Ordinate verteilt. (Die eingezeichneten Pfeile stellen jetzt vorzugsweise Trajektorien dar.) Haben alle Schaltkreise
dieselbe Kennlinie, so braucht man sie in diesem Bild nur einmal an der 45°-Geraden
zu spiegeln. Die Verminderung des Signales beim Durchlaufen durch die Kette ergibt
sich nun einfach durch eine Treppenkurve zwischen der Originalkurve und der gespiegelten Kurve. D. h. die Trajektorien treffen alternierend auf die beiden Kurven N und
N_{gesp}. An Hand dieser Konstruktion erkennt man nun, daß es nur eine einzige Möglichkeit gibt, den Arbeitspunkt nicht in den Nullpunkt oder nach Unendlich wandern

zu lassen. Sie liegt vor, wenn N und N_{gesp} zusammenfallen und unter 45° verlaufen. Mit anderen Worten, wenn die Ausgangsspannungen jedes Schaltkreises exakt gleich den Eingangsspannungen sind. Das ist aber unter Berücksichtigung der unvermeidlichen Bauelementetoleranzen und wechselnder Belastungen der Schaltkreise in der Kette nicht zu realisieren. Es ist daher unvermeidlich, daß N und N_{gesp} immer etwas von der 45° Richtung abweichen, und sich die Signale im ungünstigsten Fall (worst case) z. B. wie in Bild 3.58 unzulässig vergrößern (oder vermindern).

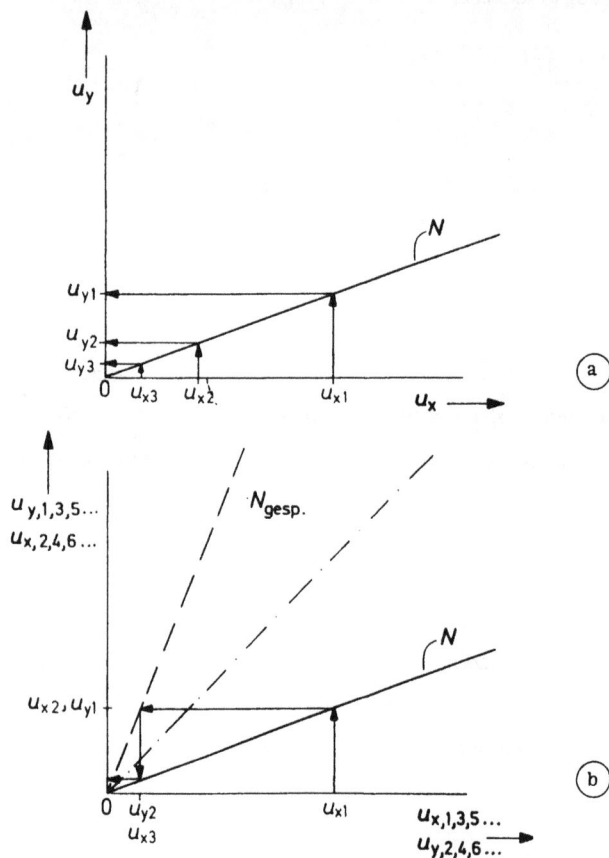

Bild 3.56:   a) Eine Spannungsübertragungskennlinie für lineare nichtinvertierende Schaltkreise, b) Die Verkleinerung der Signale beim Durchlaufen einiger Schaltkreise.

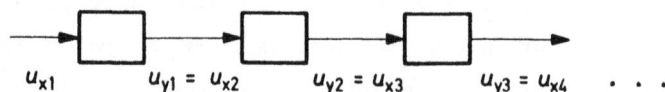

Bild 3.57:   Kettenschaltung von Schaltkreisen.

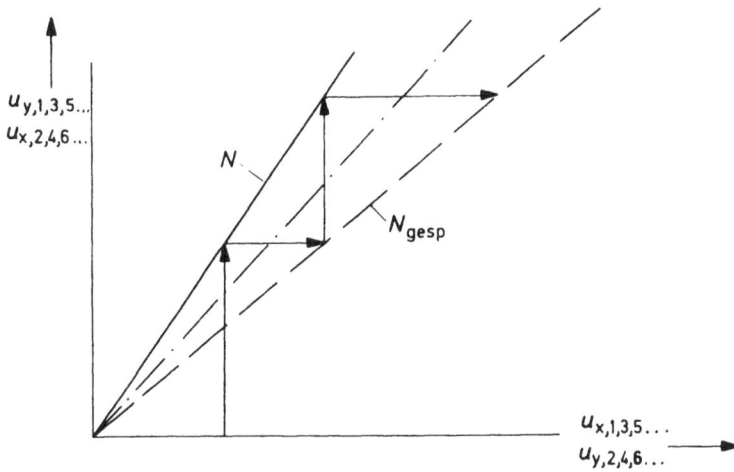

Bild 3.58:   Weglaufen der Spannungsamplituden bei einer zu steilen SpÜK.

Es hat sich in der Praxis ergeben, daß man nur mit geeigneten nichtlinearen Kennlinien diesen Schwierigkeiten entgehen kann. Nehmen wir eine Kennlinie nach Bild 3.59. Ein Signal, das kleiner als u_{xM} ist, wird offensichtlich bei einem Durchlauf durch einen so charakterisierten Schaltkreis verkleinert und ein Signal, welches größer als u_{xM} ist, wird vergrößert. Welchem Wert die Signale in einer Kette zustreben, ergibt sich wieder durch Benutzung der gespiegelten Kennlinie N_{gesp}, siehe Bild 3.60.

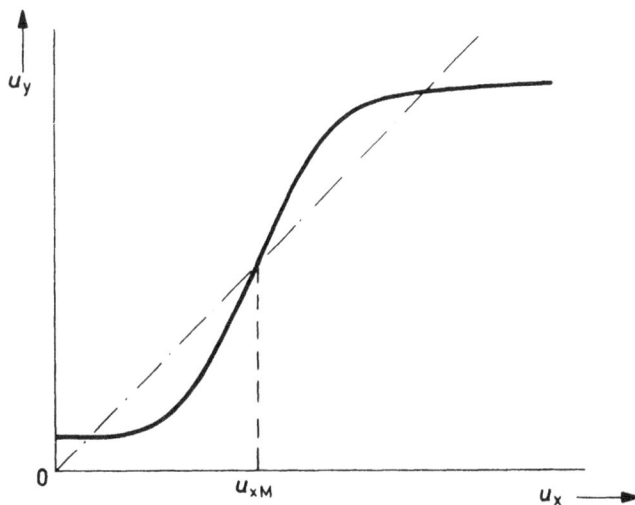

Bild 3.59:   Eine nichtlineare nichtinvertierende SpÜK.

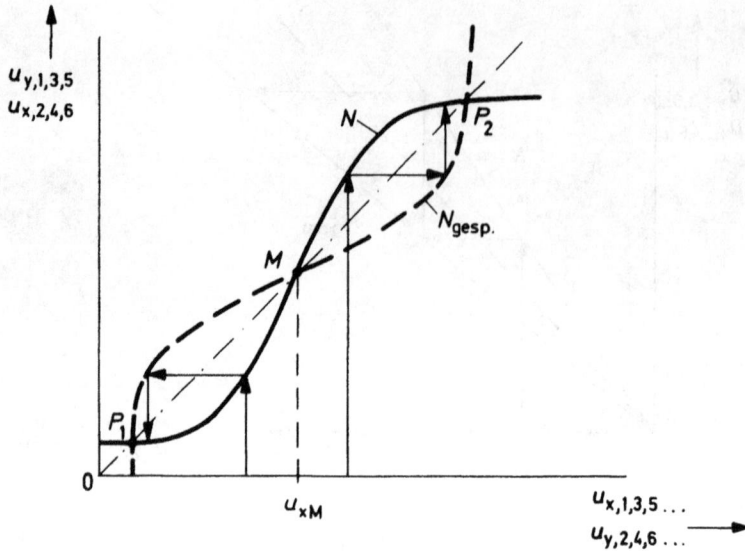

Bild 3.60:   Asymptotische Grenzwerte P_1 und P_2 für Signale beim Durchlaufen
einer Kette von Schaltkreisen mit nichtlinearen Kennlinien.

Alle Signale $u_{x1} < u_{xM}$ wandern in den Punkt P_1 und alle Signale $u_{x1} > u_{xM}$ wandern in den Punkt P_2. Hinsichtlich einer deutlicheren Unterscheidung binärer Signale
tritt also eine Verbesserung ein. Man spricht dann davon, daß die Kettenschaltung die
Möglichkeit zur Regeneration der vom Sollwert abweichenden binären Signale hat.
Dies ist ein wichtiges Kennzeichen fast aller heute benutzten digitalen logischen Schaltkreise.

3.11.3 NULL- und EINS-Bereiche bei invertierenden Gattern

Bei der Hintereinanderschaltung von mehreren (gleichartigen) Gattern muß an jedem
Gattereingang und -ausgang entscheidbar sein, ob eine NULL oder eine EINS vorliegt.
Dazu müssen die Gatter richtig dimensioniert werden. Die Lagen der NULL-EINS-
Bereiche bzw. die Bedingungen, die bei einer richtigen Dimensionierung eingehalten
werden müssen, lassen sich an Hand der Spannungsübertragungskennlinien der Gatter
angeben.

Es wird zunächst die Kettenschaltung von k invertierenden Gattern betrachtet, wobei

jedes Gatter nur durch ein weiteres einziges Gatter belastet sei. Alle Gatter mögen dieselbe Spannungsübertragungskennlinie $u_y = N(u_x)$ haben. Als Gatter-Beispiel wird
der Inverter von Bild 3.51 gewählt. (Die grundsätzlichen Betrachtungen gelten für alle
invertierenden Gatter, z. B. auch für die Gatter des nächsten Kapitels.)

Um den Spannungszustand der Gatterkette zu ermitteln, wird in Bild 3.61 die Spannungsübertragungskennlinie N an der 45°-Geraden gespiegelt: jede Ausgangsspannung
ist ja zugleich Eingangsspannung des folgenden Gatters. Es entsteht die gespiegelte
Spannungsübertragungskennlinie N_g, die für das 2.,4.,6.,..., Gatter maßgebend ist,
während N für das 1.,3.,5.,..., Gatter der Kette gilt. Legt man an den Eingang des 1.
Gatters eine Spannung $u_{x1} < u_M$, wobei u_M durch den Schnittpunkt der SpÜK mit
der 45°-Geraden festgelegt ist, so markiert der eingezeichnete stufenförmige Linienzug
(mit Pfeilen) die Spannungswerte, die sich an den folgenden Gattern einstellen. Ist die
Kette lang genug, so endet der Linienzug im Punkt P_1; für die Spannungen $u_{x1} > u_M$
endet der Linienzug im Punkt P_2.

Die Spannung u_M stellt eine Grenze zwischen den NULL-EINS-Bereichen dar; ordnet
man den Spannungen $u < u_M$ den logischen Wert NULL, den Spannungen $u > u_M$
den Wert EINS zu, dann ist an jedem Punkt der Gatter-Kette der logische Zustand
eindeutig bestimmt.

Die Koordinaten der Schnittpunkte P_1 und P_2 sind asymptotische Grenzwerte; der
Ausgang der Gatter-Kette wird diese Grenzwerte annehmen, wenn die Kette genügend
lang ist.

Ermitteln wir nun noch weitere Bedingungen für den Verlauf der nichtlinearen SpÜK.
NULL- und EINS-Bereiche sind immer dann eindeutig definiert, wenn bei der Spiegelung 3 Schnittpunkte M, P_1 und P_2 entstehen. Ist z. B. die Steigung des mittleren
steilen Teiles der SpÜK $| du_y/du_x | < 1$ (Transistor aktiv normal), dann treten keine
3 Schnittpunkte mehr auf (siehe Bild 3.62a) und die Spannungen konvergieren gegen
den Punkt M.

Für das Beispiel des besprochenen Inverters kann man diesen Fall vermeiden, wenn
man bei der Dimensionierung sicherstellt, daß bei gesperrtem Transistor des Inverters
der Transistor der folgenden Stufe in der Sättigung ist, und daß bei gesättigtem Transistor des Inverters der Transistor der folgenden Stufe sperrt. D. h., daß sich in Bild

3.61 die zur Sättigung und Sperrung gehörenden Kennlinienstücke gerade kreuzen. Hierfür gilt:

$$u_{yg} > u_{xs} \, , \qquad\qquad\qquad (3.156)$$

$$u_{ys} < u_{xg} \, . \qquad\qquad\qquad (3.157)$$

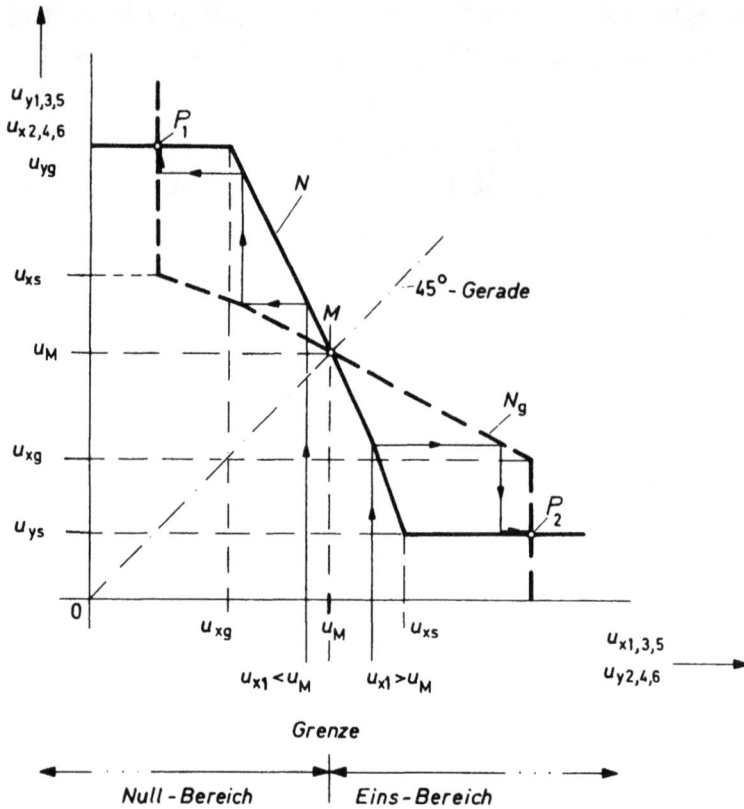

Bild 3.61:   Die Veränderung der Signale beim Durchlaufen einer Kette von nichtlinearen Invertern.

Bild 3.62b zeigt ein Kennlinienbeispiel, bei dem nur die erste Bedingung verletzt ist; hier sieht man, daß die Schnittpunkte P_1 und P_2 auch durch denjenigen Teil der SpÜK bestimmt werden, der für den aktiv normalen Transistor gilt. Damit ist die Lage von der Stromverstärkung abhängig geworden, was praktisch sehr ungünstig ist.

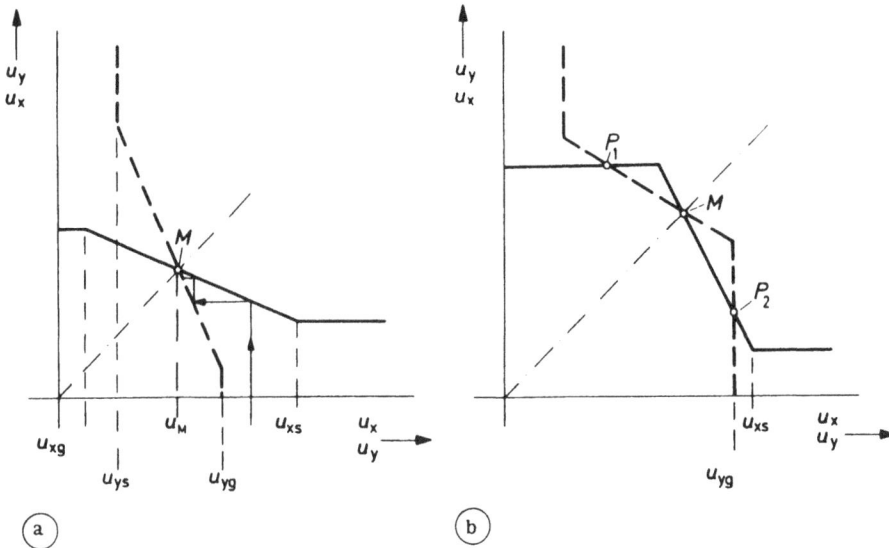

Bild 3.62:   Beispiele von unbrauchbaren Inverterkennlinien.
a) nur ein Endwert, b) zwei ungünstig liegende Endwerte.

Die für Bild 3.61 angenommene Kettenschaltung mit der jeweiligen Belastung $n = 1$ ist nur ein Sonderfall. Im allgemeinen kann an jeder Verzweigungsstelle der Kette der Verzweigungsfaktor n einen Wert zwischen 1 und n_{max} annehmen. Bei der Spiegelung der SpÜK ist jetzt nicht nur eine einzige Kennlinie, sondern es sind n_{max} Kennlinien zu berücksichtigen. Für eine "worst-case"-Betrachtung sind jedoch nur die Grenzkennlinien interessant, die die Bereiche zwischen den ungespiegelten und den gespiegelten Kennlinien am meisten einschränken; es sind allgemein die Kennlinien bei minimaler und maximaler Belastung.

Im Fall des Inverters liegt die Kennlinie für einen Verzweigungsfaktor $n + 1$ unterhalb der Kennlinie für n, siehe Bild 3.63 (anstelle von N($n = 1$) kann auch die SpÜK für Leerlauf N($n = 0$) genommen werden). Infolge des zu betrachtenden SpÜK-Bandes entstehen jetzt anstelle von 3 Schnittpunkten drei Bereiche M, P_1 und P_2. Wenn $u_{x1} < \underline{u}_M$ bzw. $u_{x1} > \overline{u}_M$ gewählt wird, dann gelangt man im Laufe der Kette eindeutig in die Bereiche P_1 bzw. P_2.

Die Pegel $\underline{u}_M$ und $\overline{u}_M$ stellen eine untere und obere Schwelle eines Spannungsbereiches dar, der NULL- und EINS-Bereiche voneinander trennt. Daher müssen die früheren Bedingungen (3.156) und (3.157) noch modifiziert werden. Aus Bild 3.63 ist abzulesen:

$$u_{yg}(n_{max}) > u_{xs}(1) \; , \qquad\qquad (3.158)$$

$$u_{ys}(1) \quad < u_{xg}(n_{max}) \; . \qquad\qquad (3.159)$$

Damit ist sichergestellt, daß Gatter, deren Spannungswerte irgendwo in den Bereichen P_1 bzw. P_2 liegen, nur mit gesperrtem bzw. gesättigtem Transistor betrieben werden.

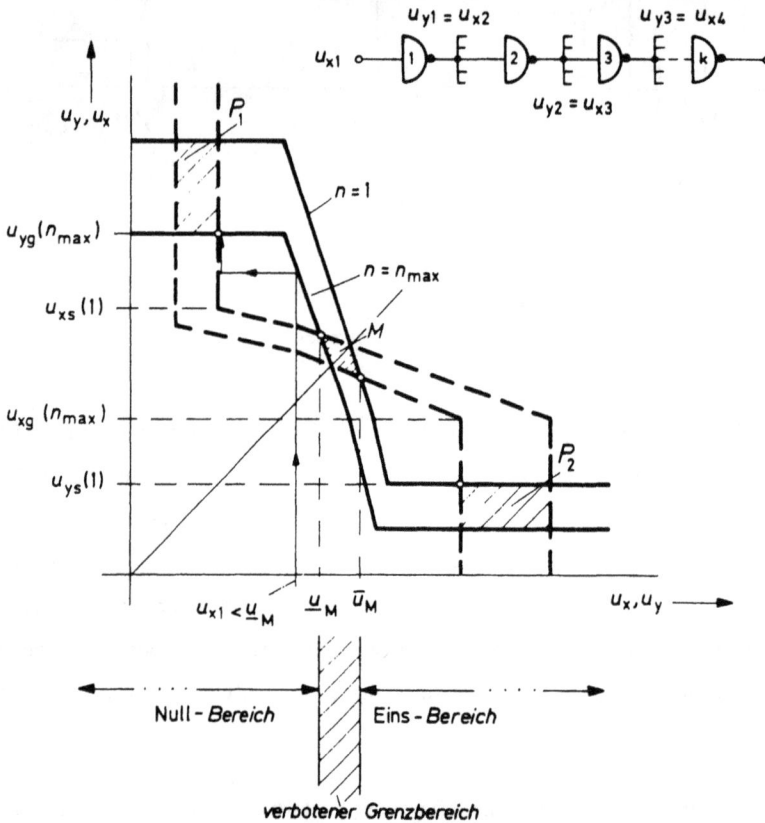

Bild 3.63:   Ermittlung der erlaubten Spannungsbereiche bei Berücksichtigung von Streuungen der Inverterkennlinien oder von unterschiedlichen Belastungen der Inverter.

In Bild 3.63 wurde als Parameter der Verzweigungsfaktor n berücksichtigt. Zu ähnlichen SpÜK-Bändern gelangt man, wenn man die Toleranzen der Bauelemente und die Schwankungen der Versorgungsspannungen und der Temperatur berücksichtigt. Diese Parameterschwankungen sind in eine echte "worst-case"-Betrachtung miteinzubeziehen.

3.11.4 Schaltkreisfamilien (Transistor-Gatter mit mehreren Eingängen)

Während beim Inverter nur ein Eingang vorhanden ist, weisen die im folgenden zu beschreibenden Schaltkreise mehrere Eingänge auf; es können somit logische Verknüpfungen wie z. B. NAND oder NOR realisiert werden. Selbstverständlich ist mit diesen Gattern auch die Negation einer Variablen durchzuführen, indem nur ein Eingang beschaltet wird. Entsprechend ihrer Struktur und Technologie lassen sich die Gatter in Gatter-Familien bzw. Schaltkreisfamilien zusammenfassen, von denen zunächst die fünf bekanntesten besprochen werden, nämlich RTL-, DTL-, TTL-, ECL- und I^2L-Gatter.

RTL-Gatter (Resistor-Transistor-Logic)

In Bild 3.64 ist ein RTL-Gatter (auch zuweilen "DCTL = Direct Coupled Transistor Logic" genannt) dargestellt. Es ist die historisch älteste Form eines Transistorgatters.

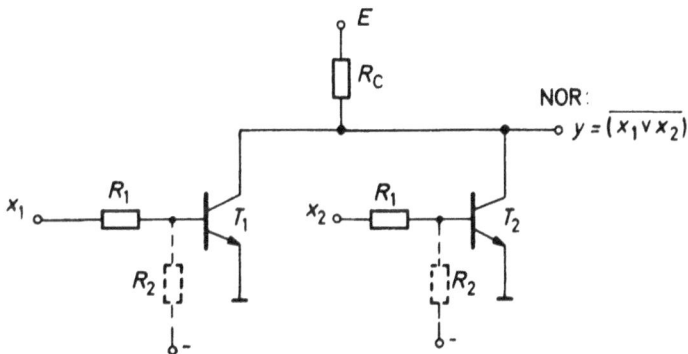

Bild 3.64:   Ein RTL-Gatter mit zwei Eingängen und einem Ausgang.
Typische Werte: $E = 3V$; $R_1 = 1,5 K\Omega$; $R_C = 3,6 K\Omega$.

Man kann es sich entstanden denken aus einer Parallelschaltung mehrerer Inverterstufen, die auf einen gemeinsamen Kollektorwiderstand arbeiten. Der Widerstand R_2 wird in den meisten Fällen weggelassen; bei der vereinfachten Analyse der Schaltung ist es zweckmäßig, die Schwellspannungen der Transistordioden mitzuberücksichtigen.

Die SpÜK $u_y = N(u_{x1})$ ist davon abhängig, welchen Wert u_{x2} hat. Deshalb hat die SpÜK des Gatters in Bild 3.65 zwei Äste, einen für $u_{x2} < u_{xg}$ und einen für $u_{x2} > u_{xs}$.

In diesem Bild läßt sich noch erkennen, daß der tiefe Pegel für u_y abhängig ist davon, wieviel Transistoren des Gatters durchgeschaltet sind (wegen des Bahnwiderstandes $R_{CC'}$). Es handelt sich jedoch nur um relativ kleine Spannungsverschiebungen. Im Gegensatz dazu streut der hohe Pegel u_y sehr viel stärker, weil er sehr abhängig von dem Verzweigungsfaktor n ist (fan-out).

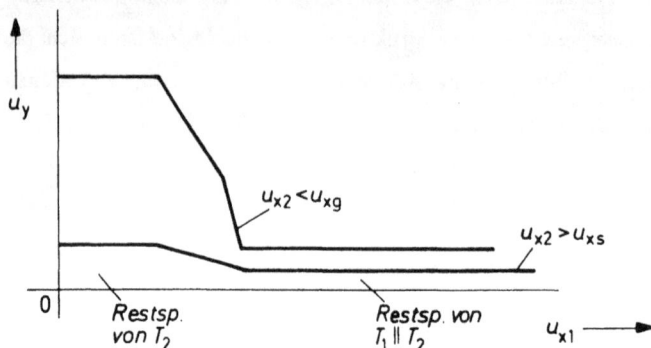

Bild 3.65:   Die SpÜK des RTL-Gatters bei unterschiedlichen logischen Zuständen.

DTL-Gatter (Diode-Transistor-Logic)

DTL-Gatter bestehen aus einer Dioden-UND-Schaltung, der ein Inverter nachgeschaltet ist, siehe Bild 3.66; die Verbindung beider Schaltungsteile erfolgt im allgemeinen über zwei Dioden D, durch die eine Ansteuerung des Transistors schneller als mit einem Widerstand erfolgen kann. Anstelle der Dioden D wird auch eine Zener-Diode eingesetzt; man spricht dann von DTLZ-Gattern, die in Systemen mit großen Störspannungen Verwendung finden. Nur wenn an beiden Eingängen ein hohes Potential anliegt, wird der Transistor leitend. Wenn jedoch wenigstens ein Eingang ein tiefes Potential aufweist, werden die Doppeldioden gesperrt. Nachteilig ist dann, daß die Sperrung des Transistors über den Widerstand R_2 erfolgen muß, was lange dauern kann. DTL-Gatter wurden in Systemen mit Gatterlaufzeiten von etwa 30ns eingesetzt (damals eine mittlere Geschwindigkeit). Bezüglich der Bemessung des Verzweigungsfaktors n ist der tiefe Ausgangspegel der kritische Pegel; je mehr Last-Gatter hinzugeschaltet werden (entspricht einer Verkleinerung des effektiven Belastungswiderstandes), um so mehr Kollektorstrom fließt in den gesättigten Transistor hinein. Der Transistor kann dabei aus der Sättigung in den aktiv normalen Zustand gelangen.

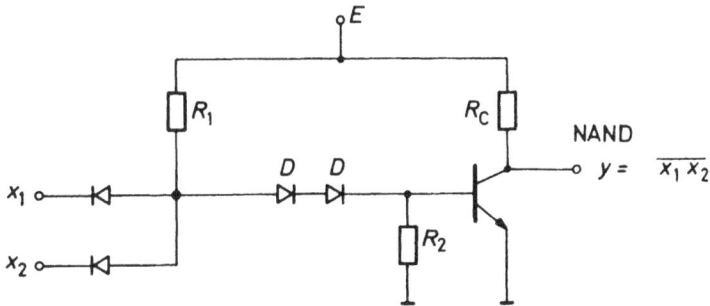

Bild 3.66: Ein DTL-Gatter mit zwei Eingängen und einem Ausgang.

Typische Werte: $E = 5V$; $R_1 = 3,9 \, K\Omega$; $R_2 = 5 \, K\Omega$; $R_C = 2...6 \, K\Omega$.

TTL-Gatter (Transistor-Transistor-Logic)

Diese Technik wurde noch vor wenigen Jahren am häufigsten verwendet (Small Scale Integration). Gegenüber den DTL-Gattern werden bei TTL-Gattern die Eingangs-dioden durch einen Vielfach-Emitter-Transistor T_1 realisiert, siehe Bild 3.67. Bild 3.68 zeigt das Prinzip der Gesamtschaltung. Den beiden Dioden D in Bild 3.66 entsprechen hier die Kollektordiode von T_1 und die Emitterdiode von T_2. Die Ausgangsschaltung ist nicht als einfacher Inverter ausgebildet; in der Schaltung von Bild 3.68 ist der Aus-gang y sowohl bei tiefem als auch bei hohem Pegel niederohmig. Das ist für den dyna-mischen Fall (Umladung von Kapazitäten am Ausgang) wichtig. Mit TTL-Gattern er-reicht man gegenüber DTL-Gattern kleinere Gatterlaufzeiten (z. B. 6ns) und kleinere Schaltzeiten (z. B. 2ns). Um zu verstehen, wie diese Schaltung funktioniert, kann man zunächst einmal ganz qualitative Überlegungen durchführen. Man denke sich z. B. zu-erst wenigstens eine Eingangsklemme mit Null verbunden. Dann bekommt T_1 über R_1 einen normalen Basisstrom zugeführt. Der Kollektor dieses Transistors ist jedoch le-diglich mit der Basis eines folgenden Transistors verbunden. Das ist eine sehr hoch-ohmige Belastung und demzufolge fließt kein Kollektorstrom. (Der Kollektorstrom von T_1 wäre dem Basisstrom eines normal leitenden T_2 entgegengerichtet.) Der Transistor T_1 geht tief in den Zustand der Sättigung und der Transistor T_2 ist gesperrt. Auch spannungsmäßig ist dieser Zustand gerechtfertigt, denn die sehr geringe Kollektor-spannung von T_1 wird die Basisemitterstrecke von T_2 sicher im gesperrten Zustand halten.

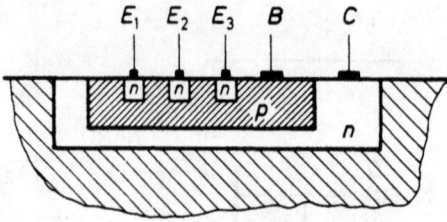

Bild 3.67:

Prinzip des Multiemitter-Transistors.

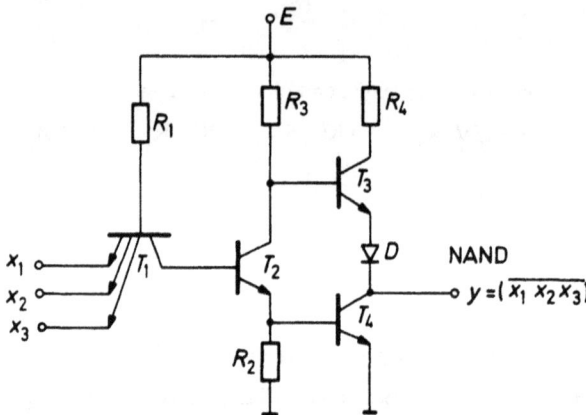

Bild 3.68:   Ein TTL-Gatter mit drei Eingängen und einem Ausgang. Typische
Werte: $E = 5V; R_1 = 4K\Omega; R_2 = 1K\Omega; R_3 = 1,5K\Omega; R_4 = 100\Omega.$

Werden andererseits alle Eingangsklemmen an ein hohes Potential, z. B. E, gelegt, so werden die entsprechenden Emitterdioden gesperrt, während die Kollektordiode in den leitenden Zustand übergeht. D. h. T_1 arbeitet jetzt im inversen Betrieb: Der Kollektorstrom hat jetzt genau die Richtung, die der Basisstrom von T_2 benötigt, um in den aktiv normalen oder sogar gesättigten Zustand zu kommen. Welcher Zustand schließlich in T_2 erreicht wird, hängt von der Bemessung der übrigen Schaltelemente des Ausganges ab, auf die noch eingegangen wird. Das TTL-Gatter realisiert ersichtlich in dieser Grundform eine NAND-Funktion.

Eine solche qualitative Untersuchung einer vorgegebenen, etwas komplizierteren Schaltung ist im allgemeinen nur einem erfahrenen Schaltungsentwickler anzuraten. Der Anfänger tut häufig besser daran, die jeweilige unbekannte Schaltung mit den umständlicheren, aber Fehlschlüsse verhindernden allgemeinen Netzwerkmethoden unter

Verwendung geeigneter Transistormodelle zu untersuchen (auch ein Computer-Programm muß ja schließlich so vorgehen.) Zur Veranschaulichung sei die Wirkungsweise der TTL-Grundschaltung daher noch einmal unter Verwendung des abgeleiteten nichtlinearen Transistor-Ersatzschaltbildes diskutiert.

Zur Ermittlung des Prinzips brauchen wir nur die vereinfachte Schaltung in Bild 3.69a zu betrachten. Mit dem Schalter S können wir den Emitter des Transistors T_1 mit 0 oder mit E verbinden.

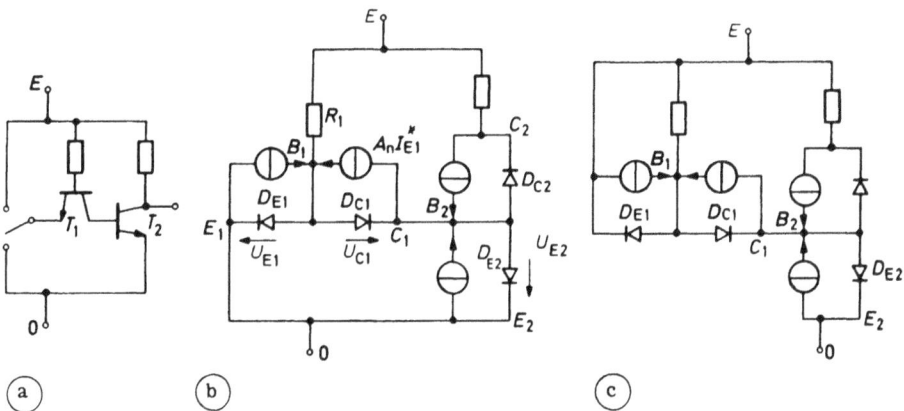

Bild 3.69: Zur Ermittlung des Schaltverhaltens, a) Vereinfachtes TTL-Gatter,
b) Einführung der Transistor-Ersatzschaltbilder, Eingang auf 0
c) Eingang auf E.

Ersetzt man die Transistor-Symbole durch die Injektions-Ersatzschaltbilder, so entstehen je nach Stellung des Schalters die Schaltungen in Bild 3.69b und Bild 3.69c. Diskutieren wir zunächst das Bild b für eine nicht erfüllte UND-Bedingung, indem wir nacheinander ersichtliche Eigenschaften dieser Schaltung zusammentragen:

1. Der Spannungsumlauf E, B_1, E_1, 0 zeigt, daß die Emitterdiode D_{E1} leitet.

2. Der Spannungsumlauf 0, E_1, B_1. C_1, B_2, E_2, 0 zeigt, daß $U_{E1} = U_{C1} + U_{E2}$ sein muß.

3. Denkt man an die Schwellspannung, die jede Diode hat, so können nicht gleichzeitig beide Dioden D_{C1} und D_{E2} einen nennenswerten Strom führen d. h. leitend sein.

4.   Beide Dioden D_{C1} und D_{E2} können auch nicht gleichzeitig gesperrt sein, da der Strom $A_n \cdot I_{E1}{}^*$ fließen muß.

5.   Der Fall, D_{C1} gesperrt und D_{E2} leitend, ist nicht möglich, da für einen normalleitenden Transistor T_2 der Strom $A_n I_{E1}{}^*$ die verkehrte Richtung hat.

6.   Es bleibt der Fall D_{C1} leitend, D_{E2} gesperrt übrig. Hierfür ist $A_n I_{E1}{}^* = I_{C1}{}^*$. Das bedeutet, daß T_1 tief in der Sättigung und $U_{C1,E1}$ nahezu Null ist.

Der Kürze wegen haben wir hier keine schematisierte Netzwerkberechnung durchgeführt. Sie würde aber genau das gleiche Resultat ergeben. Die Schaltung in Bild 3.69c für eine erfüllte UND-Bedingung ist schneller zu analysieren:

1.   Der Spannungsumlauf E, B_1, C_1, B_2, E_2, 0 führt zu dem Schluß, daß beide Dioden D_{C1} und D_{E2} leitend sind.

2.   Da dann an B_1 ein negativeres Potential als E herrscht, ist D_{E1} gesperrt. Das bedeutet, daß T_1 invers betrieben wird und T_2 im normalleitenden Zustand ist.

Nachdem wir uns jetzt eine Vorstellung von der Wirkungsweise der TTL-Grundschaltung verschafft haben, können wir uns der ebenfalls nicht uninteressanten Ausgangsschaltung zuwenden, siehe   Bild 3.70. Sie ist als "Totem-Pole-Schaltung" bekannt geworden.

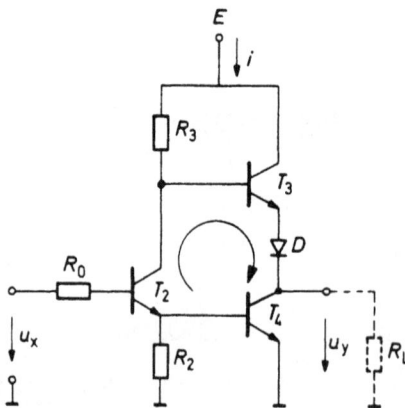

Bild 3.70:

Ausgangsschaltung des TTL-Gatters.

Werden die Transistoren in dieser Schaltung mit dem Ersatzschaltbild eines technisch idealen Transistors mit Schwellspannungen U_{DT} der Transistor-Dioden dargestellt, so läßt sich leicht eine geknickte SpÜK nach Bild 3.71a berechnen, bei der mit wachsendem u_x nacheinander 6 Schaltungsbereiche (I...VI) durchlaufen werden, wenn die Widerstände R_2 und R_3 geeignet gewählt werden. Die Tabelle in Bild 3.72 gibt die Zustände der Transistoren in den einzelnen Bereichen an. Im Bereich III sind alle Transistoren im aktiv normalen Zustand; beim Übergang von III nach IV erreicht der Gesamtstrom i einen Maximalwert. Diese Stromspitze beim Umschalten ist charakteristisch für die TTL-Ausgangsschaltung.

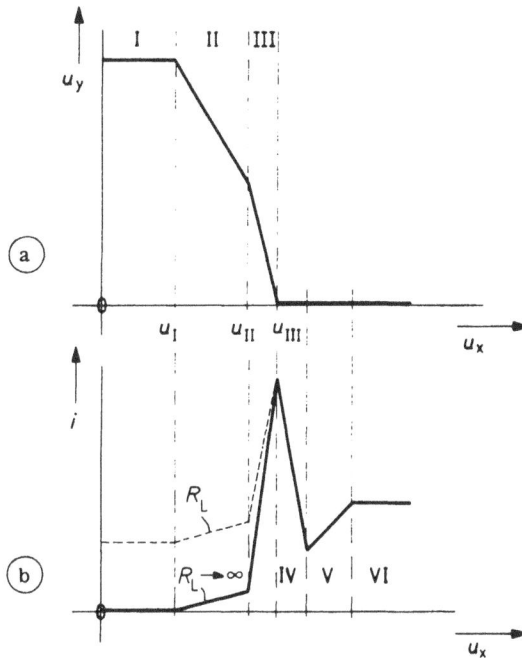

Bild 3.71:   Spannung und Strom der Ausgangsschaltung in Abhängigkeit der Ansteuerspannung.

Schaltungs-Bereich	I	II	III	IV	V	VI	(VII)
T_2	g	n	n	n	n	s	s
T_3	n	n	n	n	g	g	g
T_4	g	g	n	s	s	s	s
(T_1)	s	s	s	s	s	s	i
u_y	E	E	E/2	0	0	0	0

Bild 3.72:   Tabelle der Transistorzustände in den möglichen Bereichen der Ausgangsschaltung.

Die Diode D ist erforderlich, damit der Transistor T_3 zuerst sicher sperrt, bevor T_2 in Sättigung geht. (In der bezeichneten Masche in Bild 3.70 wäre auch sonst keine Sperrspannung für T_3 vorhanden.)

Ein beliebtes Mittel, um die Transistoren nicht zu übersteuern und kürzere Umschaltzeiten zu erhalten, besteht in der Verwendung von Übersteuerungsschutzdioden, siehe Bild 3.30. Realisiert man sie als Schottky-Dioden, so muß man nur wenig zusätzliche Siliziumfläche opfern und hat zudem noch den Vorteil einer relativ kleinen Schwellspannung (Schottky-TTL).

ECL-Gatter (Emitter-Coupled-Logic)

ECL-Gatter nach Bild 3.73 gehören zu den schnellsten logischen Schaltungen der Siliziumtechnik. (Gatterlaufzeiten z. B. 1ns und darunter); diese Schaltungen werden so betrieben, daß die Transistoren nicht in die Sättigung geraten und der gesamte Spannungshub kleiner als 1V ist.

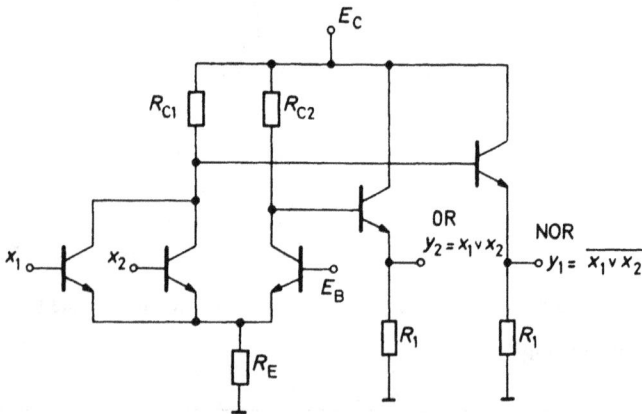

Bild 3.73:   Ein ECL-Gatter mit zwei Eingängen und einem OR- und einem NOR-Ausgang. Typische Werte: E = 5,2V; R_{C1} = 290Ω; R_{C2} = 300Ω, R_E = 1,2KΩ; R_1 = 1,5KΩ.

Um die Wirkungsweise von ECL-Gattern im einzelnen zu untersuchen, wird zunächst der Differenzverstärkerteil in Bild 3.74a betrachtet. Der Strom durch den Widerstand R_E ist durch eine Stromquelle I_0 ersetzt worden, und der einfachen Darstellung wegen wird vorübergehend das Bezugspotential an die Basis des Transistors T_2 gelegt.

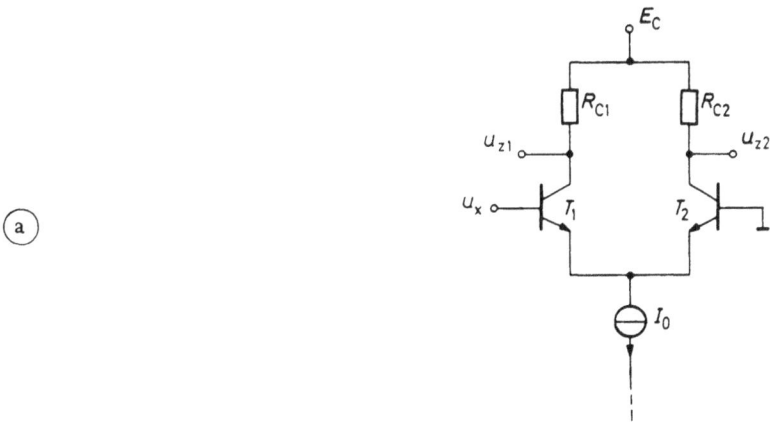

Schaltungs-Zustand	Spannungs-Bereich u_x	Transistor-Zustände T_1	T_2
I	< 0	g	n
II	≈ 0	n	n
III	$0 < u_x < u_{xs}$	n	g
IV	$u_x > u_{xs}$	s	g

Bild 3.74:   a) Differenzverstärkerteil des ECL-Gatters, b) Tabelle der Transistorzustände in den möglichen Schaltungsbereichen.

Bei tiefen Spannungen u_x ist T_1 gesperrt, und der gesamte Strom I_0 fließt über T_2. Wächst u_x, so kommt T_1 schließlich in den aktiv normalen Zustand, wobei sich I_0 auf beide Transistoren verteilt. Bei weiterer Erhöhung von u_x übernimmt schließlich T_1 den gesamten Strom I_0. Für den Stromübernahmevorgang kann man 4 Schaltungszustände unterscheiden, sofern man R_{C2} klein genug wählt, so daß T_2 nicht in die Sättigung gelangen kann. Die Tabelle in Bild 3.74b gibt die zugehörigen Spannungsbereiche sowie die Zustände der Transistoren an.

In Bild 3.75 sind die berechneten Strom- und Spannungsverläufe in Abhängigkeit von u_x aufgezeichnet. Man beachte, daß nur ein Teil des Strom- und Spannungshubes praktisch ausgenutzt wird. D. h. man vermeidet im praktischen Betrieb gesperrte und übersteuerte Transistoren.

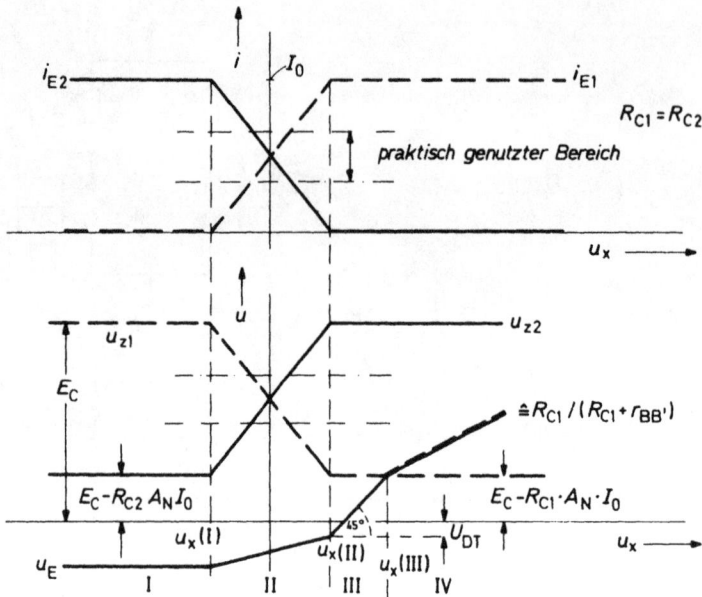

Bild 3.75:   Ströme und Spannungen des Differenzverstärkerteils in Abhängigkeit
von der Steuerspannung.

Die I^2L-Schaltkreistechnik (Integrated-Injection-Logic)

Bei der Entwicklung von Schaltkreisfamilien werden folgende Ziele angestrebt: Ein
sehr kleiner Flächenbedarf auf einer Siliziumscheibe, ein sehr kleiner Leistungsver-
brauch und eine sehr hohe Schaltgeschwindigkeit. Meistens lassen sich diese Ziele
nicht gleichzeitig verwirklichen, siehe z. B. die ECL-Technik, die zwar eine hohe
Schaltgeschwindigkeit, aber im allgemeinen nur relativ ungünstige Werte für Flächenbedarf und Leistung erreicht.

Eine besondere Entwicklung (aus dem Jahr 1981) die sowohl schaltungstechnisch als
auch technologisch neue Kennzeichen aufwies, und die einen günstigen Kompromiß
der erwünschten Eigenschaften ergab, ist die I^2L-Technik (IIL = Integrated Injection
Logic oder auch MTL = Merged Transistor Logic genannt). Hierbei bestehen die
Schaltungen im wesentlichen nur noch aus Halbleiterelementen. Die Transistoren werden hierbei nicht direkt an Batteriespannungen gelegt, sondern aus Stromgeneratoren

mit Strömen sehr kleiner Amplitude gespeist. Die Signalhübe bewegen sich in der Größenordnung der Transistordioden-Schwellspannungen. Das statische Verhalten dieser Schaltungen muß mit Hilfe der genauen Transistor-Ersatzschaltbilder untersucht werden, da allzu weitgehende Idealisierungen und Vergleiche mit relaisähnlichen Schaltungen nicht möglich sind. Die Grundschaltung eines Inverters ist in Bild 3.76 wiedergegeben.

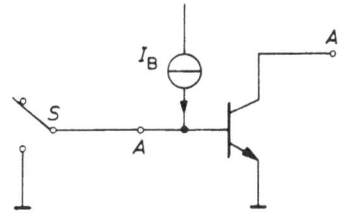

Bild 3.76:

Grundschaltung eines I^2L-Inverters.

Der Basis wird ein konstanter Strom I_B zugeführt. In der gezeichneten Schaltung hat er wegen des offenen Schalters S nur die Möglichkeit, über die Basis-Emitter-Strecke abzufließen. Der Kollektor des Transistors ist nicht angeschlossen, hat also einen sehr hohen Kollektorwiderstand und deshalb wird wegen des fehlenden Kollektorstromes der Transistor tief in den Zustand der Sättigung gebracht. Der Ausgang A' ist sehr niederohmig geworden. (Die Realisierung der Stromquelle wird später beschrieben.) Verbindet der Schalter jedoch den Punkt A mit Nullpotential, so wird der Basisstrom über den niederohmigen Schalter nach Null abfließen. Die Basis des Transistors ist dann praktisch gesperrt und der Ausgang A' wird hochohmig. Man erkennt schließlich, daß auch der Schalter S durch einen identischen Inverter dargestellt werden kann, da er am Ausgang einmal sehr niederohmig und dann sehr hochohmig ist. Man könnte nun darangehen, genau nach dem Prinzip der DCTL-Schaltungen zur Bildung eines logischen NOR-Gatters mehrere Inverter nach Bild 3.77 parallel zu schalten. Die Schaltung würde logisch genauso funktionieren wie die DCTL-Schaltung, man hätte aber die Widerstände und Spannungsquellen eingespart. Wenn man jedoch außer einer einzigen NOR-Funktion von 2 Variablen noch andere Funktionen von mehreren Variablen bilden muß, kann man wesentlich größere Ersparnisse erzielen, wenn man Transistoren mit mehreren Kollektoren, d. h. mehreren Ausgängen verwendet. Das ist technologisch möglich, wie später noch gezeigt wird. Betrachten wir ein erstes Beispiel mit den Funktionen $\overline{AvB} = \overline{A}\ \overline{B}$ und $\overline{AvC}$ in Bild 3.78a und ein zweites Beispiel mit den Funktionen AvB und $\overline{AvB}$ in Bild 3.78b. (Typische Spannungswerte sind: $U_{CE,SAT} = 50\ mV$, $U_{BE} = 750\ mV$, bzw. $U^0 = 50\ mV$, $U^1 \approx 750\ mV$).

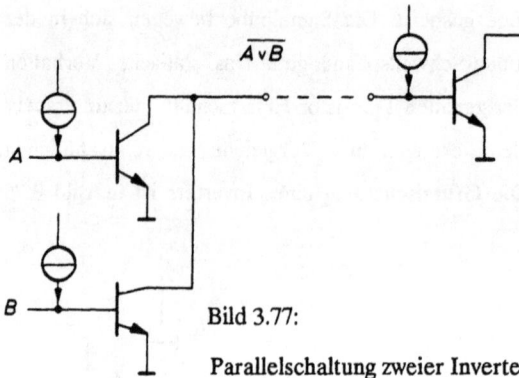

Bild 3.77:

Parallelschaltung zweier Inverter zur Bildung einer NOR-Funktion.

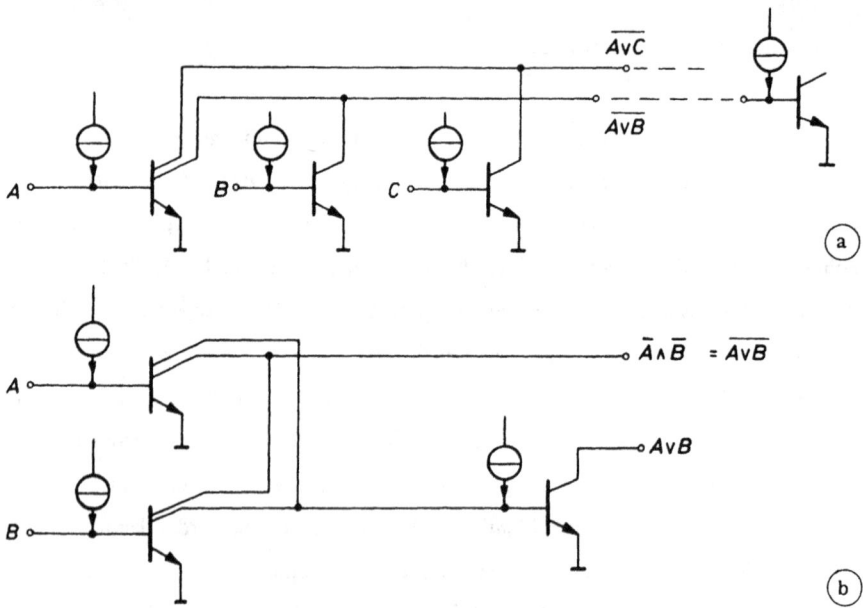

Bild 3.78:   Zwei Beispiele für den günstigen Einsatz von Invertern mit Vielfach-
kollektoren zur Realisierung von Gattern.

Man beachte, daß sich bei dieser Schaltungstechnik mehrere Kollektoren eines Transistors nach rechts verzweigen. Die Verzweigung befindet sich also am Ausgang eines Gatters und nicht wie sonst üblich am Eingang.

Bei Betrachtung dieser "wired or"-Technik entsteht sofort die Frage, ob dann, wenn an einem und demselben Transistor mit mehreren Kollektoren, von anderen Transistoren verursacht, verschiedene Kollektorspannungen anliegen, sich dadurch nicht auch intern die Stromverteilung der entsprechenden Basisstrom-Anteile in ungünstiger Weise ändert. Die Frage läßt sich klären, wenn wir uns einen solchen Transistor mit zwei Kollektoren in zwei Teile auseinandergezogen denken, siehe Bild 3.79a, wobei ein Kollektor so belastet ist, daß dies dem aktiv normalen Zustand entspricht, und der andere Kollektor durch Fehlen eines Kollektorstromes zu dem gesättigten Transistor-Zustand tendiert.

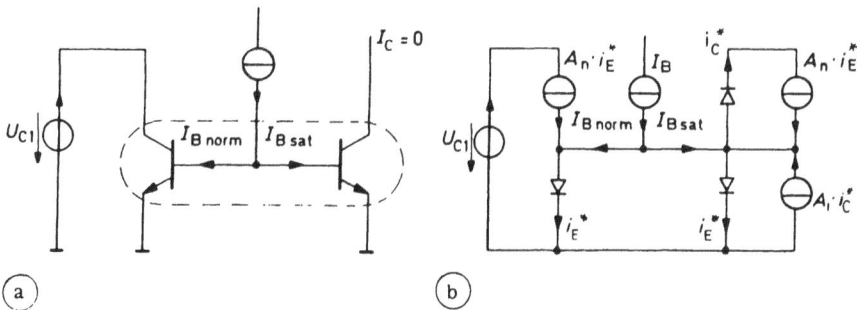

Bild 3.79:   a) Schaltung zur Ermittlung der Basisstrom-Verteilung auf Transistoren mit unterschiedlich belasteten Kollektoren b) dieselbe Schaltung mit eingezeichneten Transistor-Ersatzschaltbildern.

Durch Einführen der Injektions-Ersatzschaltbilder für den aktiv normalen und gesättigten Zustand kommt man zu dem Schaltbild 3.79b. Aus diesem Ersatzbild findet man für den normalleitenden Transistorteil:

$$i_{Bnorm} = i_E^* (1-A_n) \ , \tag{3.160}$$

und für den gesättigten Transistorteil bei Beachtung von $i_C^* = A_n \cdot I_E^*$:

$$i_{Bsat} = i_E^* + i_C^* - A_n \cdot i_E^* - A_i \cdot i_C^* \tag{3.161}$$

$$= i_E^*(1-A_nA_i) \ .$$

Das Verhältnis der beiden Ansteuerströme

$$\frac{i_{Bsat}}{i_{Bnorm}} = \frac{1-A_nA_i}{1-A_n} \ , \tag{3.162}$$

ist für normal gebaute Transistoren mit $A_n \rightarrow 1$ und $A_i \ll A_n$ sehr groß. D. h. normal gebaute Transistoren mit zwei Kollektoren würden sich so verhalten, daß dem gesättigten Transistorteil, der gar keinen Strom mehr benötigt, immer mehr Ansteuerstrom auf Kosten des normalleitenden Transistors zufließt (current hogging). In der I^2L-Technologie vermeidet man das, indem man die Transistoren so baut, daß $A_i \rightarrow 1$ und $A_n \ll A_i$. Dadurch wird das Verhältnis in Gl. (3.162) nahezu gleich 1, d. h. der zufließende Basisstrom teilt sich unabhängig von der Kollektorbelastung immer gleichmäßig auf die entsprechenden Basisabschnitte auf.

Als nächstes wollen wir uns die Realisierung der Basisstromquelle ansehen. Hierzu fügt man einfach einen komplementären Transistor nach Bild 3.80a so ein, daß sein Kollektor mit der Basis des Inverter-Transistors verbunden wird, während seine Basis auf Null-Potential liegt. Den Emitter legt man dann an ein positives Potential. Der "Stromgenerator" ist also einfach ein Transistor in der Basis-Grundschaltung.

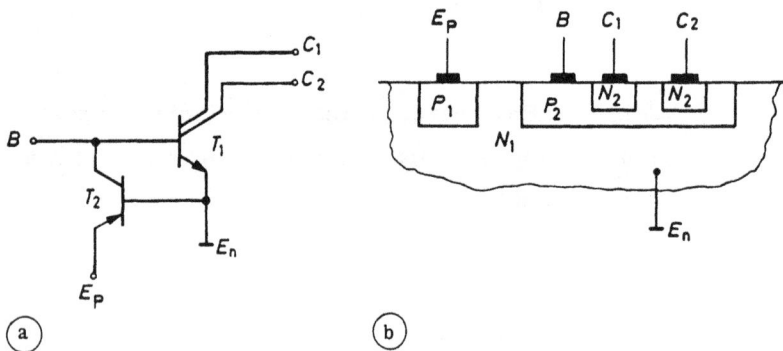

Bild 3.80:   a) Schaltungsrealisierung der Basisstromquelle durch einen komplementären Transistor, b) technologische Realisierung in der Silizium-Planartechnik durch vertikale und laterale Transistor-Strukturen.

Seine Kollektor-Basis-Spannung ist gleich der positiven Basis-Emitter-Spannung des Inverter-Transistors, d. h. der Stromgenerator-Transistor befindet sich an der Grenze zum übersteuerten Zustand (vergleiche mit Bild 3.13 für einen NPN-Transistor; dort sind auch links von der Stromachse noch hohe Innenwiderstände möglich). Er arbeitet zudem noch mit sehr kleinem Basisstrom, siehe Bild 3.18, das zeigt, daß sogar dann im Übersteuerungsbereich der Innenwiderstand genügend groß bleiben kann. Er ist jedenfalls in der I^2L-Technik ausreichend groß für die Speisung der Basis des

folgenden Transistors oder des Kollektors des vorangehenden Transistors. Die Stromgeneratoren einer integrierten Schaltung werden meist nach dem Prinzip von Bild 3.81
an den Emittern miteinander verbunden und über einen einzigen Vorwiderstand gespeist.

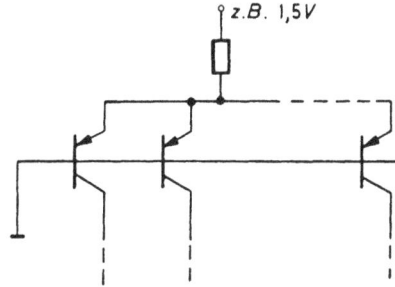

Bild 3.81:   Prinzip der Parallelschaltung mehrerer Stromquellen einer integrierten
               Schaltung.

Technologisch realisiert man beide Transistoren nach dem in Bild 3.80b dargestellten
Prinzip. Der npn-Transistor T_1 wird durch die vertikale Struktur N_1 - P_2 - N_2 gebildet,
während der pnp-Transistor durch die lateralen Zonen P_1 - N_1 - P_2 dargestellt wird.
Gegenüber einem normal aufgebauten Multiemitter-Transistor ist bei T_1 gewissermaßen
Kollektor mit Emitter vertauscht, was sich natürlich bei den Stromverstärkungen
entsprechend mit $A_i \rightarrow 1$ und $A_n \ll A_i$ bemerkbar macht.

3.12 Thyristor (Vierschichtdiode)

Bildet man einen Zweipol aus 4 aufeinander folgenden verschiedenen Leitfähigkeits-
schichten, siehe Bild 3.82a, so entsteht ein Schaltelement mit sehr interessanten Eigenschaften. Es kann nämlich entweder in einem hochohmigen oder auch in einem
niederohmigen Zustand sein. Um dies Verhalten verstehen zu können, nehmen wir
einige Umformungen vor, so daß wir schließlich auf eine äquivalente Schaltung mit
Transistoren kommen. D. h., wir bilden für das komplizierte Bauelement "Vierschichtdiode" das Ersatzschaltbild aus einfacheren Elementen. Die Herleitung des Ersatzschaltbildes ist hier besonders einfach.

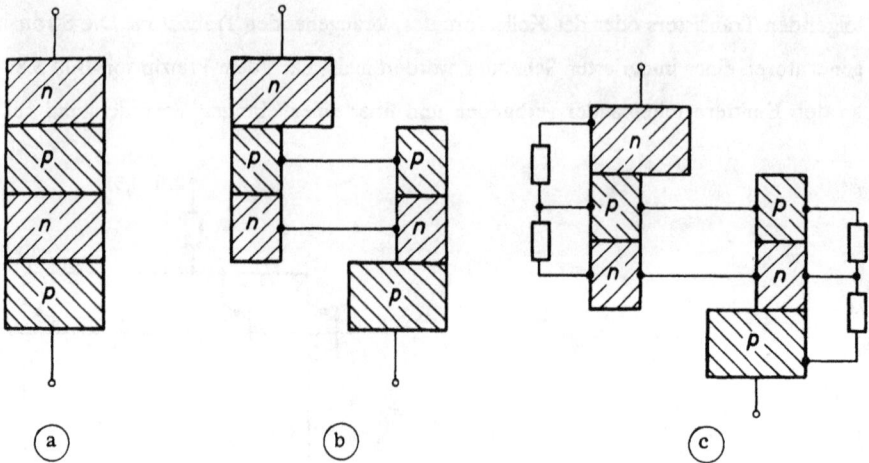

Bild 3.82:   a,b) Zerlegung einer Vierschichtdiode in zwei miteinander verbundene komplementäre Transistoren und c) Berücksichtigung von Sperrwiderständen.

Wir setzen nämlich nur wie in Bild 3.82b das Vierschichtelement aus zwei Dreischichtelementen zusammen. Wenn wir nun diese Anordnung analysieren und dabei die Transistoren durch das bekannte einfache statische Modell von Ebers und Moll beschreiben, stellt sich etwas ganz Interessantes heraus. Das Verhalten, welches diese Analyse ergibt, stimmt nicht ganz mit dem wirklichen Verhalten überein! Ursache dafür ist, daß in dem einfachen Ebers-Moll-Modell die Stromverstärkung als eine Konstante angenommen wird, daß aber die Wirkungsweise des Thyristors ganz wesentlich davon bestimmt ist, daß sie variabel und insbesondere für kleine Emitterströme sehr klein ist, siehe den späteren Abschnitt 3.13.5.

Zur ersten qualitativen Diskussion der Wirkungweise benötigen wir diese Feinheiten jedoch nicht. Wir ergänzen das Ersatzschaltbild in Bild 3.82b, das zwei reale Transistoren enthält, zuerst durch hochohmige Sperrwiderstände, die jeder Sperrschicht zugeordnet sind, siehe Bild 3.82c. Im nächsten Bild 3.83a ist diese Anordnung dann mit den gewöhnlichen Transistorsymbolen aufgezeichnet, wobei die Emitter so gewählt sind, daß die Richtung des hindurchfließenden Stromes I mit den Stromrichtungen des aktiv normalen Zustandes beider Transistoren übereinstimmt. Den Strom I lassen wir nun langsam von Null an wachsen. Der gesamte Spannungsabfall der Ersatzschaltung sei U.

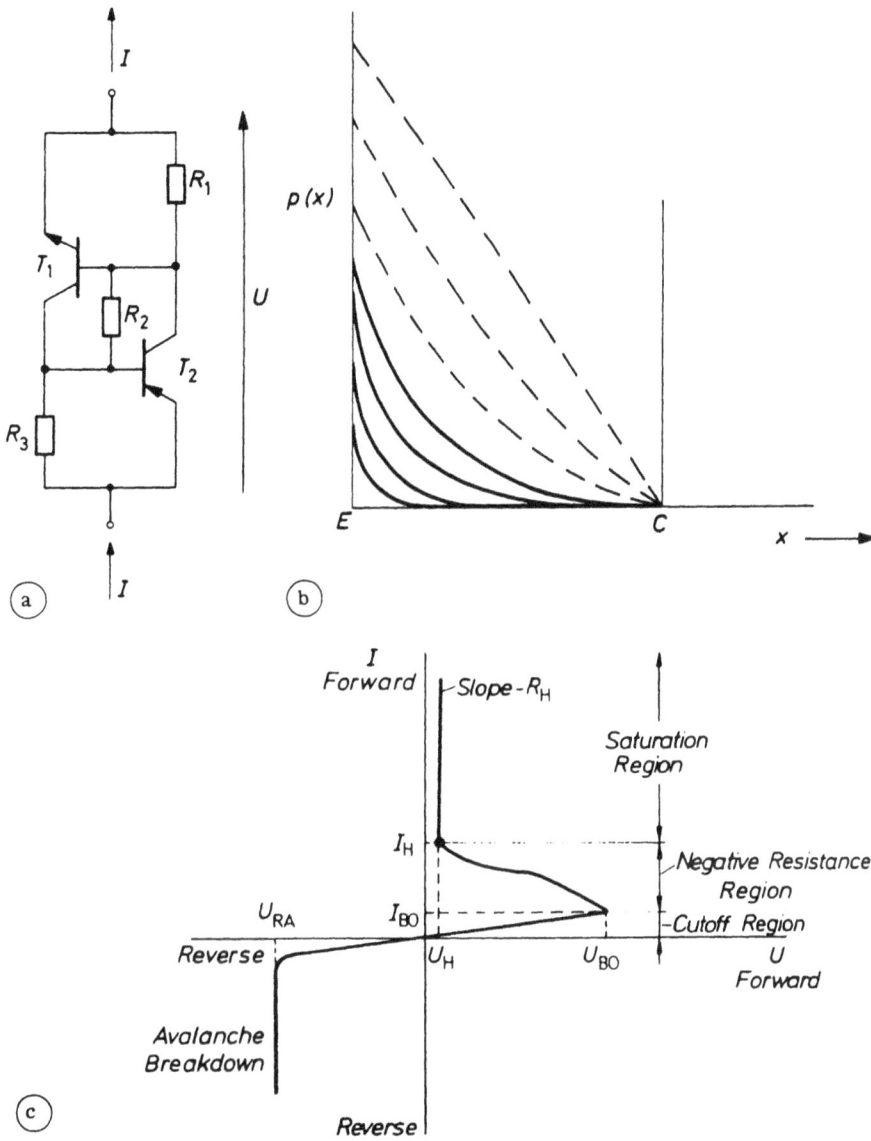

Bild 3.83:   Skizzen zur qualitativen Darlegung des Thyristor-Verhaltens.

a) äquivalente Schaltung aus zwei komplementären Transistoren

b) Ladungsträgerdichte im Basisraum bei sehr kleinen Strömen

c) Definition der verschiedenen Kennlinienbereiche eines Thyristors.

Dann muß man folgendes erwarten: Bei den sehr kleinen Strömen durch die hoch-ohmigen Widerstände sind die Transistoren praktisch noch im Sperrzustand. Es fließen keine Kollektorströme, weil von den wenigen Ladungsträgern, die von den Emittern in die Basis injiziert wurden, fast keine die Kollektorsperrschicht erreichen, siehe Bild 3.83b. Parallel zu den Sperrwiderständen R_3 und R_1 liegen also hochohmige Emitter-Basis-Strecken. Es bleibt also zunächst im wesentlichen die Serienschaltung dreier hochohmiger Widerstände übrig. Der in Bild 3.83c aufgezeichnete Spannungsabfall steigt zunächst ziemlich stark mit I an. Wächst der Strom weiter, kommen die Transistoren langsam in die Bereiche nennenswerter Stromverstärkungswerte.

Sie steuern sich dann gegenseitig immer stärker an (positive Rückkopplung), bis beide in den Bereich der Sättigung kommen. Dadurch bricht die Spannung an dem Zweipol zusammen. Es bleibt an ihm jedoch eine höhere Restspannung bestehen als die Spannung U_{CE} eines einzelnen Transistors beträgt. Sie ist in der Größenordnung einer Diodendurchgangsspannung (U_E von Transistor 2), da man bei Übersteuerung die Restspannung U_{CE} des Transistors 1 gegen die Spannung U_E des Transistors 2 vernachlässigen kann.

Der Einsatzpunkt der Rückkopplung, d. h. der Zündpunkt, ist natürlich von besonderem Interesse. Er ist bei Thyristoren in der Regel noch durch einen kleinen Strom I_G steuerbar, wie dies Bild 3.84a zeigt, in dem die Anschlußklemmen (analog zu einer Röhre) mit A, G und K bezeichnet sind. Zur Berechnung zeichnen wir in Bild 3.84b die entsprechenden Ersatzschaltbilder für die Transistoren ein.

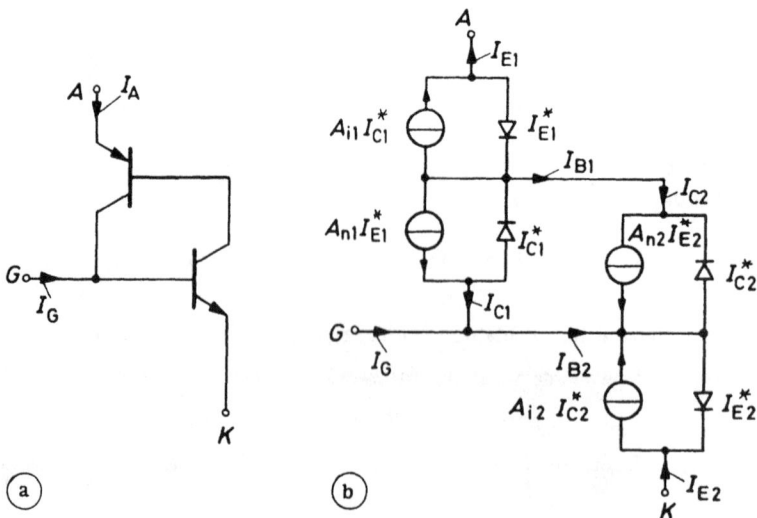

Bild 3.84:   a) Schaltung zur Ableitung der Zündbedingung bei Berücksichtigung des Steuerstromes I_G, b) mit Einzeichnung der Transistor-Ersatzschaltbilder.

Um I_A als Funktion der Transistorparameter und des Steuerstromes zu bestimmen, gehen wir aus von den bei gesperrten Kollektorschichten bestehenden Strömen (siehe Gl. (3.27))

$$I_{B1} = (1-A_{n1})\ I_{E1}^{*} - (1-A_{i1})\ I_{C01}\ ,\qquad (3.163)$$

$$I_{C2} = A_{n2}\ I_{E2}^{*} + I_{C02}\ ,\qquad (3.164)$$

und den Bedingungen

$$I_{B1} = I_{C2}\ ,\qquad (3.165)$$

$$I_{G} + I_{E2} - I_{E1} = 0\ .\qquad (3.166)$$

Hieraus ergibt sich nach einiger Rechnung

$$I_{E1} = \frac{A_{n2}I_G + I_{C01} + I_{C02} + A_i(-A_{n2}I_{C02} - A_{n1}I_{C01})}{-1 + A_{n1} + A_{n2}}\ .\qquad (3.167)$$

Vernachlässigt man die Terme mit A_i, weil sie bei kleinen Strömen klein sind und berücksichtigt, daß $I_A = -I_{E1}$, so erhält man

$$I_A = \frac{A_{n2}I_G + I_{C01} + I_{C02}}{1 - (A_{n1} + A_{n2})}\ .\qquad (3.168)$$

Korrekter ist es, hier noch die dynamischen Stromverstärkungen α statt A einzuführen und die Summe der Sperrströme $I_{C01} + I_{C02}$ mit I_{C0} zu bezeichnen, womit sich, zusammen mit einer deutlicheren Kennzeichnung der komplementären Transistoren, folgender Strom ergibt:

$$I_A = \frac{\alpha_{npn} \cdot I_G + I_{C0}}{1 - (\alpha_{pnp} + \alpha_{npn})}\ .\qquad (3.169)$$

Da die Stromverstärkungen etwa nach Bild 3.85 vom Strom abhängen, ergibt sich unter Heranziehung der Bezeichnung I_{B0} in Bild 3.83c eine Unendlichkeitsstelle für $I_A = I_{B0}$, an der gilt:

$$\alpha_{pnp} + \alpha_{npn} = 1\ .\qquad (3.170)$$

Das ist dann ersichtlich der Rückkopplungs- bzw. Zündpunkt.

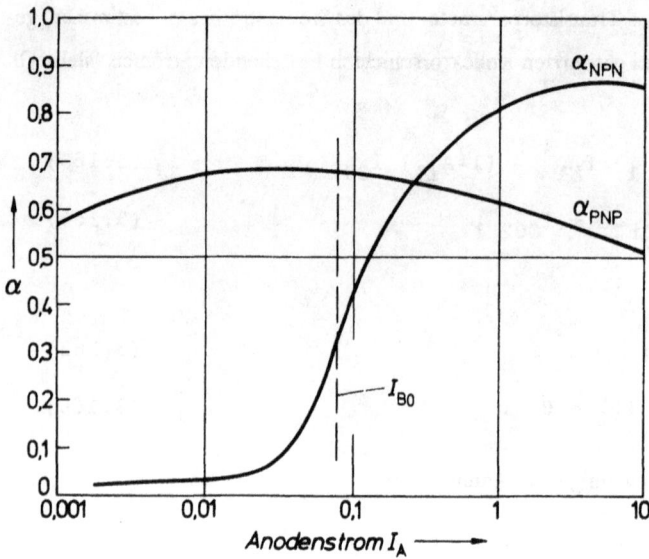

Bild 3.85:   Die Abhängigkeit der Stromverstärkung α komplementärer Transistoren vom Strom.

Die Zündbedingung in der letzten Gleichung läßt sich auch noch auf andere Weise gewinnen. Hierzu geht man davon aus, daß bei im Kreis geschalteten Transistoren die
Rückkopplung einsetzt, wenn die Kreisverstärkung gerade 1 ist:

$$B_{n1} \cdot B_{n2} = 1 \ . \tag{3.171}$$

Schreibt man das wie folgt

$$\frac{A_{n1}}{1-A_{n1}} \cdot \frac{A_{n2}}{1-A_{n2}} = 1 \ , \tag{3.172}$$

und multipliziert aus, so bleibt

$$A_{n1} + A_{n2} = 1 \ . \tag{3.173}$$

Nun hat man noch den Übergang der statischen zu den dynamischen Stromverstärkungen zu vollziehen und kommt dann wieder zu Gl. (3.170).

3.13 Die Analyse dynamischer Vorgänge in bipolaren Transistoren mit dem Ladungssteuerungsmodell

3.13.1 Rechenansatz der Ladungssteuerungstheorie

Wie schon in Abschnitt 3.1 erwähnt, ist die örtlich verschiedene Ladungsträgerkonzentration der vom Emitter in den Basisraum diffundierten Minoritätsträger wesentliche Voraussetzung für das Funktionieren des bipolaren Transistors. So läßt sich z. B. mit Hilfe der Diffusionsgleichung zeigen, daß der Diffusionsstrom vom Emitter zum Kollektor in guter Näherung proportional zur gesamten Basisladung Q ist

$$I_n = Q \cdot \frac{2D_n}{W^2} . \qquad (3.174)$$

Es bedeuten: W = Basisbreite, D_n = Diffusionskonstante.

Der Diffusionsstrom I_n bildet aber im wesentlichen den Kollektorstrom I_C:

$$I_C \approx I_n . \qquad (3.175)$$

Die Kontinuitätsgleichung, welche die Strombilanz bei Berücksichtigung von Rekombinationen und Ladungsveränderungen darstellt, ergibt wiederum für die Summe der Löcher- und Elektronenströme

$$\Sigma \ i_p = -\frac{Q}{\tau} + \frac{dQ}{dt} \quad \text{und} \quad -\Sigma \ i_n = -\frac{Q}{\tau} + \frac{dQ}{dt} . \qquad (3.176)$$

Hierbei sind τ die mittlere Lebensdauer der Minoritätsträger im Basisraum und i_p und i_n die Löcher- und Elektronenströme.

Für einen npn-Transistor ist z. B. nur der Basisstrom ein Löcherstrom, so daß von der ersten Summe in Gl.(3.176) im statischen Fall nur übrigbleibt:

$$I_B = -\frac{Q}{\tau} . \qquad (3.177)$$

Es erscheint nun nicht mehr abwegig, einmal zu versuchen, eine Theorie zu entwickeln, bei der man jeden Strom mit einer besonderen Konstanten proportional zur Ladung ansetzt. Dies ist der Ausgangspunkt der Ladungssteuerungstheorie. Lassen wir die auf die Herkunft hindeutenden Indizes p und n weg und berücksichtigen die physikalisch richtigen Stromrichtungen im aktiv normalen Zustand durch geeignete Vorzeichen, so lauten die Ausgangsbeziehungen für einen npn-Transistor

$$-I_E = Q/\tau_E \, , \qquad\qquad (3.178)$$

$$I_C = Q/\tau_C \, , \qquad\qquad (3.179)$$

$$I_B = Q/\tau_B \, . \qquad\qquad (3.180)$$

Eine Addition führt zu

$$I_E + I_C + I_B = Q \, (- \frac{1}{\tau_E} + \frac{1}{\tau_C} + \frac{1}{\tau_B}) \, . \qquad\qquad (3.181)$$

Da die Summe der Ströme auf der linken Seite Null sein muß (Kirchhoff'sches Gesetz), folgt daraus

$$\frac{1}{\tau_E} = \frac{1}{\tau_C} + \frac{1}{\tau_B} \, . \qquad\qquad (3.182)$$

Das, was für den statischen Fall gelten soll, werden wir nun auch auf den dynamischen Fall übertragen. (Man beachte, daß dies eine weitere Arbeitshypothese ist, die zwar durch Gl.(3.176) gestützt, aber im wesentlichen erst durch die erhaltenen Ergebnisse gerechtfertigt wird.) Lassen wir uns leiten von den Erkenntnissen über das dynamische Verhalten von Dioden in Abschnitt 2.7 und insbesondere von der dortigen Gleichung (2.59), so können wir für die Basis- und Emitterströme, welche die Emittersperrschicht ja direkt ansteuern, ansetzen (wobei wir die sich zeitlich verändernden Größen mit kleinen Buchstaben bezeichnen wollen):

$$-i_E = \frac{q}{\tau_E} + \frac{dq}{dt} \, , \qquad\qquad (3.183)$$

$$i_B = \frac{q}{\tau_B} + \frac{dq}{dt} \, . \qquad\qquad (3.184)$$

Der Kollektorstrom folgt daraus zu

$$i_C = - i_E - i_B = \frac{q}{\tau_E} - \frac{q}{\tau_B} = \frac{q}{\tau_C} . \qquad (3.185)$$

Man beachte, daß danach der Kollektorstrom nach wie vor nur proportional zur Ladung ist.

Die Proportionalitätskonstanten stehen in gegenseitiger Abhängigkeit zueinander. Neben der Bedingung (3.182) gewinnt man noch weitere, wenn man die Ausgangsbedingungen (3.178) bis (3.180) ins Verhältnis zueinander setzt, z. B.

$$\frac{I_C}{I_B} = \frac{\tau_B}{\tau_C} = \frac{A_n}{1-A_n} = B_n , \quad \text{bzw.} \quad \tau_B = \tau_C \cdot B_n . \qquad (3.186)$$

Bei den obigen Gleichungen (3.183) und (3.184) handelt es sich um inhomogene Differentialgleichungen 1. Ordnung für q(t), die stets durch Quadratur lösbar sind, siehe Anhang. Diese Lösung lautet für den Fall konstanter Koeffizienten

$$q(t) = e^{-t/\tau_B} \left[\int_o^t e^{\zeta/\tau_B} \cdot i_B(\zeta)d\zeta + q(0) \right] . \qquad (3.187)$$

Ist q(t) bestimmt, so folgt wegen Gl.(3.185) der Kollektorstrom durch eine Multiplikation mit einer Konstanten $1/\tau_C$

$$i_C(t) = q(t)/\tau_C , \qquad (3.188)$$

hat also bis auf diese Konstante denselben Verlauf.

3.13.2 Anwendungsbeispiele

Ansteuerung der Basis über einen Widerstand

Ist z. B. eine Ansteuerung durch einen plötzlich eingeschalteten Basisstrom nach Bild 3.86 vorgesehen, und wird der Transistor nicht übersteuert, so haben wir zuerst folgende Gleichung zu lösen:

$$i_B = \frac{U_0}{R} = \frac{q}{\tau_B} + \frac{dq}{dt} . \tag{3.189}$$

Nach Trennung der Veränderlichen

$$\frac{dq}{-\dfrac{U_0}{R} + \dfrac{q}{\tau_B}} = - dt , \tag{3.190}$$

und Integration

$$\tau_B \left[\frac{\dfrac{1}{\tau_B} dq}{-\dfrac{U_0}{R} + \dfrac{q}{\tau_B}} = \tau_B \left[\frac{u'}{u} = \tau_B \ln \left(-\frac{U_0}{R} + \frac{q}{\tau_B} \right) = - t + const. \right. \right. , \tag{3.191}$$

ergibt sich:

$$-\frac{U_0}{R} + \frac{q}{\tau_B} = K \cdot e^{-t/\tau_B} . \tag{3.192}$$

Mit $q(t = 0) = 0$ folgt schließlich

$$q(t) = \tau_B \cdot \frac{U_0}{R} (1 - e^{-t/\tau_B}) . \tag{3.193}$$

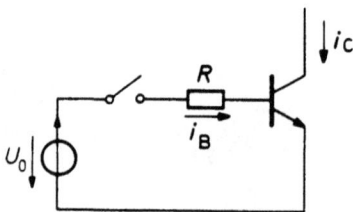

Bild 3.86:   Ansteuerung eines Transistors in Emitterschaltung mit einem aufge-
schalteten konstanten Basisstrom.

Multipliziert man dies nach Gl.(3.188) mit $1/\tau_C$ bzw. unter Berücksichtigung von Gl. (3.186) mit $1/\tau_C = B_n/\tau_B$, so folgt schließlich:

$$i_C(t) = \frac{U_0}{R} \cdot B_n (1 - e^{-t/\tau_B}) . \qquad (3.194)$$

Das ist eine langsam ansteigende Funktion, siehe Bild 3.87. Die Trägheit der Umladung in der Basisschicht wirkt also wie die durch einen elektrischen Energiespeicher (mit den Zeitkonstanten RC oder L/R) bedingte verzögerte Umladung.

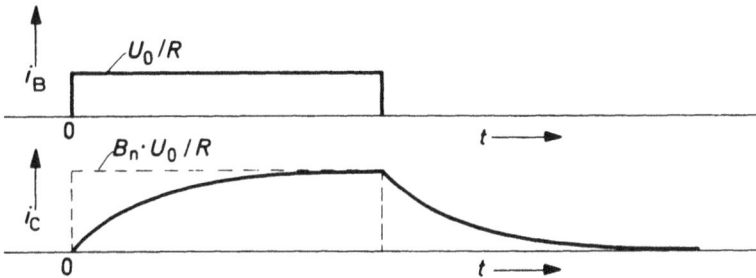

Bild 3.87:   Verlauf der Basis- und Kollektorströme in der Schaltung des vorigen Bildes.

Ansteuerung über ein RC-Glied

Wir wollen nun als weitere Anwendung folgende Schaltung in Bild 3.88 betrachten. Wird hier die Spannung U_0 plötzlich eingeschaltet, so ist der Strom

$$i_B = \frac{U_0}{R} + C \frac{dU_s}{dt} . \qquad (3.195)$$

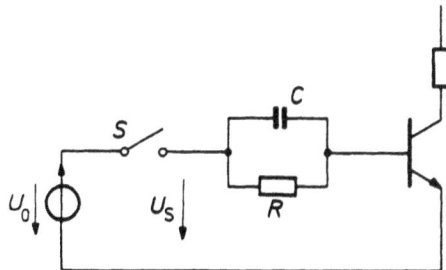

Bild 3.88:   Ansteuerung eines Transistors über ein RC-Glied.

Setzt man diesen Ausdruck in Gl. (3.187) ein, so folgt mit $dU_s/dt = U_0 \cdot \delta(t/\tau)$

$$q(t) = e^{-t/\tau_B} \left\{ \int_0^t e^{\zeta/\tau_B} \frac{U_0}{R} \left(\frac{U_0}{R} + C \frac{dU_s}{d\zeta} \right) d\zeta \right\}$$

$$= e^{-t/\tau_B} \left\{ \frac{U_0}{R} \int_0^t e^{\zeta/\tau_B} d\zeta + C \cdot U_0 \right\} \qquad (3.196)$$

$$= \frac{U_0}{R} \tau_B (1 - e^{-t/\tau_B}) + C \cdot U_0 e^{-t/\tau_B} .$$

Der Kollektorstrom ergibt sich daraus zu

$$i_C(t) = \frac{q(t)}{\tau_C} = \frac{q(t) \cdot B_n}{\tau_B} = \frac{U_0}{R} B_n \cdot (1 - e^{-t/\tau_B}) + \frac{C \cdot U_0 \cdot B_n}{\tau_B} e^{-t/\tau_B}$$

$$= \frac{U_0}{R} \cdot B_n \left[1 - (1 - \frac{R \cdot C}{\tau_B}) e^{-t/\tau_B} \right] . \qquad (3.197)$$

Je nachdem, wie groß man den Term $R \cdot C/\tau_B$ wählt, wird es Verläufe wie im Bild 3.89 geben. In der Grenze läßt sich genau wählen

$$R \cdot C = \tau_B . \qquad (3.198)$$

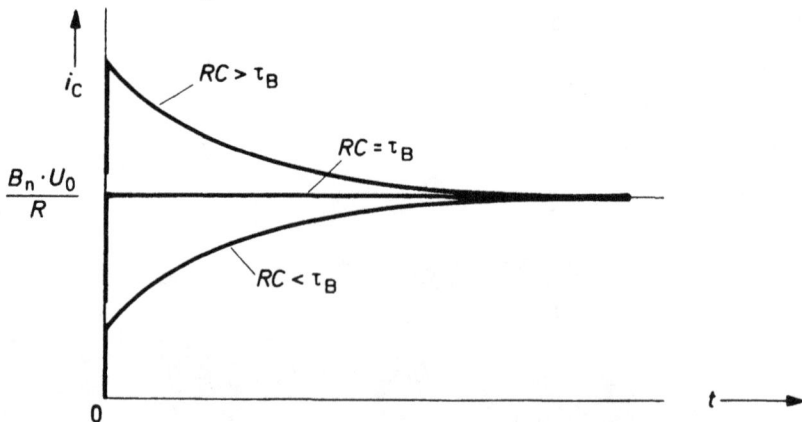

Bild 3.89:   Verlauf der Kollektorstromes in Abhängigkeit der Zeitkonstanten des RC-Gliedes in der Schaltung es vorigen Bildes.

Hierfür ist eine ideale Verstärkung des Sprunges U_0 vorhanden. Das wird in den meisten Fällen wünschenswert sein. Zugleich gibt diese Schaltung aber auch die Möglichkeit, die Zeitkonstante τ_B meßtechnisch zu ermitteln. Diese Schaltung erinnert mit Recht etwas an den kompensierten Spannungsteiler. Im Grunde genommen liegt eine sehr ähnliche Situation vor.

3.13.3 Verhalten im übersteuerten Zustand (Sättigung)

Bisher haben wir den Fall betrachtet, daß ein Transistor zuerst gesperrt ist und dann durch den Schaltvorgang in den aktiven Bereich gerät. Als nächstes wollen wir die Verhältnisse klären, die sich ergeben, wenn ein Transistor schließlich noch übersteuert wird, und wenn er später wieder abgeschaltet wird. Wir betrachten folgende Inverter-Schaltung in Bild 3.90:

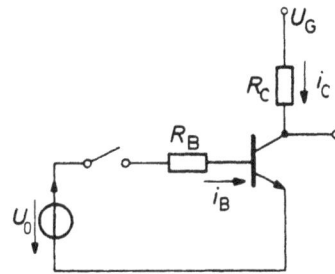

Bild 3.90:   Inverter, dem ein größerer Basisstrom zugeführt wird als zum Erreichen der Sättigungsgrenze nötig ist.

Schalten wir den Basisstrom ein, so wird sich der Verlauf des Kollektorstromes nach Gl.(3.194) ergeben, wobei $R = R_B$ zu setzen ist. Dies kann jedoch nur so lange andauern, bis er seinen maximalen Wert

$$I_{CS} = U_G/R_C \; , \qquad\qquad (3.199)$$

erreicht hat, siehe Bild 3.91. Die Schaltzeit t_r ist rasch bestimmt. Wenn i_{BS} der Basisstrom ist, der den Transistor gerade bis zur Sättigung bringt, so kann man einen größeren Basisstrom $i_B > i_{BS}$ mit einem Faktor $m \geq 1$ folgendermaßen definieren

$$i_B = m \cdot i_{BS} = m \, \frac{i_{CS}}{B_n} = m \, \frac{U_G}{R_C \cdot B_n} \; . \qquad\qquad (3.200)$$

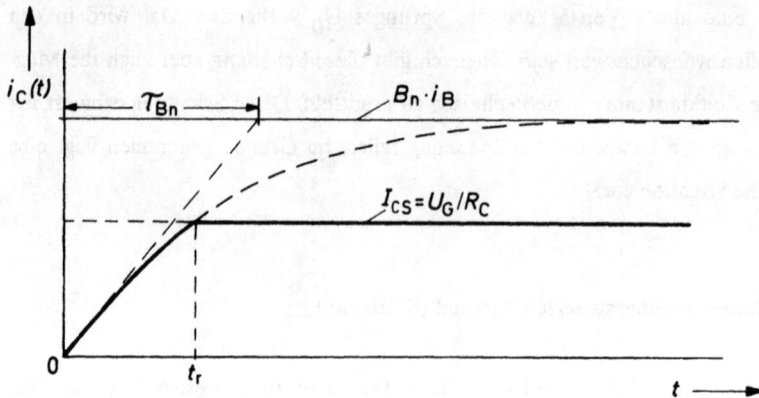

Bild 3.91:   Zur Bestimmung der Schaltzeit t_r eines übersteuerten Transistors.

Es gilt bis zum Erreichen der Sättigung der Ansatz in Gl.(3.184)

$$m \; i_{BS} = \frac{q}{\tau_B} + \frac{dq}{dt} \; , \qquad (3.201)$$

mit der Lösung

$$i_C(t) = m \cdot i_{CS} \, (1 - e^{-t/\tau_B}) \; . \qquad (3.202)$$

Für $t = t_r$ ist $i_C(t) = i_{CS}$. Setzt man dies in die letzte Gleichung ein, so folgt

$$1 = m \, (1 - e^{-t_r/\tau_B}) \; . \qquad (3.203)$$

Die Auflösung liefert

$$t_r = \tau_B \cdot \ln \frac{m}{m-1} \; . \qquad (3.204)$$

Durch genügend große Übersteuerung, d. h. genügend großes m, läßt sich diese Einschaltzeit beliebig klein machen. An den Klemmen des Transistors ergibt sich nach der Zeit t_r kaum noch eine sichtbare Änderung. Dennoch ändert sich in dem Transistor auch weiterhin eine Größe, nämlich die Ladung im Basisraum. Sie wächst weiter an und verleiht dadurch dem Transistor eine zunehmende Trägheit.

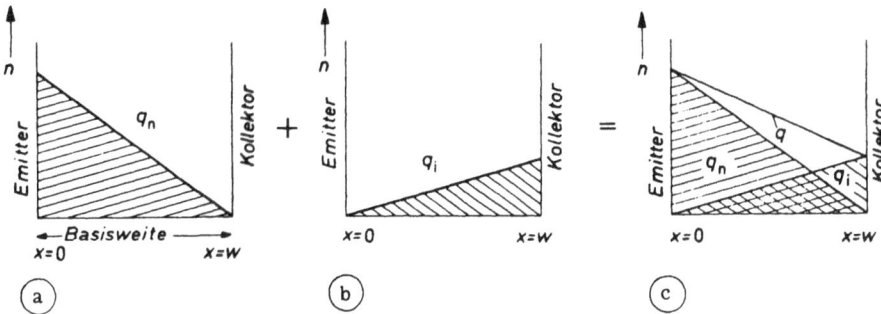

Bild 3.92:   Die Überlagerung der Basisladungen (bzw. deren Dichte) des aktiv

normalen und des inversen Transistorzustandes zur Synthese des

übersteuerten Transistorzustandes.

Infolge der Übersteuerung hat sich auch noch die Spannung an der Kollektorsperrschicht umgedreht und es werden nun von dort Minoritätsträger in die Basis injiziert,
siehe für die statischen Gleichgewichtszustände Bild 3.93 und dort insbesondere das
Teilbild b. Man kann nun die Hypothese aufstellen, daß dieser übersteuerte Zustand
einfach die Überlagerung des aktiv normalen und des aktiv inversen Zustandes ist,
siehe Bild 3.92c. Dann lassen sich die Klemmenströme relativ einfach berechnen. Alle
interessierenden Transistor-Parameter versehen wir dazu mit den zusätzlichen Indizes
n und i, nachdem, ob sie für den normalen oder den inversen Zustand gelten sollen.
Dann schreiben sich die Ladungssteuerungsbeziehungen für die in Bild 3.93 skizzierten
dynamischen Fälle, wenn wir zuerst mit dem aktiv normalen Zustand anfangen.

$$
i_{Cn} = \frac{q_n}{\tau_{Cn}}
$$

$$
i_{Bn} = \frac{q_n}{\tau_{Bn}} + \frac{dq_n}{dt} \tag{3.205}
$$

$$
\frac{1}{\tau_{En}} = \frac{1}{\tau_{Cn}} + \frac{1}{\tau_{Bn}} \quad , \quad \frac{I_C}{I_B} = B_n = \frac{\tau_{Bn}}{\tau_{Cn}} \quad .
$$

Für den aktiv inversen Zustand gelten die entsprechenden Beziehungen, wobei wir nur
die Indizes n durch i ersetzen und die Indizes C mit E vertauschen müssen, siehe auch
Bild 3.93b.

$$i_{Ei} = \frac{q_i}{\tau_{Ei}}$$

$$i_{Bi} = \frac{q_i}{\tau_{Bi}} + \frac{d\,q_i}{dt}$$

(3.206)

$$\frac{1}{\tau_{Ci}} = \frac{1}{\tau_{Ei}} + \frac{1}{\tau_{Bi}} \quad , \quad \frac{I_E}{I_B} = B_i = \frac{\tau_{Bi}}{\tau_{Ei}} \ .$$

Wir berechnen noch:

$$i_{Ci} = -\,i_{Bi} - i_{Ei} = -\,\frac{q_i}{\tau_{Bi}}(B_i + 1) - \frac{dq_i}{dt} = \frac{q_i}{\tau_{Ci}} - \frac{dq_i}{dt}. \quad (3.207)$$

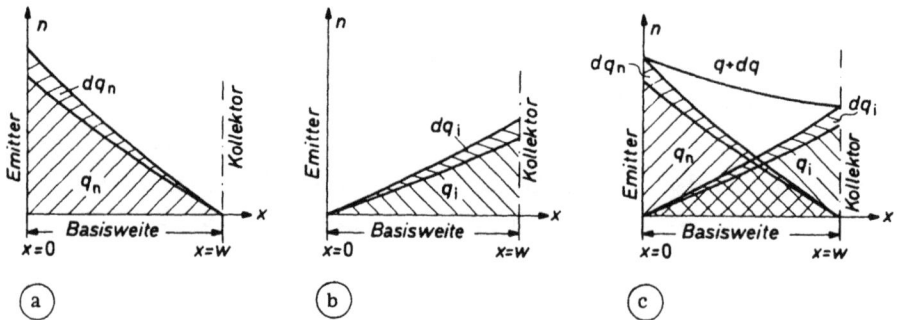

Bild 3.93:   Berücksichtigung der Inkremente dq der Basisladungen bei Stromänderungen.

Für den übersteuerten Bereich überlagern wir nun beide aktiven Zustände. Dann kann
man die entsprechenden Ströme und Ladungen addieren, siehe Bild 3.93c:

$$q = q_n + q_i$$

(3.208)

$$i_C = i_{Cn} + i_{Ci} = \frac{q_n}{\tau_{Bn}} \cdot B_n - \frac{q_i}{\tau_{Bi}}(1+B_i) - \frac{dq_i}{dt} = \frac{q_n}{\tau_{Cn}} - \frac{q_i}{\tau_{Ci}} - \frac{dq_i}{dt}$$

$$i_B = i_{Bn} + i_{Bi} = \frac{q_n}{\tau_{Bn}} + \frac{q_i}{\tau_{Bi}} + \frac{dq_n}{dt} + \frac{dq_i}{dt} = \frac{q_n}{\tau_{En}} - \frac{q_n}{\tau_{Cn}} + \frac{q_i}{\tau_{Ci}} - \frac{q_i}{\tau_{Ei}}$$

$$+ \frac{dq_n}{dt} + \frac{dq_i}{dt}$$

$$i_E = - i_C - I_B = \frac{q_i}{\tau_{Ei}} - \frac{q_n}{\tau_{En}} - \frac{dq_n}{dt} \, .$$

Diese Gleichungen genügen, um die zeitliche Änderung der Basisladung q in Abhängigkeit der Ansteuerbedingungen zu ermitteln (wir werden im nächsten Abschnitt lediglich noch eine geschicktere Ersatzbilddarstellung kennenlernen).

Betrachten wir als eine Anwendung den Ausschaltvorgang wie er in Bild 3.94 dargestellt ist. Zu Beginn sei der Transistor stark übersteuert. Dann dauert es nach Zuführen eines negativen Basisstromes noch eine gewisse Zeit t_s, bis die überschüssige Ladung abgeflossen ist, d. h. bis der Transistor aus dem übersteuerten Zustand heraus kommt und wieder in den aktiv normalen Zustand gelangt. In diesem streben Strom und Spannung nach einer Exponentialfunktion den Endwerten zu. Die Berechnung ist aufgrund des letzten Gleichungssatzes nicht schwierig. Man findet, daß t_s abhängt von τ_{Bn}, τ_{Bi}, B_n, B_i und m sowie der relativen Größe des sperrenden Stromes, während t_f nur noch von der relativen Größe des sperrenden Stromes und τ_{Bn} abhängt.

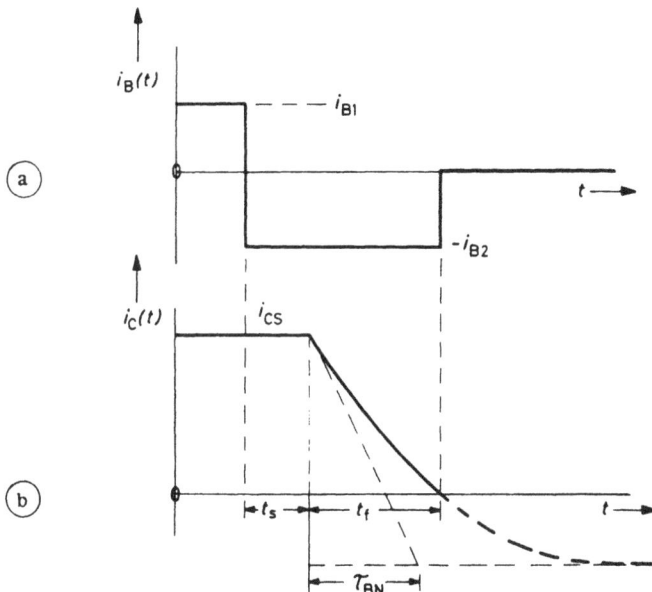

Bild 3.94:   Schaltverzögerungen beim Abschalten eines übersteuerten Transistors durch einen negativen Basisstrom, a) Verlauf des Basisstromes, b) Verlauf des Kollektorstromes.

3.13.4 Ersatzbilddarstellung

Ableitung der vollständigen nichtlinearen Ersatzschaltung

Die Gleichungen der Ladungssteuerungstheorie lassen sich natürlich auch in Form von Ersatzschaltbildern darstellen. Es gibt dafür auch eine ganze Reihe von Möglichkeiten. Zuerst hat man die Ersatzschaltung von Bild 3.95 für den Transistor im aktiv normalen Zustand entworfen. Es werden hierdurch Strom- und Ladungsbeziehungen erfaßt, wobei jedoch ein besonderer Ladungsspeicher definiert werden mußte, der die Ladung q aufweist, aber zwischen seinen Klemmen stets die Spannung 0 haben soll. Solche Ladungsspeicher gibt es natürlich in Wirklichkeit nicht. Eine bessere Annäherung an die physikalische Realität liefert die Ersatzschaltung in Bild 3.96a mit einer Diode im Emitterzweig, die den wirklichen Dioden entsprechend auch die in Kapitel 2.7 beschriebenen ladungsbedingten dynamischen Eigenschaften hat (schwarz ausgefülltes Diodensymbol). Wir setzen sie hier mit zeitabhängigen Strömen i und Ladungen q in der bekannten Form an:

$$i = -\frac{q}{\tau} + \frac{dq}{dt} \, , \qquad\qquad (3.209)$$

$$q = q_s \, (e^{U/U_T} - 1) \, . \qquad\qquad (3.210)$$

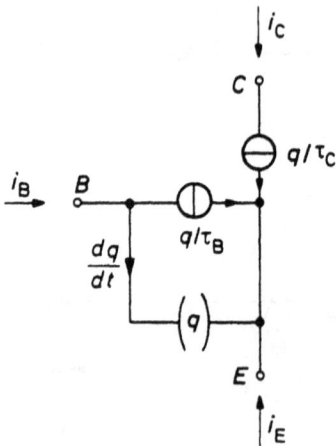

Bild 3.95:   Ungeeignetes Ersatzschaltbild nach dem Ladungssteuerungs-Modell für den aktiv normalen Transistor-Zustand.

„normal"

$$i_C^* = \frac{q}{\tau_C}$$

$$i_E^* = \frac{q}{\tau_E} + \frac{dq}{dt}$$

„invers"

$$i_C^* = \frac{q}{\tau_C} + \frac{dq}{dt}$$

$$\frac{q}{\tau_E}$$

a)   b)

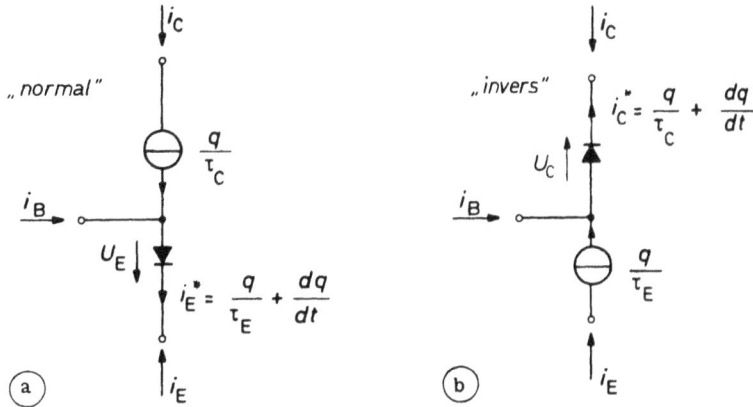

Bild 3.96:   Ersatzschaltbild für das Ladungssteuerungs-Modell, bei dem der nicht-physikalische Ladungsspeicher im vorigen Bild durch einen realen Dioden-Ladungsspeicher ersetzt ist, a) für den aktiv normalen Zustand, b) für den aktiv inversen Zustand.

Für den inversen Zustand gilt dann eine entsprechende Ersatzschaltung, siehe Bild 3.96b. Beide lassen sich dann nach dem Vorbild der statischen Injektions-Ersatzschaltbilder nach Bild 3.97 zu einer einzigen Ersatzschaltung vereinigen, wobei die Größen für den normalen und den inversen Zustand wieder mit den Indizes n und i voneinander unterschieden sind.

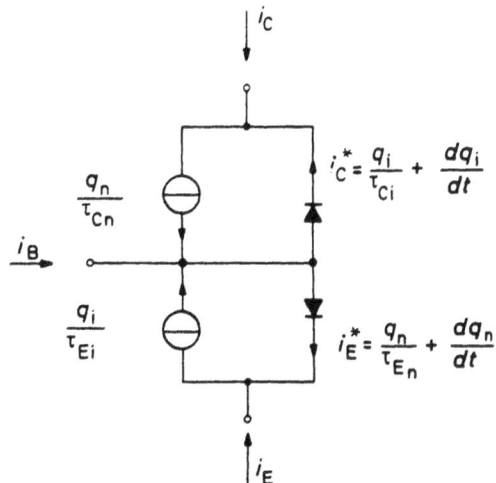

$$\frac{q_n}{\tau_{Cn}}$$

$$\frac{q_i}{\tau_{Ei}}$$

$$i_C^* = \frac{q_i}{\tau_{Ci}} + \frac{dq_i}{dt}$$

$$i_E^* = \frac{q_n}{\tau_{En}} + \frac{dq_n}{dt}$$

Bild 3.97:   Ladungssteuerungs-Ersatzschaltbild für alle Transistor-Zustände als Kombination der Schaltungen des vorigen Bildes.

Man prüft leicht nach, daß die Klemmenströme exakt mit denen in Gleichung (3.208) übereinstimmen.

Dieses Ersatzschaltbild ist daher auch geeignet zur Erfassung der Transistorzustände "gesperrt" und "übersteuert" und hat insbesondere auch den Vorteil, daß es für den statischen Fall vollkommen mit dem Ebers-Moll-Modell in Übereinstimmung zu bringen ist. Hierzu lesen wir zunächst aus Bild 3.97 für die Klemmenströme ($i_C \rightarrow I_C$, $i_E \rightarrow I_E$) unter Berücksichtigung von Gl.(3.210) folgende Beziehungen ab.

$$I_E = -\frac{q_n}{\tau_{En}} + \frac{q_i}{\tau_{Ei}} = \frac{q_{Sn}}{\tau_{En}}(e^{U_E/U_T}-1) + \frac{q_{Si}}{\tau_{Ei}}(e^{U_C/U_T}-1), \quad (3.211)$$

$$I_C = \frac{q_n}{\tau_{Cn}} - \frac{q_i}{\tau_{Ci}} = \frac{q_{Sn}}{\tau_{Cn}}(e^{U_E/U_T}-1) - \frac{q_{Si}}{\tau_{Ci}}(e^{U_C/U_T}-1). \quad (3.212)$$

Ein Vergleich mit den Ebers-Moll-Gleichungen (3.24) und (3.25) liefert:

$$\frac{q_{Sn}}{\tau_{Cn}} = \frac{A_n I_{E0}}{1-A_n A_i} = A_n \cdot I_{ES} , \quad (3.213)$$

$$\frac{q_{Si}}{\tau_{Ci}} = \frac{I_{C0}}{1-A_n A_i} = I_{CS} , \quad (3.214)$$

$$\frac{q_{Sn}}{\tau_{En}} = \frac{I_{E0}}{1-A_n A_i} = I_{ES} , \quad (3.215)$$

$$\frac{q_{Si}}{\tau_{Ei}} = \frac{A_i I_{C0}}{1-A_n A_i} = A_i \cdot I_{CS} . \quad (3.216)$$

Löst man nach den Zeitkonstanten auf,

$$\tau_{Cn} = q_{Sn} \frac{1-A_n A_i}{A_n I_{E0}} , \quad (3.217)$$

$$\tau_{Ci} = q_{Si} \frac{1-A_n A_i}{I_{C0}} , \quad (3.218)$$

$$\tau_{En} = q_{Sn} \frac{1-A_n A_i}{I_{E0}} , \quad (3.219)$$

$$\tau_{Ei} = q_{Si} \frac{1 - A_n A_i}{A_i I_{CO}}, \qquad (3.220)$$

so erkennt man, daß die dynamischen Parameter, d. h. die Zeitkonstanten, vollständig durch die statischen Parameter q_{Sn}, q_{Si}, A_n, A_i, I_{CO}, I_{E0} bestimmt sind. Von diesen kann schließlich noch einer mit Hilfe der allgemeinen Beziehung $A_i \cdot I_{CO} = A_n \cdot I_{E0}$ eliminiert werden.

Die statischen Größen A_n, A_i, I_{CO} und I_{E0} sind bekanntlich leicht zu messen. Weniger gut geht das mit den Ladungsgrößen q_{Sn} und q_{Si}. Es empfiehlt sich daher zuerst die Messung der Zeitkonstanten. Mit zweien von ihnen sind die Ladungsgrößen q_{Sn} und q_{Si} bestimmt und damit auch alle anderen Zeitkonstanten. Eine Meßvorschrift, die Rücksicht auf den stets vorhandenen relativ großen Basiswiderstand nimmt, ergibt sich wie folgt: Man steuert den Transistor sowohl im aktiv normalen als auch im inversen Betrieb mit einem Stromsprung an der Basis an. Aus dem Zeitverlauf des Kollektor- und Emitterstromes entnimmt man die Zeitkonstanten τ_{Bn} und τ_{Bi}. Nach Gl.(3.186) ergeben sich $\tau_{Cn} = \tau_{Bn}/B_N$ und $\tau_{Ei} = \tau_{Bi}/B_i$. Durch Einsetzen in Gl.(3.217) und Gl.(3.220) ist schließlich der Wert von q_{Sn} und q_{Si} bestimmt:

$$q_{Sn} = \tau_{Cn} \frac{I_{CO} \cdot A_i}{1 - A_n A_i} = \frac{\tau_{Bn}}{B_n} \cdot \frac{A_i \cdot I_{CO}}{1 - A_n A_i}$$

$$q_{Si} = \tau_{Ei} \frac{I_{CO} \cdot A_i}{1 - A_n A_i} = \frac{\tau_{Bi}}{B_i} \cdot \frac{A_i \cdot I_{CO}}{1 - A_n A_i}. \qquad (3.221)$$

Daraus ergeben sich noch die Relationen

$$\frac{q_{Sn}}{q_{Si}} = \frac{\tau_{Ci}}{\tau_{Ei}} = \frac{\tau_{Bn}}{\tau_{Bi}} \cdot \frac{B_i}{B_n} = \frac{\tau_{Bn}/B_n}{\tau_{Bi}/B_i}. \qquad (3.222)$$

Umformungen

Es ist naheliegend, die Terme dq_n/dt und dq_i/dt in dem Ersatzschaltbild in Bild 3.97, ausgehend von den allgemeinen Beziehungen

$$\frac{dq}{dt} = \frac{dq}{du} \cdot \frac{du}{dt} \quad \text{und} \quad c = \frac{dq}{du}, \qquad (3.223a)$$

als kapazitive Schaltelemente C_E und C_c zu deuten:

$$\frac{dq_n}{dt} = C_E \cdot \frac{dU_E}{dt} \quad \text{und} \quad \frac{dq_i}{dt} = C_c \cdot \frac{dU_C}{dt} . \quad (3.223b)$$

Wir differenzieren die Ausgangsgleichung (3.210) nach der Zeit und erhalten für die Indizes n und i:

$$\frac{dq_n}{dt} = \frac{d}{dt} q_{Sn} (e^{U_E/U_T} -1) = \frac{q_{Sn}}{U_T} e^{U_E/U_T} \cdot \frac{dU_E}{dt} , \quad (3.224a)$$

$$\frac{dq_i}{dt} = \frac{d}{dt} q_{Si} (e^{U_C/U_T} -1) = \frac{q_{Si}}{U_T} e^{U_C/U_T} \cdot \frac{dU_C}{dt} . \quad (3.224b)$$

Ein Vergleich von Gl.(3.223) mit Gl.(3.224) ergibt die spannungsabhängigen Kapazitäten:

$$C_E = \frac{q_{Sn}}{U_T} e^{U_E/U_T} , \quad C_c = \frac{q_{Si}}{U_T} e^{U_C/U_T} . \quad (3.225a,b)$$

(Daraus lassen sich übrigens für U_E, $U_C \rightarrow 0$ die Ladungen q_{Sn} und q_{Si} errechnen.) Das Ersatzschaltbild in Bild 3.97 ist damit eine eindeutige Entsprechung desjenigen in Bild 3.98.

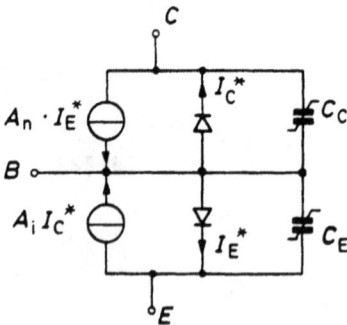

Bild 3.98:   Umwandlung des Ersatzschaltbildes von Bild 3.97 durch Aufteilen der physikalischen Dioden in jeweils ein statisches nichtlineares Dioden-Element und eine nichtlineare Dioden-Kapazität.

Mit den differentiellen Widerständen der Transistordioden

$$\frac{1}{r_E} = \frac{dI_E^*}{dU_E} = \frac{d}{dU_E}\left(\frac{I_{E0}}{1-A_nA_i}(e^{U_E/U_T}-1)\right) = \frac{I_{E0}}{1-A_nA_i} \cdot \frac{e^{U_E/U_T}}{U_T}, \tag{3.226a}$$

$$\frac{1}{r_C} = \frac{I_{C0}}{1-A_nA_i} \cdot \frac{e^{U_C/U_T}}{U_T}, \tag{3.226b}$$

errechnet man unter Berücksichtigung von Gl.(3.225), Gl.(3.214) und Gl.(3.215) noch folgende Produkte von r und C:

$$r_E \cdot C_E = \frac{q_{Sn}}{I_{Es}} = \tau_{En}, \tag{3.227}$$

$$r_C \cdot C_C = \frac{q_{Si}}{I_{Cs}} = \tau_{Ci}. \tag{3.228}$$

Man vergleiche mit der entsprechenden Beziehung für eine Diode in Gl. (2.55)

Setzt man in den beiden Gleichungen für τ_{En} und τ_{Ci} die Werte in den Gln.(3.219) und (3.218) ein, so kann man auch die dynamischen Ladungsgrößen q_{sn} und q_{si} ganz in Abhängigkeit von statischen Größen ausdrücken

$$q_{sn} = r_E \cdot C_E \cdot \frac{I_{E0}}{1-A_nA_i} \tag{3.228)b}$$

$$q_{si} = r_C \cdot C_C \cdot \frac{I_{C0}}{1-A_nA_i} \tag{3.227)b}$$

Vergleich mit dem erweiterten Ebers-Moll-Modell

Seit vielen Jahren rechnet man in Netzwerkanalyse-Programmen schon mit dem sog. erweiterten Ebers-Moll-Modell (es ist eigentlich das erweiterte Injektionsersatzschaltbild des Ebers-Moll-Modells). Es ist ersatzbildmäßig in Bild 3.99 dargestellt.

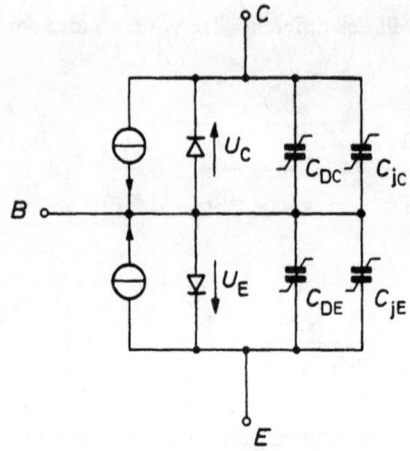

Bild 3.99:

Erweitertes Ebers-Moll-Modell mit

Diffusionskapazitäten C_D und

Sperrschichtkapazitäten C_j.

Hierbei bedeuten C_j die Sperrschichtkapazitäten (j = junction) und C_D die Diffusionskapazitäten (D = diffusion). Man setzt ihren Wert meist wie folgt an:

$$C_{DE} = \frac{\tau_E \cdot I_{ES}}{U_T} \cdot e^{U_E/U_T} \quad , \quad C_{DC} = \frac{\tau_C \cdot I_{CS}}{U_T} \cdot e^{U_C/U_T}$$

$$(3.229\,a,b,c,d)$$

$$C_{jE} = \frac{C_{jE0}}{(1- \dfrac{U_E}{U_{DE}})^{P_E}} \quad , \quad C_{jC} = \frac{C_{jC0}}{(1- \dfrac{U_C}{U_{DC}})^{P_C}} \cdot$$

Es bedeuten:

C_{j0} : Kapazität für U = 0, U_D : Diffusionsspannung, P : Kapazitäts-Gradientenfehler.

Ein Vergleich von Gl.(3.229) mit Gl.(3.225) zeigt bei Berücksichtigung von $\tau_C \cdot I_{CS} = q_{Si}$ und $\tau_E \cdot I_{ES} = q_{Sn}$, daß die Diffusionskapazitäten C_{DE} und C_{DC} identisch sind mit den Kapazitäten C_E und C_C, die sich letztlich aus dem Ladungssteuerungsmodell errechnet haben. Für die Sperrschichtkapazitäten gibt es dagegen kein Äquivalent. Sie sind zusätzliche Parameter.

Aus diesem Vergleich ergibt sich ferner, daß die Diffusionskapazität durch den statischen Parameter q_s ausgedrückt werden kann, und dieser wieder durch das Produkt von $\tau \cdot I_S$. Das eröffnet Möglichkeiten der meßtechnischen Verifizierung der Theorie. Denn q_s läßt sich zum einen, wie beschrieben, zunächst aus dem Schaltverhalten eines geeignet angesteuerten Transistors bestimmen oder mit Hilfe der Gln.(3.227)b und (3.228)b.

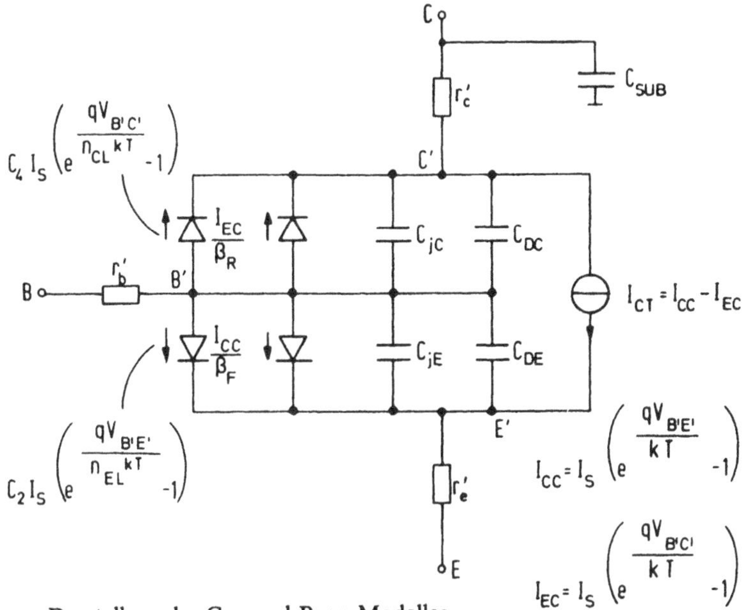

Bild 3.100:   Darstellung des Gummel-Poon-Modelles.

Das Modell von Gummel und Poon

Eine noch genauere Beschreibung des Transistorverhaltens ist mit dem Modell von Gummel und Poon möglich. Bild 3.100 zeigt zunächst die Grundstruktur des üblicherweise angesetzten Ersatzschaltbildes. Ein Vergleich mit den Bildern 3.22 und 3.23 läßt erkennen, daß es sich dabei um die Hybrid-π-Ersatzschaltung handelt. Das Entscheidende des Gummel-Poon-Modelles ist jedoch der benötigte umfangreiche Satz von Transistorparametern. Die Tabelle in 3.101 gibt einen Eindruck davon. Die Messung all dieser Parameter ist meistens recht schwierig, so daß man auf Durchschnittswerte zurückgreift, was aber wieder die Genauigkeit beeinträchtigt.

3.13.5 Kleinsignalverhalten

Wenden wir uns jetzt einmal den Beziehungen zu, die sich aus dem Ladungssteuerungsmodell für sehr kleine sinusförmige Auslenkungen ergeben. Es sei z. B. $q(t) = q_0 \cdot e^{j\omega t}$. Dann folgt aus Gl.(3.184)

$$I_B(t) = \frac{q_0 \, e^{j\omega t}}{\tau_B} + j\omega \, q_0 \, e^{j\omega t} = (\frac{q_0}{\tau_B} + j\omega \, q_0) \, e^{j\omega t} \ . \quad (3.230)$$

Der Basisstrom folgt also der sinusförmigen Änderung der Basisladung mit einer gewissen Phasenverzögerung und umgekehrt. Mit den Bezeichnungen für die komplexen Amplituden $\hat{q}, \hat{i}_B$ schreiben wir die Phasenbeziehungen in der letzten Gleichung

$$\hat{i}_B = \frac{\hat{q}}{\tau_B} + j\omega\,\hat{q}\;. \tag{3.231}$$

PARAMETER	SYMBOL USED HERE	MODEL LEVEL	THEORY	MEASUREMENT
BFM	$\beta_{FM}(0)$	EM_3	50	188
BRM	$\beta_{RM}(0)$	EM_3	53	200
RB	r_b'	EM_2	28	151
RC	r_c'	EM_2	24	144
RE	r_e'	EM_2	27	140
CCS	C_{CS}	EM_2	38	179
TF	τ_F	EM_2	33	169
TR	τ_R	EM_2	33	176
CJE	C_{jE0}	EM_2	29	165
CJC	C_{jC0}	EM_2	29	165
IS	I_{SS}	GP	81	206
VA	V_A	GP, EM_3	96, 44	182
VB	V_B	GP	92	207
C2	C_2	EM_3	50	188
IK	I_K	GP	106	213
NE	n_{EL}	EM_3	50	188
C4	C_4	EM_3	53	200
IKR	I_{KR}	GP	106	215
NC	n_{CL}	EM_3	53	200
PE	ϕ_E	EM_2	29	165
ME	m_E	EM_2	29	165
PC	ϕ_C	EM_2	29	165
MC	m_C	EM_2	29	165
EG	E_g	EM_1	21	137

Bild 3.101:   Parameter des Gummel-Poon-Modelles, die für das Netzwerkanalyseprogramm SPICE benötigt werden.

Aus der Gleichung (3.185) gewinnt man mit Gl.(3.184) entsprechend

$$\hat{i}_C = \frac{\hat{q}}{\tau_C} = \frac{\hat{q} \cdot B_n}{\tau_B} \approx \frac{\hat{q} \cdot \text{ß}_0}{\tau_B} \; . \qquad (3.232)$$

Hier tritt also keine Phasenverschiebung auf (die Kleinsignal-Stromverstärkung bei tiefen Frequenzen ß_0 ist annähernd gleich der Gleichstromverstärkung B_n). Wir teilen nun Gl. (3.232) durch Gl. (3.231) und erhalten

$$\frac{\hat{i}_C}{\hat{i}_B} = \frac{\hat{q} \; \text{ß}_0 / \tau_B}{\dfrac{\hat{q}}{\tau_B} + j\omega \; \hat{q}} = \frac{\text{ß}_0}{1 + j\omega\tau_B} \equiv \text{ß} \; . \qquad (3.233)$$

Diesen Ausdruck nennt man die frequenzabhängige Stromverstärkung und bezeichnet sie mit ß. Die Ortskurve in der komplexen Ebene ist ein Kreis.

Wir wollen nun noch die Zeitkonstanten mit den Grenzfrequenzen verknüpfen. Hier gibt es einmal die Grenzfrequenz $\omega_\text{ß}$. Sie ist definiert für denjenigen Wert der Frequenz, bei dem die Stromverstärkung ß auf $\text{ß}_0 / \sqrt{2}$ abgefallen ist, was in Gl.(3.233) genau für $\omega_\text{ß} \cdot \tau_B = 1$ der Fall ist. Daraus folgt

$$\omega_\text{ß} = \frac{1}{\tau_B} \; . \qquad (3.234)$$

Sodann ist es üblich, noch eine Transit-Kreisfrequenz ω_T zu definieren. Sie ergibt sich für denjenigen Betrag von ω, bei dem die Stromverstärkung ß gleich 1 ist. Aus Gl. (3.233) folgt daher

$$\text{ß}_0 = | 1 + j\omega_T \cdot \tau_B | \; , \quad \text{bzw.} \quad \omega_T = \frac{\sqrt{\text{ß}_0^2 - 1}}{\tau_B} \approx \frac{\text{ß}_0}{\tau_B} \; ; \qquad (3.235)$$

mit Gl. (3.186) und B $\approx \text{ß}_0$ ergibt sich weiter

$$\omega_T = \frac{1}{\tau_C} \; . \qquad (3.236)$$

Da τ_B eine von der Stromdichte des Arbeitspunktes sehr abhängige Größe ist, können wir Gl. (3.235) mit Gl. (3.186) noch umschreiben

$$\omega_\beta = \frac{1}{B_n \cdot \tau_C} \approx \frac{1}{\beta_0 \cdot \tau_C} \ . \tag{3.237}$$

Vergleicht man die beiden letzten Gleichungen miteinander und bedenkt die Abhängigkeit der Stromverstärkung β_0 vom Arbeitspunkt, siehe den nächsten Abschnitt, so wird verständlich, warum man häufig lieber mit der Transit-Grenzfrequenz ω_T als mit der Grenzfrequenz ω_β arbeitet.

Für die Basis-Schaltung lassen sich die analogen Überlegungen durchführen. Aus Gl. (3.183) folgt zunächst:

$$- \hat{i}_E = \frac{\hat{q}}{\tau_E} + j\omega \ \hat{q} \ . \tag{3.238}$$

Teilt man jetzt Gl. (3.232) durch Gl. (3.238), so ist

$$\frac{\hat{i}_C}{-\hat{i}_E} = \frac{\hat{q}/\tau_C}{\dfrac{\hat{q}}{\tau_E} + j\omega\hat{q}} = \frac{1}{\dfrac{\tau_C}{\tau_E} + j\omega\tau_C} \equiv \alpha \ . \tag{3.239}$$

Da $\tau_C \approx \tau_E$, wird daraus

$$\alpha \approx \frac{1}{1 + j\omega\tau_C} \ . \tag{3.240}$$

Der Abfall auf $1/\sqrt{2}$ ergibt die ω_α-Grenzfrequenz. Dafür gilt

$$\omega_\alpha = \frac{1}{\tau_C} \ . \tag{3.241}$$

Sie ist also in der hier betrachteten Näherung identisch mit der ω_T-Transitfrequenz in Gl. (3.236).

Schließlich kann man noch Gl. (3.241) durch Gl. (3.237) teilen und erhält

$$\frac{\omega_\alpha}{\omega_\beta} = \beta_0 \ . \tag{3.242}$$

3.13.6 Betrachtungen über die Konstanz der Großsignalparameter

Wir müssen nun über die Arbeitspunktabhängigkeit der verschiedenen Parameter des Ebers-Moll-Modells bzw. über die Eignung dieses Modelles zur Beschreibung des Großsignalverhaltens noch einige Ergebnisse nachtragen. Bild 3.102 zeigt prinzipiell, daß die Stromverstärkung B_n eines Transistors in der Regel sehr stark vom gewählten Arbeitspunkt bzw. dem gewählten Strombereich abhängt. Bild 3.103 ergänzt dies noch mit einigen Meßkurven. Diese Abhängigkeit hat, wie gezeigt, Auswirkungen auf die Bevorzugung bestimmter Definitionen von Grenzfrequenzen und Zeitkonstanten.

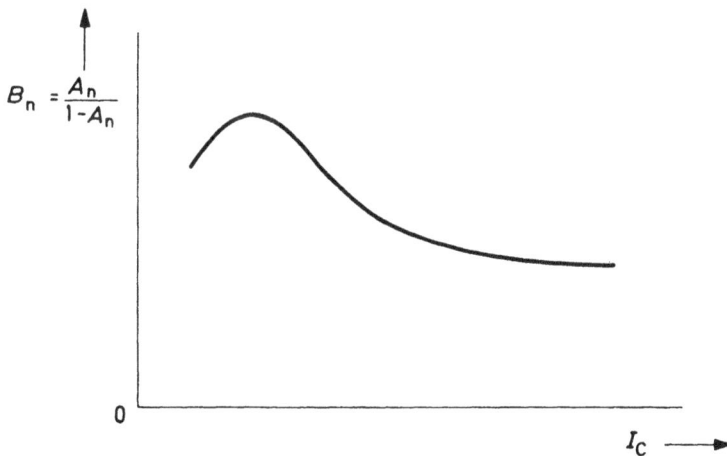

Bild :3.102:   Prinzip der Abhängigkeit des Stromverstärkungswertes vom Kollektorstrom bei linearem Strommaßstab.

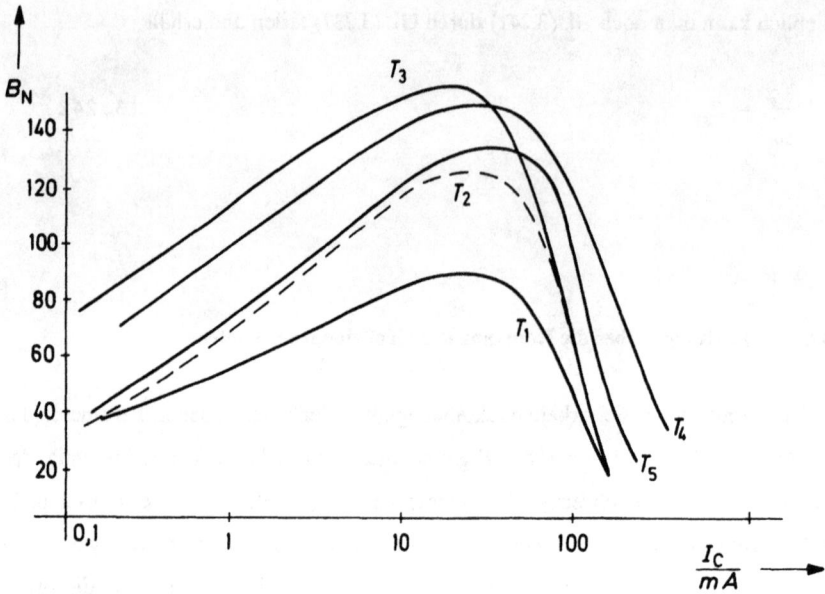

Bild 3.103:   Der gemessene Verlauf der Stromverstärkung über dem Kollektor-

strom I_C für 5 verschiedene Transistoren, im logarithmischen Strom-

maßstab aufgetragen.

4.0 Schaltungen mit Feldeffekt-transistoren (MOSFET)

4.1 Anfänge der Technik

Die Idee, mit Hilfe eines Feldeffektes ein elektronisch steuerbares Element zu schaffen, ist schon sehr alt (J.E. Lilienfeld 1925, O.Heil 1934). Sie ist jedoch erst nach dem Aufbau einer hochentwickelten Halbleiter-Technologie durchführbar geworden. Die Grundidee der Steuerung läßt sich leicht in folgendem Gedankenexperiment darlegen, wobei auch erkennbar wird, daß sie offensichtlich nicht in Metallen, sondern nur in Halbleitern möglich ist.

Betrachten wir folgende Anordnung in Bild 4.1, die aus zwei metallischen Streifen mit dünner isolierender Zwischenlage besteht. Z. B. eine Quarzhaut der Dicke $t = 0,1\ \mu m$ mit der Dielektrizitätskonstanten $\varepsilon_r = 4$, die oben und unten mit Metall bedeckt ist (im Bild verzerrt gezeichnet). Wenn wir jetzt an die beiden metallischen Streifen, d. h. die beiden Kondensatorplatten, eine Gleichspannung U anlegen, so werden sich entsprechend der Kapazität C und der Spannung U auf den Platten gegensätzliche elektrische Ladungsträger mit der Ladung

$$Q = C \cdot U,\qquad\qquad (4.1)$$

ansammeln. Bei der gezeichneten Spannungspolarität werden z. B. auf dem oberen Streifen Elektronen verdrängt und auf dem unteren Streifen Elektronen angehäuft werden. D. h. unten wird die Menge der freien Ladungsträger vergrößert. Im Prinzip sollte daher der Widerstand des unteren Streifens durch die Größe der Ladung Q und letztlich wiederum durch die Spannung U steuerbar sein. Wie sieht es nun quantitativ aus?

Nähern wir die Kapazität des Kondensators durch die einfache Formel

$$C = \varepsilon_r \varepsilon_o \frac{A}{t},\qquad\qquad (4.2)$$

an (A = area, t = thickness), so wird die Ladung pro Fläche und Spannung, bzw. pro cm² und Volt V

$$\frac{Q}{V \cdot cm^2} = \frac{\varepsilon_r \varepsilon_0}{t} = \frac{4 \cdot 8,86 \cdot 10^{-14}}{10^{-5}} \quad [As \cdot cm^{-2} \cdot V^{-1}] \quad . \quad (4.3)$$

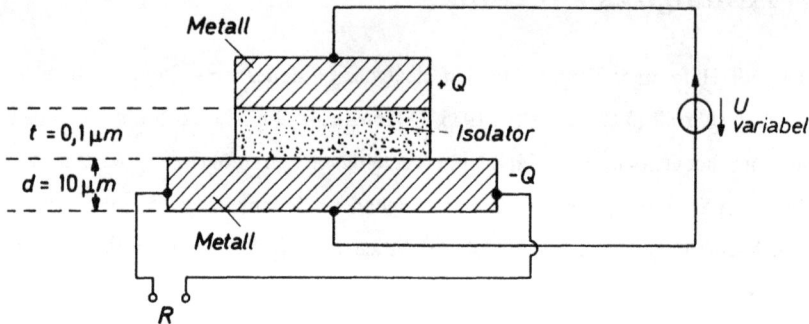

Bild 4.1:   Prinzip eines spannungsgesteuerten Widerstandes.

Wählen wir nicht die Einheit As, sondern die Elementarladung e, wobei $e = 1,6 \cdot 10^{-19}$ As ist, so folgt

$$\frac{Q}{V \cdot cm^2} = \frac{4 \cdot 8,86 \cdot 10^{-14}}{10^{-5} \cdot 1,6 \cdot 10^{-19}} = 2,21 \cdot 10^{11} \quad [e \cdot cm^{-2} \cdot V^{-1}] . \quad (4.4)$$

Zur Errechnung der Ladung pro Volumen ist noch durch die Schichtdicke $d = 10 \; \mu m$ zu teilen:

$$\frac{Q}{V \cdot cm^3} = 2,21 \cdot 10^{14} \quad [e \cdot cm^{-3} \cdot V^{-1}] \quad . \quad (4.5)$$

D. h. wir haben pro Volt eine zusätzliche Ladungskonzentration von etwa 10^{14} Elementarladungen pro Kubikzentimeter erhalten. Aus anderen Messungen weiß man aber, daß die Konzentration an freien Ladungsträgern in Metallen etwa $10^{22} \cdot cm^{-3}$ beträgt. Die Anreicherung an Elektronen ist daher völlig unerheblich (weshalb die frühen Erfinder auch praktisch keinen Erfolg hatten). Die Verhältnisse lassen sich aber ändern, wenn man statt Metallen Stoffe mit weniger freien Ladungsträgern heranzieht.

Die Halbleiter haben etwa Konzentrationen von $10^{13} \cdot cm^{-3}$. Und hier wird dann eine Ladungsvermehrung oder Verminderung zur Realisierung eines veränderbaren Widerstandes technisch nutzbar.

4.2   Prinzip des MOSFET

4.2.1   Widerstandsbereich

Wir wollen uns hier auf den einfachsten Typ, den MOSFET beschränken (metal-oxide-semiconductor-field-effect-transistor) der auch praktisch am häufigsten eingesetzt wird. Das Prinzip einer solchen Anordnung ist im Bild 4.2 gezeigt.

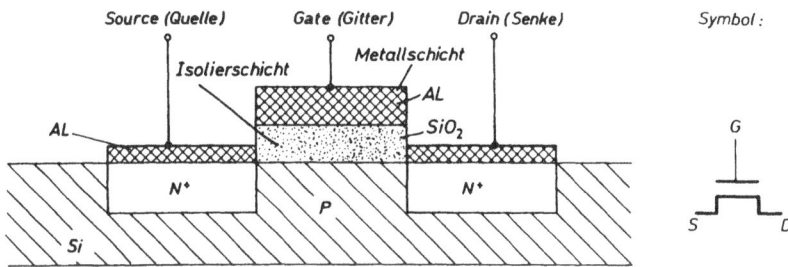

Bild 4.2:   Prinzip eines planaren Feldeffekt-Transistors an der Oberfläche eines monokristallinen Halbleiters.

Zuerst wollen wir die statischen Strom-Spannungsbeziehungen in aller Kürze ableiten. Um die wesentlichen Dinge besser erfassen zu können, bilden wir ein sehr einfaches Modell, siehe Bild 4.3a, in dem die P-N-Schichten auf einem isolierenden Substrat aufgebracht sind. (Nach diesem Prinzip wurden und werden tatsächlich auch Transistoren gebaut. Als Isoliermaterial dienen z. B. Saphir oder Spinell, auf denen man einkristalline Siliziumschichten epitaktisch aufbringen kann. Stichwort: Silicon on Saphire = SOS) Durch die positive Gate-Spannung U_{GS} werden negative Ladungen im Kanal induziert. Sie strömen von der Source-Elektrode über die N-P-Sperrschicht in den Kanal. Wird keine Drain-Spannung U_{DS} angelegt, so wird die Verteilung der induzierten negativen Ladungen ganz gleichmäßig über die Kanallänge erfolgen und der

Kanal wird bei genügend vielen Ladungen zu einer N-Leitung übergehen (Inversion), siehe Bild 4.3b. Ist eine Drain-Spannung U_{DS} vorhanden, so hat sie im Kanal eine entsprechende Längsfeldstärke, es wird ein Strom durch den Kanal fließen und dadurch wird ein Spannungsabfall erzeugt werden. Infolge der nun ortsabhängigen Kanalspannung $U(x)$ wird die pro Flächeneinheit ΔA unterhalb des Gates induzierte Ladung Δq ortsabhängig werden. Wir beginnen mit der induzierten Ladung $\Delta q(x)$ in einem Streifen der Breite $\Delta A = W \cdot dx$, siehe Bild 4.3c. Sie beträgt mit ΔC_g als entsprechendem Beitrag zur Gatekapazität C_g, und mit d als Kanaltiefe, W als Kanalbreite, L als Kanallänge, $A = L \cdot W$ als Kanal-Kondensatorfläche, und n als Zahl der Ladungsträger pro Volumen:

$$\Delta q(x) = e \cdot \Delta n(x) \cdot d \cdot \Delta A = \Delta C_g(x) \cdot (U_{GS} - U(x)), \quad (4.6)$$

dabei bedeutet

$$\Delta C_g(x) = \varepsilon_r \cdot \varepsilon_0 \cdot \frac{\Delta A}{t} . \quad (4.7)$$

Der Strom I_{DS} durch den Kanal ergibt sich aus der Stromdichte j_n mit Hilfe der Beweglichkeit b_n wie folgt:

$$I_{DS} = d \cdot W \cdot j_n = d \cdot W \cdot e \cdot b_n \cdot n \cdot E_x = d \cdot W \cdot e \cdot b_n \cdot n \cdot \frac{dU(x)}{dx} . \quad (4.8)$$

Bei der Ladungsträgerkonzentration berücksichtigen wir eine durch die Anfangsdotierung vorgegebene Dichte n_0 und den induzierten Anteil $\Delta n(x)$

$$n = n_0 + \Delta n(x) . \quad (4.9)$$

Setzt man dies in Gl. (4.7) ein und verwendet $\Delta n(x)$ aus Gl. (4.6) und $\Delta C_g(x)$ aus Gl. (4.7), so folgt

$$I_{DS} = d \cdot W \cdot e \cdot b_n \cdot (n_0 + \Delta n(x)) \frac{dU(x)}{dx}$$

$$= d \cdot W \cdot e \cdot b_n \cdot (n_0 + \frac{\Delta C_g(x)}{e \cdot d \cdot \Delta A} (U_{GS} - U(x))) \frac{dU(x)}{dx} \quad (4.10)$$

$$= d \cdot W \cdot e \cdot b_n \cdot \frac{\Delta C_g(x)}{e \cdot d \cdot \Delta A} \left(\frac{n_o \cdot e \cdot d \cdot \Delta A}{\Delta C_g(x)} + U_{GS} - U(x) \right) \frac{dU(x)}{dx}$$

$$= \frac{W \cdot b_n \cdot \varepsilon_r \cdot \varepsilon_o \cdot \Delta A}{\Delta A \cdot t} \left(\frac{n_o \cdot e \cdot d \cdot \Delta A \cdot t}{\varepsilon_r \cdot \varepsilon_o \cdot \Delta A} + U_{GS} - U(x) \right) \frac{dU(x)}{dx} .$$

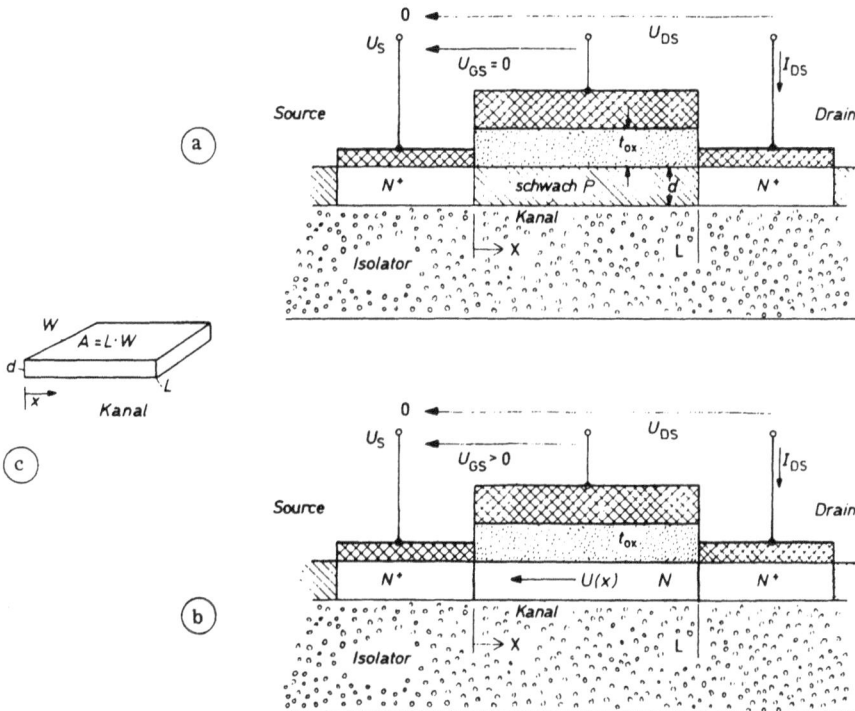

Bild 4.3:   Vereinfachte Struktur des FET auf einem Isolator-Substrat zur leichteren Berechnung der Kennlinien, a) gesperrter Kanal für $U_{GS} = 0$, b) leitender Kanal für $U_{GS} > 0$, c) Bezeichnungen der Kanal-Geometrie.

Der erste Term in der Klammer läßt sich mit N_o als Gesamtzahl der anfänglichen Ladungsträger im Kanal wie folgt umformen:

$$\frac{n_o \cdot e \cdot d \cdot t}{\varepsilon_r \cdot \varepsilon_o} = \frac{n_o \cdot e \cdot d \cdot A \cdot t}{\varepsilon_r \cdot \varepsilon_o \cdot A} = \frac{N_o \cdot e}{C_g} \equiv - U_{th} . \qquad (4.11)$$

Wir kürzen diesen Ausdruck wie angegeben mit $-U_{th}$ ab (Index th = threshold). Das Minuszeichen ist sinnvoll, weil die anfänglichen Ladungsträger ein anderes Vorzeichen haben als die induzierten Ladungsträger (Inversion) und sie deshalb in Richtung einer Verminderung von I_{DS} wirken.

Nach Trennung der Veränderlichen wird Gl. (4.10) integriert:

$$I_{DS} \int_0^L dx = \frac{W \cdot b_n \cdot \varepsilon_r \cdot \varepsilon_o}{t} \int_0^{U_{DS}} (U_{GS} - U_{th} - U(x)) \, dU(x)$$

$$I_{DS} = \frac{W \cdot b_n \cdot \varepsilon_r \cdot \varepsilon_o}{L \cdot t} \left[(U_{GS} - U_{th}) U_{DS} - \frac{U_{DS}^2}{2} \right] \qquad (4.12)$$

$$= \frac{W \cdot b_n \cdot \varepsilon_r \cdot \varepsilon_o}{2 \cdot L \cdot t} \left[2(U_{GS} - U_{th}) U_{DS} - U_{DS}^2 \right] .$$

Meist faßt man die Faktoren vor der Klammer zu einer Konstanten K zusammen:

$$K = \frac{W \cdot b_n \cdot \varepsilon_r \cdot \varepsilon_o}{2 \cdot L \cdot t} ,$$

und schreibt die Gleichung in einer der beiden Formen

$$(4.13)$$

$$I_{DS} = K [2(U_{GS} - U_{th}) U_{DS} - U_{DS}^2] = 2K(U_{GS} - U_{th} - U_{DS}/2) \cdot U_{DS} .$$

Diese Kennliniengleichung gilt unter der Bedingung, daß $U_{GS} - U_{th}$ größer als U_{DS} ist, denn nur dann können überhaupt im Kanal negative Ladungen induziert (eigentlich "influenziert") werden. Bild 4.4 zeigt die Verhältnisse für den normalen MOSFET auf P-Substrat. Die leitende Kanalschicht ist in Wirklichkeit sehr dünn und hat eine Dicke, die in Richtung Drain abnimmt. An den Rändern der Drain-Wanne und des Kanals bilden sich wegen der Sperrung der PN-Schichten die entsprechenden "Sperrschichten" aus.

Ist am rechten Rand des Kanals gerade die Bedingung $U(x) = U_{GS} - U_{th} = U_{DS}$ erfüllt, was z. B. durch Absenken von U_{GS} zu erreichen ist, so werden dort die effektiven Potentiale an beiden Seiten des Gate-Kondensators gleich und es werden keine

Ladungen mehr induziert. Das ist die Grenze für den bisher betrachteten Leitungsme-
chanismus. Sie läßt sich im Kennlinienfeld von Bild 4.5 durch eine (gestrichelte)
Grenzlinie darstellen. D. h. die Gleichung (4.13) gilt für den Bereich links von der gestrichelten Linie. Diesen Bereich nennt man den "Widerstandsbereich" oder auch "Tri-
odenbereich". Rechts von der gestrichelten Linie beginnt der sog. "Abschnürbereich"
(englisch: pinch-off), der noch zu besprechen ist.

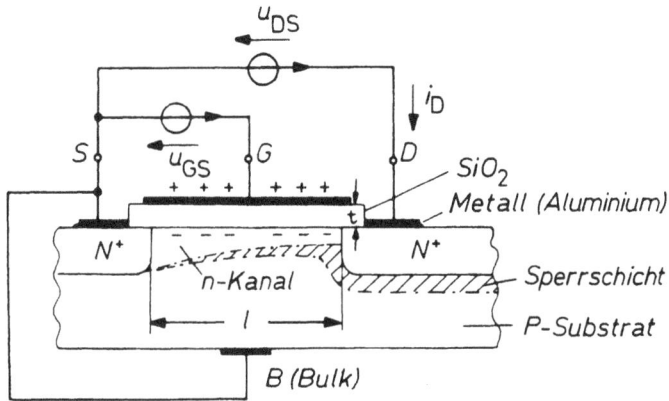

Bild 4.4:   Prinzip der Ausdehnung der Kanalzone mit durchgehender Wider-
              standsschicht in einem P-Substrat (Widerstandsbereich).

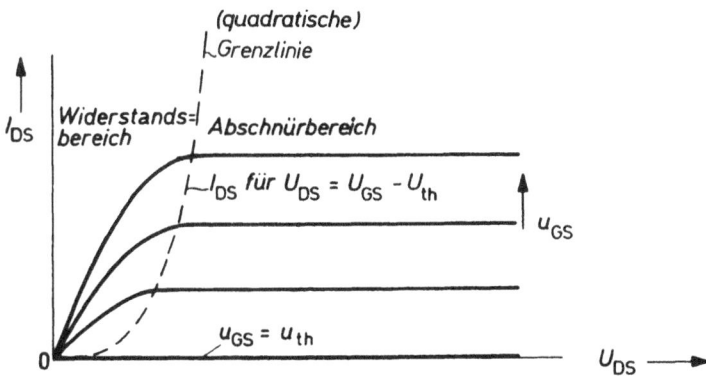

Bild 4.5:   Die berechneten Kennlinien für den Widerstands- und den Abschnür-
              bereich. Die gestrichelte Kurve bildet die Grenze zwischen beiden
              Bereichen.

In Bild 4.6a ist ein gemessenes Kennlinienfeld wiedergegeben, wobei der Maßstab so
gewählt wurde, daß es direkt mit dem Kennlinienfeld des bipolaren Transistors in Bild
3.17a verglichen werden kann. Bild 4.6b ist eine Entsprechung zu Bild 3.17b.

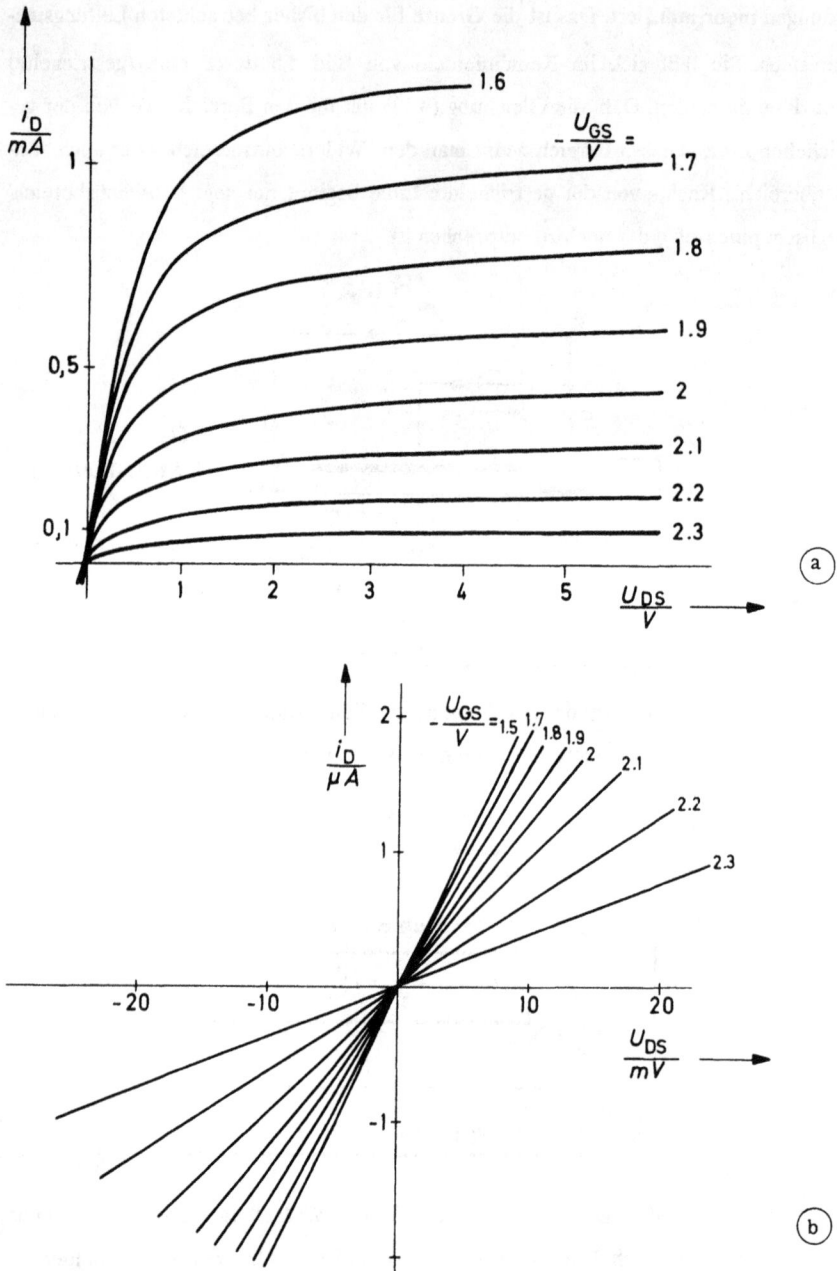

Bild 4.6:   Gemessene Ausgangskennlinien des Transistors BF 245 C (Verarmungstyp), a) Widerstands- und Abschnürbereich (vergleiche mit Bild 4.5), b) vergrößerter Ausschnitt der Kennlinie im Bereich kleiner Ströme und Spannungen (Widerstandsbereich).

4.2.2 Abschnürbereich

Die Abschnürung (pinch-off) ergibt sich mit wachsendem U_{DS} folgendermaßen: Wenn die effektive Gate-Spannung $U_{GS} - U_{th}$ kleiner als U_{DS} wird, was zuerst in der Nähe der Drainelektrode der Fall ist, kann sie, anfangend bei Drain, keine Überschußladung mehr am Ende des Kanals erzeugen, siehe Bild 4.7. Dort ist jetzt jedoch eine Sperrschicht entstanden. Deshalb bricht der Strom keineswegs ab, sondern fließt in einem eingeschnürten Kanal weiter. D. h. die Elektronen werden im wesentlichen in dem Feld der Sperrschicht auf die Drain-Elektrode zu beschleunigt. Infolgedessen bleibt der Kanalstrom mit wachsender Spannung U_{DS} konstant. Die überschüssige Spannung fällt dabei einfach über der Sperrschicht ab. Die Größe des Stromes erhält man sofort, wenn man für den Beginn der Einschnürung

$$U_{GS} - U_{th} = U_{DS} \, , \qquad\qquad (4.14)$$

in Gl. (4.12) oder Gl. (4.13) einführt:

$$I_{DS} = \frac{\varepsilon_r \varepsilon_o}{t_{ox}} \cdot \frac{A \cdot b_n}{L^2 \cdot 2} (U_{GS} - U_{th})^2 \qquad\qquad (4.15)$$

$$= K \, [U_{GS} - U_{th}]^2$$

$$= K \cdot U_{DS}^2 \, .$$

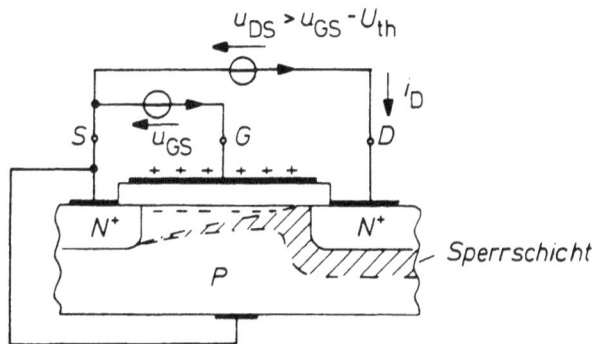

Bild 4.7:   Prinzip der Ausdehnung der Sperrschicht und der Abschnürung des Kanals.

Siehe die gestrichelte Linie in Bild 4.5. Wird bei festem $(U_{GS} - U_{th})$ die Spannung

U_{DS} über den Wert der gestrichelten Grenzlinie erhöht, bleibt der Strom I_{DS} wie gezeichnet konstant, während die Spannungsdifferenz $U_{DS} - (U_{GS} - U_{th})$ wie schon erwähnt als Spannungsabfall an dem eingeschnürten Kanalabschnitt abfällt.

4.2.3 Steuer-Kennlinie

Bei dem betrachteten MOSFET ist nun noch bezüglich der Eingangsspannungen ein Anlaufgebiet zu berücksichtigen, in dem $U_{GS} - U_{th} < 0$ ist, d. h. in dem der Transistor noch nicht leitet. Zeichnen wir uns die Kennlinie $I_{DS} = f(U_{GS})$ nach Gl. (4.15) auf, so ergibt sich die rechte Kurve in Bild 4.8. Je nach der Größe der anfänglichen Ladung N_0 im Kanal, bzw. genauer gesehen, der Menge der Ladungsträger an der Grenzschicht zwischen Kanal und Gateoxyd, ergibt sich der Wert der Schwellspannung U_{th}. Wegen des positiven Vorzeichens der anfänglichen Ladungsträger im Kanalbereich ist der Transistor für Steuerspannungen bis zur Größe von U_{th} gesperrt (normally off). Will man ihn leitend machen, muß man den Kanalbereich mit negativen Ladungsträgern anreichern, weshalb man diesen Typ auch einen Anreicherungstyp nennt (enhancement).

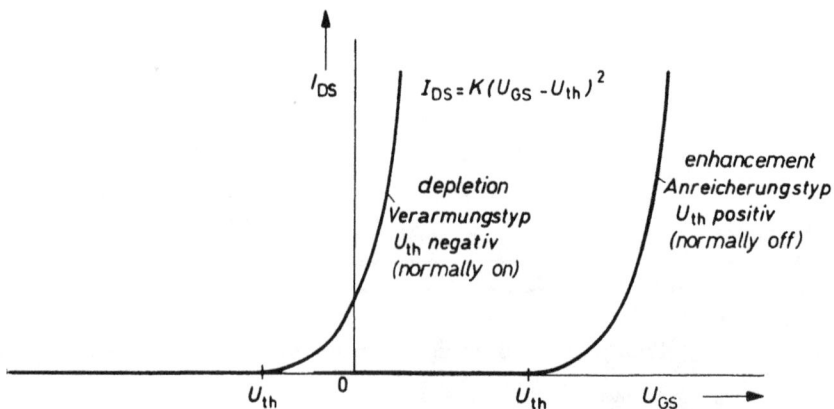

Bild 4.8:   Auswirkung der Schwellspannungsverschiebungen auf die Lage der Steuer-Kennlinie.

Verwendet man jedoch von vorneherein im Kanalbereich negative Ladungsträger (technologisch durch Ionenimplantation erzeugt), also eine Anfangsladung N_0 mit negativem Vorzeichen, so kann U_{th} auch negativ werden. Dann ist ein Transistor entstanden, der im Ruhezustand schon Strom führt (normally on). Man kann ihn mit einer negativen Gatespannung sperren bzw. dadurch eine Verarmung an Ladungsträgern erzwingen, weshalb dieser Typ dann auch Verarmungstyp genannt wird (depletion). Die Steigung der Eingangskennlinie in Bild 4.8 nennt man die Steilheit. Sie ergibt sich aus Gl. (4.15) zu

$$\frac{d\,I_{DS}}{d\,U_{GS}} = 2K\,(U_{GS} - U_{th}) \equiv g_m \cdot \qquad (4.16)$$

Sie wird üblicherweise mit g_m bezeichnet und zeigt die in erster Näherung lineare Verstärkereigenschaft des MOSFET für kleine Signale. (Proportionalität zwischen $d\,U_{GS}$ und $d\,I_{DS}$ bei fester Vorspannung U_{GS}.)

4.2.4 Komplementäre Transistoren

Da wir die Ladung vermehren (Anreicherung = enhancement) oder vermindern (Verarmung = depletion) sowie P- oder N-dotierte Halbleiter verwenden können, gibt es grundsätzlich vier Arten von Feldeffekttransistoren. Ferner gibt es noch weitere Unterschiede, ob man z. B. eine isolierte Steuerelektrode verwendet (IGFET = isolated gate field effect transistor) oder eine Sperrschicht-Steuerelektrode (NIGFET = non isolated gate field effect transistor). Dazu kommen noch die technologisch bedingten Unterschiede, die zu sehr vielen neuen Bezeichnungen geführt haben.

Richten wir unsere Aufmerksamkeit noch ein wenig auf die Schaltsymbole und die Zählpfeile. In Bild 4.9 sind die vier grundsätzlich verschiedenen Transistorarten mit den anfangs gebräuchlichen Schaltsymbolen für MOS-Transistoren dargestellt. In den letzten Jahren sieht man jedoch fast nur noch die Symbole von Bild 4.10. (B = bulk, bzw. Substrat). Geht man von einem n-Kanal-Transistor zu einem p-Kanal-Transistor über, so ist es geschickt, in den Ersatzschaltbildern sämtliche Pfeilrichtungen umzukehren. Dann gelten nämlich dieselben Gleichungen wie für den zuerst berechneten Typ.

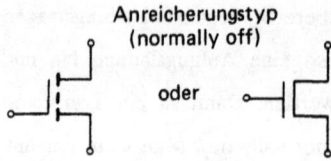

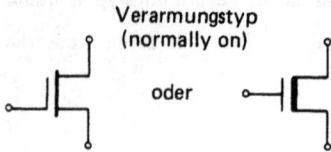

Anreicherungstyp
(normally off)

oder

Verarmungstyp
(normally on)

oder

Bild 4.9:

Schaltsymbole für MOS-Transistoren vom

Anreicherungs- und Verarmungstyp.

Anreicherungstyp   Verarmungstyp   ebenfalls üblich:

n−Kanal

p−Kanal

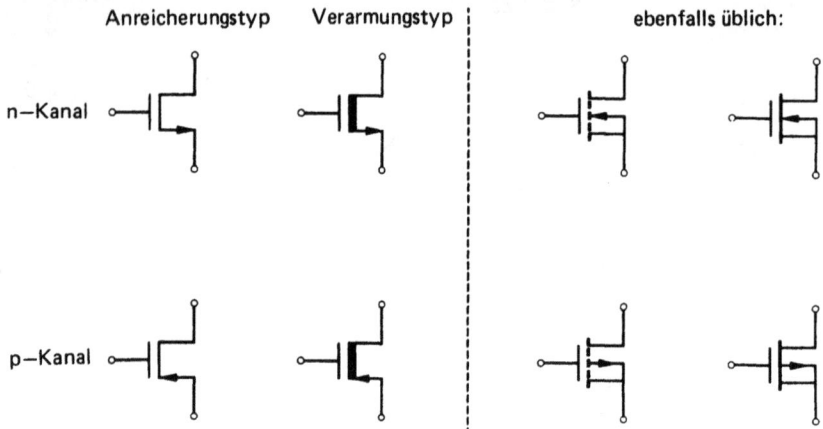

Bild 4.10:   Die 4 Varianten unterschiedlicher MOS-Transistoren.

4.2.5 Spannungsgesteuerter Widerstand

Für manche Anwendungen ist die von den frühen Erfindern schon anvisierte Eigenschaft des MOSFET wichtig, daß man den Widerstand des Kanals vermittels der Gate-Spannung kontinuierlich regeln kann (VCR = voltage controlled resistor). Dies ergibt sich wie folgt: Im Widerstandsgebiet gilt für kleine Source-Drain-Spannung bzw. für $U_{DS} \ll U_{GS} - U_{th}$ wegen Gl. (4.13) durch Vernachlässigung des quadratischen Termes U_{DS}^2

$$I_{DS} = 2K \cdot U_{DS} \cdot (U_{GS} - U_{th}). \qquad (4.17)$$

Der Kanalwiderstand $R_K = U_{DS}/I_{DS}$ ergibt sich daraus zu

$$R_K = 1/(2K (U_{GS} - U_{th})) . \qquad (4.18a)$$

Diesen Bereich nennt man den VCR-Bereich. Dort ist der Gleichstromwiderstand R_K über die Gatespannung einstellbar und nahezu unabhängig von U_{DS}. Der Widerstand ist für beide Stromrichtungen gültig, siehe die gemessenen Kennlinien in Bild 4.6b. Auch für den differentiellen Widerstand r_K gilt natürlich die gleiche Beziehung:

$$r_K = d\ U_{DS}/d\ I_{DS} = 1/(2K\ (U_{GS} - U_{th}))\ . \qquad (4.18b)$$

Ein linearer Kanalwiderstand nach Gl. (4.18) kann also bei relativ kleinen Drainspannungen oder bei relativ großen Gatespannungen erzeugt werden, d. h. immer, wenn $U_{DS} \ll U_{GS}$ ist.

Man beachte schließlich noch, daß wegen der Symmetrie der geometrischen Verhältnisse ein MOSFET einen Strom in beiden Richtungen steuern kann. Von der Struktur her ist es beliebig, welche Klemme man als Source oder Drain benutzt. Dies ist ein beachtlicher Unterschied gegenüber den bipolaren Transistoren.

4.2.6 Endliche Steigung im Abschnürbereich

Die Beziehungen in Gl. (4.13) und Gl. (4.15) sind natürlich nur als erste Näherungen aufzufassen. Z. B. läßt sich die tatsächlich im Abschnürbereich zu beobachtende endliche Steigung in zweiter Näherung mit folgender Formel beschreiben:

$$I_{DS} = K\ (U_{GS} - U_{th})^2\ (1 + \lambda \cdot |U_{DS}|). \qquad (4.19)$$

wobei λ eine Konstante bedeutet.

Bei gegebener Ansteuerspannung U_{GS} stellt dies einen konstanten Anteil dar, dem sich ein mit U_{DS} linear wachsender Anteil überlagert, siehe Bild 4.11. (Den Faktor λ kann man dabei empirisch aus der Steigung einer gemessenen Kurve bestimmen, wobei die Punkte P_1 und P_2 im Abschnürbereich liegen müssen).

Nimmt man auf diese Weise meßtechnisch ein ganzes Kennlinienfeld auf, so zeigt sich insbesondere bei den aktuellen Kurzkanaltransistoren, siehe Bild 4.12, daß die Verlängerung der geraden Kennlinienstücke nach links die Spannungsachse ziemlich genau in einem Punkt $-U_0$ schneidet. Diese Erscheinung (Early-Effekt) kann man umgekehrt benutzen, um auch ein der Wirklichkeit sehr gut entsprechendes Kennlinienfeld zu konstruieren, bzw. ein einfaches Transistormodell zu bilden, das die (für die Netzwerkanalyse) so wichtige Eigenschaft der Stetigkeit der Ableitungen über alle Transistorbereiche hin aufweist [3.12].

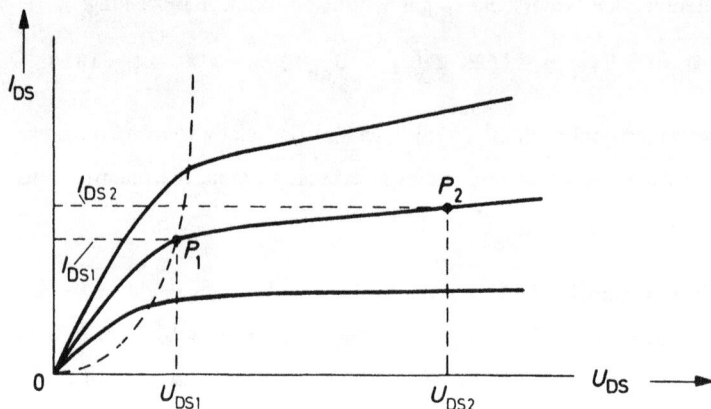

Bild 4.11:   Zur Ableitung eines empirischen Faktors für die Steigung der Kenn-
              linien im Abschnürbereich.

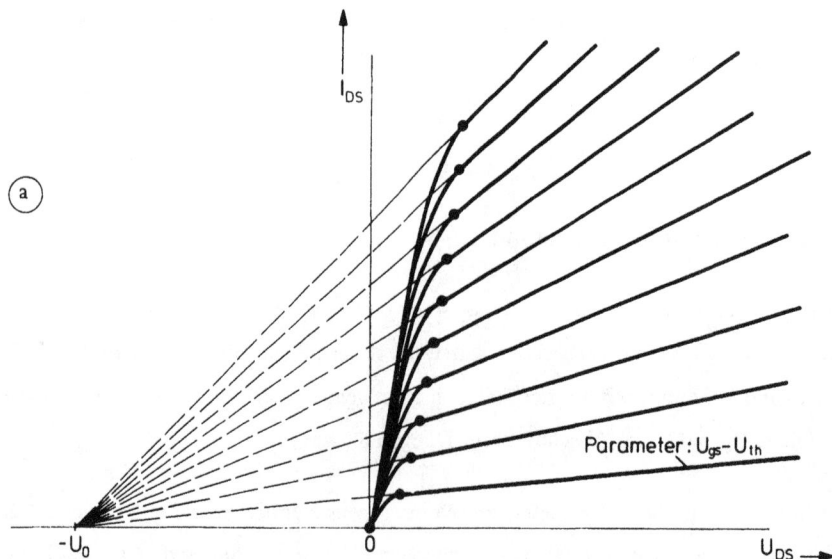

Bild 4.12:   Die Early-Spannung -U_0 legt die Steigungen der Kennlinien fest.
              a) Konstruktion, b) gemessenes Kennlinienfeld.

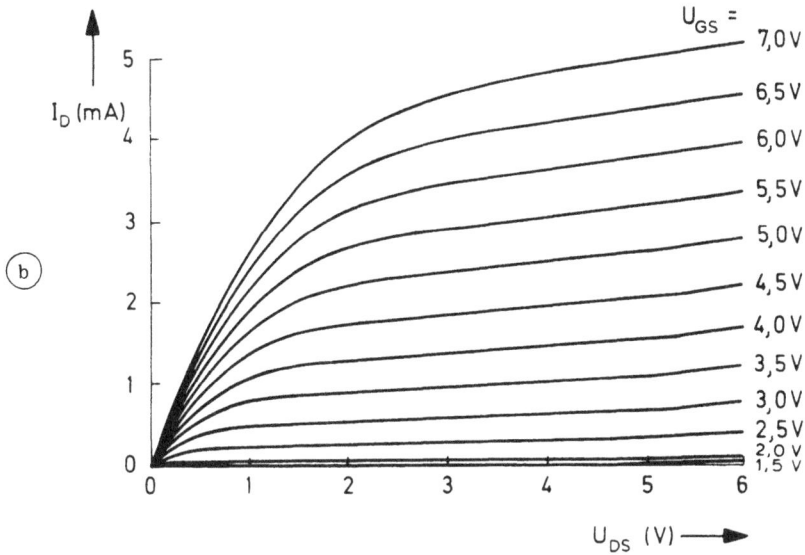

Bild 4.12: Fortsetzung

4.2.7 Schwellspannung und Substratvorspannung

Betrachten wir nun noch einen weiteren wichtigen Großsignaleinfluß. Legt man beim n-Kanal-MOSFET, der einen gewissen Strom führt, also einen ausgebildeten Kanal hat, an das Substrat eine gegen Source negative Spannung an, so werden alle p-n-Übergänge von Source, Kanal und Drain gesperrt bzw. noch mehr gesperrt. Dies hat im Prinzip genau wie beim Anlegen einer Gatespannung Auswirkungen auf die Dichte der Ladungsträger im Kanal. Eine negative Substratvorspannung wirkt wie eine negative Gatespannung, d. h. die positiven Ladungsträger im Kanal werden vermehrt. Daher gelingt die Inversion erst mit einer höheren Gatespannung. Man stellt fest: Die Schwellspannung hat sich vergrößert. Durch die angelegte Substratvorspannung U_{SB} ändert sich U_{th} nach einem der bekannten Ansätze wie folgt

$$U_{th} = U_{th0} + \frac{t_{ox}}{\varepsilon_{ox}} \sqrt{2eN\varepsilon_F} \cdot (\sqrt{|U_{SB}| + |2\phi|} - \sqrt{|2\phi|}) \ . \qquad (4.20)$$

Dabei bedeuten:

U_{SB} = Spannung zwischen Source und Substrat (bulk).

U_{th0} = Schwellspannung bei U_{SB} = 0.

ϕ = Diffusionspotential (0,2 - 0,4 Volt).

N = Dotierung.

ε_{ox} = Dielektrizitätskonstante des Isolators.

ε_F = Dielektrizitätskonstante des Substrats.

Wir wollen diese Formel hier nicht ableiten, man möge in den entsprechenden Büchern nachlesen. Ihr Verlauf ist für einen älteren MOSFET mit großer Schwellspannung in Bild 4.13a dargestellt. Gemessene Kennlinien zeigt Bild 4.13b.

Die Kenntnis dieses Einflusses ist von großer Wichtigkeit für die Beurteilung der Eigenschaften integrierter MOSFET-Schaltkreise. Sie enthalten nämlich in der Regel MOSFET's, die zwischen den Batterieanschlüssen in Serie geschaltet sind. Dann bekommt jeder Transistor mit höher liegendem Source-Anschluß automatisch eine Vorspannung gegen das Substrat und damit eine höhere Schwellspannung.

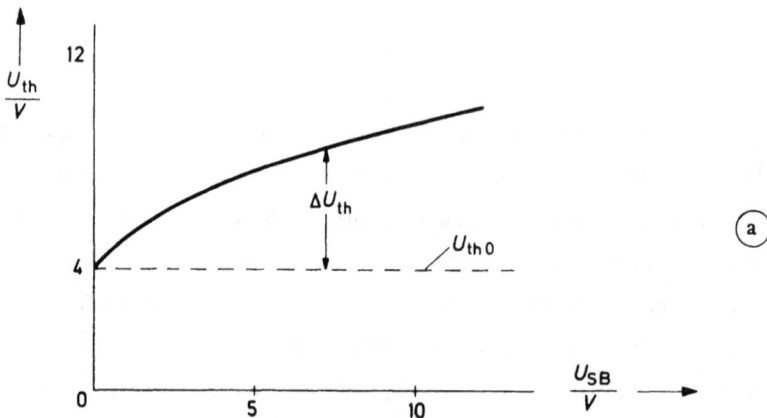

Bild 4.13:   a) Prinzip des Anwachsens der Schwellspannung U_{th} mit wachsender Substratvorspannung U_{SB}, b) Der genaue Verlauf des Anstiegs ΔU_{th} mit wachsender Substratvorspannung U_{SB} für verschiedene Technologieparameter.

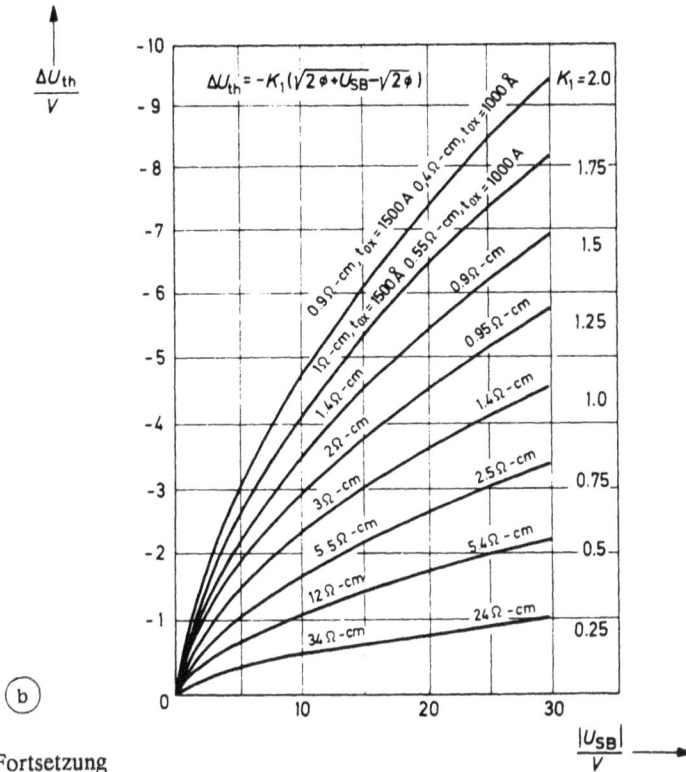

$$\Delta U_{th} = -K_1 (\sqrt{2\phi + U_{SB}} - \sqrt{2\phi})$$

Bild 4.13:   Fortsetzung

4.2.8   Vollständiges Großsignal-Ersatzschaltbild

4.2.8.1 Die Problemstellung

Man sieht häufig für den Feldeffekt-Transistor Ersatzschaltungen der in Bild 4.14 gezeigten Form. Für manche Überschlagsbetrachtungen sind sie ganz nützlich, aber es
sind offensichtlich nur ganz primitive Ersatzschaltungen, die speziell für den normalen
Betrieb gelten. Man muß sich hierbei noch entscheiden zwischen dem Widerstandsbereich und dem Abschnürbereich.

Für ein vollständiges Großsignal-Ersatzbild entsprechend dem des Ebers-Moll-Mo-
delles muß jedoch eine Ersatzschaltung entwickelt werden, die im einfachsten Fall 6
Gleichungen befriedigt, die in aller Ausführlichkeit lauten:

Für den normalen Betriebsfall, d. h. für positives Potential an Drain gilt

1. Widerstandsbereich: $I_{DS} = K \ [2(U_{GS}-U_{th})U_{DS}-U_{DS}^2]$

               für: $U_{DS} > 0, \ U_{GS} > U_{th}, \ U_{GS}-U_{th} > U_{DS}$

2. Abschnürbereich   : $I_{DS} = K \ [U_{GS} - U_{th}]^2$

               für: $U_{DS} > 0, \ U_{GS} > U_{th}, \ U_{GS} - U_{th} \leq U_{DS}$

3. Sperrbereich   : $I_{DS} = 0$

               für: $U_{DS} > 0, \ U_{GS} \leq U_{th}$

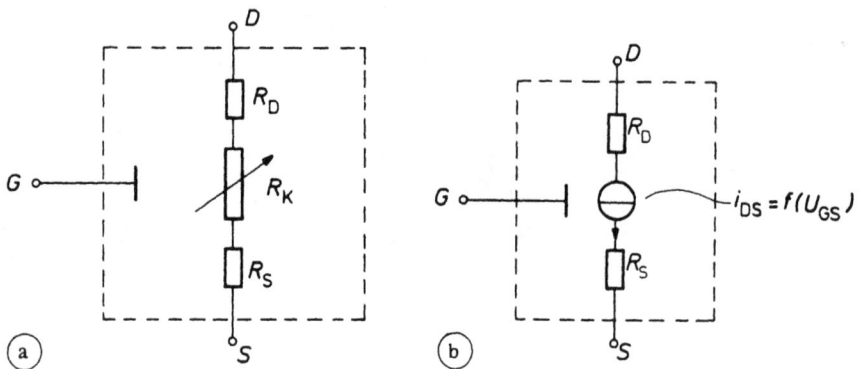

Bild 4.14:   Unvollständige Ersatzschaltbilder

                a) für den Widerstandsbereich bei normalem Betrieb

                b) für den Abschnürbereich bei normalem Betrieb.

Für den inversen Betriebsfall, d. h. für negatives Potential an Drain gilt entsprechend:

4.. Widerstandsbereich: $I_{SD} = K \ [2(U_{GD} - U_{th}) \ U_{SD} - U_{SD}^2]$

               für: $U_{SD} > 0, \ U_{GD} > U_{th}, \ U_{GD} - U_{th} > U_{SD}$

5. Abschnürbereich   : $I_{SD} = K \ [U_{GD} - U_{th}]^2$

               für: $U_{SD} > 0, \ U_{GD} > U_{th}, \ U_{GD} - U_{th} \leq U_{SD}$

6. Sperrbereich   : $I_{SD} = 0$

　　　　　　　　　für: $U_{SD} > 0,\ U_{GD} \le U_{th}$

Es ist zu beachten, daß hier wirklich 6 Gleichungen angeschrieben werden müssen, wenn die Klemmen einmal mit Namen belegt sind und wenn der Transistor wirklich in allen möglichen Betriebszuständen sein kann. Bild 4.15 zeigt das Prinzip des zugehörigen Kennlinienfeldes. Bild 4.16 zeigt gemessene Kennlinien.

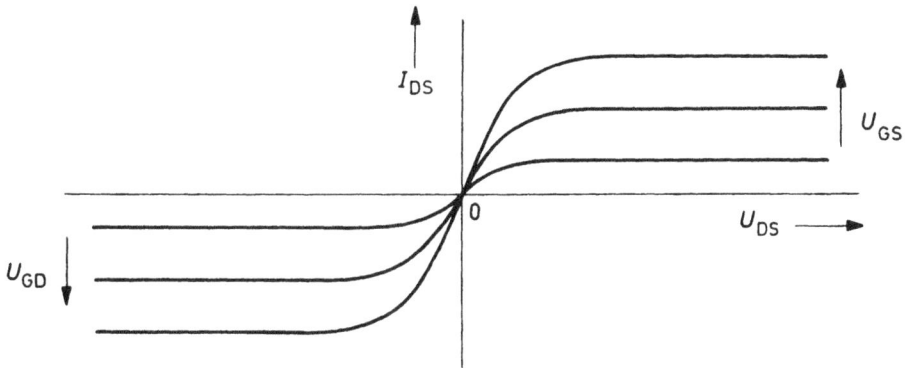

Bild 4.15:   Prinzip eines vollständigen FET-Kennlinienfeldes.

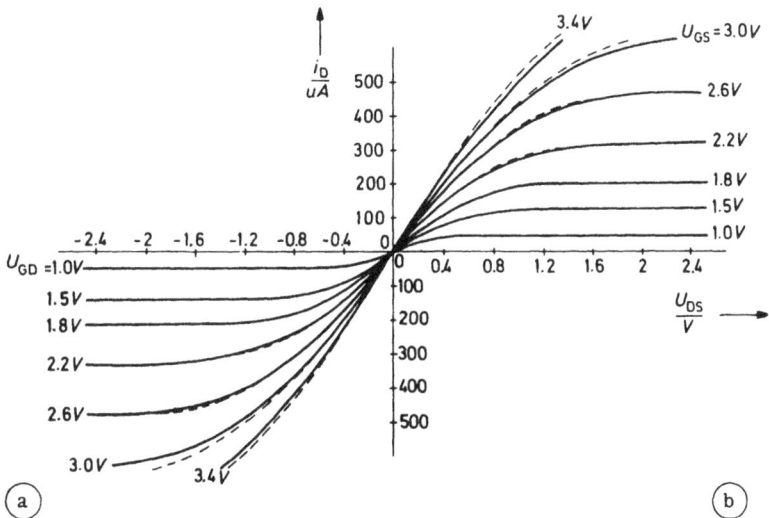

Bild 4.16:   Ein vollständiges Ausgangskennlinienfeld

　　　　　　　　　a) gemessene Kurven in durchgezogenen Linien, b) mit einem

　　　　　　　　　Ersatzschaltbild berechnete Kurven in gestrichelten Linien.

4.2.8.2 Symmetrische Darstellung der Transistor-Gleichungen

Die oben abgeleiteten Strom-Spannungs-Beziehungen werden manchmal auch in einer anderen, die Symmetrie der ganzen Anordnung wesentlich besser widerspiegelnden Form angegeben. Eine entsprechende Umformung ist nach Einführung der Spannung U_{GD} leicht möglich, wenn man noch nach Bild 4.17 berücksichtigt, daß

$$U_{DS} = U_{GS} - U_{GD} \; . \tag{4.21}$$

Setzt man dies in Gl. (4.13) ein, so ergibt sich:

$$I_{DS} = K \left[(U_{GS} - U_{th})^2 - (U_{GD} - U_{th})^2 \right] \; . \tag{4.22}$$

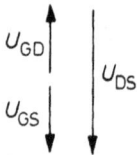

Bild 4.17:

Die positiven Richtungen der Transistorspannungen.

Eine Darstellung, die für alle möglichen Transistorzustände, also für den Sperrbereich, den Widerstandsbereich, den Abschnürbereich und den inversen Bereich gilt, läßt sich daraus wie folgt gewinnen. Wir schreiben den Strom I_{DS} in Abhängigkeit zweier Stromfunktionen I_n und I_i

$$I_{DS} = I_n - I_i \; , \tag{4.23}$$

die wie folgt definiert sind:

$$I_n = \left[\begin{array}{ll} 0 & \text{für } U_{GS} - U_{th} \leq 0 \\ K(U_{GS} - U_{th})^2 & \text{für } U_{GS} - U_{th} > 0 \end{array} \right. , \tag{4.24}$$

$$I_i = \left[\begin{array}{ll} 0 & \text{für } U_{GD} - U_{th} \leq 0 \\ K(U_{GD} - U_{th})^2 & \text{für } U_{GD} - U_{th} > 0 \end{array} \right. . \tag{4.25}$$

Die Indizes n und i sollen auf den normalen und den inversen Betrieb des Transistors hindeuten. Man prüft leicht nach, daß sich mit Hilfe dieser Definitionen und dem Ansatz in Gl. (4.23) alle oben in Abschnitt 4.2.8.1 abgeleiteten Beziehungen richtig ergeben.

4.2.8.3 Vollständiges Ersatzschaltbild mit antiparallelen Stromquellen

Mit Hilfe der symmetrischen Darstellung lassen sich jetzt einfache allgemeine Ersatzschaltbilder aufstellen. Sie sind in Bild 4.18 dargestellt.

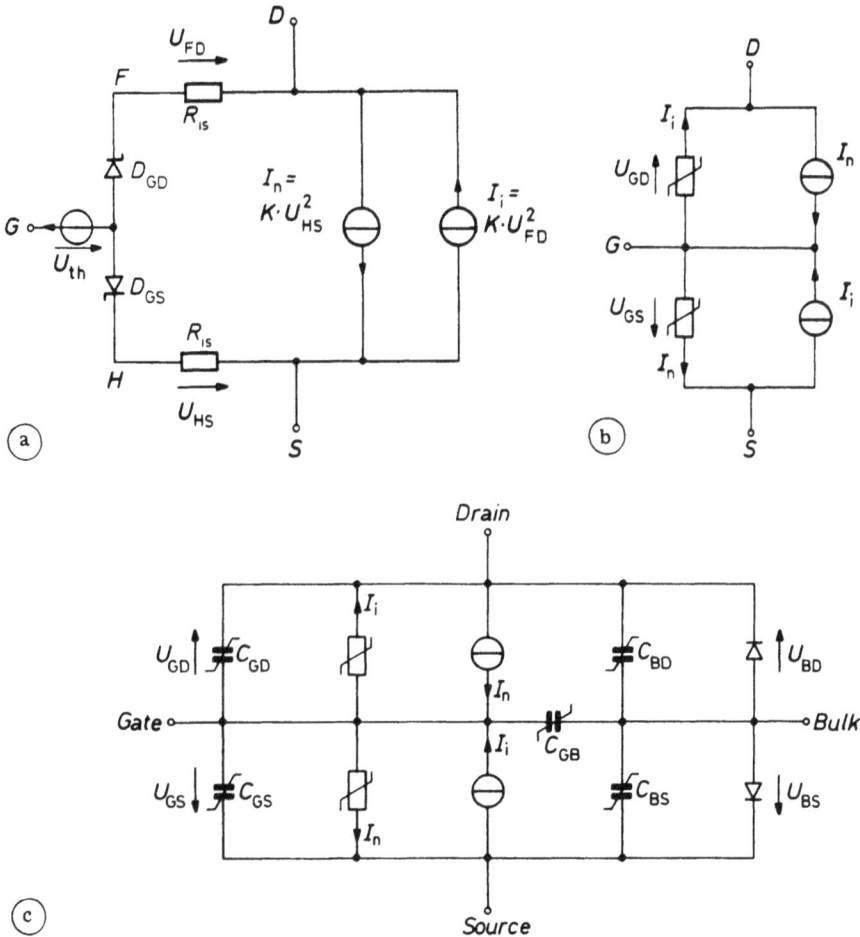

Bild 4.18:   Vollständige nichtlineare Ersatzschaltbilder

a) Statisches Ersatzschaltbild mit spannungsgesteuerten Stromquellen, b) Statisches Ersatzschaltbild mit stromgesteuerten
Stromquellen, c) Dynamisches Ersatzschaltbild mit stromgesteuerten Stromquellen.

In Bild 4.18a werden die in I_n und I_i von Gl. (4.24) und Gl. (4.25) enthaltenen steuernden Spannungen mit Hilfe technisch idealer Dioden erzeugt. Es gilt für die Ströme
nach Überwinden der Schwellspannungen durch die steuernden Spannungen

$$K \cdot U_{HS}^2 = I_n \, , \qquad\qquad\qquad\qquad (4.26)$$

$$K \cdot U_{FD}^2 = I_1 \, . \qquad\qquad\qquad\qquad (4.27)$$

Die eingezeichneten Widerstände R_{is}, an denen die Spannungen U_{FD} und U_{HS} entstehen, stelle man sich als Isolationswiderstände mit praktisch unendlich großen Widerstandswerten vor. Dann ist der Wirklichkeit entsprechend der statische Eingangsstrom am Gate nahezu gleich Null und es fließen auch keine Gleichströme zwischen Gate und Source sowie zwischen Gate und Drain. Die Transistorzustände hängen davon ab, in welchem Zustand die Dioden D_{GD} und D_{GS} sind. Man findet:

normaler Abschnürbereich	:	D_{GS} leitend, D_{GD} gesperrt
inverser Abschnürbereich	:	D_{GS} gesperrt, D_{GD} leitend
Widerstandsbereich	:	D_{GS} leitend, D_{GD} leitend
Sperrbereich	:	D_{GS} gesperrt, D_{GD} gesperrt.

Das in Bild 4.18a gezeigte Ersatzschaltbild mit zwei antiparallelen Stromquellen ist eine bildliche Darstellung der Gleichungen (4.23), (4.24), (4.25) genauso wie beim bipolaren Transistor das Injektions-Ersatzschaltbild eine bildliche Darstellung einer bestimmten Form der Ebers-Moll-Gleichungen ist.

In der Weiterführung eines Ansatzes von Schwarz [6.15] läßt sich eine Variante der ersatzbildmäßigen Darstellung gewinnen, die ohne technisch ideale Dioden auskommt, siehe Bild 4.18b. Hier werden nichtlineare Widerstände eingeführt, die genau die quadratischen Abhängigkeiten zwischen Strom und Spannung enthalten, die in den Gleichungen (4.24) und (4.25) gefordert werden. Infolge der sich ergänzenden Ströme an den Drain- und Source-Anschlüssen des Ersatzschaltbildes ergibt sich trotz der hier eingeführten Stromsteuerung, die an das Injektionsersatzschaltbild eines bipolaren Transistors erinnert, der Gatestrom exakt zu Null, wie man es auch von der Physik eines Feldeffekttransistors her erwarten muß. Das Ersatzschaltbild in Bild 4.18b hat infolge seiner Einfachheit einige Vorteile bei der rechnergestützten Netzwerkanalyse. Auch kann es leicht mit weiteren Dioden und Kapazitäten ergänzt werden, wie sie beim realen Feldeffekttransistor häufig noch berücksichtigt werden müssen, siehe z. B. Bild 4.18c. Dieses abstrakte Ersatzschaltbild sollte jedoch auf keinen Fall dazu verleiten, die Stromsteuerung auch als physikalische Realität anzusehen. Selbstverständlich bleibt ein MOSFET nach wie vor im Prinzip ein spannungsgesteuerter Transistor.

Geht man bei Feldeffektransistoren im Zuge der Miniaturisierung zu sehr kleinen Geometrien und Strömen über, so wächst der Strom I_{DS} nicht mehr quadratisch wie in Gl. (4.15) an, sondern, wie dies Bild 4.19 verdeutlicht, exponentiell. In einem solchen Bereich ist aber eine Schwellspannung nur noch nach Angabe eines Referenzbereiches zu definieren, d. h., sie ist nicht eindeutig, siehe die Betrachtungen zu Bild 2.5. In einem Ersatzschaltbild wird man daher für diesen Bereich kleiner Ströme am besten gleich eine exponentielle Steuerung einführen [5.7 letztes Kapitel].

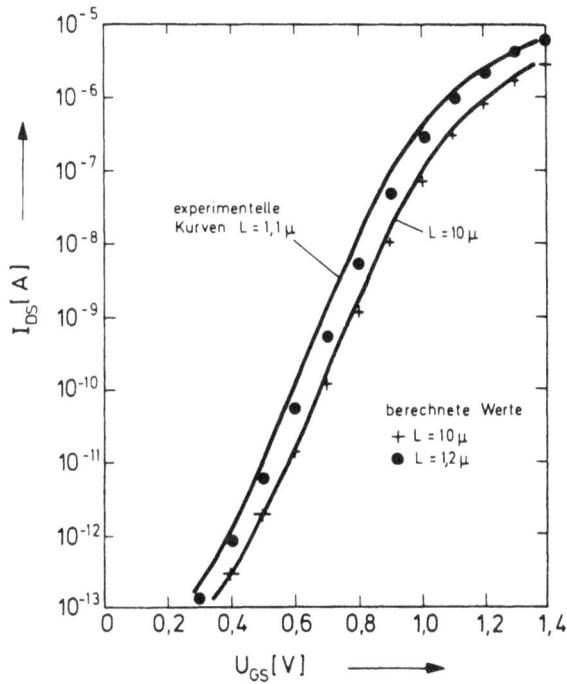

Bild 4.19:   Der Drainstrom in Abhängigkeit kleiner Spannungen (subthreshold).

4.3   Der MOSFET-Inverter

4.3.1   Das statische Verhalten eines Inverters

Der historisch älteste MOSFET-Inverter hat entweder die Struktur von Bild 4.20a oder von Bild 4.20b.

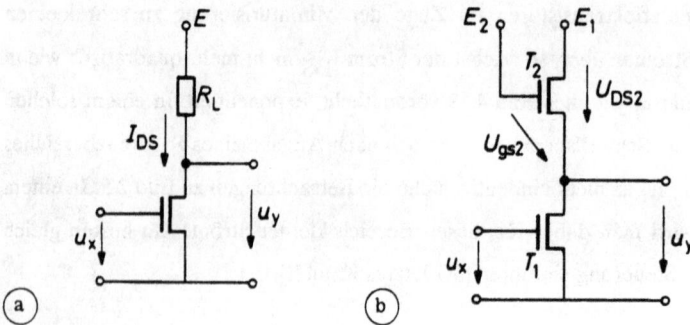

Bild 4.20:   Inverter aus Feldeffekt-Transistoren

a) mit Widerstandslast R_L , b) mit FET-Last T_2.

Betrachten wir zuerst die Schaltung mit dem linearen Belastungswiderstand und zeichnen die Arbeitsgerade im Kennlinienfeld, siehe Bild 4.21. Da I_{DS} sowohl den Transistorbeziehungen als auch der Widerstandsbeziehung

$$I_{DS} = \frac{E - U_{DS}}{R_L} \quad , \tag{4.28}$$

genügen muß, ergeben sich die Arbeitspunkte vor und nach einem Sprung von u_x, die den Transistor vom Sperrzustand in den Widerstands-Zustand bringt, durch die entsprechenden Schnittpunkte A und B.

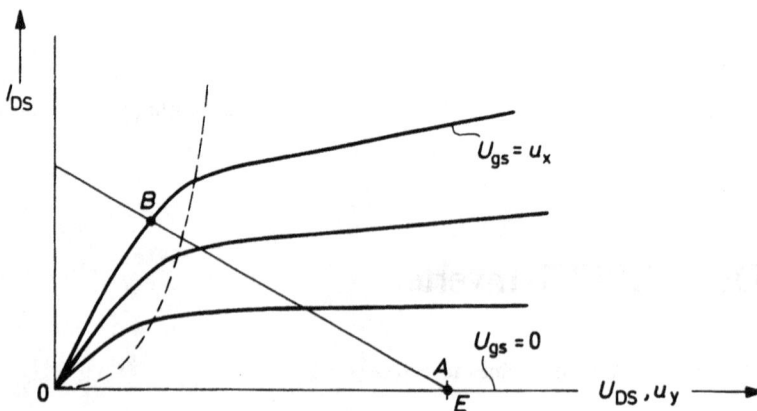

Bild 4.21:   Arbeitsgerade im Kennlinienfeld des Transistors von Bild 4.20a.

Wird dagegen nach Bild 4.20b ein MOSFET gleicher Art als Arbeitswiderstand gewählt, so müssen wir die entsprechende Arbeitsgerade als Funktion von E_2 und E_1 erst bestimmen. Es gelten die Beziehungen

$$U_{GS2} = E_2 - (E_1 - U_{DS2}) \qquad (4.29)$$

$$= U_{DS2} + (E_2 - E_1) \; .$$

Die Stromspannungskennlinie $I_{DS2} = f(U_{DS2})$ des Lasttransistors für den Widerstandsbereich erhält man, indem man den Ausdruck von Gl. (4.29) in Gl. (4.13) einsetzt

$$I_{DS2} = K \, [2(U_{DS2} + E_2 - E_1 - U_{th})U_{DS2} - U_{DS2}{}^2] . \qquad (4.30)$$

und für den Abschnürbereich, indem man den Ausdruck (4.29) in Gl. (4.15) einsetzt

$$I_{DS2} = K \, [U_{DS2} + E_2 - E_1 - U_{th}]^2 \; . \qquad (4.31)$$

Diese Gleichung gilt nur, solange die Klammer größer als Null ist. Für $U_{DS2} < - E_2 + E_1 + U_{th}$ ist stets $I_{DS2} = 0$. Dazwischen liegt ein Knickpunkt und die entsprechende Anlaufspannung ergibt sich aus $U_{DS2} = - E_2 + E_1 + U_{th}$. Bild 4.22 zeigt einige Kennlinien für verschiedene Spannungen E_2.

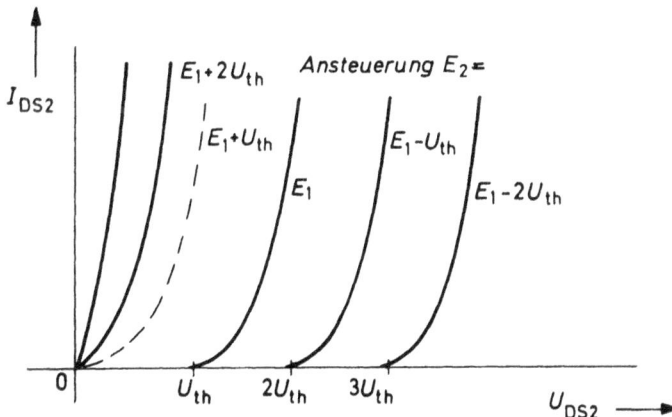

Bild 4.22: Das Kennlinienfeld des Last-FET von Bild 4.20b bei verschiedenen Ansteuerspannungen E_2.

Trägt man nun solche Arbeitskennlinien von T_2 in das Kennlinienfeld von T_1 ein, wobei man wegen $U_{DS2} = E_1 - U_{DS1}$ einfach spiegeln kann, so ergeben sich die Arbeitspunkte des Inverters wieder durch die entsprechenden Schnittpunkte, siehe Bild 4.23.

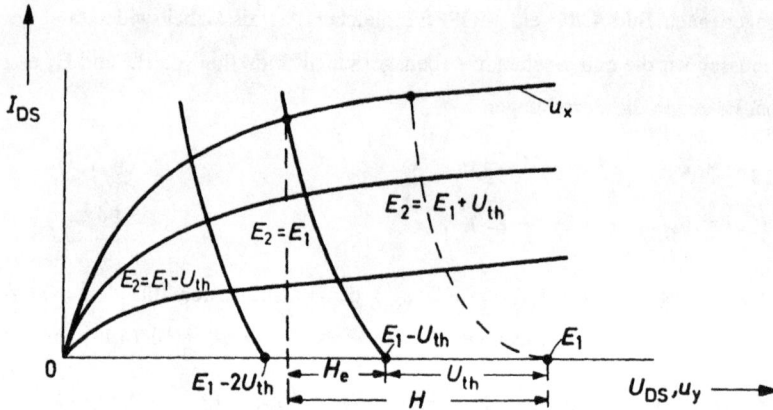

Bild 4.23:   Die Überlagerung der Kennlinienfelder der Transistoren T_1 und T_2 zur Bestimmung der Arbeitspunkte des Inverters von Bild 4.20b.

Hier ist es wünschenswert, die Arbeitskennlinien des Last-Transistors so einzustellen, daß ein möglichst großer Hub H für u_y resultiert. An den drei eingezeichneten Beispielen läßt sich erkennen, daß der Hub umso größer wird, je negativer E_2 gewählt wird. Sieht man jedoch nur auf den Hub, der bei von Null verschiedenen Strömen I_{DS} existiert und der bei der Umladung von Lastkapazitäten maßgebend ist (wir können ihn den effektiven Hub H_e nennen), so erkennt man, daß mit $E_2 = E_1$ schon ein recht günstiger Wert zu finden ist. Hierbei ist der Lasttransistor im Abschnürbereich. Der effektive Hub läßt sich verbessern, wenn man die Steigungen für beide Transistoren in Bild 4.23 unterschiedlich groß wählt. Das ist durch geeignete Wahl der Konstanten K leicht zu realisieren. Klammert man nämlich in Gl. (4.12b) das Verhältnis Weite/Länge = W/L aus, so zerfällt K in einen geometrieabhängigen Faktor W/L und einen technologieabhängigen Faktor K'

$$K = \frac{W}{L} \cdot K' . \qquad (4.32)$$

Durch Verändern von W/L läßt sich daher die Steigung der Kennlinien praktisch beliebig variieren. Im Kennlinienfeld günstig dimensionierter Inverter sind dann z. B. Verhältnisse vorhanden wie sie in Bild 4.24 skizziert sind. Hierbei entsteht in beiden Endpunkten eine geringe Verlustleistung.

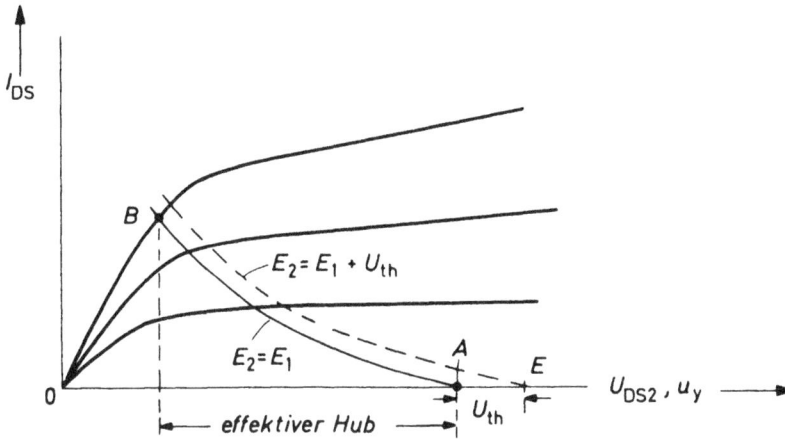

Bild 4.24:   Arbeitskennlinie des Lasttransistors T_2, deren Steigung durch Vergrößern des Kanalwiderstandes gegenüber dem Fall in Bild 4.23
verringert wurde.

Die Widerstandswerte der Feldeffekt-Transistoren sind meist sehr hoch im Vergleich
zu denen der bipolaren Transistoren. Dies gilt sowohl für die statischen Eingangswiderstände (Gate-Widerstand $> 10^{10}\Omega$), als auch für die Kanalwiderstände. Hier
rechnet man heute mit Flächenwiderständen von 20 KΩ cm gegenüber 100 Ω cm bei
bipolaren Transistoren. Aus Aufwandsgründen wählt man bei den besprochenen
einfachen Invertern meist $E_1 = E_2$ und realisiert die verschiedenen Steigungen von
Schalttransistor und Lasttransistor durch Variation des Verhältnisses L/W.

4.3.2 Das dynamische Kleinsignal-Verhalten eines MOSFET

Betrachten wir zunächst das Kleinsignalverhalten ohne Berücksichtigung parasitärer
Kapazitäten. Im Eingangskreis liegen Gatekapazität C_g und Kanalwiderstand R_K in
Serie. Nur die über der Kapazität C_g abfallende Spannung v_C kann eine Steuerung bewirken. Lassen wir $\omega \to 0$ gehen, so erhalten wir wieder den schon diskutierten statischen Fall, wobei $v_C \to U_{GS}$ geht. Der Eingangswiderstand ändert sich dabei von
mittleren zu extrem hohen Werten (praktisch Unendlich).

Der Ausgangsstrom ist bestimmt durch

$$i_{DS} = \frac{d\ I_{DS}}{d\ U_{GS}} \cdot v_C = g_m \cdot v_C \cdot \qquad (4.33)$$

(g_m nach Gl. (4.16)). Infolgedessen läßt sich das folgende Ersatzschaltbild in Bild 4.25 aufstellen. Legt man am Eingang einen kleinen Spannungssprung der Amplitude U_{GS} an, so ergibt sich die Spannung v_C:

$$v_C = U_{GS}\ (1-e^{-t/r_K \cdot C_g})\ . \qquad (4.34)$$

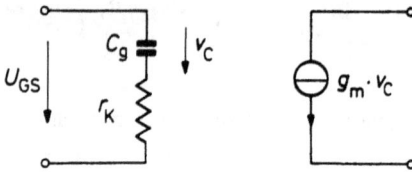

Bild 4.25:   Einfaches lineares Kleinsignal-Ersatzschaltbild.

Infolgedessen beträgt der Ausgangssstrom

$$i_{DS} = U_{GS} \cdot 2K\ (U_{GS} - U_{th}) \cdot (1-e^{-t/r_K \cdot C_g})\ . \qquad (4.35)$$

Führt man die entsprechende Rechnung für kleine Wechselstromansteuerungen durch, so ergibt sich zunächst

$$\hat{v}_C = \hat{u}_{GS}\ \frac{1}{1+j\omega C_g \cdot r_K}\ , \qquad (4.36)$$

und dann

$$\hat{i}_{DS} = \hat{v}_C \cdot g_m = 2K(U_{GS} - U_{th}) \cdot \frac{\hat{u}_{GS}}{1+j\omega C_g \cdot r_K}\ . \qquad (4.37)$$

Die Kreisfrequenz, bei der der Strom auf $1/\sqrt{2}$ seines Maximalwertes abfällt, sei wieder wie üblich die Grenzfrequenz ω_c (cut-off-frequency) genannt. Sie folgt aus Gl. (4.37) zu

$$\omega_c = \frac{1}{C_g \cdot r_K}\ . \qquad (4.38)$$

Setzen wir nun die expliziten Werte

$$C_g = \varepsilon_0 \varepsilon_r \frac{L \cdot W}{t_{ox}} \quad \text{und} \quad r_K = \varrho \cdot \frac{L}{W \cdot d} \, , \qquad (4.39)$$

ein, so folgt

$$\omega_c = \frac{t_{ox} \cdot W \cdot d}{\varepsilon_0 \varepsilon_r L \cdot W \cdot \varrho \cdot L} = \frac{t_{ox} \cdot d}{\varepsilon_0 \varepsilon_r \varrho L^2} \, . \qquad (4.40)$$

Dies ist insofern sehr bemerkenswert, als es darlegt, daß die Grenzfrequenz der MOS-FET's nicht von der Breite W des Kanals, dagegen sehr von der Länge L abhängt. Der Parameter t ist nicht frei wählbar, da er die Schwellspannung U_{th} bestimmt und daher sehr klein sein muß. Interessant ist noch, daß ω_c umgekehrt proportional zum spezifischen Widerstand ϱ bzw. proportional zur Leitfähigkeit κ ist. Diese wiederum ist proportional zur Beweglichkeit b, woraus man meist wegen $b_n > b_p$ schließt, daß der n-Kanal MOSFET grundsätzlich besser für schnellere Transistoren geeignet ist.

Die nach Gl.(4.40) errechenbaren Werte der Grenzfrequenzen sind sehr hoch. Praktisch beobachtet man aber bei Standard-MOSFET's, daß die über die Drainspannungen gemessenen Grenzfrequenzen mehr als zwei Größenordnungen kleiner sind. Das muß vorzugsweise auf die Wirkung der parasitären Kapazitäten und insbesondere der Drainkapazität C_D zurückgeführt werden. In Bild 4.26 sind die wichtigsten parasitären Elemente eines MOSFET's ersatzbildmäßig skizziert. Sie müssen insbesondere dann berücksichtigt werden, wenn man die Transistoren vom gesperrten in den leitenden Zustand durchschaltet.

Wenn wir unsere Aufmerksamkeit jetzt wieder dem Großsignalverhalten der Transistoren zuwenden, so wollen wir von den parasitären Elementen in erster Näherung nur die Drainkapazität berücksichtigen. Da ihr Einfluß, wie erwähnt, so außerordentlich groß ist, können wir einerseits den inneren Transistor als praktisch ideal schnell betrachten, und andererseits der Drainkapazität noch äußere Lastkapazitäten zuschlagen. Die Geschwindigkeitsvorteile der n-Kanal MOSFET's ergeben sich dann einfach durch den kleineren Kanalwiderstand.

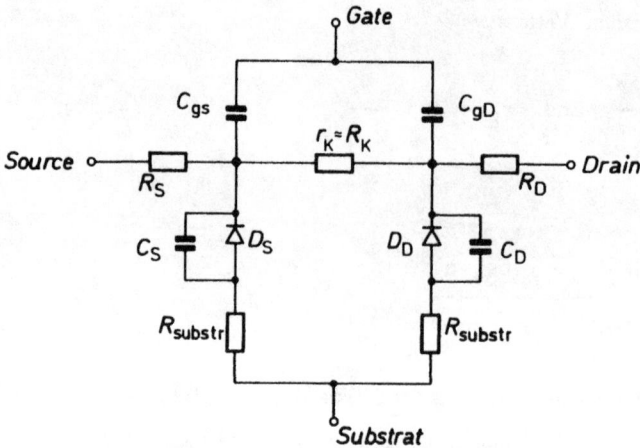

Bild 4.26:   Lineares Kleinsignal-Ersatzschaltbild mit parasitären Schaltelementen.

4.3.3 Inverter mit ohmscher und kapazitiver Last

Als erstes Beispiel betrachten wir den Inverter mit kapazitiver Last in Bild 4.27. Der "MOSFET" sei zu Anfang gesperrt und werde durch einen Spannungssprung am "Gate" in den leitenden Zustand gebracht. Der Widerstand R sei sehr groß und diene nur während des Sperrens des Transistors zur Umladung der Kapazität. Die dann erfolgenden Vorgänge lassen sich am besten im Kennlinienfeld verfolgen, siehe Bild 4.28.

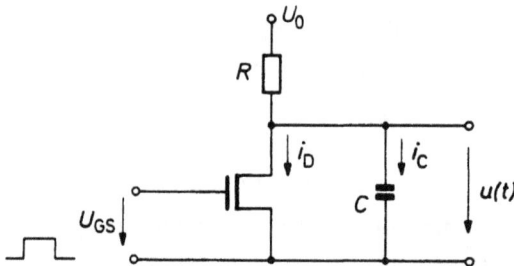

Bild 4.27:   Inverter mit ohmscher und kapazitiver Last.

Der Transistor befinde sich zuerst im Punkt P_1. Durch den Spannungssprung am Gate zur Zeit $t_1 = 0$ erreicht er praktisch sofort den Punkt P_2. Da ist er im Abschnürbereich und lädt den Kondensator mit einem nahezu konstanten Strom um. Dabei wandert der Arbeitspunkt von P_2 nach P_3. Die dazu benötigte Zeit ist

$$t_3 = \frac{C \cdot u}{I_{DS}} = \frac{C|U_3 - U_2|}{K(U_{GS}-U_{th})^2} \cdot \qquad (4.41)$$

Dabei bedeuten U_2 und U_3 die Spannung am Anfang und Ende des Vorganges (bzw. in den Punkten P_2 und P_3). Im Punkt P_3 kommt der Transistor in den Widerstandsbereich. Mit Gl. (4.13) lautet jetzt die Ausgangsbeziehung

$$C \frac{du}{dt} = - K [2(U_{GS} - U_{th})u-u^2]. \qquad (4.42)$$

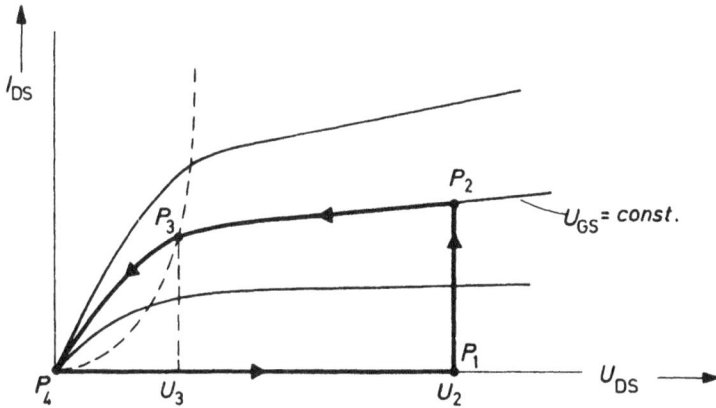

Bild 4.28:   Wanderung des Arbeitspunktes im Kennlinienfeld nach dem Einschalten einer Spannung U_{GS}. Der Widerstand R sei sehr groß.

Führt man hier die Trennung der Variablen durch, so kann man integrieren

$$\int \frac{C \, du}{K [2(U_{GS} - U_{th})u-u^2]} = - \int_{t_3}^{t} dt + \text{const.} \qquad (4.43)$$

Die Lösung lautet für den Anfangswert $u(t = t_3) = U_3 = U_{GS}-U_{th}$:

$$u(t) = (U_{GS} - U_{th}) \cdot \frac{2 \, e^{-(t-t_3)/\tau_1}}{1 + e^{-(t-t_3)/\tau_1}} , \quad t > t_3 . \qquad (4.44)$$

Dabei bedeutet

$$\tau_1 = C/2K(U_{GS} - U_{th}) = C/g_m \, . \tag{4.45}$$

Die gesamte Entladung des Kondensators dauert also länger als wenn er vollständig durch den konstanten Strom entladen worden wäre. Die Entladung im Widerstandsbereich erfolgt ferner nicht einfach exponentiell. Wir können nun die einzelnen Spannungsanteile zusammensetzen, siehe Bild 4.29.

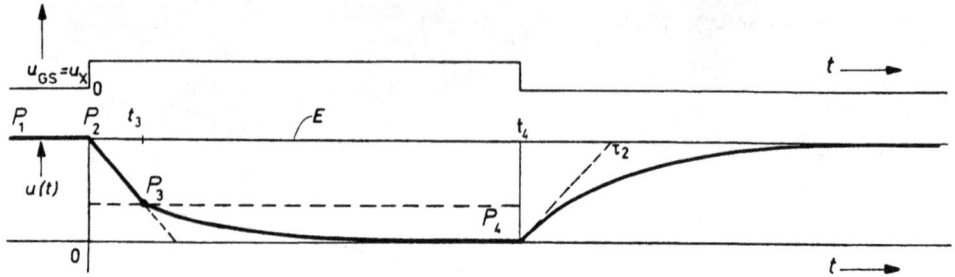

Bild 4.29:   Zeitlicher Verlauf der Ströme und Spannungen zu den beiden vorangegangenen Bildern.

Wird der Transistor nach einiger Zeit, z. B. bei $t = t_4$ wieder gesperrt, so erfolgt die Aufladung des Kondensators über den Widerstand R exponentiell mit der Zeitkonstanten τ_2 = RC.

4.3.4 Inverter mit Transistor- und Kapazitätslast

Als nächstes Beispiel betrachten wir die häufig eingesetzte Schaltung von Bild 4.30. Hier wird die Last ebenfalls durch einen MOSFET gebildet. (Für den statischen Fall hatten wir diesen Inverter schon diskutiert.) Ausgangszustand sei ein leitender Transistor T_1, der den Kondensator C vollständig entladen hat. Dann werde der Transistor T_1 relativ schnell gesperrt, wir wollen annehmen, ohne Zeitverzug. Wichtig ist nun die Umladung von C durch T_2. Da wir Gate und Drain zugleich an die Batterieklemme U_{DD} gelegt haben, wird T_2 stets im Abschnürbereich betrieben (die wirksame Gatespannung ist kleiner als die Drainspannung). Der Transistor T_2 stellt dann im wesentlichen einen Konstant-Strom-Generator dar. Der Strom ist daher durch Gl. (4.15) gegeben, und wegen $i_{DS2} = i_C$ folgt

$$C \cdot \frac{du}{dt} = K(U_{GS} - U_{th})^2 = K(U_{DD} - u - U_{th})^2 \quad . \quad (4.46)$$

Wir trennen die Veränderlichen

$$\int \frac{C}{K} \frac{du}{(U_{DD}-U_{th}-u)^2} = - \int dt + const. \quad (4.47)$$

und erhalten nach einfacher Rechnung mit $u(t=0) = 0$:

$$u(t) = (U_{DD} - U_{th}) \frac{t/\tau}{2+t/\tau} \equiv U_1 \frac{t/\tau}{2+t/\tau} \quad , \quad (4.48)$$

wobei wieder gesetzt ist

$$\tau = C/g_m = C/2K(U_{DD} - U_{th}) \quad . \quad (4.49)$$

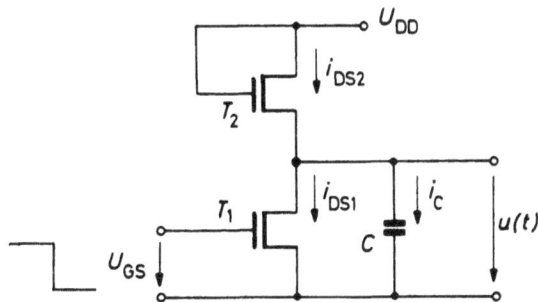

Bild 4.30:   Inverter mit Transistor- und Kapazitäts-Last.

Der Verlauf von Gl. (4.48) ist in Bild 4.31 wiedergegeben. Die Umladung des Kondensators erfolgt ersichtlich erheblich langsamer als im Falle eines linearen Lastwiderstandes, siehe die gestrichelte Kurve. (Der Transistor T_2 ist gewissermaßen als "Source-Follower" geschaltet, der eine ständig kleiner werdende Steuerspannung erhält.)

Eine Beschleunigung des Vorganges kann erreicht werden, wenn das "Gate" nicht auf das Batteriepotential U_{DD}, sondern auf ein höheres Potential U_{GG} gelegt wird. Hierfür findet man dann einen Spannungsverlauf wie folgt:

$$u(t) = U_{DD} \frac{(2-m)(1-e^{-(t/\tau)\cdot(1-m)})}{2-m(1+e^{-(t/\tau)\cdot(1-m)})},$$ (4.50)

Diese Beziehung ist leicht abzuleiten, worauf jedoch hier verzichtet werden soll. Es be-deuten

$$m = U_{DD}/(U_{GG} - U_{th})$$

$$\tau = C/g_m = C/2K(U_{GG} - U_{th}).$$ (4.51)

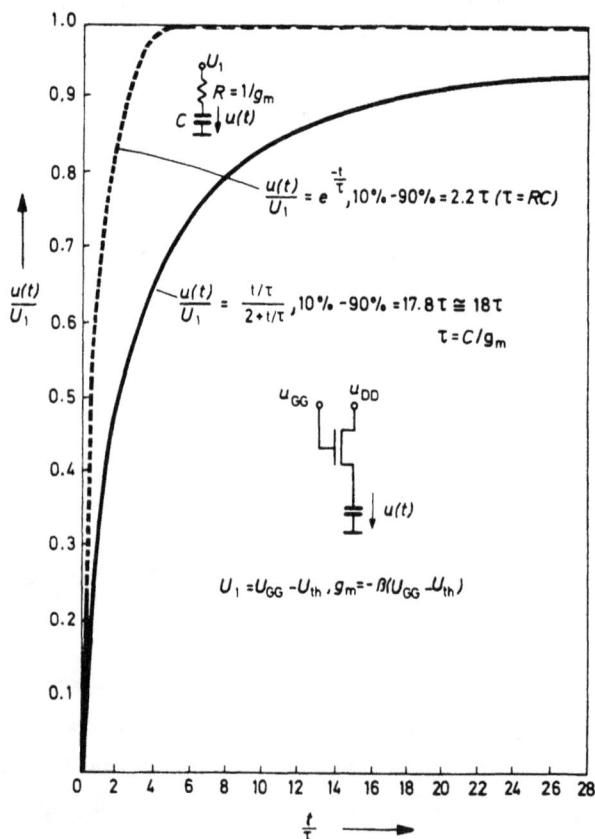

Bild 4.31:   Berechnete Ausgangsspannung als Funktion der Zeit für die Schaltung im vorigen Bild und Vergleich mit der Aufladung einer Kapazität über einen Widerstand.

Die Einschaltkurven von Gl. (4.50) sind für verschiedene Parameter m in Bild 4.32 dargestellt.

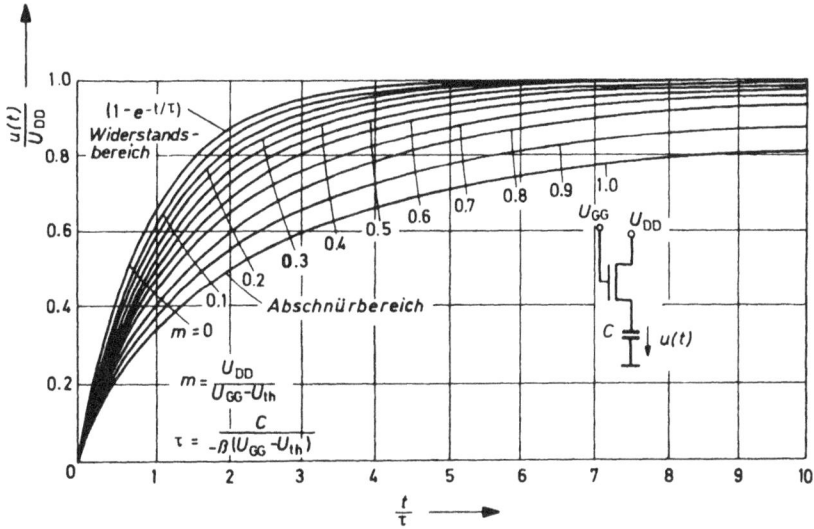

Bild 4.32:   Die Ausgangsspannungen der Schaltung in Bild 4.30 für den Fall, daß das Gate des Lasttransistors T_2 mit einer separaten Spannung U_{GG} versehen wird. Mit wachsendem Parameterwert m ergibt sich ein kontinuierlicher Übergang vom Widerstandsbereich zum Abschnürbereich.

4.3.5 Inverter mit Anreicherungs- und Verarmungstransistoren

Mit der heutigen Halbleitertechnologie ist es auch möglich, Inverter gleichzeitig mit Anreicherungs- und Verarmungstransistoren zu realisieren, siehe Bild 4.33a. Man verbindet dabei beim Lasttransistor das Gate direkt mit Source. Trägt man die Kennlinien beider Transistoren in einem I_D-U_D-Kennlinienfeld auf, wie dies in Bild 4.33b skizziert ist, so ergibt sich bei leitendem Schalttransistor T_1, d. h. für $U_{GS1} > 0$ und $U_{GS2} = 0$, der Arbeitspunkt B (die interessierenden Kennlinien sind dicker gezeichnet). Der Lasttransistor ist hierbei im Abschnürbereich und stellt im wesentlichen einen Konstantstromgenerator dar. Bei gesperrtem Schalttransistor ergibt der Schnitt der beiden Kennlinien für $U_{GS1} = 0$ und $U_{GS2} = 0$ den Arbeitspunkt A. Solche Inverter sind technologisch auf einer sehr kleinen Fläche unterzubringen, da für beide Transistoren minimale Kanalflächen möglich sind. Auch ist der effektive Spannungshub größer als bei den anfangs besprochenen einfachen Invertern.

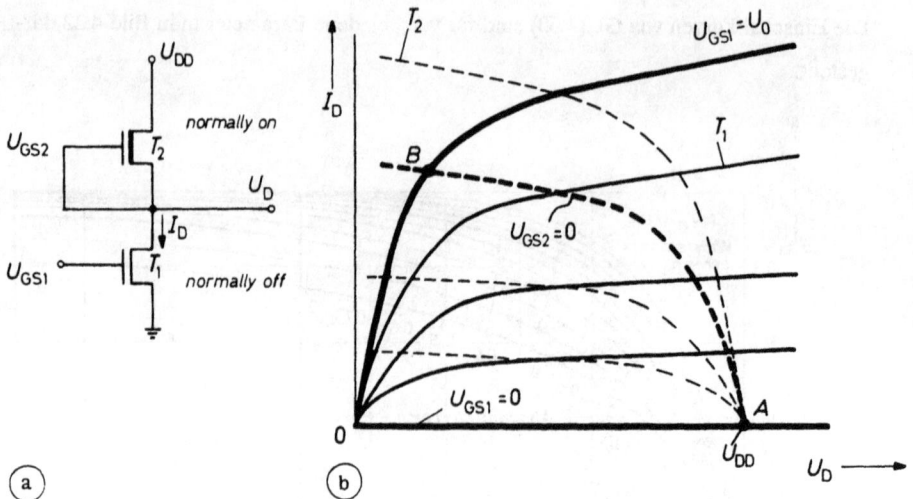

Bild 4.33:   a) Inverter mit Schalttransistor als Anreicherungstyp und Lasttransistor als Verarmungstyp, b) die Überlagerung beider Kennlinien zur Ermittlung der Arbeitspunkte.

4.4 MOSFET-Gatter

4.4.1   Statische NAND- und NOR-Schaltungen

Aus der Inverterschaltung lassen sich durch Parallel- oder Reihenschaltung mehrerer Treibertransistoren logische Schaltungen entwickeln, siehe Bild 4.34. Auch eine Kombination von Parallel- und Reihenschaltung ist möglich, wodurch der logische Entwurf sehr flexibel gestaltet werden kann. Wie beim Inverter ist bei Benutzung gleichartiger Transistoren der Last-Transistor T_2 hochohmiger auszulegen, d. h. mit großem Verhältnis L/W, damit bei durchgeschalteten Eingangstransistoren T_x die Ausgangsspannung klein wird. (Bei Invertern mit unterschiedlichen Transistoren ist diese Bedingung ohne allzu große Verlängerung des Kanals der Lasttransistoren zu erfüllen). Die MOS-Gatter weisen im Ruhezustand eine gewisse Verlustleistung auf, die im allgemeinen kleiner als bei bipolaren Invertern ist. Man hat jedoch noch weitere Schaltungen entwickelt, die im Ruhezustand noch weniger Verlustleistung entwickeln. Das sind die sog. dynamischen Schaltungen.

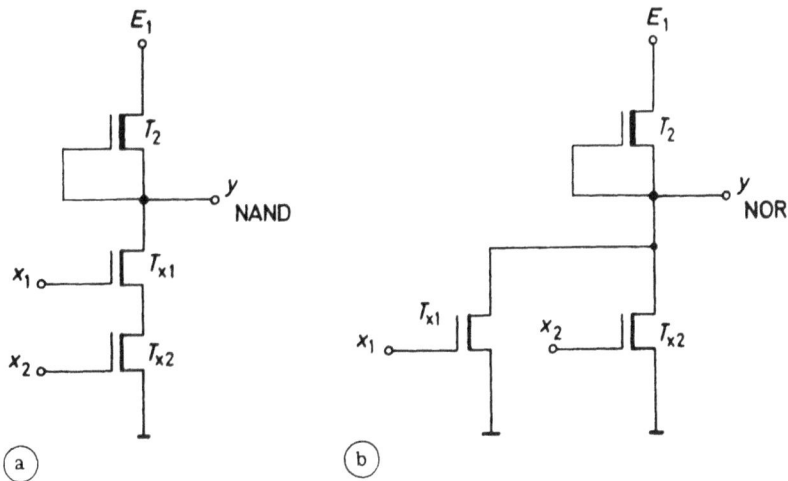

Bild 4.34:   Verknüpfungsschaltungen. a) Statisches NAND-Gatter, b) statisches NOR-Gatter.

4.4.2 Dynamische Inverter und Gatter

Bei dieser Gruppe von Gattern werden kleine Kapazitäten benutzt, um Ladungen bzw. Spannungen und damit den logischen Zustand der Schaltung zu speichern. Im allgemeinen reichen die Transistor-Kapazitäten und die Schaltkapazitäten aus (≈ 1 pF), um die Funktion des Kurzzeitspeichers zu übernehmen. In der Inverterschaltung von Bild 4.35a stellt C_1 die Gate-Source-Kapazität von T_1 und C_2 die Eingangskapazität der folgenden Stufe sowie die Drain-Substrat-Kapazität von T_3 dar.

Während des Taktimpulses Φ wird die Information von C_1, (tiefes oder hohes Potential) invertiert auf C_2 übertragen. T_2 dient wiederum als Lastelement (hochohmig im Verhältnis zu T_1), während T_3 ein Koppelelement darstellt (Transfer-Transistor), das im durchgeschalteten Zustand die Kapazität C_2 mit Punkt a verbindet. Die Schaltung arbeitet wie folgt:

Der Eingang x liege zunächst auf tiefem Potential: T_1 ist gesperrt und bei positivem Taktimpuls Φ werden T_2 und T_3 durchgeschaltet, C_2 wird auf hohes Potential, nämlich E, aufgeladen; dabei fließt in T_3 ein Strom entgegengesetzt zu der angegebenen Pfeilrichtung. Nach Beendigung des Taktimpulses sind T_2 und T_3 gesperrt. Als Entladewiderstand für C_2 ist der Widerstand der Drain-Substrat-Sperrschicht von T_3 maßgebend. Als nächstes nehmen wir an, daß der Eingang x auf hohem Potential liegt. Dann ist T_1 durchgeschaltet. Beim Taktimpuls Φ stellt sich an a ein tiefes Potential entsprechend der Kanalwiderstände von T_2 und T_1 ein; C_2 wird über T_3 auf dieses Potential umgeladen. Zu beachten ist, daß in T_3 kein Gleichstrom, sondern nur der Umladestrom für C_2 fließt, während über T_2 und T_1 in der Taktphase ein Gleichstrom fließt. Verlustleistung tritt nur während der Taktphase auf.

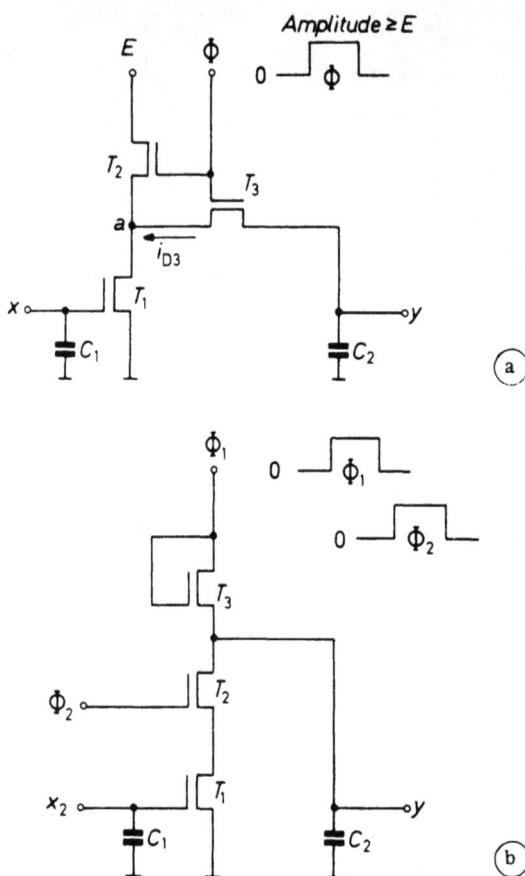

Bild 4.35:   Dynamische Inverter. a) quasistatische Verlustleistung nur während der Taktphasen, b) Schaltung mit zwei Taktphasen zur vollständigen Unterdrückung der quasistatischen Verluste.

Bei der nächsten Inverterschaltung nach Bild 4.35b fließt auch während des Taktes kein Gleichstrom mehr; C_2 wird dabei in jedem Fall zuerst über T_3 durch den Takt Φ_1 auf hohes Potential aufgeladen. Nach Beendigung des Taktes Φ_1 erscheint der Takt

Φ_2, schaltet T_2 durch und lädt C_2 entsprechend dem Zustand von T_1 d. h. entsprechend dem Eingangspotential u_x an C_1 um.

In den Schaltungen nach Bild 4.35b können überall MOSFET's mit minimalen (quadratischen) Kanalflächen vorgesehen werden. Dies führt zu kleinem Platzbedarf und kurzen Umladezeiten. Benachbarte Stufen der Schaltungen in Bild 4.35a oder b können natürlich nicht mit den gleichen Takten angesteuert werden, da sich sonst die Eingangsdaten jeder Stufe während der Taktphase ändern würde. Man wählt daher z. B. bei aufeinander folgenden Schaltungen eines Schieberegisters in Bild 4.35a zeitlich nacheinander versetzte Taktimpulse Φ und Φ'(Zweiphasensysteme), und bei denen in Bild 4.35b Taktimpulse Φ_1, Φ_2, Φ_1', Φ_2' (Vierphasensysteme). Die minimale Taktfrequenz ist durch die Entladezeitkonstante bestimmt und liegt im kHz-Gebiet, die maximale Taktfrequenz wird bestimmt durch die erforderliche Breite der Impulse und die Anzahl der Phasen: Taktfrequenzen von 10 - 20 MHz sind dabei möglich.

Die Nachteile dieser Technik sind offensichtlich. Die Bereitstellung und Zuführung von 4 Takten an alle Inverter einer Schaltung bedeutet einen so großen Aufwand (viel Fläche für die vier Leitungssysteme), und die Prüfung solcher Systeme ist so kompliziert, daß man heute wieder davon abgekommen ist. Zweitaktsysteme findet man jedoch noch häufiger, z. B. bei Schieberegistern. Die größeren Vorteile werden aber auf lange Sicht sicher bei der CMOS-Technik liegen.

4.4.3 Gatter mit komplementären MOS-FETs (CMOS-Technik)

Der Grundgedanke eines statischen Inverters mit sehr kleiner Verlustleistung ist zunächst in Bild 4.36 skizziert. Die Schaltung besteht aus zwei Schaltern S_1 und S_2, die zwischen den Potentialen 0 und U_0 in Serie geschaltet sind. Die beiden Schalter werden vom Eingang x so angesteuert, daß stets einer geschlossen und einer geöffnet ist. Je nachdem, ob der geschlossene Schalter sich oben oder unten befindet, liefert der Ausgang y ein hohes oder ein tiefes Potential. Die Vorteile sind ersichtlich. In keinem der beiden logischen Zustände fließt ein Strom zwischen den Batterieklemmen und deshalb kann (statisch) in diesem Inverter auch keine Verlustleistung entstehen.

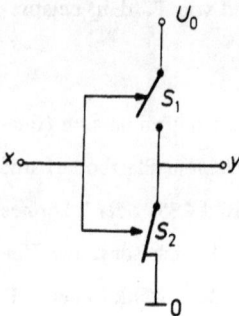

Bild 4.36:

Prinzip des Inverters mit komplementären Schaltern.

Können zugleich n- und p-Kanal MOS-FETs in einer Schaltung verwendet werden (Complementary MOS), so ist es möglich, den statischen Inverter und auch entsprechende Gatter mit kleiner Verlustleistung zu realisieren. Die Inverterschaltung nach Bild 4.37a hat als Lasttransistor T_2 einen p-Kanal-MOS-FET. Der Schalttransistor T_1 besteht aus einem n-Kanal-MOS-FET. Beide werden gleichzeitig mit demselben Potential vom Eingang her gesteuert. Für tiefe oder hohe Eingangsspannung ist immer ein Transistor gesperrt, und der Ausgang wird über einen leitenden Transistor niederohmig mit der Masse oder U_0 verbunden; das ist für ein schnelles Umladen von Ausgangskapazitäten günstig.

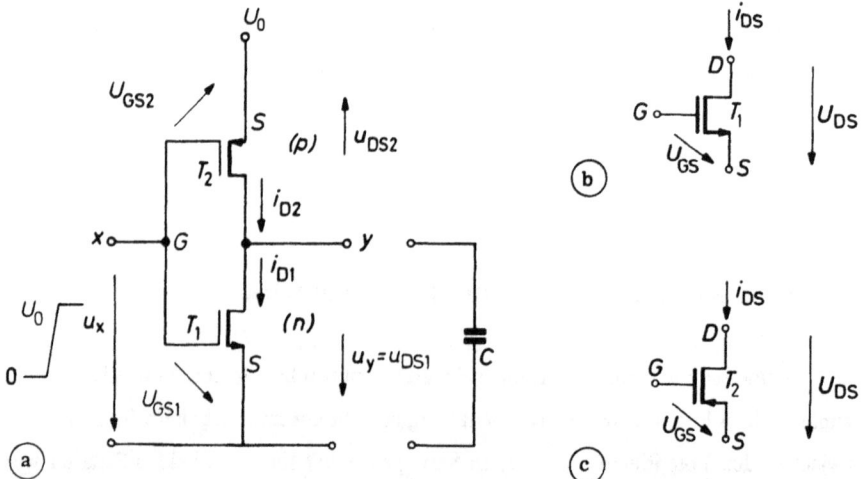

Bild 4.37:   Inverter mit vernachlässigbarer statischer Verlustleistung in CMOS-Technik. a) Schaltbild, b) Zählrichtung der Ströme und Spannungen für den n-Kanal-Transistor, c) ungünstige Zählrichtung der Ströme und Spannungen für den komplementären p-Kanal-Transistor.

Will man die jeweiligen Arbeitspunkte ermitteln, so muß man von den Einzelkennlinien der komplementären Transistoren ausgehen. Es gibt hierbei die Möglichkeit, für beide Transistoren die gleichen Zählrichtungen von i_{DS}, u_{DS} und u_{GS} zu verwenden, siehe Bild 4.37b und 4.37c. Wir wollen dies als erstes einmal durchführen. Dann hat T_1 das Kennlinienfeld $i_{DS1} = g_1 (u_{DS1}, u_{GS1})$ in Bild 4.38a und T_2 das Kennlinienfeld $i_{DS2} = g_2 (u_{DS2}, u_{GS2})$ in Bild 4.38b. Vergleicht man ihre Spannungen und Ströme mit denen der Schaltung in Bild 4.37a, so findet man:

$$u_x = u_{GS1}, \quad u_y = u_{DS1}, \quad i_{DS1} = i_{D1}, \quad -i_{DS2} = i_{D2} . \qquad (4.52)$$

Die Kennlinien beider Transistoren lassen sich in ein Diagramm eintragen, wenn man noch berücksichtigt, daß $i_{D1} = i_{D2}$ und $-u_{DS2} = U_0 - u_{DS1}$, sowie $u_{GS1} = U_0 + u_{GS2}$. Dies ist in Bild 4.38c geschehen.

Steuert man den C-MOS-Inverter von Bild 4.37a mit einer zeitlich von 0 bis U_0 ansteigenden Spannung u_x an, so durchläuft der Arbeitspunkt das Kennlinienfeld in Bild 4.38c in einem Bogen von A bis B. (Der Punkt A ist Schnittpunkt der untersten Kurve des n-Kanal-Transistors mit der obersten Kurve des p-Kanal-Transistors und beim Punkt B ist es umgekehrt.) Je nachdem, wie langsam sich der Arbeitspunkt dabei durch das Kennlinienfeld bewegt, kann es beachtliche Umschaltverluste geben.

Weniger Überlegungen für die Konstruktion des gemeinsamen Diagrammes muß man in der Regel durchführen, wenn man beim Übergang zu dem komplementären Transistor einfach alle Spannungen und Ströme umkehrt. Zur Verdeutlichung sei die Betrachtung daher noch einmal auf diesem Wege durchgeführt. Hat T_1 also das Ersatzschaltbild nach Bild 4.37b, so bekommt T_2 bei Beibehaltung der Klemmenbezeichnungen das Ersatzschaltbild nach Bild 4.39a mit dem in der Form unveränderten Kennlinienfeld von Bild 4.39b.

Die Schaltung enthält dann die Zählpfeile von Bild 4.39c, woraus man entnimmt:

$$i_{SD2} = i_{DS1}, \quad u_{SD2} = U_0 - u_{DS1}, \quad u_{SG2} = U_0 - u_{GS1} . \qquad (4.53)$$

Das Kennlinienfeld von Bild 4.39b ist also entsprechend zu spiegeln und man kommt zu genau derselben Darstellung beider Kennlinien in einem Diagramm wie vorher in Bild 4.38c.

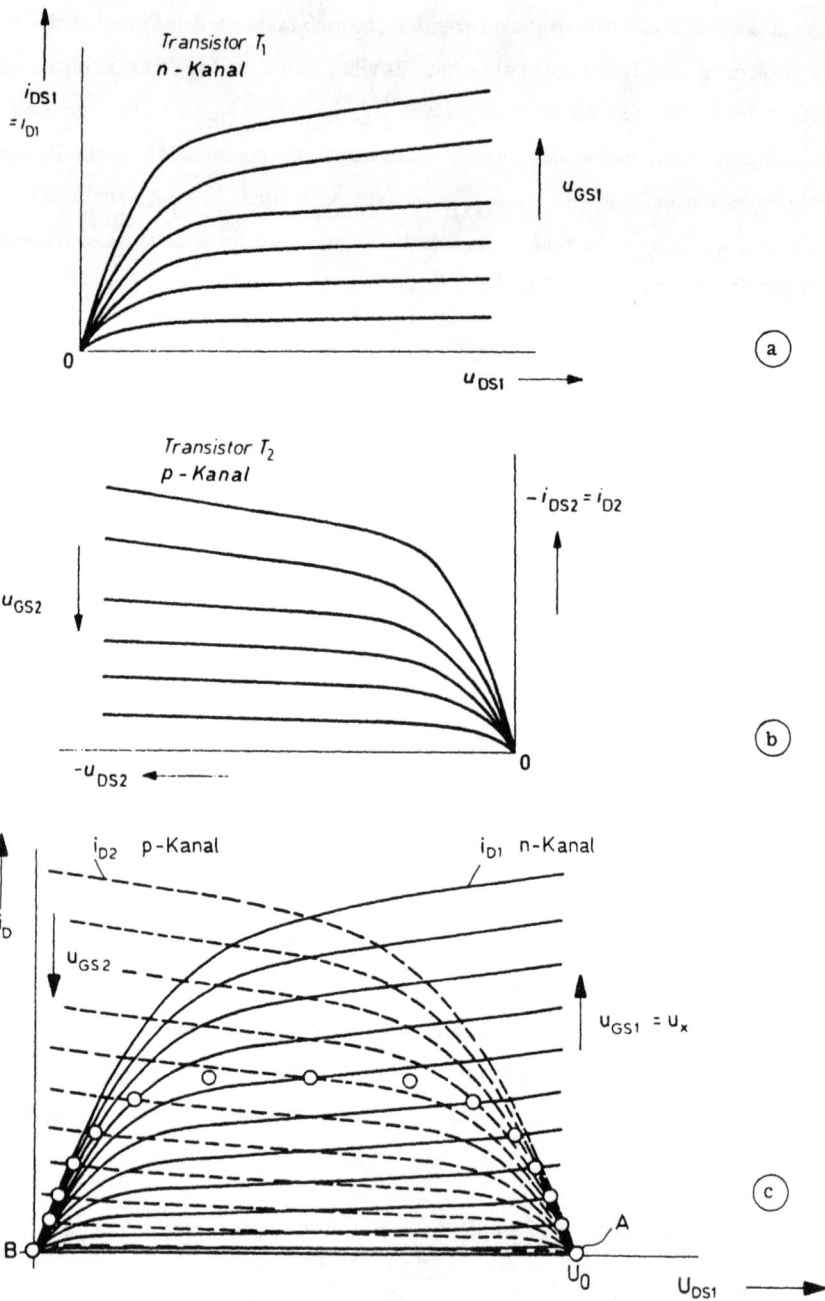

Bild 4.38:   Kennlinienfelder für die komplementären Transistoren mit den Zählrichtungen von Bild 4.37. a) für T_1, b) für T_2, c) Überlagerung in einem Diagramm zur Ermittlung der Arbeitspunkte beim Übergang von einem Zustand zu dem anderen.

D

T_2

G

u_{SG2}

S

i_{SD2}

u_{SD2}

(a)

U_0

u_{SG2}

S

u_{SD2}

i_{SD2}

x

i_{DS1}

y

u_{GS1}

S

u_{DS1}

(c)

0

i_{SD2}

Transistor T_2
p-Kanal

u_{SG2}

0

u_{SD2}

(b)

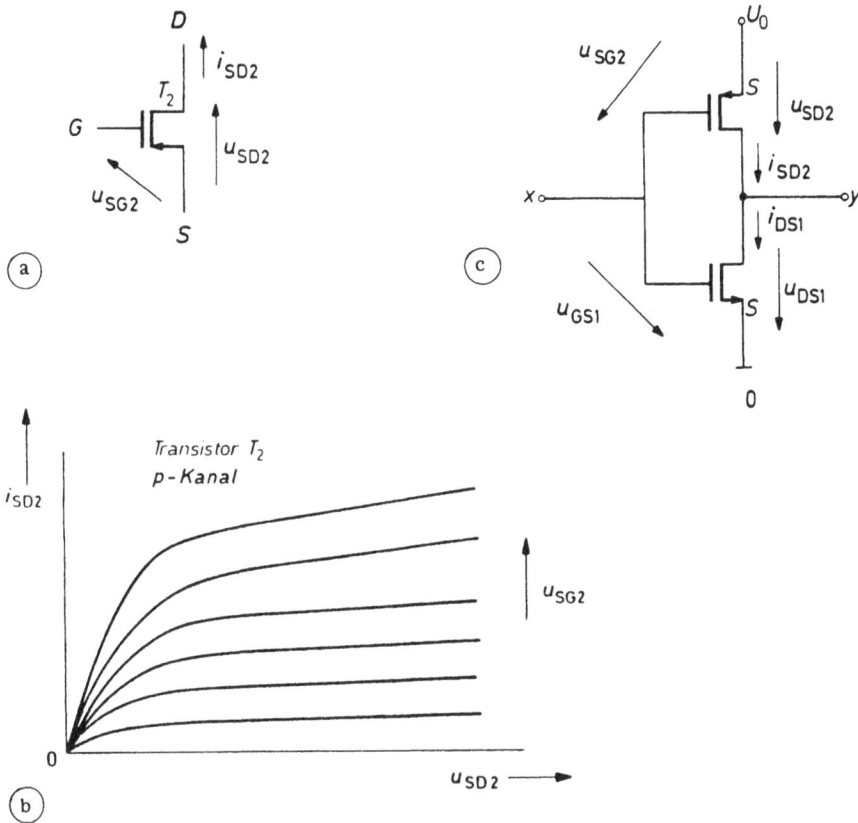

Bild 4.39: a) günstigere Zählrichtung der Ströme und Spannungen des komplementären Transistors, b) zugehöriges Kennlinienfeld, c) die entsprechenden Strom- und Spannungsrichtungen in einem CMOS-Inverter.

Die aus Bild 4.38c konstruierbare SpÜK (Bild 4.40) hat die Grenzwerte $u_y = U_0$ bzw.
$u_y = 0$ und der steile Teil der Charakteristik liegt im Bereich

$$U_{th(n)} < u_x < U_0 - U_{th}(p) \; ;$$

in diesem Teil sind beide Transistoren leitend und es entwickelt sich während des Umschaltens Wärme.

Die technologische Verwirklichung der CMOS-Technik ist etwas aufwendiger als die
der MOS-Standardtechnik. Damit man nämlich für beide Transistoren eine minimale
Schwellspannung erhält, muß man bei ihnen jeweils "Bulk" mit "Source" verbinden. Bei
dem p-Kanal-Transistor liegt aber "Bulk" auf einem anderen Potential (U_0) als bei dem

n-Kanal-Transistor (0). Diese Forderungen sind nur dann mit einander zu vereinbaren, wenn man beide "Bulkbereiche" durch eine Sperrschicht voneinander trennt, wie dies Bild 4.41 im Prinzip zeigt.

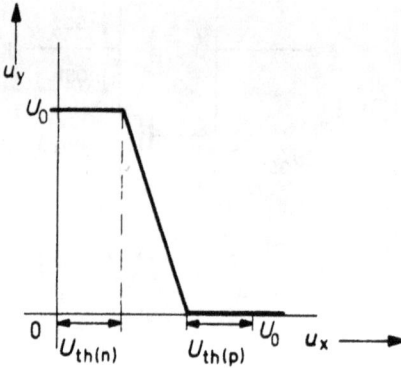

Bild 4.40:   Die aus Bild 4.38c konstruierbare Spannungsübertragungskennlinie.

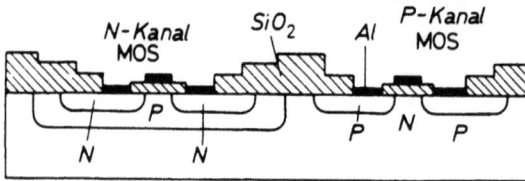

Bild 4.41:   Technologischer Aufbau eines CMOS-Inverters.

Der Inverter läßt sich z. B. zu Gattern mit mehreren Eingängen erweitern (Bild 4.42). Die n- und p-Kanal-Transistoren werden dabei zu Transistorfeldern in Reihen- und Parallelschaltung gruppiert. Dadurch ist sichergestellt, daß immer ein Transistorfeld gesperrt und eines geöffnet ist, während die UND-Funktion im wesentlichen durch die Serienschaltung der beiden unteren Transistoren realisiert ist.

Ein erhebliches Problem bei der Entwicklung der CMOS-Technik stellte der "Latch Up"-Effekt dar. Er entsteht durch die dichte Nachbarschaft von komplementären Transistoren, siehe Bild 4.43a, wobei sich eine NPNP-Struktur bildet (siehe Vier-schichtdiode bzw. Thyristor). Sie kann man wieder, wie Bild 4.43b zeigt, in Form zweier bipolarer Transistoren zeichnen, womit deutlich wird, daß sich nach einem Zünden der

Anordnung (latch up) eine Speicherwirkung ergibt. Sie bedeutet im normalen Betrieb einen Funktionsausfall (failure), der so lange anhält, bis die Batteriespannung wieder einmal abgeschaltet wird. Solche Probleme gelten heute als überwunden.

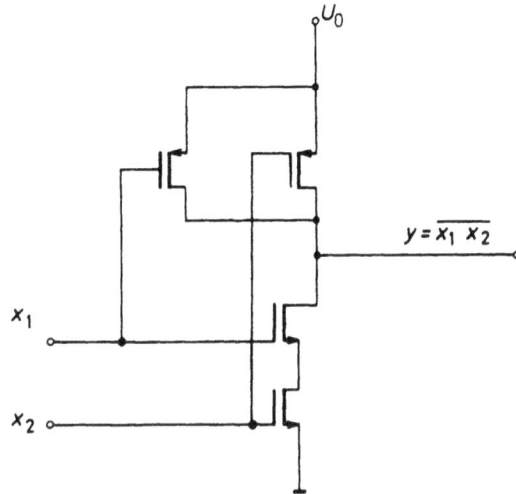

Bild 4.42:   Beispiel eines Gatters mit zwei Eingängen und einem Ausgang aus der Zusammenschaltung zweier CMOS-Inverter.

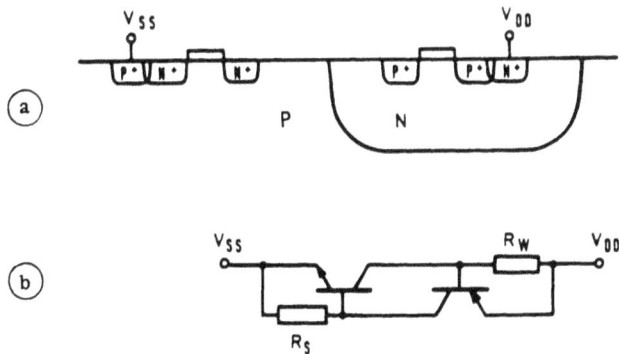

Bild 4.43:   Veranschaulichung des "Latch-Up"-Effektes. a) Schnittbild, b) Ersatzschaltbild.

Die CMOS-Technik wird von vielen Fachleuten als die VLSI-Technik der Zukunft angesehen, da sie hohe Integrationsgrade erlaubt, noch bei sehr kleinen Spannungen betrieben werden kann und eine niedrige Verlustleistung aufweist. Dem Nachteil, daß der

Strompegel recht niedrig ist und daß deshalb der Signalübergang von den Chips zur Umgebung (Leiterplatten, Leitungen) nur mit mäßigen Geschwindigkeiten zu realisieren ist, begegnet man mit zunehmendem Erfolg durch eine Kombination von Bipolartechnik und Feldeffekttechnik (BICMOS), wobei die bipolaren Schaltungen in der Regel als Treiber am Rande eines Chips liegen.

4.4.4 Leistung und Schaltzeit bei CMOS

Zur Ermittlung der dynamischen Verlustleistung braucht man nun nicht den genauen Verlauf des Umschaltens im Kennlinienfeld wie z. B. in Bild 4.38c zu analysieren, wenn man an die Ergebnisse des Abschnittes 1.8.2 denkt. Dort hatte sich ja ergeben, daß die Aufladung einer Kapazität C über einen beliebig nichtlinearen Widerstand stets mit einer Verlustenergie $E = \frac{1}{2} C \cdot U_0^2$ verbunden ist. Nehmen wir also an, daß bei jedem Schalten eines Inverters die Ausgangskapazität vollständig umgeladen wird, vernachlässigen die Verluste in dem gerade sperrenden Transistor, und bezeichnen mit Δt die Zeit für einen Schaltvorgang, so ergibt sich die Verlustleistung für einen Inverter während dieser Zeit zu

$$N_v = \frac{E}{\Delta t} = \frac{C \cdot U_0^2}{2 \cdot \Delta t} \, . \tag{4.54}$$

Das Produkt von Verlustleistung und Schaltzeit (power delay product) wird, da es ja die Schaltenergie darstellt, häufig für den Vergleich von Schaltkreistechnologien herangezogen. Stellt man Gl. (4.54) wie folgt um

$$\Delta t \cdot N_v = \frac{1}{2} C U_0^2 \, , \tag{4.55}$$

so erkennt man nämlich, daß das Produkt dieser beiden Größen nur von der Kapazität und der Batteriespannung abhängt. Für einen Chip mit n Invertern erhält man aus Gl. (4.54)

$$N_{v,Chip} = n \cdot N_v = \frac{n \cdot E}{\Delta t} \, . \tag{4.56}$$

Daraus ergibt sich für vorgegebene maximale Verlustleistung N_{vmax} des Chips und für einen Integrationsgrad n der minimale Umschaltabstand

$$\Delta t_{min} = \frac{n \cdot E}{N_{vmax}} = \frac{n \cdot C \cdot U_0^{\,2}}{2 \cdot N_{vmax}} \,. \tag{4.57}$$

In diesem zeitlichen Abstand können Schaltvorgänge unmittelbar hintereinander folgen. Man muß jetzt noch die Abhängigkeit der Schaltzeit von der Batteriespannung berücksichtigen. Wird z. B. ein CMOS-Inverter von einem Spannungssprung mit der Amplitude U_0 angesteuert, wobei U_0 etwa gleich groß wie die Batteriespannung ist, so wird ein Transistor gesperrt und der andere leitend, und dieser lädt dann die Ausgangskapazität C um. Dabei arbeitet der Transistor zuerst wie in Abschnitt 4.3.3 dargestellt während einer Zeit Δt_1 im Abschnürbereich und dann während einer Zeit Δt_2 im Widerstandsbereich. Greifen wir auf die Ergebnisse in den Gln. (4.41) bis (4.45) des genannten Abschnittes zurück, so findet man zunächst, daß der Transistor nicht sehr weit im Abschnürbereich ist, denn es gilt: $U_2 = U_0$, $U_{GS} = U_0$, und damit $U_3 = U_{GS} - U_{th} = U_0 - U_{th}$. Drückt man noch die Spannung U_0 als ν-fachen Wert von U_{th} aus, so folgt aus Gl. (4.41)

$$\Delta t_1 = \frac{C}{K} \frac{|U_0 - U_0 + U_{th}|}{(U_0 - U_{th})^2} = \frac{C}{K} \frac{1}{U_{th}(\nu-1)^2} \,, \quad \text{für } \nu \gg 1 \,. \tag{4.58}$$

Für den Widerstandsbereich nehmen wir der Einfachheit halber die Zeitkonstante τ_1 in Gl. (4.45) als Maß für die Dauer des Ausgleichsvorganges

$$\Delta t_2 \approx \tau_1 = \frac{C}{2K(U_0 - U_{th})} = \frac{C}{K} \frac{1}{2U_{th}(\nu-1)} \approx \frac{C}{2K\,U_0} \,. \tag{4.59}$$

Für $\nu = 3$ werden beide Zeiten in Gl. (4.58) und Gl. (4.59) gleich. Für größere ν d. h. normale Batteriespannungen dominiert Δt_2 und für kleine ν, d. h. kleine Batteriespannungen Δt_1. Greifen wir den Fall von Schaltungen mit normal hoher Batteriespannung heraus, so folgt

$$\Delta t = \Delta t_1 + \Delta t_2 \approx \Delta t_2 \approx \frac{C}{2\,K\,U_0} \,. \tag{4.60}$$

Charakteristisch ist, daß mit wachsender Batteriespannung U_0 die Schaltzeit kleiner wird. Setzt man U_0 von Gl. (4.59) in Gl. (4.57) ein, so ergibt sich durch Auflösen nach Δt bzw. Δt_{min}:

$$\Delta t_{min} = \frac{C}{2K} \cdot \sqrt[3]{\frac{n}{N_{vmax}}} \cdot \qquad (4.61)$$

Man erkennt, daß die Schaltzeiten mit wachsendem Integrationsgrad n größer werden und daß sie außer mit C und K vor allem mit wachsender Verlustleistung der Chips verringert werden können.

Das Einsetzen üblicher Zahlenwerte macht noch deutlicher, daß die dynamischen Verluste in der Tat eine Begrenzung der Schaltgeschwindigkeit darstellen, z. B. führen die Werte $n = 4000$, $C = 10^{-12}F$, $U_0 = 5V$, $N_{vmax} = 0,5W$ nach Gl. (4.57) zu dem keinesfalls sehr kleinen Schaltabstand $\Delta t = 0,1\mu s$.

5.0 Elementare Digitalschaltungen

5.1 Die symmetrische bistabile Kippschaltung (Flip-Flop)

Kippschaltungen können mit rückgekoppelten Verstärkern (Invertern) realisiert werden. Schaltungen mit bistabilem Verhalten sind dabei galvanisch rückgekoppelte Schaltungen, Schaltungen mit mono- oder astabilem Verhalten haben Kapazitäten im Rückkopplungskreis. Wir wollen uns zuerst der bistabilen Schaltung zuwenden.

Ein solcher Rückkopplungskreis mit Invertern ist z. B. in Bild 5.1 mit zusätzlichen Eingängen x_1 und x_2 als Blockschaltbild dargestellt. Die Blöcke sollen hier die elektrischen Schaltungen darstellen.

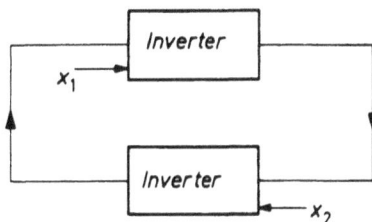

Bild 5.1:   Zwei hintereinander geschaltete Inverter als logische Grundstruktur eines Flip-Flops.

Damit es zu einem selbständigen Kippen der Schaltung durch Impulse an den Eingängen kommt, muß die Verstärkung V innerhalb der Rückkopplungsschleife größer als 1 werden. Dies läßt sich durch Rechnung oder auf graphischem Wege nachweisen. Die beiden Verfahren sollen kurz erläutert werden.

5.1.1 Bestimmung der Schleifenverstärkung V

Zur Berechnung trennt man die Rückkopplungsschleife an einer geeigneten Stelle auf und belastet die Schnittstellen so, daß sich Spannungen und Ströme wie vor dem Schnitt einstellen können. Wenn ein an der Schnittstelle eingespeistes Signal (Δu bzw.

Δi) verstärkt am anderen Ende erscheint, ist die Schleifenverstärkung größer als 1. Für die Transistoren sind bei der Berechnung geeignete Ersatzschaltbilder zu verwenden; gesperrte oder übersteuerte Transistoren bedeuten eine Unterbrechung der Rückkopplungsschleife. Der Kippvorgang findet dann statt, wenn die Transistoren sich im aktiven Bereich befinden und er wird beendet, wenn ein Transistor in den Sperr- oder Übersteuerungszustand gesteuert wird.

Als geeignete Schnittstelle bietet sich die Zuführung zum Kollektor eines Transistors an, da dann im wesentlichen hinter einer gesteuerten Stromquelle geschnitten wird und eine Belastung der Schnittstelle nicht kritisch ist.

Während das rechnerische Verfahren bei einfachen Ersatzschaltbildern gut anzuwenden ist und Bedingungen für die Dimensionierung der Schaltung liefert, eignet sich das graphische Verfahren in den Fällen, in denen starke Nichtlinearitäten mitberücksichtigt werden müssen. Mit seiner Hilfe kann ferner das Verhalten der Schaltung außerhalb des Kippbereiches sichtbar gemacht werden. Betrachten wir zuerst das graphische Verfahren.

Nach Bild 5.2 wird die Kippschaltung in 2 Schaltungsteile unterteilt, wobei der eine den Ein- und Ausgang enthält und der andere einen Teil der Rückkopplungsschleife. Betrachtet werden die Übertragungskennlinien bei aufgetrennter Rückkopplungsschleife und entsprechend korrigierter Belastung.

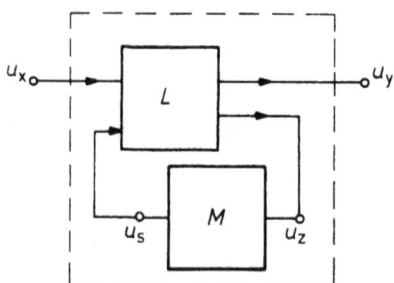

Bild 5.2:   Zwei im Ring geschaltete Schaltkreise mit den jeweiligen Übertragungsfunktionen L und M.

Wenn man mit L und M die zu den beiden Teilen gehörenden Übertragungsfunktionen bezeichnet, siehe Bild 5.2, so muß gelten

$$u_z = L(u_x, u_s) \quad \text{für den oberen Schaltungsteil ,} \qquad (5.1)$$

$$u_s = M(u_z) \quad \text{für den unteren Schaltungsteil .} \qquad (5.2)$$

Die Schleifenverstärkung V beträgt

$$V = V_I \cdot V_{II} = \left. \frac{\partial L}{\partial u_s} \right|_{u_x = const} \cdot \frac{dM}{du_z} . \qquad (5.3)$$

Man definiert:

$$V \quad
\begin{cases}
< 0: & \text{negative Rückkopplung, Gegenkopplung} \\
> 0: & \text{positive Rückkopplung} \\
> 1: & \text{Instabilität}
\end{cases}
\left.\begin{array}{c} \\ \\ \end{array}\right\} \text{Mitkopplung}$$

Aus Gl. (5.3) ergibt sich für das Auftreten einer Instabilität

$$\left| \frac{\partial L}{\partial u_s} \right| > \left| \frac{1}{\dfrac{dM}{du_z}} \right| = \left| \frac{1}{\dfrac{du_s}{du_z}} \right| = \left| \frac{du_z}{du_s} \right| = \left| \frac{dM^*}{du_s} \right| , \qquad (5.4)$$

wobei die Umkehrfunktion M^* aus Gl. (5.2) durch Spiegelung an der 45^0-Achse gewonnen wird. Bild 5.3a zeigt ein Beispiel von Funktionen L und M^*, wobei die Funktion L durch unterschiedliche Steuerwerte u_x in ihrer Lage verschoben werden kann.

Die Schnittpunkte beider Funktionen geben die Werte für u_s und u_z an, die sich einstellen, wenn die Rückkopplungsschleife geschlossen ist. Es sind nur die Schnittpunkte
stabil, für die die Ungleichung (5.4) nicht erfüllt ist. Ausgehend von einer mittleren
Kennlinie $L(u_x)$ kippt die Schaltung bei Veränderung der Eingangsspannung u_x, sobald
die Punkte K_1 oder K_2 erreicht werden. In der SpÜK $u_y = N(u_x)$ in Bild 5.3b tritt infolge der Kippvorgänge eine Hysterese auf, siehe den schraffierten Bereich. Die SpÜK
kann mit Hilfe der Funktion $u_y = N'(u_x, u_s)$ bei aufgetrennter Rückkopplungsschleife
und den $u_s - u_z$ - Werten aus Bild 5.3a für die geschlossene Schleife ermittelt werden.

Über die Dynamik des Kippvorganges können diese statischen Kennlinien natürlich
keine Auskunft geben. Wie schnell die Kippvorgänge ablaufen, hängt im wesentlichen

von der Trägheit der Transistoren ab. Im folgenden werden die Transistoren nach dem Modell von Ebers und Moll als trägheitslos betrachtet. Deshalb laufen die Kippvorgänge dieser Voraussetzung entsprechend in unendlich kurzer Zeit ab.

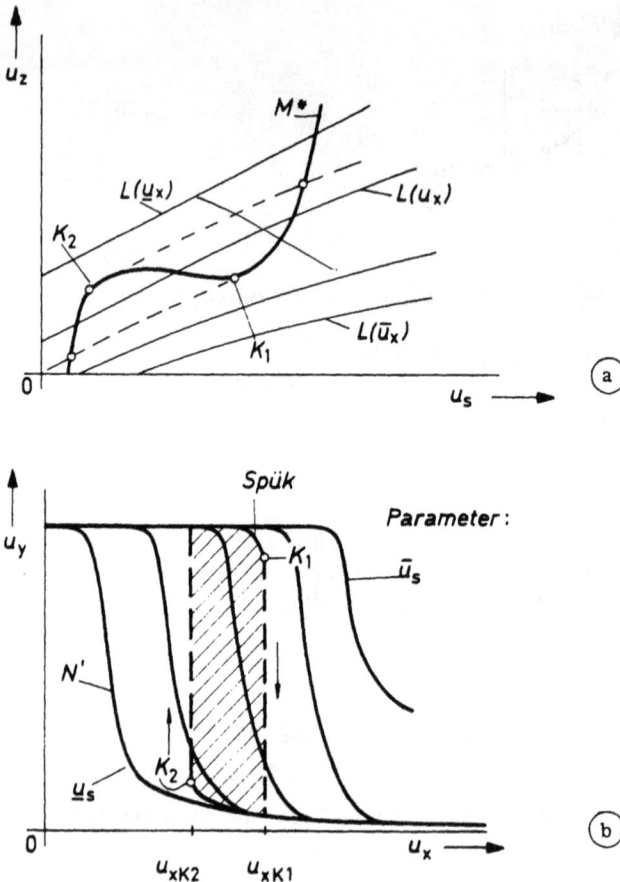

Bild 5.3:   a) Beispiele einer von u_x abhängigen Funktion L und einer zu M gespiegelten Funktion M^*, b) eine aus a ermittelte SpÜK mit Hysteresecharakter.

5.1.2 Schleifenverstärkung und Sättigungsbedingung des Flip-Flops

Als wichtigstes Beispiel betrachten wir zunächst die symmetrische bistabile Kippstufe (Flip-Flop) in Bild 5.4. Die Schaltung ergibt sich aus zwei hintereinander geschalteten und dann rückgekoppelten Inverterstufen. Wenn man eine Dimensionierung voraussetzt, die einen Sättigungsbetrieb der Transistoren erlaubt, so kann man die zwei stabilen Zustände anhand der Schaltung leicht überprüfen.

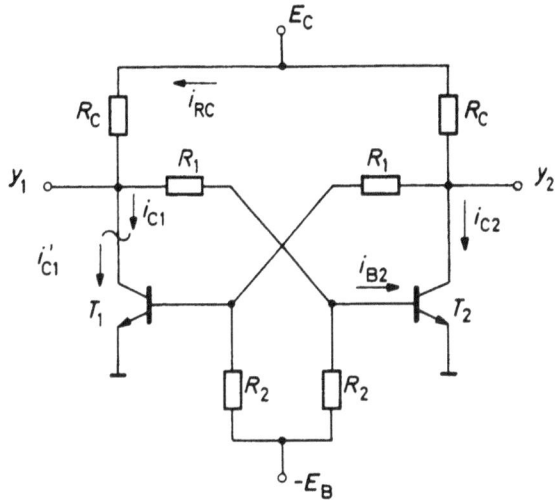

Bild 5.4:   Grundschaltung der symmetrischen bistabilen Kippstufe (Flip-Flop).

Zur Berechnung der Schleifenverstärkung V wird am Kollektor T_1 geschnitten und zunächst $i_{C2} = f(i_{C1})$ berechnet (beide Transistoren seien technisch ideal und im aktiv normalen Zustand). Die Ausgangsbeziehungen sind:

$$i_{C2} = B_{N2} i_{B2} \, , \tag{5.5}$$

$$i_{B2} = u_{y1}/R_1 - E_B/R_2 \, , \tag{5.6}$$

$$u_{y1}/R_1 = i_{RC} - i_{C1} \, , \tag{5.7}$$

$$i_{RC} = (E_C - u_{y1})/R_C \, . \tag{5.8}$$

Daraus erhält man

$$i_{C2} = B_{N2} \cdot \frac{E_C - E_B(R_C + R_1)/R_2 - i_{C1} \cdot R_C}{R_C + R_1} \, , \tag{5.9}$$

und durch Übergang zur Verstärkung bei kleinen Stromänderungen (Wechselstromverstärkung)

$$\Delta i_{C2} = - \frac{B_{N2} \cdot R_C}{R_C + R_1} \cdot \Delta i_{C1} \ . \qquad (5.10)$$

Wegen der Symmetrie der Schaltung, ausgedrückt durch Vertauschen der Indizes

$$\Delta i_{C1}' = - \frac{B_{N1} \cdot R_C}{R_C + R_1} \cdot \Delta i_{C2} \ , \qquad (5.11)$$

gilt durch Einsetzen von Gl. (5.10) in Gl. (5.11)

$$\Delta i_{C1}' = B_{N1} \cdot B_{N2} \left[\frac{R_C}{R_C + R_1} \right]^2 \cdot \Delta i_{C1} \ . \qquad (5.12)$$

Die Schaltung kippt, wenn

$$V = \frac{\Delta i_{C1}'}{\Delta i_{C1}} = B_{N1} \cdot B_{N2} \left[\frac{R_C}{R_C + R_1} \right]^2 > 1, \qquad (5.13)$$

oder bei gleichen Stromverstärkungen $B_{N1} = B_{N2} = B_N$, wenn die Bedingung erfüllt ist

$$\frac{B_N \cdot R_C}{R_C + R_1} > 1 \ . \qquad (5.14)$$

Für den statischen Zustand ist es wichtig, daß ein Transistor in der Sättigung sein kann. Die Sättigungsbedingung für T_1 oder T_2 lautet

$$i_B > i_{BS} \ . \qquad (5.15)$$

Ausgeschrieben ist das

$$\frac{E_C}{R_C + R_1} - \frac{E_B}{R_2} > (\frac{E_C}{R_C} - \frac{E_B}{(R_1 + R_2)}) \frac{1}{B_N} \ , \qquad (5.16)$$

und daraus ergibt sich eine weitere Bedingung

$$\frac{B_N \cdot R_C}{R_C + R_1} > 1 + \frac{E_B}{E_C} (\frac{B_N \cdot R_C}{R_2} - \frac{R_C}{R_1 + R_2}) \ . \qquad (5.17)$$

Interessant ist nun ein Vergleich. Ist Bedingung (5.17) erfüllt, so ist damit auch Bedingung (5.14) erfüllt; d. h. die Bedingung (5.17) ist die schärfere. Wenn die Schaltung also so dimensioniert wird, daß die Transistoren in die Sättigung gelangen können, dann ist damit ein Kippen der Schaltung und somit ein bistabiles Verhalten sichergestellt. Man vergleiche auch mit den Inverter-Kennlinien in Kapitel 3.1.9.

Wir betrachten als nächstes die verschiedenen Ansteuerarten eines Flip-Flops. Um den Zustand der Schaltung von Bild 5.4 gezielt ändern zu können, sind offensichtlich weitere Schaltungsmittel notwendig. Nach der Art der Ansteuerung und des Ausgangsverhaltens kann man verschiedene Flip-Flops unterscheiden. Die wichtigsten seien kurz skizziert.

5.1.3 Asynchrones RS-Flipflop

Bild 5.5 zeigt zwei Beispiele, wie man Setz- und Rücksetz-Eingänge für das Flipflop realisieren kann (Reset-Set = RS). Nur jeweils einer von den beiden Transistoren wird angesteuert. In Bild 5.5a geschieht dies mit einem positiven Impuls entweder an R oder an S, der auf die Basis eines Transistors des Flipflops trifft. Dadurch gelangt dieser Transistor in den leitenden Zustand, sein Potential am Kollektor wird negativer und der Kippvorgang setzt ein. Bei einer anderen Eingangsschaltung in Bild 5.5b geht der Ansteuerimpuls auf den Eingang eines Transistors, der parallel zu einem Transistor des Flipflopkernes liegt. Die Zuordnung von Eingangs- und Ausgangssignalen wird bei diesen Schaltungen so festgelegt, daß ein positiver Impuls (eine logische 1) an einem Eingang einem positiven Signal (einer logischen 1) an dem Ausgang derselben Seite entspricht, d. h. in Bild 5.5 gehören S und Y sowie R und $\overline{Y}$ jeweils zusammen.

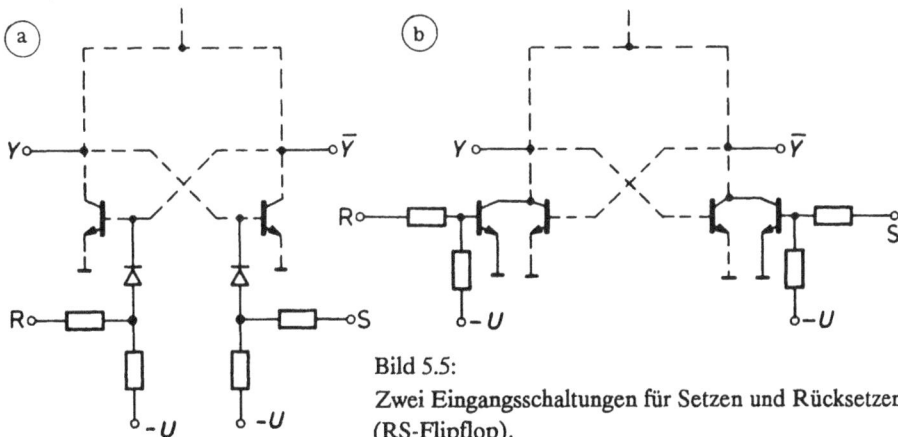

Bild 5.5:
Zwei Eingangsschaltungen für Setzen und Rücksetzen
(RS-Flipflop).

RS-Flipflops lassen sich am leichtesten aus NOR- oder NAND-Bausteinen aufbauen, siehe die Darstellung in Bild 5.6 mit logischen Gattersymbolen, mit zusammenfassenden Flipflopsymbolen und mit den zugehörigen Funktionstabellen. Aus diesen Tabellen entnimmt man, daß es jeweils eine Kombination (S,R) für Setzen und Rücksetzen und eine Kombination für das Speichern gibt, während eine Kombination nicht benutzt werden darf, weil der (in der entsprechenden Zeile für Y $\overline{Y}$ nicht mehr notierte) Folgezustand dann von Zufälligkeiten abhängt. Beachtet man die übliche Vereinbarung, daß dann gespeichert werden soll, wenn an beiden Eingängen das Ruhepotential anliegt, so zeigen die Tabellen, daß die Realisierung mit NOR-Schaltungen für eine positive Logik und die Realisierung mit NAND-Schaltungen für eine negative Logik geeignet ist. Wird weiterhin bei dem aus einem einfachen Kästchen bestehenden Flipflopsymbol, siehe die Spalte für NOR-Schaltungen, stets definiert, daß ein positives Eingangssignal auch ein positives Ausgangssignal auf derselben Seite zur Folge hat, so muß das Flipflopsymbol in der rechten Spalte für die NAND-Schaltungen negierte Eingänge aufweisen.

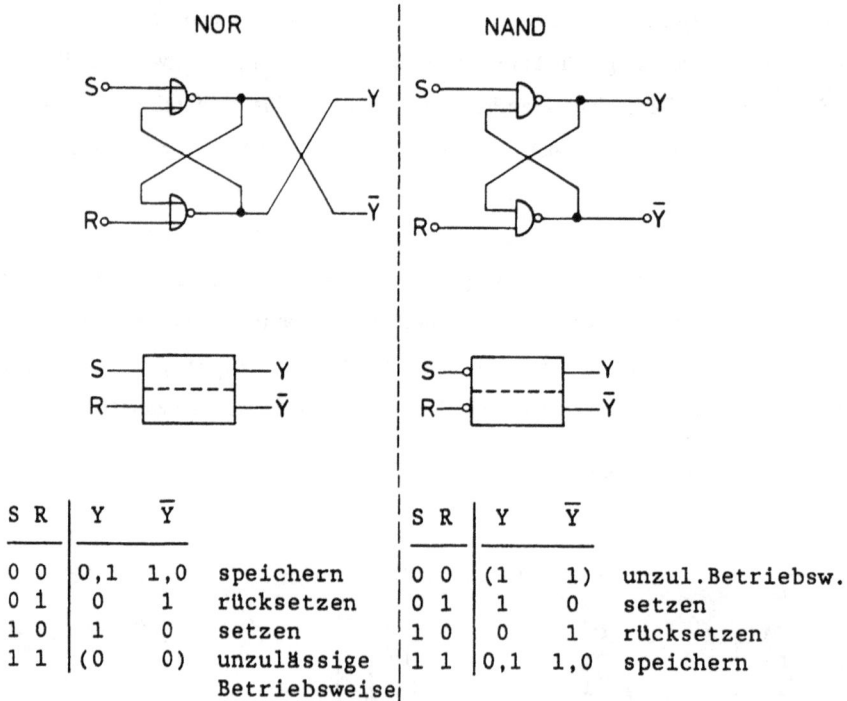

NOR | NAND

S R	Y	$\overline{Y}$			S R	Y	$\overline{Y}$	
0 0	0,1	1,0	speichern		0 0	(1	1)	unzul.Betriebsw.
0 1	0	1	rücksetzen		0 1	1	0	setzen
1 0	1	0	setzen		1 0	0	1	rücksetzen
1 1	(0	0)	unzulässige Betriebsweise		1 1	0,1	1,0	speichern

Bild 5.6:   Die zwei Grundtypen. linke Spalte: RS-Flipflop aus NOR-Gattern
rechte Spalte: RS-Flipflop aus NAND-Gattern.

5.1.4 Synchrones RS-Flipflop

Für ein getaktetes RS-Flipflop, bei dem nur während der Taktphase Daten übernommen werden, sind weitere logische Gatter erforderlich, siehe Bild 5.7. In Bild 5.7a ist ein Realisierungsbeispiel mit Gattern wiedergegeben, Bild 5.7b zeigt das übliche Schaltungssymbol für den Fall, daß die Eingangssignale wie in Bild 5.7a während des hohen Taktpegels übernommen werden (man spricht daher von einem taktpegelgesteuerten Flipflop) und Bild 5.7c zeigt das Schaltungssymbol für den Fall, daß die Eingangssignale während der Taktflanke übernommen werden.

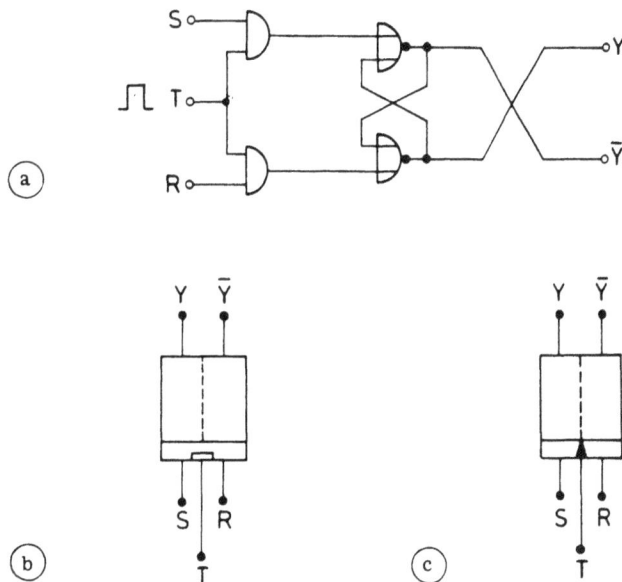

Bild 5.7:   taktpegelgesteuertes RS-Flipflop, a) Schaltung, b) Flipflopsymbol (taktpegelgesteuert), c) Flipflopsymbol (taktflankengesteuert).

5.1.5 D-Flipflop

Um den unerwünschten Betriebszustand eines RS-Flipflops, der sich bei gleichzeitigem Anlegen der verbotenen Eingangssignale an S und R ergibt, zu verhindern, hat man das D-Flipflop entworfen (engl. "delayed flipflop" oder "latch" = Schnappschloß). In Bild 5.8 ist gezeigt, wie bei positivem Potential an D der (interne) Eingang S und bei negativem Potential an D der (interne) Eingang R aktiviert wird. Dieses Flipflop hat keinen unerwünschten Betriebszustand mehr. Das Schloß schnappt genau dann zu, wenn der Takt erscheint. Daher bildet diese Schaltung auch ein geeignetes Mittel zum Synchronisieren.

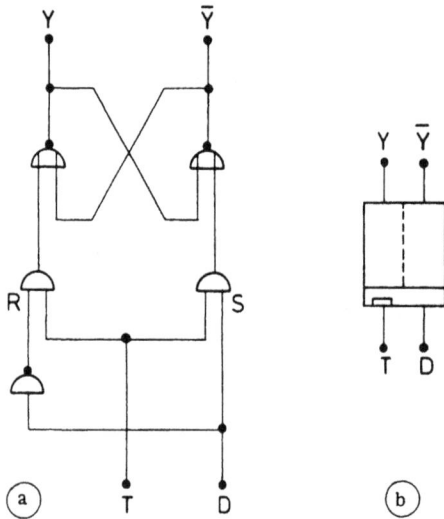

Bild 5.8:

Das D-Flipflop (latch), a) Schaltung, b) Flipflopsymbol.

5.1.6 T-Flipflop

Die Wirkungsweise eines Flipflops, das bei jedem Taktimpuls seinen Zustand ändert (toggle = T), kann z. B. durch ein rückgekoppeltes RS-Flipflop mit UND-Schaltungen am Eingang wie in Bild 5.9a erläutert werden. Hierbei sei in diesem Erklärungsmodell speziell vorausgesetzt, daß die Durchlaufzeit eines Signals vom Eingang zum Ausgang des RS-Flipflops länger als die Impulsdauer ist. Deshalb ändert sich der Zustand des Flipflops bei jedem Ansteuerimpuls. In Bild 5.9b,c sind weiterhin Schaltungsrealisierungen für einen asynchronen Betrieb wiedergegeben. Die Ansteuerung der Transistoren erfolgt immer wechselweise. Die kurzen Impulse werden hierbei durch ein RC-Glied erzeugt, wobei die Kapazitäten neben der Übertragung der Ansteuerimpulse auch die Funktion eines "Zwischenspeichers" übernehmen, der den jeweiligen Zustand des FF speichert. Dies geschieht durch die Rückführung der Ausgangssignale Y und $\overline{Y}$ über die Widerstände R. Dadurch werden die Kapazitäten auf verschiedene Spannungen aufgeladen bzw. die Potentiale der Punkte a und b stellen sich so ein, daß jeweils nur ein Transistor beim nächsten Taktimpuls angesteuert (in b gesperrt und in c leitend) wird.

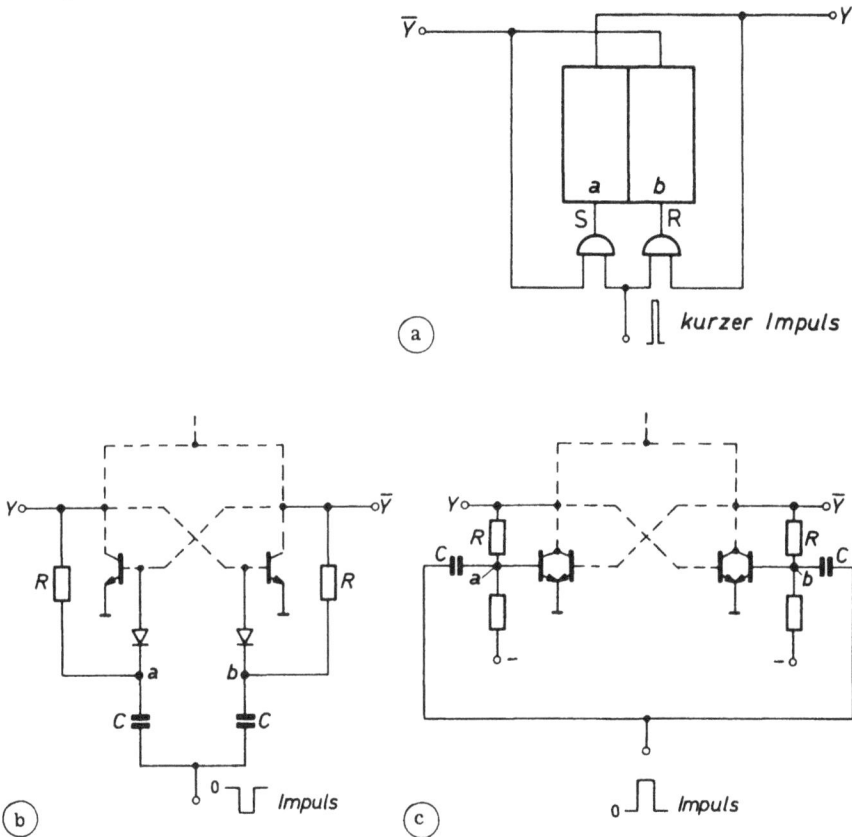

Bild 5.9:   Das T-Flipflop. a) Schaltung zur Herleitung aus einem RS-Flipflop (für sehr kurze Ansteuerimpulse), b),c) zwei Arten von Eingangsschaltungen, von denen eine mit einer negativen und die andere mit einer positiven Impulsflanke den Zustandswechsel bewirkt.

Ist z. B. in Bild 5.9b zu Anfang der linke Transistor leitend und der rechte gesperrt, so ist die linke Diode nur sehr wenig, die rechte aber mit hoher Spannung gesperrt. Liegt anfangs am Impulseingang Nullpotential, so hat der linke Kondensator praktisch auf beiden Seiten Nullpotential, der rechte dagegen ist nahezu auf die Betriebsspannung aufgeladen. Ein negativer Impuls findet daher links ungehindert seinen Weg zur Transistorbasis und führt zur sofortigen Sperrung, auf der rechten Seite kompensieren sich Taktimpuls und kapazitive Vorspannung. Das plötzlich positiv gewordene Kollektorpotential des linken Transistors wird zur Basis des rechten Transistors geführt und steuert ihn in den aktiven Bereich. Das Flipflop wechselt seinen Zustand. Dauer und Amplitude des Taktimpulses dürfen bestimmte Grenzwerte nicht übersteigen. Diese Flipflopstufen sind vor allem als Zählerstufen für den asynchronen Betrieb von Binärzählern bekannt geworden.

Für den synchronen (taktgesteuerten) Betrieb zeigt Bild 5.10 eine Realisierungsmöglichkeit. Hierbei wird vorausgesetzt, daß sich das Signal ebenfalls nur synchron mit dem Takt ändert und z. B. für einen Zählvorgang nur jeweils eine Taktphase lang anliegt. Der Taktimpuls T darf dabei nur eine kurze Dauer haben.

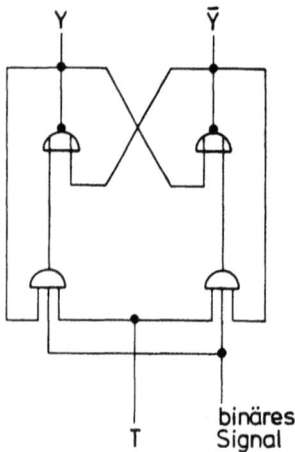

Bild 5.10:

Ein taktpegelgesteuertes T-Flipflop.

5.1.7 JK-Flipflop

Der universellste Typ eines Flipflops ist das JK-Flipflop. Wie Bild 5.11 insbesondere beim Vergleich mit dem T-Flipflop in Bild 5.10 zeigt, können die JK-Eingänge als die voneinander separierten Eingänge des Zählsignals beim T-Flipflop aufgefaßt werden.

D. h., durch Verbinden von J und K gewinnt man sofort wieder den T-Flipflop. Die vom Flipflopzustand (den Ausgängen) separat gesteuerten JK-Eingänge sind für die Anwendung vielfach sehr brauchbar. Meist wird der JK-Flipflop in Verbindung mit dem "Master-Slave"-Prinzip eingesetzt.

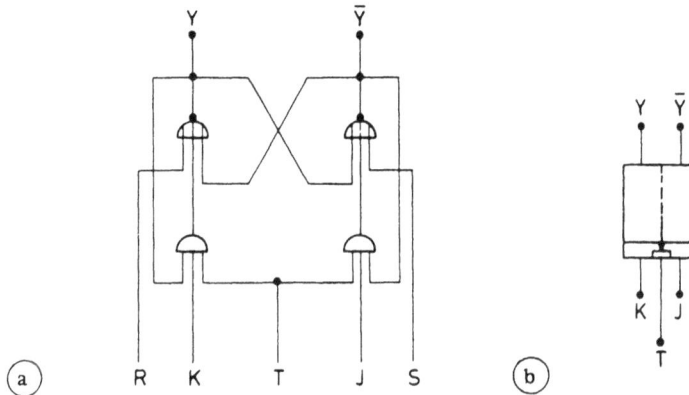

Bild 5.11:   Das JK-Flipflop. a) Logische Schaltung, b) Symbol für das taktpegelgesteuerte Flipflop.

5.1.8 Master-Slave-Flipflop

Ein "Master-Slave"-Flipflop kann als die Hintereinanderschaltung zweier einfacher phasenverschoben angesteuerter Flipflops betrachtet werden, siehe Bild 5.12a. Das erste Flipflop wird als "Master" bezeichnet und das zweite als "Slave", da es nur die Aktionen des ersten zeitverschoben nachvollzieht. Die Notwendigkeit für solche Flipflopkonstruktionen ergibt sich in taktbetriebenen Systemen dadurch, daß das zu einem Eingangssignal gehörende neue Ausgangssignal in der Regel nicht sofort am Ausgang wirksam werden darf (Registertransfer). Hier muß eine Verzögerung in der Größenordnung einer Taktzeit vorgenommen werden, die in der älteren Technik häufig durch eine kapazitive Zwischenspeicherung erreicht wurde. Ein Beispiel eines taktpegelgesteuerten JK-Master-Slave-Flipflops ist in Bild 5.12b wiedergegeben. Man erkennt, daß die Taktansteuerung des "Slave" invertiert und damit auch verzögert zu dem des "Master" ist.

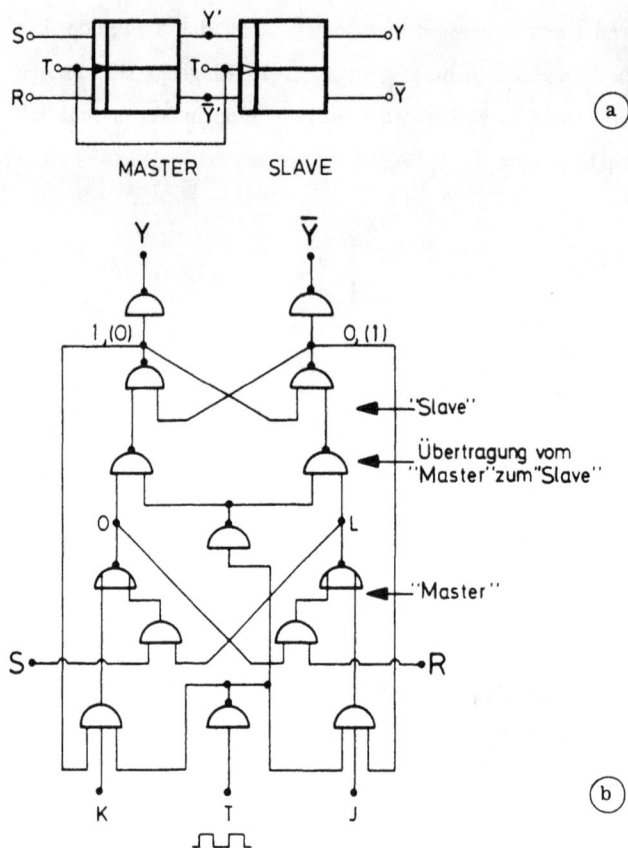

Bild 5.12:   Das Master-Slave-Flipflop, a) als Hintereinanderschaltung zweier
              phasenverschoben angesteuerter Flipflops. b) Logisches Schaltbild
              eines taktpegelgesteuerten JK-Master-Slave-Flipflops.

5.1.9 Triggervorgang und SpÜK

Mit Hilfe des zu Anfang grundsätzlich beschriebenen graphischen Verfahrens läßt sich
der prinzipielle Verlauf für den Setz- bzw. Löschvorgang darstellen. Es wird dazu die
Realisierung aus NAND-Gattern nach Bild 5.13a betrachtet. Der prinzipielle Verlauf
der Kennlinien ist in Bild 5.13b angegeben. Das obere Gatter hat die Kennlinie $L(u_S,$
$\overline{u}_x)$. Die inverse Übertragungskennlinie M^* des unteren Gatters entspricht der gespiegelten Kennlinie $L(\overline{u}_x)$. Man erkennt, wie durch Verändern von u_x der Schnittpunkt
beider Kurven von P_0 nach oben wandert, bis der Punkt K erreicht ist. Wird u_x noch
weiter vermindert, springt der Schnittpunkt nach P_1, d. h. die Schaltung kippt.

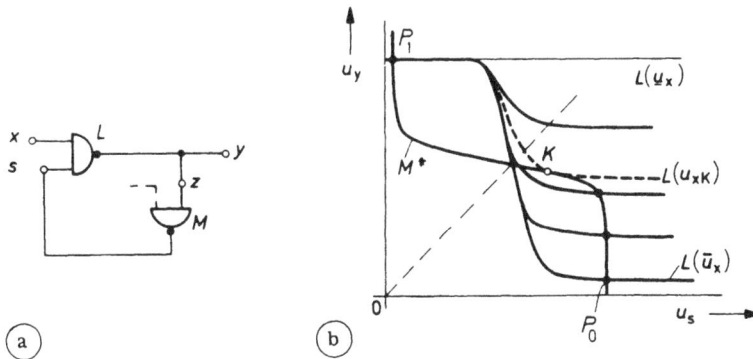

Bild 5.13:   Zum Triggern eines Flip-Flops. a) Bezeichnungen der Rückkopp-

lungsschaltung mit einem Triggereingang x , b) Veränderung der

Kennlinie L durch die Steuerspannung u_x mit Kipp-Punkt K.

5.2   Die symmetrische astabile Kippschaltung

Bei der astabilen Schaltung nach Bild 5.14 ist jeweils der Kollektor eines Transistors über eine Kapazität mit der Basis des anderen Transistors gekoppelt; außerdem sind die Basisanschlüsse über einen Widerstand mit einer positiven Spannungsquelle verbunden; diese Anordnung stellt sicher, daß jeder Transistor genügend Basisstrom bekommen kann, um in den aktiv normalen Zustand oder sogar den gesättigten Zustand zu geraten. Hat man keine schaltungstechnische Erfahrung, wird man zuerst im Zweifel sein, wie sich die Schaltung tatsächlich benimmt. Man behilft sich dann im allgemeinen damit, daß man einen bestimmten Anfangszustand für Transistoren und Energiespeicher annimmt, und dann weiter untersucht, ob und wie sich dieser Anfangszustand verändert. Bei diesem "Versuchsverfahren" muß man jedoch sehr vorsichtig sein, denn die Ergebnisse können je nach Anfangsbedingung sehr verschieden sein. Machen wir es uns an dem Beispiel in Bild 5.14 klar.

Als ersten Anfangszustand nehmen wir an, beide Transistoren seien stark übersteuert und die Koppelkondensatoren seien genau auf die Differenzspannung zwischen Basis des einen Transistors und Kollektor des anderen Transistors aufgeladen. Dies ist z. B. möglich, indem man beide Basisanschlüsse von außen an eine positive Spannung u_{BE}

legt. Mit $u_{BE} > u_{CE}$ bekommt die Spannung u_K an der Kapazität dann einen negativen Wert: $u_K = u_{CE} - u_{BE}$. Ist die Schaltung ideal symmetrisch, so besteht keine Veranlassung, daß die Schaltung nachher ihren Zustand ändert. Man könnte damit zu dem falschen Schluß kommen, daß dies eine vorwiegend statisch stabile Schaltung sei.

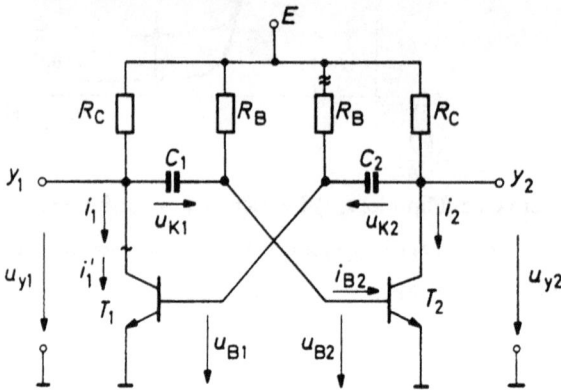

Bild 5.14:   Die astabile symmetrische Kippschaltung.

Als zweiten Anfangszustand nehmen wir jetzt an, daß wir einen Basiswiderstand R_B, z. B. den rechten, von der Batteriespannung E abgeklemmt hätten. Dann würde nur der rechte Transistor einen Basisstrom erhalten, T_2 wäre übersteuert, T_1 gesperrt, und die Kapazitäten wären auf die Spannungen $u_{K1} = E - u_{BE} \approx E$ und $u_{K2} = u_{CE} - u_{BE} \approx 0$ aufgeladen. Verbinden wir den gelösten Basiswiderstand jetzt plötzlich wieder mit der Batteriespannung, so bekommt der linke Transistor ebenfalls Basisstrom, T_1 kommt in den aktiv normalen und dann sehr rasch in den übersteuerten Zustand. Weil sich dabei u_{K1} zunächst kaum ändert, erhält die Basis des rechten Transistors plötzlich die Spannung $u_{B2} = u_{CE1} - u_{K1} \approx -E$, welche T_2 sofort sperrt- Da $u_{K2} \approx 0$, bekommt T_1 dadurch noch einen zusätzlichen Basisstrom E/R_C zugeführt, der mit zunehmender Aufladung von C_2 wieder exponentiell abklingt. Aber auch die Kapazität C_1 entlädt sich exponentiell, und tendiert dazu, die Basis von T_2 auf den positiven Wert E zu bringen. Sobald sie jedoch nur ein wenig positiv wird und über die Basis-Emitter-Schwellspannung hinausgeht, wird der rechte Transistor wieder leitend, und das selbe Spiel beginnt mit vertauschten Rollen. Die Transistoren werden ständig abwechselnd leitend und gesperrt, d. h. wir haben einen instabilen Zustand erreicht.

Obwohl die Annahme eines gelösten Basiswiderstandes R_B zu Anfang etwas willkür-
lich erscheint, zeigt sich doch, daß die logischen Folgen dieser Annahme richtig zu den
praktisch beobachtbaren Erscheinungen führt. Wie ist das zu erklären? Nun, sehr einfach. Wir haben zu Anfang nur für eine besonders starke Unsymmetrie in der Schaltung gesorgt, die unsere Überlegungen vereinfacht. Auch kleinere Unsymmetrien genügen zum Erreichen des instabilen Zustandes. Unsymmetrien sind aber praktisch immer durch die Streuungen der Transistorparameter oder die Streuungen der Schaltelemente R und C vorhanden. Daher ist der instabile Zustand der am leichtesten zu er-
zeugende, der stabile wie bei der ersten Anfangsbedingung der meist nicht auftretende
Zustand.

Besonders aufschlußreich ist natürlich auch die Untersuchung der Schleifenverstärkung in dieser rückgekoppelten Schaltung. Sie gibt Aufschluß darüber, ob überhaupt
ein Kippvorgang einsetzen kann, etwas, was wir oben bisher nur angenommen haben.
Bei starker Idealisierung (technisch ideale Transistoren, keine Last- und Streukapazitäten) ist die Diskussion sehr einfach. Jeder Kippvorgang kann und wird unendlich
schnell ablaufen, wenn nur die Schleifenverstärkung V > 1 ist. Die Spannungen an den
Kapazitäten C_1 und C_2 bleiben dabei ungefähr konstant. Sie können für die Berechnung durch konstante Spannungsquellen ersetzt werden. Eine Stromänderung Δi_1 bei
aufgeschnittenem Kreis verursacht eine gleichgroße Änderung des Basisstromes Δi_{B2}:

$$\Delta i_{B2} = - \Delta i_1 \; . \tag{5.18}$$

Da beide Transistoren im aktiven Bereich anzunehmen sind, gilt ungefähr

$$i_1' = B_{N1} \cdot B_{N2} \cdot i_1 \; , \tag{5.19}$$

und damit gilt die Kippbedingung

$$V = B_{N1} \cdot B_{N2} > 1 \quad \text{bzw. mit} \quad B_N = B_{N1} \cdot B_{N2}$$

$$B_N > 1 . \tag{5.20}$$

Der Kippvorgang wird dadurch beendet, daß ein Transistor wie oben erläutert in den
Sperrbereich gesteuert wird. Bei der Dimensionierung der Schaltung ist darauf zu
achten, daß der jeweils leitende Transistor bis zum nächsten Kippen im Sättigungszustand bleibt, da dann sichergestellt ist, daß am Ausgang eine Spannung mit konstanter
Amplitude entsteht (es handelt sich nach Bild 5.17 um leicht verschliffene Rechteck-
spannungen).

Zur Aufstellung der Sättigungsbedingung ist der gesamte zeitliche Vorgang des Basis- und Kollektorstromes des leitenden Transistors zwischen zwei Kippvorgängen zu betrachten. Dazu Bild 5.15. Vor dem Kippvorgang haben sich C_1 und C_2 auf die dort angegebenen Werte aufgeladen. Nach dem Kippen ändert sich der Basisstrom zeitlich nach

$$i_{B2} = E/R_B + (E/R_C)e^{-t/C_1 \cdot R_C} \quad , \qquad (5.21)$$

und bei gesättigtem T_2 der Kollektorstrom nach

$$i_2 = E/R_C + (2E/R_B)e^{-t/C_2 \cdot R_B} . \qquad (5.22)$$

Für alle Zeiten muß dabei gelten

$$i_{B2}(t) > i_2(t)/B_N . \qquad (5.23)$$

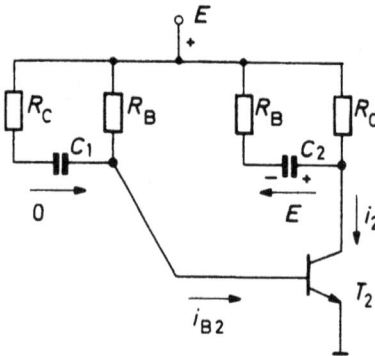

Bild 5.15:

Ausschnitt aus der vorigen Schaltung.

In Bild 5.16 sind i_{B2} und i_2/B_N aufgezeichnet. Im allgemeinen ist Gl. (5.23) erfüllt, wenn sichergestellt ist, daß auch die stationären Werte ihr genügen. Das führt zu der Bedingung

$$B_N > \frac{R_B}{R_C} . \qquad (5.24)$$

Bei stark differierenden Zeitkonstanten $C_1 \cdot R_C$ und $C_2 \cdot R_B$ ist jedoch auch ein ungünstiger Verlauf von i_{B2}, wie er in Bild 5.16 gestrichelt eingezeichnet ist, möglich. Auch dann läßt sich die Bedingung (5.23) einhalten, wenn der Maximalwert von i_2/B_N immer unterhalb des stationären Wertes für i_{B2} bleibt

$$E/R_B > \frac{E}{R_C \cdot B_N} + \frac{2E}{R_B \cdot B_N} \; . \qquad (5.25)$$

Das führt zu

$$B_N > \frac{R_B}{R_C} + 2 \; , \qquad (5.26)$$

was in der Praxis mit Gl. (5.24) gleichbedeutend ist.

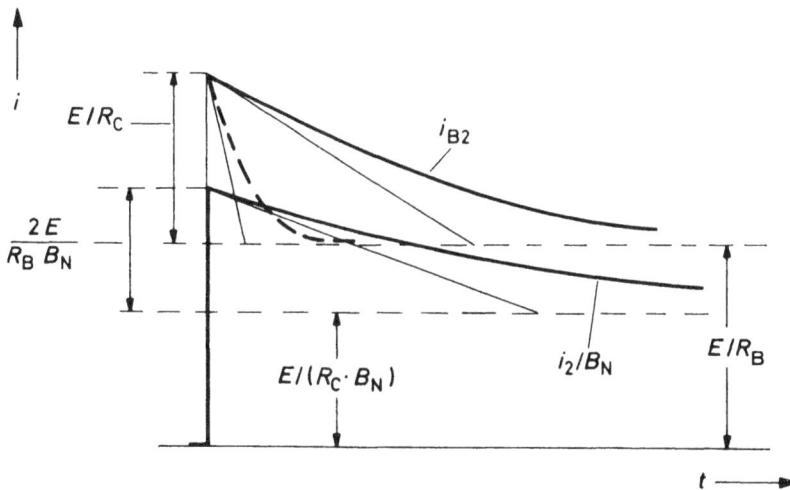

Bild 5.16:   Verlauf von Basis- und Kollektorstrom des Transistors, der nach dem Kippen übersteuert ist.

In Bild 5.17 sind die charakteristischen Spannungsverläufe an den Basis- und Kollektoranschlüssen der Transistoren aufgezeichnet. Aus dem Verlauf der Basisspannung läßt sich die Impulsdauer bzw. die Periodendauer T der Rechteckschwingung ermitteln. Aus

folgt

$$T_{1,2} = C_{1,2} \cdot R_B \cdot \ln 2 \,, \qquad\qquad (5.28)$$

bzw.

$$T = T_1 + T_2 = (C_1 + C_2) R_B \cdot \ln 2 \,. \qquad\qquad (5.29)$$

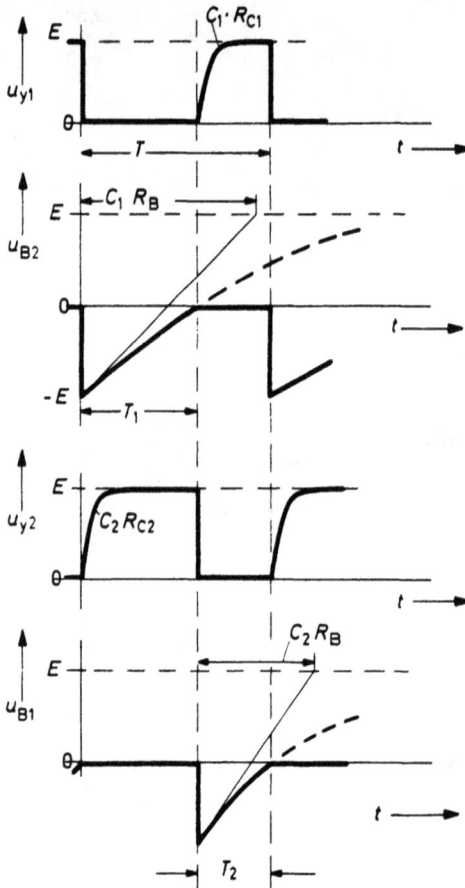

Bild 5.17:   Verlauf der Spannungen in der astabilen symmetrischen Kippschaltung.

Wie Bild 5.18 zeigt, können für den Aufbau von astabilen Kippschaltungen grundsätzlich auch fertige integrierte Inverter verwendet werden, die die notwendige Signalver-
stärkung und Invertierung aufweisen. Als externe und zeitbestimmende Glieder sind
Kondensatoren und Widerstände erforderlich. Bei der Festlegung der Werte müssen
im allgemeinen die Ausgangswiderstände der Gatter beachtet werden.

y_1

R_2

R_1

C_1

C_2

y_2

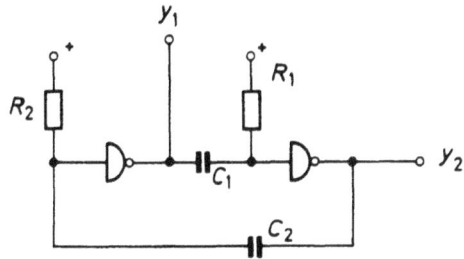

Bild 5.18: Realisierung einer astabilen Schaltung mit integrierten Invertern oder Gattern.

5.3 Monostabile Kippschaltung

Wie Bild 5.19 zeigt, erfolgt bei einer monostabilen Kippschaltung die Kopplung von Transistor zu Transistor einmal galvanisch (wie bei der bistabilen Schaltung) und einmal kapazitiv (wie bei der astabilen Schaltung).

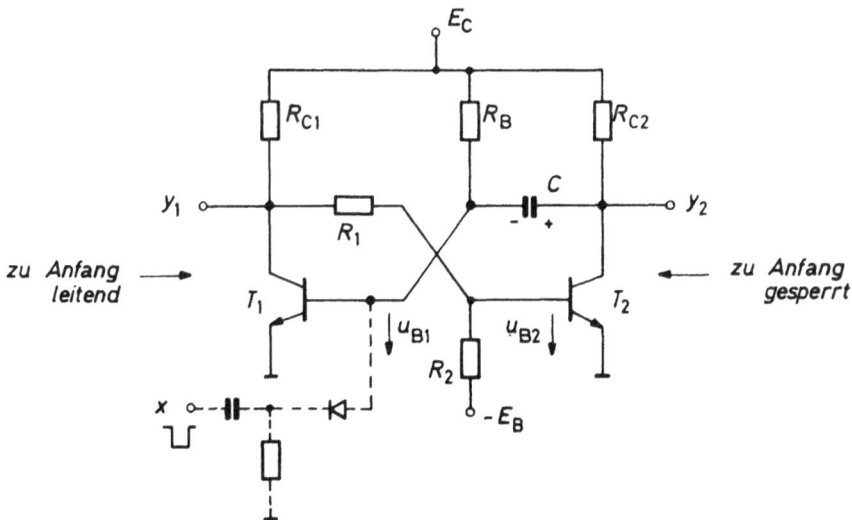

E_C

R_{C1} R_B R_{C2}

y_1 C y_2

R_1

zu Anfang leitend T_1 T_2 zu Anfang gesperrt

u_{B1} u_{B2}

R_2

x $-E_B$

Bild 5.19: Die monostabile Kippschaltung.

Die Auslösung des Kippvorganges geschieht beispielsweise an der Basis von T_1 durch einen negativen Triggerimpuls, der den Transistor T_1 sperrt, worauf T_2 übersteuert wird. Das anschließende zeitliche Verhalten ist in Bild 5.20 skizziert. Dabei unterscheiden sich die beiden Ausgangsspannungen nicht nur in der Polarität des erzeugten Impulses, sondern auch in der Form. Die Dauer des Impulses T ist wegen

$$u_{B1}(t) = E(1-2e^{-t/\tau}), \quad \tau = R_B \cdot C, \tag{5.30}$$

bei $u_{B1}(t = T) = 0$ gegeben, woraus sich errechnet

$$T = \tau \cdot \ln 2. \tag{5.31}$$

Eine erneute Triggerung ist erst dann erlaubt, wenn sich der statische Zustand wieder eingestellt hat (siehe den Verlauf von u_{y2}). Andernfalls wird sich die Impulsdauer verändern.

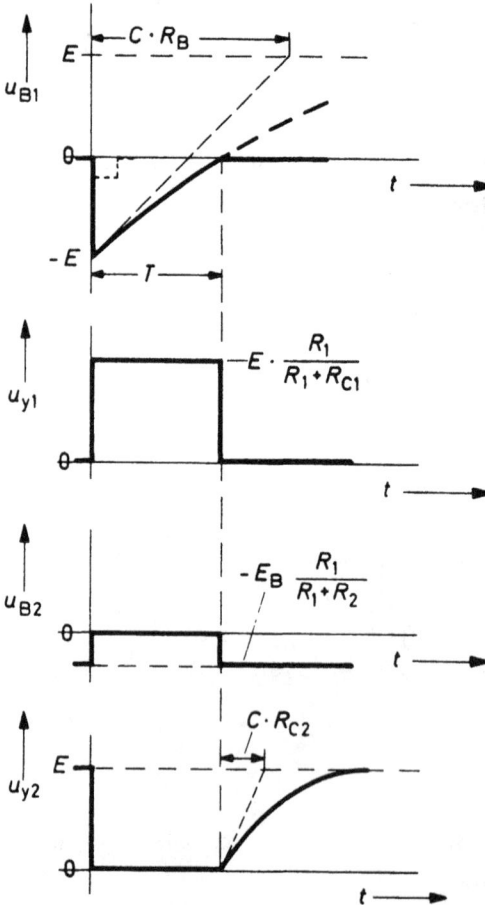

Bild 5.20:   Verlauf der Spannungen nach dem Triggern der monostabilen Kippschaltung.

5.4 Die unsymmetrische bistabile Kippschaltung (Schmitt-Schaltung)

Die Schmitt-Schaltung gibt während der Zeit, in der die Eingangsspannung eine Schwelle überschreitet, einen Rechteckimpuls ab, siehe die Darstellung im Zeitbereich in Bild 5.21. Die Schaltung ist in Bild 5.22 wiedergegeben. Charakteristisch bei ihr ist die Kopplung beider Transistoren über den gemeinsamen Emitterwiderstand R_E und eine Ansteuerung an nur einem Eingang x.

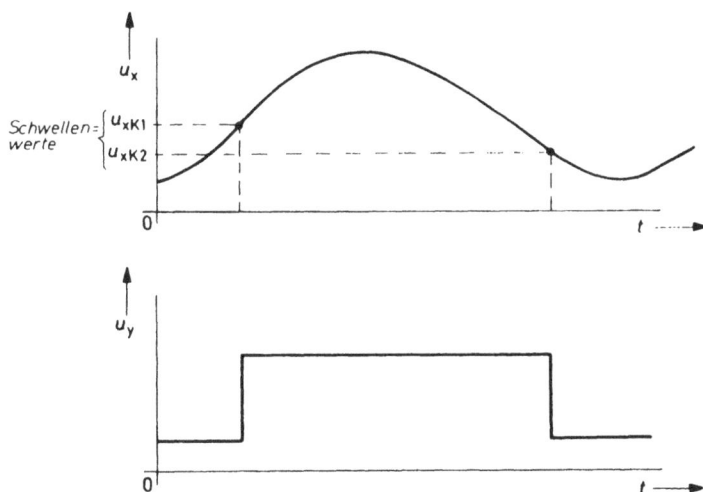

Bild 5.21:   Zuordnung von Eingangs- und Ausgangsspannung bei einer Schmitt-Schaltung.

Im Ruhezustand bei $u_x = 0$ ist T_1 gesperrt und T_2 leitend. Läßt man u_x langsam wachsen, so gibt es einen Punkt, an dem plötzlich T_1 leitend wird und T_2 sperrt. Wählt man den Widerstand R_{c2} etwas kleiner als den Widerstand R_{c1}, so ist bei leitendem Transistor T_1 der durch den Widerstand R_E fließende Querstrom etwas kleiner als bei leitendem Transistor T_2. Infolgedessen wird die Emittervorspannung, d. h. der Spannungsabfall an R_E, nach dem Ansprechen von T_1 kleiner als im Ruhezustand. Verringert man jetzt wieder die Eingangsspannung u_x, so setzt die Sperrung von T_1 bei einem niedrigeren Spannungswert ein als es bei der Aktivierung von T_1 der Fall war (siehe die Schwellspannungen u_{xk1} und u_{xk2} in Bild 5.21a. Trägt man jetzt die Ausgangsspannung u_y über u_x auf, so erhält man eine SpÜK nach Bild 5.23. Die Ausgangsspannung kann nur zwei unterschiedliche Amplituden annehmen und das Kippen von einer Amplitude zur anderen erfolgt bei den unterschiedlichen Werten u_{xk1} und u_{xk2} der Eingangsspannung. Solch eine Kennlinie nennt man in Analogie zu den bekannten Kurven auf dem Gebiet des Magnetismus eine Hysteresekurve. Sie verhindert bei sehr langsam ansteigenden Eingangsspannungen ein sonst durch kleine Störungen mögliches rasches Hin- und Herkippen zwischen den beiden Zuständen der Schaltung.

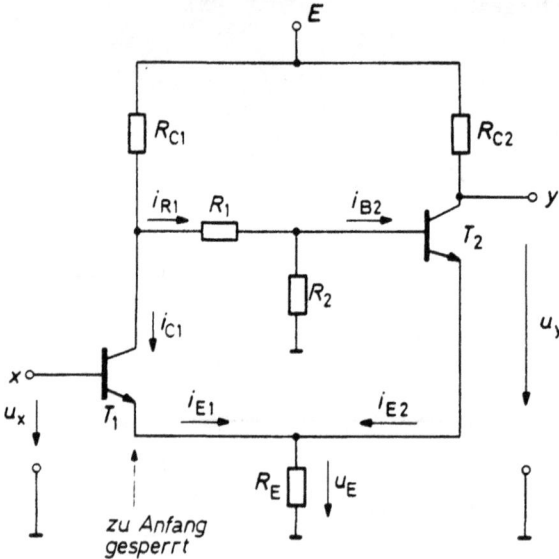

Bild 5.22:   Die unsymmetrische bistabile Kippschaltung (Schmitt-Trigger).
Im Ruhezustand ist T_2 leitend.

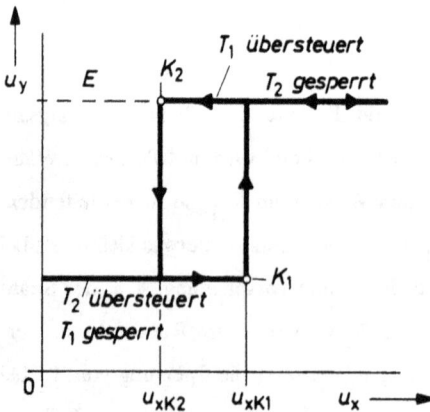

Bild 5.23:

Das Hystereseverhalten der Spannungsübertragungskennlinie einer Schmitt-Schaltung.

5.5 Sägezahngenerator

5.5.1 Prinzip

Eine Sägezahnspannung ist charakterisiert durch einen weitgehend linearen Spannungsanstieg und einen anschließenden schnellen Rücklauf. Solche Spannungsverläufe werden z. B. bei Oszillographen zur Darstellung der Zeitachse benötigt.

Das Prinzip eines Sägezahngenerators ist in Bild 5.24 dargestellt; bei geöffnetem Schalter S wird der Kondensator C über R aufgeladen. Das führt zu einem annähernd linearen Anstieg, wenn man nur den Anfang des exponentiellen Spannungsanstiegs ausnutzt. Wird anstelle von E und R ein Stromgenerator eingesetzt, so entsteht ein exakt linearer Spannungsanstieg am Kondensator. Technisch kann der Stromgenerator durch einen Transistor im aktiv normalen Bereich realisiert werden.

In den folgenden beiden Schaltungsprinzipien "Miller Generator" und "Bootstrap Generator" wird die Aufladung des Kondensators mit einem konstanten Strom vermittels einer Rückkopplung in der Schaltung erreicht.

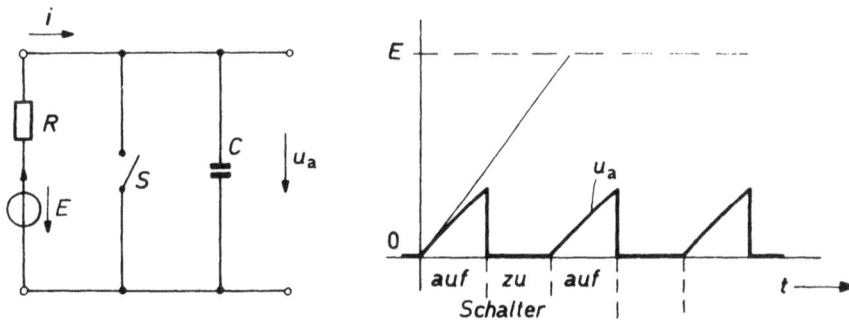

Bild 5.24:   Das Erzeugen linear ansteigender Spannungen mit passiven Schaltelementen.

5.5.2 Miller-Generator

In der Schaltung nach Bild 5.25 wird ein Verstärker (Dreieckssymbol) mit der betragsmäßig sehr großen Verstärkung -V über eine Kapazität C auf den Eingang rückgekoppelt. Wird der Eingangswiderstand des Verstärkers zu Unendlich und der

Ausgangswiderstand zu Null angenommen, so gelten nach Öffnen des Schalters S folgende Gleichungen:

$$i = - i_C = - C \cdot du_C/dt \ , \tag{5.32}$$

$$u_a = - V \cdot u_e = u_C + u_e \ , \tag{5.33}$$

$$E = i \cdot R + u_e \ . \tag{5.34}$$

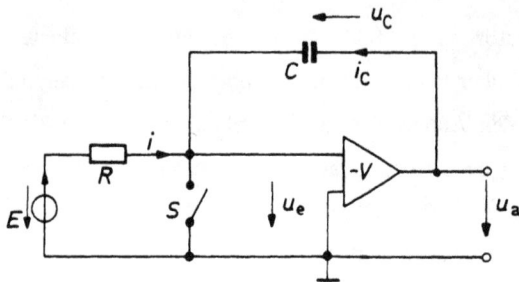

Bild 5.25:

Prinzip des Miller-Generators.

Werden die Gln. (5.32) und (5.33) in Gl. (5.34) eingesetzt, so ergibt das

$$E = - R \ C \cdot du_C/dt - u_C/(1 + V) \ . \tag{5.35}$$

Mit $u_a = u_C \cdot V/(1+V)$ aus Gl. (5.33) führt das zur Differentialgleichung:

$$\frac{du_a}{dt} + \frac{u_a}{RC(1+V)} = - \frac{E \cdot V}{(1+V)RC} \ . \tag{5.36}$$

Die Lösung der Dgl. (Trennung der Variablen) führt zu einer abklingenden e-Funktion

$$u_a = - E \cdot V \ [1 - e^{-t/\tau}] \ , \tag{5.37a}$$

mit der Zeitkonstanten

$$\tau = RC \cdot (1+V) \ . \tag{5.37b}$$

Der Endwert beträgt am Ausgang $u_a(t\to\infty) = - E{\cdot}V$, und an der Kapazität $u_C(t\to\infty) = - E(1 + V)$. Durch die Rückkopplung der Verstärkerausgangsspannung auf den Eingang mittels der Kapazität C ("Miller"-Kapazität) wird also erreicht, daß sowohl der Endwert der Kondensatorspannung als auch die Zeitkonstante der Aufladung um den Faktor $(1 + V)$ vergrößert wird (im Vergleich mit einer einfachen

Kondensatoraufladung über einen Widerstand R). Das bedeutet bei gleichem ausgenutzten Spannungshub (der ja höchstens bis zur Batteriespannung reichen kann) eine größere Linearität der ansteigenden Spannung. Im Grenzfall einer unendlich großen Verstärkung $V \rightarrow -\infty$ vereinfacht sich Gl. (5.36) zu

$$\frac{du_a}{dt} = -\frac{E}{R \cdot C} \, , \qquad\qquad (5.38)$$

und daraus folgt nach einer Integration die linear ansteigende Gerade

$$u_a = -\frac{E}{R \cdot C} \cdot t \quad . \qquad\qquad (5.39)$$

Durch Schließen des Schalters kann man den Vorgang wieder beenden.

5.5.3 Bootstrapgenerator

Beim "Bootstrapgenerator", siehe Bild 5.26, liegt die Kapazität nicht im Rückkopplungskreis des Verstärkers, sondern parallel zum Verstärkereingang. Im Rückkopplungspfad liegen dagegen die Ladespannung E und der Ladewiderstand R. Weist der Verstärker die Verstärkung $V = +1$ auf (Eingangswiderstand und Ausgangswiderstand wie bisher), so ist stets die Eingangsspannung u_C gleich der Ausgangsspannung u_a. Bei einem Spannungsumlauf durch C, R und E

$$-u_a - E + i \cdot R + u_C = 0 \, , \qquad\qquad (5.40)$$

heben sich die Spannungen u_a und u_C also heraus und es bleibt ein konstanter Strom übrig

$$i = E/R \, . \qquad\qquad (5.41)$$

Daraus folgt dann die linear ansteigende Spannung

$$u_C = \frac{1}{C} \int i \, dt = \frac{E}{R \cdot C} \cdot t \, , \qquad\qquad (5.42)$$

die mit der Ausgangsspannung u_a identisch ist.

Weicht die Verstärkung V vom Wert +1 ab, so ergibt sich die Ausgangsspannung

$$u_a = \frac{V \cdot E}{1-V} (1 - e^{-t/\tau}) \quad , \quad \text{mit} \quad \tau = \frac{R \cdot C}{1-V} \quad . \tag{5.43}$$

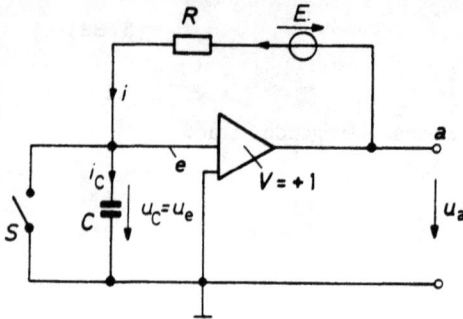

Bild 5.26:   Prinzip des "Bootstrap"-Generators.

6.0 Elementare Analogschaltungen

Elektrische Schaltungstechnik war bis zum Erscheinen der Digitaltechnik ausschließlich eine analoge Schaltungstechnik. Darunter versteht man, daß das Strom-Spannungs-Verhalten der Schaltungen so zu entwerfen war, daß es analog zu den gewünschten mathematischen Funktionen wurde. Heute kann man diese Funktionen mit sehr viel größerer Präzision in einem digitalen System bzw. Computer realisieren. Dennoch ergeben sich auch heute noch sehr viele Anwendungen, bei denen man auf die analoge Technik zurückgreifen muß, was im Grunde dadurch bedingt ist, daß viele Erscheinungen in unserer Umwelt kontinuierlich verlaufen und demzufolge auch so von den Sensoren aufgenommen werden müssen. Nach einigen analogen Signalverarbeitungsschritten folgt dann in der Regel erst eine Analog-Digital-Umwandlung und danach die digitale Signalverarbeitung.

Glücklicherweise braucht man sich heute nicht mehr mit den häufig sehr komplizierten klassischen Analogschaltungen aus wenigen aktiven Bauelementen (Röhren, Transistoren, usw.) auseinanderzusetzen. Schon in den fünfziger Jahren gab es nämlich eine "neuartige" analoge Technik, die durch die Analogrechnertechnik vorangetrieben wurde, und die weitgehend auf der Benutzung des "Operationsverstärkers" basierte. Mit einer einfachen Beschaltung dieses besonderen Verstärkers (Rückkopplungsschaltungen) ließen sich leicht die wichtigsten benötigten Funktionen realisieren. Diese Grundschaltungen sind bis heute aktuell geblieben, auch wenn die ursprünglich im Mittelpunkt des Interesses stehenden Analogrechner heute keine große Bedeutung mehr haben. In jüngster Zeit läßt sich sogar ein verstärktes Interesse für die analoge Schaltungstechnik beobachten, die vielleicht dadurch zu erklären ist, daß sie in vielen (peripheren) Teilen der elektrischen Systeme (z. B. bei Signalprozessoren) nach wie vor unentbehrlich ist, und daß sich außerdem im Bereich der digitalen Hardware inzwischen eine Beruhigung und Standardisierung ergeben hat. Die attraktiven Unterschiede konkurrierender elektronischer Produkte müssen daher vermehrt in der Technologie, der Software und der elektronischen Peripherie gesucht werden.

6.1 Der Operationsverstärker

6.1.1 Die idealen Eigenschaften

Der Operationsverstärker läßt sich am besten durch seine idealen Eigenschaften charakterisieren.

1. Sein Eingangswiderstand (input) sollte sehr hoch sein:

    $$R_i \rightarrow \infty$$

2. Sein Ausgangswiderstand (output) sollte sehr klein sein:

    $$R_0 \rightarrow 0$$

3. Seine Spannungsverstärkung (amplification, gain) sollte sehr hoch sein und es sollte eine Signalinvertierung stattfinden:

    $$A_V \rightarrow -\infty$$

4. Er sollte möglichst trägheitslos arbeiten, d. h. seine Bandbreite sollte sehr groß sein:

    $$B \rightarrow \infty$$

5. Seine Verstärkungseigenschaften sollten nicht von der Amplitude der Signale abhängen (ideal linear) und bei gleichen Spannungen an seinen beiden Eingangsklemmen sollte die Ausgangsspannung immer exakt Null sein (idealer Differenzverstärker)

6. Die Kennwerte des Verstärkers sollten nicht mit der Temperatur driften (ideale thermische Stabilität).

Symbolisch dargestellt wird ein solcher (mehr oder weniger) ideal arbeitender Operationsverstärker (operational amplifier = OP AMP) durch ein Dreieck, siehe Bild 6.1, bei dem die zwei Eingänge links mit - oder + versehen sind, je nachdem, welcher Eingang invertiert oder nicht invertiert.

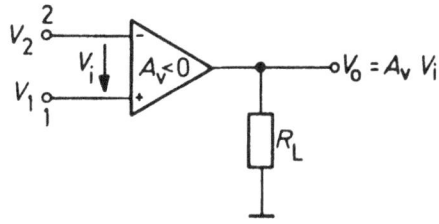

Bild 6.1:   Symbolische Darstellung des Operationsverstärkers. Die Eingangs-
differenzspannung V_i wird mit dem Faktor A_v verstärkt und ergibt
am Lastwiderstand R_L die Ausgangsspannung V_0 .

6.1.2 Die Schaltung

Den skizzierten Idealen läßt sich mit einer Schaltung näherkommen, die im wesentlichen einen Differenzverstärker mit vielen nachgeschalteten Verstärkungselementen
enthält, siehe das Prinzip in Bild 6.2. Das Ersatzschaltbild für relativ niedrige Frequenzen in Bild 6.3 weist einen Eingangswiderstand R_i auf, einen Ausgangswiderstand R_0
sowie eine Spannungsverstärkung A_v für den Fall des offenen Ausganges. Bei einer
endlichen Belastung vermindert sich die Verstärkung wegen des Spannungsabfalles an
R_0 . Die genaue Besprechung der Operationsverstärkerschaltung sei zunächst noch
etwas zurückgestellt. An Hand vieler Beispiele soll zuerst klargemacht werden, was
man mit einem solchen Operationsverstärker alles erreichen kann. Lediglich die
Größenordnung der Annäherung an die idealen Ziele sei zuvor kurz skizziert.

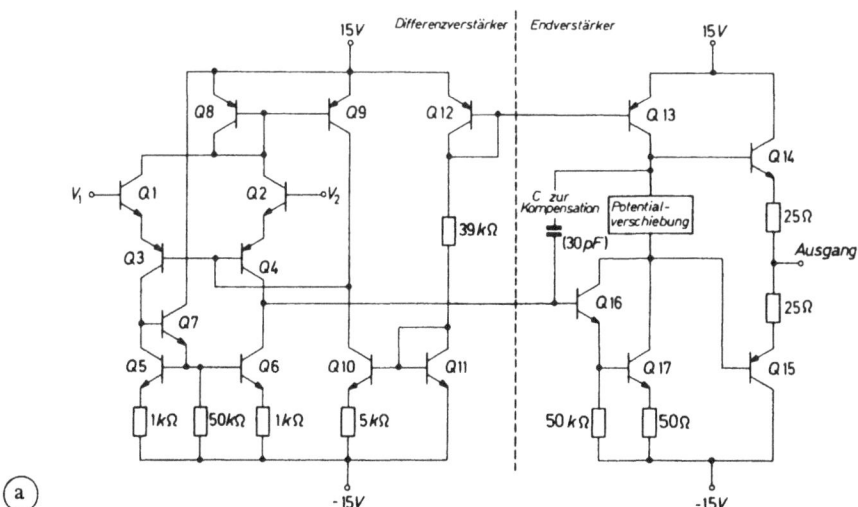

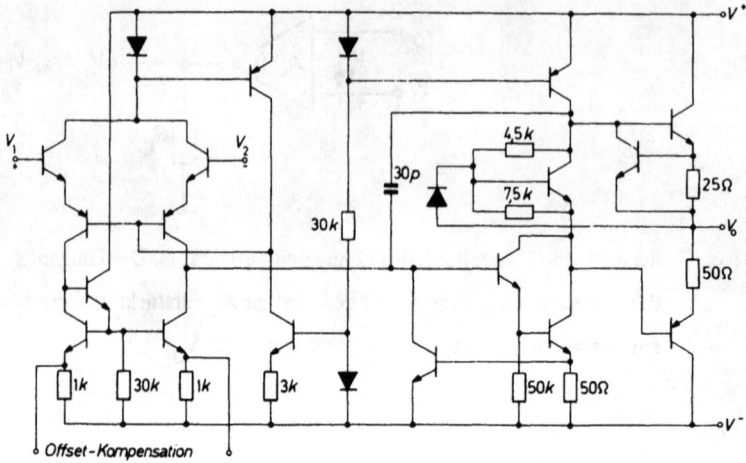

Bild 6.2:   Beispiel eines aus Transistoren und Widerständen aufgebauten integrierten Operationsverstärkers (μA 741). Zwei Varianten.

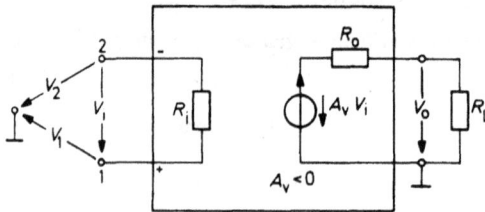

Bild 6.3:   Das Ersatzschaltbild eines Operationsverstärkers bei relativ niedrigen Frequenzen (im normalen Arbeitsbereich).

6.1.3 Die realen Eigenschaften

Mit den heutigen Operationsverstärkern erreicht man Kennwerte in folgender Größenordnung

$R_i \approx$ 1 MΩ (10^{12} Ω für JFET)

$R_0 \approx$ 100 Ω (bei offener Schleife)

$A_v \approx$ 10^5 (bei tiefen Frequenzen)

$B \approx$ 1 MHz (bei der Verstärkung $A_v = 1$).

Supply Voltage	± 22 V
Power Dissipation	500 mW Grenzwerte
Differential Input Voltage	± 30 V
Input Voltage	± 15 V
Operating Temperature Range	-55°C to + 125°C
Input Offset Voltage	1 mV
Input Offset Current	20 nA
Input Bias Current	80 nA
Input Resistance	2 MΩ
Input Voltage Range	± 13 V typische
Output Voltage Swing	± 14 V Werte
Output Short Circuit	25 mA
Common-Mode Rejection Ratio	90 dB
Transient Response	0,3 µs
Overshoot	5%
Slew Rate	0,5 V/µs
Supply Current	1,7 mA
Power Consumption	50 mW
Amplification	10^5
Bandwidth (Unity Gain Ampl.)	1,5 MHz

	Type 741 (two-stage architecture)	LM 118 (three-stage architecture)	LM 108 (super-beta)	AD 611 (BIFET)	AD 507 K (wide-band)
Input offset voltage (mV)	≤5	≤4	≤2	≤0.5	≤5
Bias current (nA)	≤500	≤250	≤2	≤0.025	≤15
Offset current (nA)	≤200	≤50	≤0.4	≤0.010	≤15
Open-loop gain (dB)	106	100	95	98	100
Common-mode rejection ratio (dB)	80	90	95	80	100
Input resistance (MΩ)	2	5	100	10^6	300
Slew rate (V/µs)	0.5	≥50	0.2	13	35
Unity-gain bandwidth (MHz)	1	15	1	2	35
Full-power bandwidth (kHz)	10	1000	4	200	600
Settling time (µs)	1.5	4	1	3	0.9

Bild 6.4: Einige Daten a) für Typ 741 aus einem Datenblatt, b) Zusammenstellung von Millman [5.9].

Ein Blick auf die Angaben in einem Datenblatt, Bild 6.4 zeigt einige Beispiele für moderne OP AMPs, gibt jedoch einen Eindruck davon, welche Parameter sonst noch zu spezifizieren sind. Der Operationsverstärker ist also in Wirklichkeit schon eine recht komplexe analoge Schaltung. Als integrierte Halbleiterschaltung läßt er sich trotzdem auf einer sehr kleinen Siliziumfläche unterbringen.

6.2   Elementare Schaltungen mit dem Operationsverstärker

6.2.1   Invertierender Verstärker

In Bild 6.5a ist die Beschaltung eines Operationsverstärkers mit zwei Widerständen gezeigt. Von der Signalspannung V_S führt ein Widerstand Z zum invertierenden Eingang und von der Ausgangsspannung V_0 führt ein anderer Widerstand Z' ebenfalls zu diesem Eingang. Wegen der invertierenden Wirkung dieses Einganges handelt es sich bei dieser Rückkopplung speziell um eine Gegenkopplung.

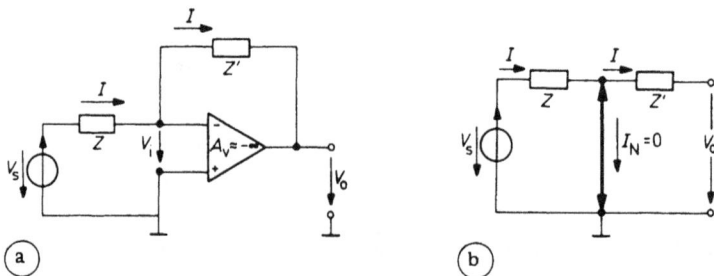

Bild 6.5:   Der invertierende Widerstandsverstärker. a) Schaltbild, b) Prinzip des virtuellen Kurzschlusses.

Um die Funktion dieser Schaltung zu verstehen, läßt sich eine Näherungsbetrachtung machen. Sie geht davon aus, daß sich als Ausgangsspannung V_0 ein Wert einstellen wird, der irgendwo zwischen Null und dem Batteriepotential liegt und höchstens bis zu diesem Potentialwert anwachsen kann. Die dazu gehörende Eingangsspannung V_i folgt dann betragsmäßig durch Division durch die Verstärkung A_v und wird wegen dieses hohen Wertes verschwindend klein

$$V_i = \frac{V_0}{A_v} \to 0 \quad . \qquad\qquad (6.1)$$

Bezüglich der Signalspannung V_i sind also beide Eingangsklemmen praktisch als kurzgeschlossen zu betrachten. Dies bezeichnet man häufig auch als virtuellen Kurzschluß (virtual ground), siehe Bild 6.5b. Man beachte jedoch, daß zum Unterschied zu einem wirklichen Kurzschluß der Strom in jede Eingangsklemme gleich Null ist.

Die Berechnung ist jetzt rasch durchzuführen. Durch beide Widerstände Z und Z' kann nur der gleiche Strom I fließen (weil der invertierende Eingang keinen Strom aufnehmen kann). Wegen des virtuellen Kurzschlusses ist dieser Strom bestimmt durch

$$I = V_S / Z \quad . \qquad\qquad (6.2)$$

Vom Ausgang her gesehen ergibt sich die Spannungsbeziehung

$$V_0 = - I \cdot Z' \quad . \qquad\qquad (6.3)$$

Daraus folgt für die Spannnungsrückkopplungsverstärkung (voltage feedback)

$$A_{vf} = \frac{V_0}{V_S} = \frac{-I \cdot Z'}{I \cdot Z} = - \frac{Z'}{Z} \quad . \qquad\qquad (6.4)$$

Ersichtlich ist die Verstärkung der Gesamtschaltung jetzt nur noch durch das Verhältnis zweier Widerstände gegeben. Sie ist also unabhängig von den nichtlinearen Transistorkennlinien und ihren Temperaturabhängigkeiten und zudem leicht einzustellen.

Auf Grund der Ableitung wird übrigens schon hier klar, daß es sich bei Z und Z' nicht unbedingt nur um lineare Widerstände handeln muß. Es können genauso gut auch kapazitive oder induktive Impedanzen eingesetzt werden und selbst bei Verwendung nichtlinearer Schaltelemente lassen sich sehr interessante Effekte erzielen. Zunächst seien jedoch noch weitere wichtige Schaltungen unter Verwendung linearer Widerstände besprochen

6.2.2 Addierer mit Vorzeichenumkehr

Bild 6.6 zeigt, daß man dem invertierenden Eingang über parallel liegende Widerstände R_1, R_2,... R_n auch mehrere Signalspannungen v_1, v_2, ... v_n zuführen kann. Wegen des virtuellen Kurzschlusses am Eingang führt jede dieser Spannungen zu einem

Teilstrom $\Delta i = v/R$. Die Teilströme summieren sich zu einem gemeinsamen Strom i

$$i = \frac{v_1}{R_1} + \frac{v_2}{R_2} + \ldots + \frac{v_n}{R_n} , \qquad (6.5)$$

der dann auch über den Rückkopplungswiderstand R' fließt. Die Ausgangsspannung ergibt sich zu

$$v_o = - R' \cdot i = - (\frac{R'}{R_1} v_1 + \frac{R'}{R_2} v_2 + \ldots + \frac{R'}{R_n} v_n) . \qquad (6.6)$$

Speziell für gleiche Widerstände ($R_1 = R_2 = \ldots = R_n$) vereinfacht sich dies zu

$$v_o = - \frac{R'}{R_n} (v_1 + v_2 + \ldots + v_n) . \qquad (6.7)$$

Die Ausgangsspannung ist ersichtlich proportional zur Summe der Eingangsspannungen.

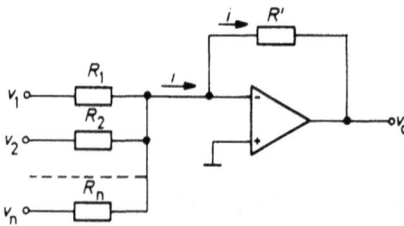

Bild 6.6:

Addierer mit Vorzeichenumkehr.

6.2.3 Nichtinvertierender Widerstandsverstärker

Bild 6.7.a zeigt die Schaltung eines nichtinvertierenden Widerstandsverstärkers. Die Rückkopplung führt zum invertierenden Eingang, so daß man wieder von einem virtuellen Kurzschluß ausgehen kann. Daher werden die Spannungen an beiden Eingangsklemmen gleich:

$$V_S = V_2 . \qquad (6.8)$$

Der Verstärkungsfaktor berechnet sich dann wie folgt

$$A_{vf} = \frac{V_0}{V_S} = \frac{V_0}{V_2} = \frac{I(Z+Z')}{I\,Z} = \frac{Z+Z'}{Z} = 1 + \frac{Z'}{Z}. \qquad (6.9)$$

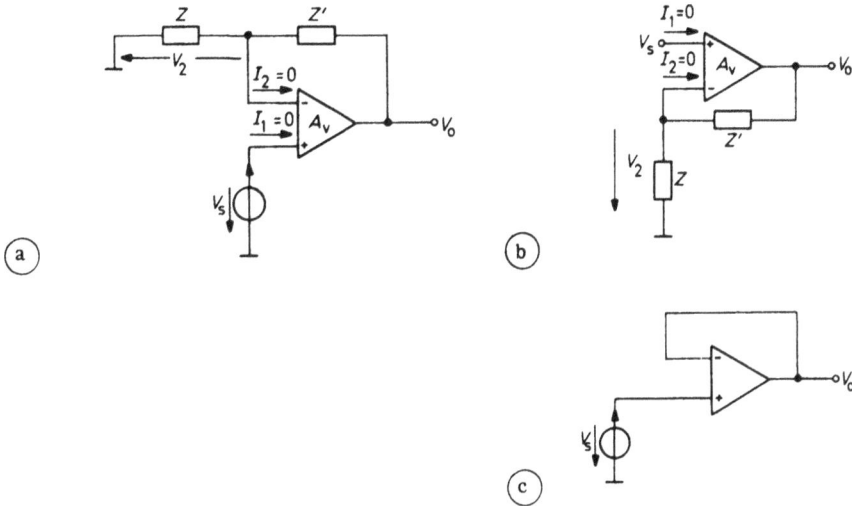

Bild 6.7:   Der nichtinvertierende Widerstandsverstärker (Elektrometerverstärker). a) Schaltbild, b) übliche alternative Darstellung, c) Spannungsfolger durch stärkste Vereinfachung.

Insbesondere für $Z'/Z \ll 1$, bzw. $Z' \to 0$ oder $Z \to \infty$ ergibt sich ein nahezu idealer Spannungsfolger (voltage follower). Er dient zur Entkopplung von Eingangs- und Ausgangskreis, denn sein Eingangswiderstand ist sehr groß, z. B. $R_i = 10^6$ MΩ, und sein Ausgangswiderstand sehr klein, z. B. $R_0 = 0,75$ Ω. Aus historischen Gründen werden diese Schaltungen mit dem hohen Eingangswiderstand "Elektrometerverstärker" genannt. Bild 6.7.b zeigt die Schaltung in einer etwas anderen Darstellung. In Bild 6.7c ist schließlich noch die auf den ersten Blick sicher etwas verblüffende Schaltung eines Spannungsfolgers dargestellt ($Z \to \infty$, $Z' \to 0$).

6.2.4 Addierer ohne Vorzeichenumkehr

Unter Benutzung des Elektrometerverstärkers läßt sich jetzt auch leicht die Addition ohne Vorzeichenumkehr bewältigen, siehe Bild 6.8. Man berechnet in einem ersten

Schritt am besten die Ausgangsspannung v_0 in Abhängigkeit von der inneren Eingangsspannung v_+

$$v_0 = \frac{R+R'}{R} v_+ \ . \tag{6.10}$$

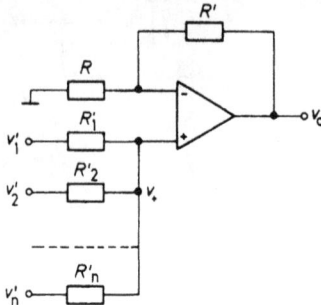

Bild 6.8:

Der nichtinvertierende Addierer.

Die Spannung v_+ ergibt sich wiederum aus der Superposition aller Signalspannungen $v_1', v_2', ... , v_n'$. Ein Signalspannungsbeitrag, z. B. der für $v_2' \neq 0$ und für das Potential 0 bei allen anderen Eingängen lautet (Spannungsteiler)

$$\Delta v' = \frac{R_{p2}'}{R_2' + R_{p2}'} v_2' \ . \tag{6.11}$$

Hierbei bedeutet R_{p2}' die Parallelschaltung aller mit Masse (Potential 0) verbundenen Eingänge. Bei n gleichen Widerständen ergibt sich

$$\Delta v' = \frac{R_2'/(n-1)}{R_2' + R_2'/(n-1)} = \frac{1}{n} v_2' \ . \tag{6.12}$$

Durch Superposition aller möglichen Eingangsspannungen folgt zunächst

$$v_+ = \frac{1}{n} (v_1' + v_2' + ... + v_n') \ , \tag{6.13}$$

und dann

$$v_0 = \frac{R+R'}{n \cdot R} (v_1' + v_2' + ... + v_n') \ . \tag{6.14}$$

6.2.5 Spannungs-Strom-Wandler

Will man eine Spannung in einen Strom umwandeln, d. h. eine Signalspannung aus einem Generator mit niedrigem Innenwiderstand in einen Signalstrom eines Generators mit hohem Innenwiderstand, so daß ein Signalstrom i_L unabhängig von der Größe eines (vielleicht sogar zeitabhängigen) Lastwiderstandes Z_L fließt, und muß dieser Lastwiderstand nicht geerdet sein (wie z. B. bei einer Ablenkspule), so kann man mit Vorteil die Elektrometerschaltung in Bild 6.9 nutzen. Die Ausgangsspannung ergibt sich zu

$$v_0 = \frac{R+Z_L}{R} \, v_S \; . \tag{6.15}$$

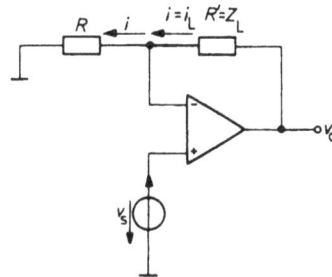

Bild 6.9:   Der Spannungs-Strom-Wandler, bei dem der Lastwiderstand im Potential nicht festgelegt ist.

Daraus erhält man den von Z_L unabhängigen Strom

$$i_L = \frac{v_0}{R+Z_L} = \frac{R+Z_L}{R} \, \frac{v_S}{R+Z_L} = \frac{v_S(t)}{R} \; . \tag{6.16}$$

Muß der Lastwiderstand an einer Seite geerdet sein, findet man eine äquivalente Schaltung in Bild 6.10. Wird folgendes Widerstandsverhältnis eingehalten

$$\frac{R_3}{R_2} = \frac{R'}{R_1} \; , \tag{6.17}$$

so ergibt sich der Laststrom wiederum unabhängig von Z_L zu

$$i_L(t) = - \frac{v_S(t)}{R_2} \; . \tag{6.18}$$

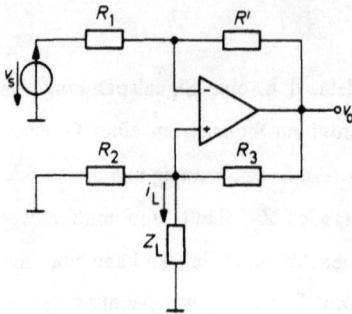

Bild 6.10:

Der Spannungs-Strom-Wandler mit einseitig

geerdetem Lastwiderstand.

6.2.6 Strom-Spannungs-Wandler

Ein Wandler, der eine Stromquelle in eine Spannungsquelle umwandelt, ist sehr einfach durch eine Thevenin-Norton-Umgestaltung der Spannungsquelle am Eingang in eine Stromquelle zu erreichen, siehe Bild 6.11. Die Ausgangsspannung lautet

$$v_0 = - i_S \cdot R' \; . \tag{6.19}$$

Die gestrichelt angedeutete Kapazität dient zur Unterdrückung der Schwingneigung und des Rauschens. Wegen des virtuellen Kurzschlusses könnte der Widerstand R_S im Prinzip auch entfallen. Es bleibt eine Stromquelle, an der praktisch stets die Spannung Null ansteht.

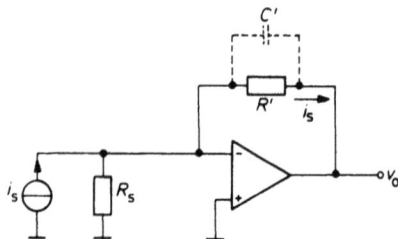

Bild 6.11:

Der Strom-Spannungs-Wandler.

6.2.7 Differenzverstärker

In sehr vielen Anwendungen kommt es darauf an, den Unterschied zwischen zwei Potentialen zu messen, bzw. eine Signalspannung zwischen zwei beliebigen Punkten. Dazu dient der Differenzverstärker (differential amplifier). Bild 6.12 zeigt einen solchen Verstärker, der mit einem Operationsverstärker auskommt. Mit einigen Widerständen lassen sich hier wie beim einfachen Widerstandsverstärker genau definierte Verhältnisse schaffen. Die Berechnung vereinfacht sich, wenn man wieder von den Eigenschaften der Superposition Gebrauch macht.

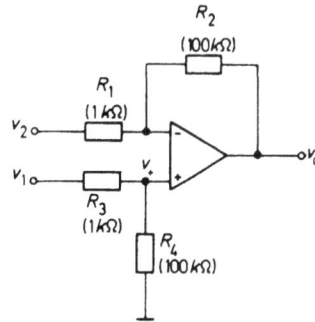

Bild 6.12:

Differenzverstärker in Form eines beschalteten

Operationsverstärkers.

a)   Wir setzen zunächst $v_1 = 0$. Dann ist auch $v_+ = 0$ und der resultierende Widerstandsverstärker liefert die Ausgangsspannung

$$v_{0,1} = - \frac{R_2}{R_1} \cdot v_2 \; . \tag{6.20}$$

b)   Nun setzen wir $v_2 = 0$. Die Spannung v_+ ergibt sich aus dem Spannungsteiler R_3, R_4

$$v_+ = \frac{R_4}{R_3+R_4} v_1 \; . \tag{6.21}$$

Bezüglich der Verstärkung von v_+ liegt dann ein Elektrometerverstärker vor. Man erhält die Ausgangsspannung

$$v_{0,2} = \frac{R_1+R_2}{R_1} v_+ = \frac{R_1+R_2}{R_3+R_4} \cdot \frac{R_4}{R_1} v_1 \; . \tag{6.22}$$

c)   Nun hat man beide Spannungen zu superponieren

$$v_0 = v_{0,1} + v_{0,2}$$

$$= - \frac{R_2}{R_1} v_2 + \frac{R_1+R_2}{R_3+R_4} \cdot \frac{R_4}{R_1} v_1 \tag{6.23}$$

$$= - \frac{R_2}{R_1} \left[v_2 - \frac{1+R_1/R_2}{1+R_3/R_4} v_1 \right] \; .$$

Für $R_1/R_2 = R_3/R_4$ wird dies zu

$$v_0 = \frac{R_2}{R_1} (v_1 - v_2) . \qquad (6.24)$$

Ersichtlich ist die Differenzverstärkung nicht mehr von irgendwelchen Transistorparametern abhängig. Nachteilig sind bei dieser Schaltung manchmal die relativ niedrigen Eingangswiderstände (v_2 sieht z. B. nur den Eingangswiderstand $R_1 = 1k\Omega$).

Abhilfe läßt sich durch vorgeschaltete Spannungsfolger schaffen, siehe Bild 6.13. Hier erhält man unter Einsatz zweier zusätzlicher Operationsverstärker die gewünschten sehr hohen Eingangswiderstände. Die Ausgangsspannung lautet

$$v_0 = (1 + \frac{2R'}{R}) \frac{R_2}{R_1} (v_1 - v_2) . \qquad (6.25)$$

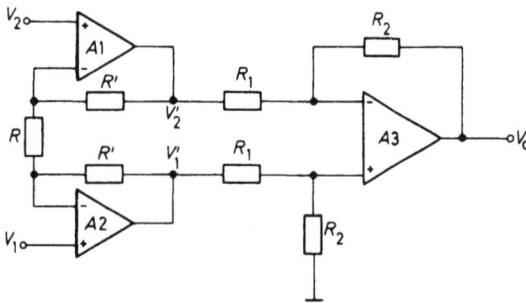

Bild 6.13:   Hochwertiger Differenzverstärker mit sehr hohen Eingangswiderständen.

Ein Beispiel für den Einsatz des Differenzverstärkers ist in Bild 6.14 skizziert. Ein temperaturabhängiger Widerstand in einer Brücke ändert sich um den Wert ΔR. Dadurch entsteht eine Unsymmetrie und die daraus folgende Differenzspannung im Querzweig kann als Maß für die Temperaturänderung genutzt werden.

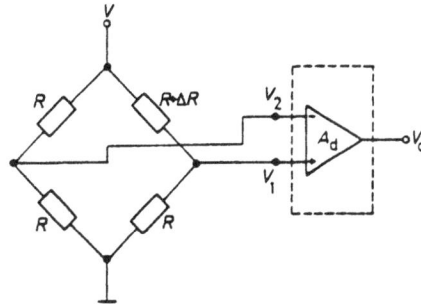

Bild 6.14:

Differenzverstärker in einer Brücke.

6.3 Analoger Integrator

6.3.1 Eigenschaften der Schaltung

Eine der wichtigsten Schaltungen bei der analogen Signalverarbeitung ist der Integrator. In Form des Miller-Integrators war er uns schon in Abschnitt 5.5.2 begegnet. Hier sei er entsprechend der vereinfachten Betrachtungen zuerst noch einmal kurz analysiert. Im Rückkopplungszweig von Bild 6.15a befindet sich jetzt statt eines Widerstandes eine Kapazität C. Wegen des virtuellen Kurzschlusses, siehe Bild 6.15b, ergibt sich der Strom zu

$$i = \frac{v}{R} \; . \qquad\qquad (6.26)$$

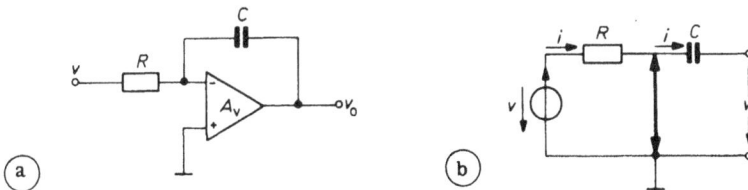

Bild 6.15:   Der Integrator. a) Prinzipielles Schaltbild, b) Ersatzschaltbild mit virtuellem Kurzschluß.

Die Ausgangsspannung ist zugleich die Spannung über der Kapazität und folgt somit zu

$$v_0 = -\frac{1}{C} \int i\,dt = -\frac{1}{RC} \int v\,dt \; . \qquad\qquad (6.27)$$

Beim Miller-Generator ist v speziell eine Sprungfunktion mit der Amplitude V. Es ergibt sich damit eine linear ansteigende Rampe

$$v_0 = - \frac{V}{RC} \cdot t \; . \tag{6.28}$$

Zur Betrachtung der Frequenzabhängigkeit der Verstärkung geht man am besten zur komplexen Frequenz s über. Die Impedanz Z' in der Rückkopplung schreibt sich dann: Z' = 1/(sC). Damit findet man die Verstärkung nach Gl. (6.4)

$$A_{v,f} = \frac{V_0(s)}{V_s(s)} = - \frac{Z'}{Z} = - \frac{1}{RC \cdot s} \; . \tag{6.29}$$

In der doppeltlogarithmischen Darstellung von Bild 6.16 ist diese Frequenzabhängigkeit eine mit 45^0 nach rechts abfallende Gerade (gestrichelt gezeichnet). Berücksichtigt man, daß der wirkliche Integrator bei tiefen Frequenzen hinsichtlich der Amplitude begrenzt ist, und daß sich auch bei hohen Frequenzen zunehmend Dämpfungseffekte bemerkbar machen, so ist nur in einem mittleren Frequenzbereich (f_{1f} bis f_{2f}) wirklich eine exakte Integration gegeben.

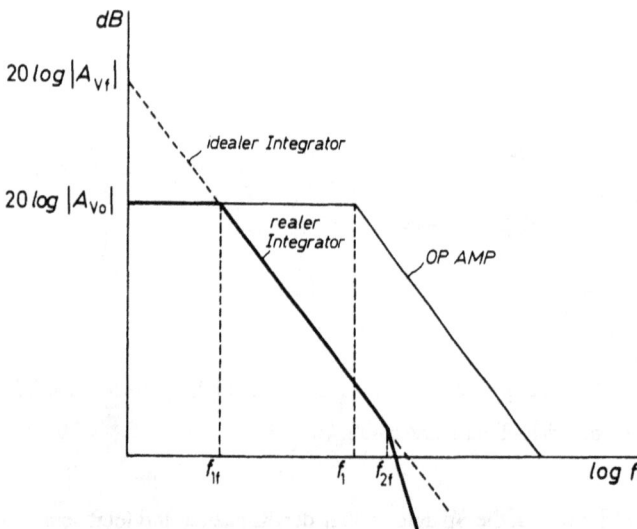

Bild 6.16:   Frequenzabhängigkeit des Verstärkungsfaktors eines Operationsver-
              stärkers, des idealen Integrators und des realen Integrators.

Durch eine kleine Rechnung lassen sich die obigen Kurven noch etwas genauer analytisch erfassen. Der nicht gegengekoppelte Operationsverstärker (open loop) hat die Frequenzabhängigkeit

$$A_v = \frac{A_{vo}}{1-jf/f_1} = \frac{A_{vo}}{1-s/s_1} \,. \qquad (6.30)$$

Für den gegengekoppelten (feed back) Operationsverstärker (Integrator) findet man jedoch

$$A_{vf} = - \frac{s_1}{RC} \frac{A_{vo}}{(s + A_{vo} s_1)(s-1/(RC\ A_{vo}))} \,. \qquad (6.31)$$

Hierbei ist $A_{vo} < 0$ die Gleichstromverstärkung einschließlich der Invertierung. Man prüft leicht nach, daß sich in Übereinstimmung mit Bild 6.16 für niedrige Frequenzen der Gleichstromwert

$$A_{vf} = A_{vo} \quad \text{für} \quad s \to 0$$

ergibt, für mittlere Frequenzen die Integrationsformel

$$A_{vf} = - \frac{s_1\ A_{vo}}{RC} \cdot \frac{1}{A_{vo} \cdot s_1 \cdot s} = - \frac{1}{RC\ s} \,,$$

und für hohe Frequenzen ein doppelt steiler Abfall

$$A_{vf} = - \frac{s_1\ A_{vo}}{s^2 \cdot RC} \,.$$

In der Praxis muß man die prinzipielle Integratorschaltung noch mit zwei Schaltern versehen, mit denen man definierte Anfangs- und Endzustände einstellen kann, siehe Bild 6.17. Während des Ruhezustandes sind die Schalter S_a und S_b jeweils mit den Kontakten 1 verbunden und während der Arbeitszeit mit den Kontakten 2.

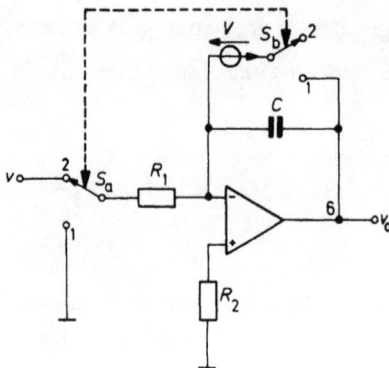

Bild 6.17:   Ergänzung der Integratorschaltung durch Schalter S_a und S_b zur
Realisierung von Anfangsbedingungen.

Es ist lehrreich, auch noch die zu dem Integrator komplementäre Schaltung, nämlich
den Differentiator zu betrachten. Bei ihm tauschen Widerstand R und Kapazität C lediglich die Plätze. Wie aus dem Ersatzbild mit virtuellem Kurzschluß in Bild 6.18 zu ersehen, folgt jetzt die Ausgangsspannung

$$v_0 = - R \cdot i = - RC \frac{dv}{dt} . \qquad (6.32)$$

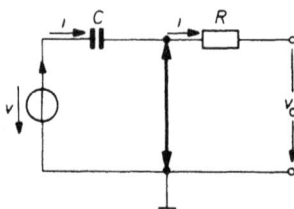

Bild 6.18:

Das Ersatzschaltbild eines Differentiators
mit virtuellem Kurzschluß.

Leider hat diese Schaltung die Eigenschaft, die hohen Frequenzen so sehr zu bevorzu-
gen, daß es zu starkem Rauschen und zur Instabilität kommt. Das einfache Beispiel
eines sinusförmigen Eingangssignals der Frequenz ω zeigt dies bereits deutlich. Zu dem
Eingangssignal $v = \sin \omega t$ gehört nämlich das Ausgangssignal $v_0 = - RC \cdot \omega \cdot \cos \omega t$. Die
Amplitude wächst also mit ω, und insbesondere das hochfrequente Rauschen wird da-
durch so verstärkt, daß es die Nutzsignale überdeckt. Differentiatoren sind also in der
Praxis vorsorglich zu vermeiden.

6.3.2 Der Analogrechner

Integratoren wurden in den fünfziger und sechziger Jahren bei Analogrechnern in sehr großer Zahl eingesetzt. Da heute der digitale Rechner vorherrscht, wird leicht übersehen, daß der Analogrechner von der Menge und dem Umsatz gesehen einmal vor dem Digitalrechner lag. Manchmal sogar in der Einschätzung seiner Wichtigkeit für die Zukunft [6.16]. Heute wissen wir über die Stärken und Schwächen beider Rechnerarten so gut Bescheid, daß uns das langsame Verschwinden der Analogrechnertechnik zu Ende der sechziger Jahre ganz natürlich erscheint. Dennoch sind manche Prinzipien der parallelen Datenverarbeitung, die als neueste Errungenschaften der Digitaltechnik gelten, eigentlich altbekannte Prinzipien der analogen Rechentechnik gewesen. Auch deshalb lohnt es sich noch heute, Kenntnisse über diese alte Technik zu besitzen oder zu erwerben. Hier möge die Besprechung des Grundgedankens genügen. Wir betrachten die Differentialgleichung

$$\frac{d^2v}{dt^2} + K_1 \frac{dv}{dt} + K_2 \, v - v_1 = 0 \; . \qquad (6.33a)$$

Hierbei ist $v = v(t)$ die gesuchte Funktion der Zeit, K_1 und K_2 seien reelle positive Konstanten und $v_1 = v_1(t)$ sei eine vorgegebene Funktion der Zeit. Es handelt sich also um eine inhomogene Differentialgleichung zweiter Ordnung mit konstanten Koeffizienten. Bei einem Analogrechner gewinnen wir die Lösung sehr einfach durch eine geeignete Zusammenschaltung von Funktionsbausteinen, insbesondere von Integratoren. Bild 6.19 zeigt dies für die vorgegebene Differentialgleichung. Wir beginnen mit der Annahme, daß wir die höchste Ableitung d^2v/dt^2 schon kennen und sie dem Eingang der Schaltung zuführen. Dann ergibt sich nach Durchlaufen des ersten Integrators (1) die erste Ableitung dv/dt und nach Durchlaufen eines weiteren Integrators (2) die Funktion v. In einem weiteren Eingang speisen wir die vorgegebene Funktion v_1 ein. Sie wird addiert zu der ersten Ableitung dv/dt, wobei im Addierer (3) zugleich die Konstante K_1 eingestellt wird. Im zweiten Addierer (4) wird dann die Spannung im Punkt 3 zu der Spannung im Punkt 2 addiert, wobei wieder eine Konstante K_2 dazukommt. Betrachtet man das Ergebnis im Punkt 4, so erkennt man, daß es gerade gleich der zweiten Ableitung d^2v/dt^2 der zu lösenden Differentialgleichung ist, wie eine Umstellung der Gl. (6.33) zeigt

$$\frac{d^2 v}{dt^2} = - K_1 \frac{dv}{dt} - K_2\, v + v_1 \; .$$

(6.33b)

Deshalb darf man den Ausgang, wie gestrichelt angedeutet, direkt mit dem Eingang verbinden. Sobald die Gesamtschaltung durch Öffnen der Schalter S aktiviert wird, ergibt sich an Punkt 2 der gesuchte Verlauf der Funktion v(t). Man wird ihn in der Regel periodisch wiederholen und auf dem Schirm einer Oszillographenröhre zur Darstellung bringen.

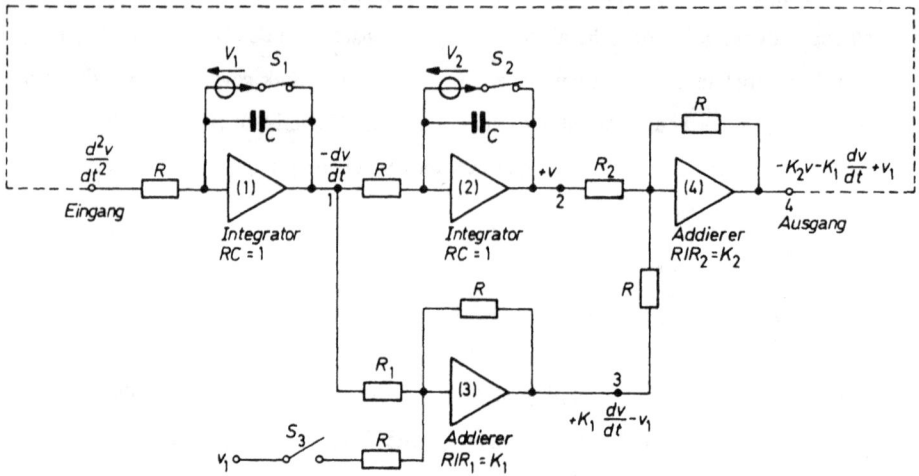

Bild 6.19:   Die Zusammenschaltung von Integratoren und Verstärkern in einem Analogrechner zur Lösung der vorgegebenen Differentialgleichung.

Ersichtlich eignen sich also Analogrechner vor allem zur Lösung von Differentialgleichungen, bei denen die Zeit der unabhängige Parameter ist. Dabei kann man sogar nichtlineare Differentialgleichungen lösen, eine Aufgabe, die in den seltensten Fällen auch analytisch gelingt. Leider ist das Ergebnis nur so genau wie die analogen Funktionen zu realisieren sind. Gute Analogrechner kommen hier in einen Genauigkeitsbereich von 10^{-3} bis 10^{-4}. Für genauere Ergebnisse und erst recht für die Lösung partieller Differentialgleichungssysteme muß man jedoch den Digitalrechner zu Hilfe nehmen. Heute werden noch gerne Hybridrechner eingesetzt. Das sind Kombinationen von Analogrechnern und Digitalrechnern, um mit Hilfe der digitalen Speicher auch Programme abwickeln zu können und dabei dennoch nicht auf die Schnelligkeit der Analogrechner verzichten zu müssen.

6.4 Aktive Filter (RC-Filter)

6.4.1 Tiefpässe

Die klassische Nachrichtentechnik verwendet in reichem Maße Frequenzfilter. Das sind Bausteine, welche nur in bestimmten Frequenzbereichen eine ungehinderte Übertragung zulassen und außerhalb derselben möglichst undurchlässig sind. Die genaue Berechnung von Filtern stellt hohe Anforderungen an die mathematischen Fähigkeiten des Ingenieurs. In der Praxis sind jedoch auch umfangreiche Tabellenwerke sehr gebräuchlich. Es hat sich nun in der Filtertheorie gezeigt, daß man im Grunde genommen nur einen einzigen Filtertyp wirklich berechnen muß. Man wählt dafür das Tiefpaßfilter und gewinnt aus diesem Basisfilter durch Transformationen die anderen interessierenden Filter wie Hochpaßfilter, Bandpaßfilter und Sperrfilter. Darauf soll später noch zurückgekommen werden. Hier können wir uns zunächst auf die Betrachtung des Tiefpaßfilters beschränken.

Mit dem Aufkommen der Operationsverstärker ist ein besonderer Filtertyp entstanden, das sog. aktive Filter. Es enthält Operationsverstärker, Widerstände und Kondensatoren (weshalb es auch RC-Filter genannt wird), und ist daher besonders im niederen Frequenzbereich durch Vermeidung von Spulen günstiger (kleiner, billiger, integrationsfreundlicher) als das aus den Anfängen der Elektrotechnik stammende Resonanzkreisfilter.

Betrachten wir zunächst die analytische Darstellung einer Filterfunktion und schreiben sie gleich mit Bezug auf die Verstärkungsfaktoren der aktiven Filter

$$\frac{A_v(s)}{A_{vo}} = \frac{1}{P_n(s)} . \qquad (6.34)$$

Hierbei bedeutet $P_n(s)$ ein Polynom (mit Nullstellen in der linken Hälfte der s-Ebene). Machen wir uns das gleich mit einem Beispiel klar. Das sog. Butterworth-Tiefpassfilter, dessen Polynom man der Deutlichkeit wegen nicht mit $P_n(s)$ sondern mit $B_n(s)$ bezeichnet, hat den folgenden Frequenzgang

$$| B_n(\omega) | = \sqrt{1 + (\omega/\omega_o)^{2n}} . \qquad (6.35)$$

Er ist in Bild 6.20 für n = 1,3,7 dargestellt. Alle Kurven fallen monoton mit der Frequenz ab - es ist maximal flach - und gehen sämtlich durch einen gemeinsamen Punkt bei ω/ω_0 = 1. Für n→ ∞ nähert man sich dem idealen Rechteckfilter an. Die Butterworth-Polynome entnimmt man am besten Tabellen. In Bild 6.21 sind sie normiert auf ω_0 = 1 und in Produktform dargestellt, wobei es nur quadratische und lineare Faktoren gibt. Diese Form, in der man leicht die Nullstellen erkennt, ist für die Anwendung besonders geeignet. Das Filter erster Ordnung folgt z. B. zu

$$\frac{A_v(s)}{A_{vo}} = -\frac{1}{s/\omega_0 + 1} , \qquad (6.36)$$

und das Filter zweiter Ordnung zu

$$\frac{A_v(s)}{A_{vo}} = \frac{1}{(s/\omega_0)^2 + 2k(s/\omega_0) + 1} . \qquad (6.37)$$

Ersichtlich ist hier der Faktor von s gleich 2k gesetzt worden. Man nennt k dann den Dämpfungsfaktor.

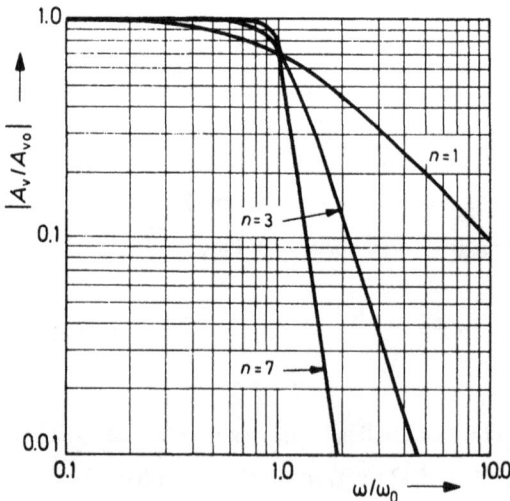

Bild 6.20:   Der Frequenzgang eines Butterworth-Tiefpaßfilters.

n	Faktoren der Polynome von $B_n(s)$
1	$(s + 1)$
2	$(s^2 + 1.414s + 1)$
3	$(s + 1)(s^2 + s + 1)$
4	$(s^2 + 0.765s + 1)(s^2 + 1.848s + 1)$
5	$(s + 1)(s^2 + 0.618s + 1)(s^2 + 1.618s + 1)$
6	$(s^2 + 0.518s + 1)(s^2 + 1.414s + 1)(s^2 + 1.932s + 1)$
7	$(s + 1)(s^2 + 0.445s + 1)(s^2 + 1.247s + 1)(s^2 + 1.802s + 1)$
8	$(s^2 + 0.390s + 1)(s^2 + 1.111s + 1)(s^2 + 1.663s + 1)(s^2 + 1.962s + 1)$

Bild 6.21:   Tabelle der Butterworth-Polynome.

Betrachten wir jetzt die Realisierung des Filters zweiter Ordnung. Eine geeignete Schaltung ist in Bild 6.22a dargestellt. Wir bestimmen zuerst ihr Übertragungsverhalten und werden dann durch Vergleich mit dem bekannten Butterworth-Filterpolynom die genaue Dimensionierung eines entsprechenden Butterworth-Filters erkennen können.

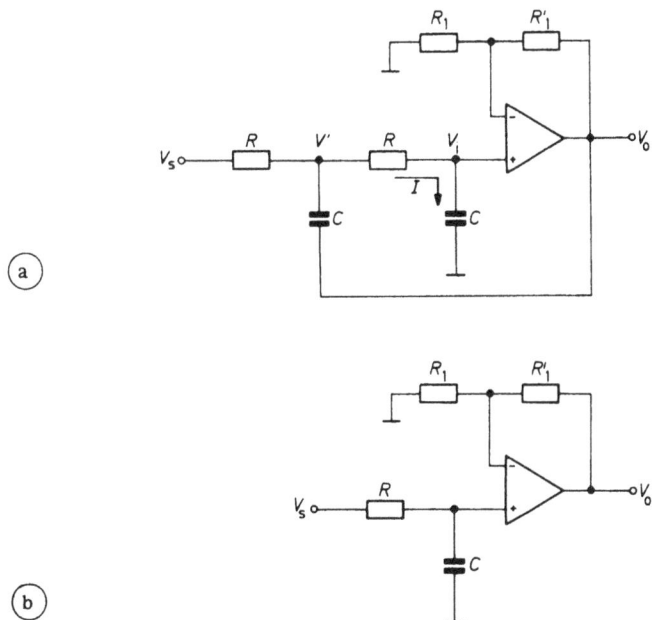

Bild 6.22:   Aktive (RC)-Filter. a) Tiefpaß zweiter Ordnung, b) Tiefpaß erster Ordnung.

Im Kern der Schaltung findet man zunächst die Verstärkung

$$\frac{V_0}{V_i} = \frac{R_1 + R_1'}{R_1} \equiv A_{vo} \, . \tag{6.38}$$

Für den Strom I gilt

$$I = sC \cdot V_i \, . \tag{6.39}$$

Damit folgt für das Potential V'

$$V' = I \cdot (R + \frac{1}{sC}) = sC \cdot V_i \, (R + \frac{1}{sC}) = \frac{V_0}{A_{vo}} \, (s \, RC + 1) \, . \tag{6.40}$$

An dem zugehörigen Leitungsknoten kann man das Kirchhoff'sche Gesetz für Ströme zur Anwendung bringen und so auflösen, daß man zu folgendem Ergebnis kommt

$$\frac{A_v(s)}{A_{vo}} = \frac{1}{(RCs)^2 + (3-A_{vo})(RCs) + 1} \, . \tag{6.41}$$

Diese Gleichung läßt sich nun leicht mit Gl.(6.37) vergleichen. Der Koeffizientenvergleich liefert

$$\omega_o = \frac{1}{RC}$$

$$A_{vo} = 3-2k \, . \tag{6.42}$$

A_{vo} ist wieder durch die Widerstände R_1 und R_1' in Gl.(6.38) bestimmt. Damit ist die Dimensionierung des aktiven Butterworth-Filters zweiter Ordnung beendet. Das Filter erster Ordnung muß nun nicht neu analysiert werden, wenn man bemerkt, daß es schon für $V' = V_s$ als Teil in der gerade analysierten Schaltung enthalten ist. Will man Filter höherer Ordnung realisieren, braucht man nur entsprechend viele Filter erster und zweiter Ordnung hintereinanderzuschalten.

Abschließend sei bemerkt, daß es noch andere Vorschriften zur Bildung von Frequenzfiltern gibt. Z. B. bei den Tschebyscheff-Filtern (Chebyshev-filter), bei denen man durch Ausnutzen tolerierbarer Dämpfungen im Übertragungsbereich eines Filters einen sehr steilen Abfall des Frequenzganges an den Filtergrenzen erreicht. Zur Filterung digitaler Zeitfunktionen sind diese steilen Filter jedoch häufig nicht geeignet, da sie bei Berücksichtigung des Phasenganges die Impulse stark verzerren.

6.4.2 Transformationen

Es sei nun nachgeholt, wie man bei Kenntnis des Tiefpaßverhaltens auch die anderen Filterarten wie z. B. Hochpaßfilter und Bandpaßfilter berechnen kann. In Bild 6.23 sind für die erwähnten Filter die entsprechenden Frequenzgänge stark idealisiert skizziert. Aus der Filtertheorie weiß man, daß sich die Filterfunktion eines Tiefpasses von der eines entsprechenden Hochpasses nur dadurch unterscheidet, daß hier die Frequenzvariable transformiert ist

$$\frac{s}{\omega_0}\bigg|_{\text{Tiefpaß}} \longrightarrow \frac{\omega_0}{s}\bigg|_{\text{Hochpaß}} . \qquad (6.43)$$

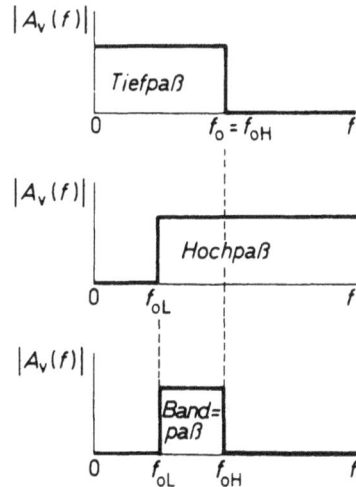

Bild 6.23:

Schema der Realisierung eines Bandpasses

aus Tiefpaß und Hochpaß.

Bei der Dimensionierung, z. B. in Bild 6.22, hat man zur Realisierung des komplementären Filters dann nur die Schaltelemente R mit C zu vertauschen.

Sind Tiefpaß- und Hochpaßfilter verfügbar, läßt sich das Bandpaßfilter im Prinzip einfach durch Hintereinanderschalten, siehe Bild 6.24, realisieren. Der Tiefpaß sperrt dann oberhalb von f_{0H} und der Hochpaß unterhalb von f_{0L}. Soll in einem Spektrum ein Frequenzband ausgeblendet bzw. gesperrt werden, verwendet man ein Sperrband-filter (band-reject-filter). Bild 6.25a zeigt die dazu nötige Lage der Grenzfrequenzen von Tiefpaß und Hochpaß und Bild 6.25b ihre Parallelschaltung und die Summation der gefilterten Spektralanteile. Es kann hier nicht weiter eingegangen werden auf die besonderen Maßnahmen, die man zur Gütesteigerung durchführen muß. Manches davon ergibt sich implizit aus der Behandlung der folgenden Beispiele.

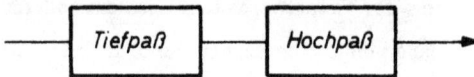

Bild 6.24:   Serienschaltung aus Tiefpaß und Hochpaß.

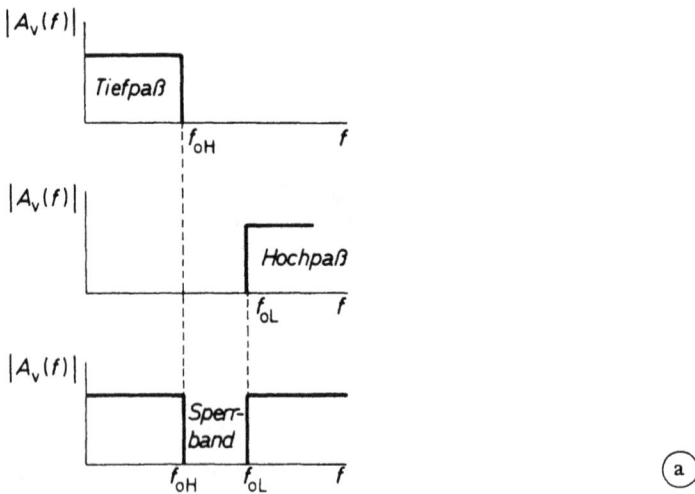

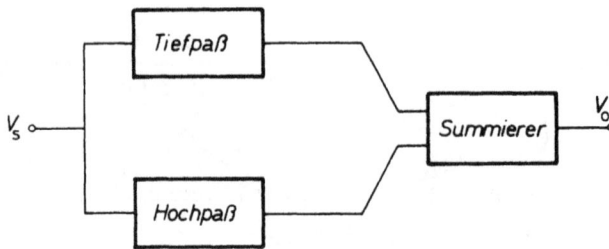

Bild 6.25:   Schema der Realisierung eines Sperrfilters. a) im Frequenzbereich,
                 b) Parallelschaltung von Tiefpaß und Hochpaß.

6.4.3 Aktives Resonanzkreis-Bandfilter

Die klassischen elektrotechnischen Filter sind natürlich die Resonanzkreis-Bandfilter. Hier kann mit einer relativ kleinen Anzahl von induktiven und kapazitiven Schaltelementen schon eine sehr beachtliche Unterdrückung und Hervorhebung von Frequenzen eines Spektrums erreicht werden. Allerdings kann man mit ihnen keine flachen Bandpaßcharakteristiken erzeugen, wie sie z. B. in Bild 6.23 skizziert wurden. Für viele Zwecke reicht es jedoch aus, wenn ein Filter ein relativ schmales Frequenzband um eine Mittenfrequenz herum (Träger) durchläßt, auch wenn die Dämpfung (des Signalspektrums) mit wachsendem Abstand zur Mittenfrequenz rasch zunimmt.

Betrachten wir zuerst das klassische Resonanzkreisfilter und danach auch seine Realisierung als aktives Filter. In Bild 6.26 liegt am Eingang eines Operationsverstärkers die Serienschaltung aus L, C und R. Die Übertragungsfunktion lautet

$$A_V(j\omega) = \frac{V_0}{V_s} = \frac{V_0}{V_i}\frac{V_i}{V_s} = A_0\frac{R}{R+j(\omega L - 1/\omega C)} . \qquad (6.44)$$

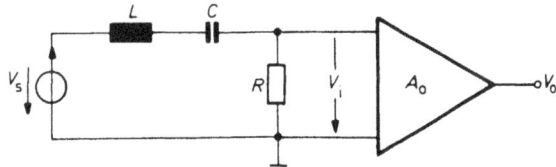

Bild 6.26: Ein Serienresonanzkreis mit nachfolgendem Verstärker.

Die Serienresonanz erfolgt bei der Frequenz $\omega = \omega_0$, bei der der imaginäre Anteil verschwindet, bei der also Strom und Spannung in Phase sind

$$\omega_0^2 = \frac{1}{LC} . \qquad (6.45)$$

Eine übersichtliche und prägnante Darstellung einer Filtercharakteristik ergibt sich mit Hilfe der Güte Q. Sie ist wie folgt als Verhältnis von Reaktanz zum Widerstand definiert

$$Q = \frac{\omega_o L}{R} = \frac{1}{\omega_o CR} = \frac{1}{R} \cdot \sqrt{\frac{L}{C}} \; . \qquad (6.46)$$

Je kleiner also der Widerstand eines Resonanzkreises, umso höher die Güte. Der Übertragungsfaktor in Gl.(6.44) läßt sich damit als Betrag und Phase wie folgt schreiben

$$|A_v(j\omega)| = \frac{A_o}{\sqrt{1+Q^2 \left(\dfrac{\omega}{\omega_o} - \dfrac{\omega_o}{\omega}\right)^2}} \; , \qquad (6.47)$$

$$\varphi(\omega) = - \arctan\left[Q \left(\frac{\omega}{\omega_o} - \frac{\omega_o}{\omega}\right)\right] \; . \qquad (6.48)$$

Die Verläufe sind als Funktion von ω in Bild 6.27 dargestellt. Bei der logarithmischen Teilung der Frequenzachse ist für den Betrag des Übertragungsfaktors eine Symmetrie zur Mittelachse bei ω_o zu erkennen. Das ist auch leicht rechnerisch zu erfassen. Nennen wir die Frequenzwerte links und rechts von der Mittelachse mit gleichen Amplitudenwerten ω' und ω'', wobei $\omega' < \omega''$, so müßte bei einer idealen Symmetrie die Beziehung $\omega_o^2 = \omega' \omega''$ gelten. Das ergibt sich aber leicht aus dem Ansatz $|A_v(j\omega')| = |A_v(j\omega'')|$. Aus Gl. (6.47) bleibt dabei übrig

$$\frac{\omega'}{\omega_o} - \frac{\omega_o}{\omega'} = - \left(\frac{\omega''}{\omega_o} - \frac{\omega_o}{\omega''}\right) \; . \qquad (6.49)$$

(Beim Ziehen der Wurzel aus dem quadratischen Ausdruck in Gl.(6.47) mußte man sich auf der rechten Seite von Gl.(6.49) wegen $\omega' < \omega_o < \omega''$ für das Minuszeichen entscheiden). Der verbleibende Ausdruck führt direkt zu

$$\omega_o^2 = \omega' \omega'' \; . \qquad (6.50)$$

Schließlich sei noch kurz eine sehr nützliche Beziehung zwischen der Bandbreite und der Güte abgeleitet. Die Bandbreite B eines Bandpasses wird üblicherweise als Frequenzabstand zwischen den Frequenzen f_1 und f_2 definiert, bei denen die Übertragungsfunktion von ihrem bei ω_o liegenden Mittelwert A_0 auf 3dB abgefallen ist:

$$B = f_2 - f_1 = \frac{\omega_2-\omega_1}{2\pi} = \frac{1}{2\pi}(\omega_2 - \frac{\omega_o^2}{\omega_2}) \; . \qquad (6.51)$$

Der 3dB Abfall ergibt sich bekanntlich für den Abfall der Leistung auf die Hälfte, was für die Amplituden bedeutet:

$$\left| \frac{A_v(j\omega)}{A_0} \right| = \frac{1}{\sqrt{2}} \; . \qquad (6.52)$$

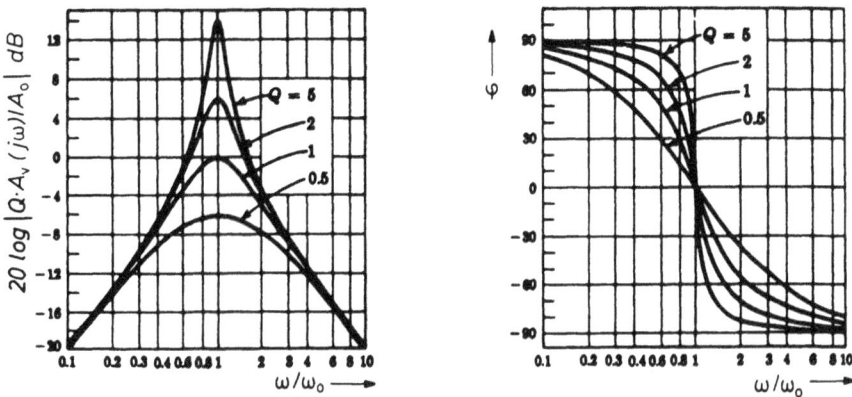

Bild 6.27:   Amplitude und Phase eines Resonanzkreises.

D. h. bei Ausdrücken der Form von Gl.(6.44) müssen im Nenner Realteil und Imaginärteil gleich groß werden. Bei der Betragsbildung in Gl.(6.47) ist entsprechend zur Bestimmung von ω_2 zu setzen

$$Q\,(\frac{\omega_2}{\omega_o} - \frac{\omega_o}{\omega_2}) = 1 = \frac{Q}{\omega_o}(\omega_2 - \frac{\omega_o^2}{\omega_2}) \; . \qquad (6.53)$$

Setzt man den Ausdruck in der runden Klammer in Gl. (6.51) ein, so folgt

$$B = \frac{1}{2\pi}\frac{\omega_o}{Q} = \frac{f_o}{Q} \; . \qquad (6.54)$$

D. h. die Bandbreite ergibt sich als Mittenfrequenz geteilt durch die Güte, oder in der Umkehrung, die Güte folgt aus der Mittenfrequenz geteilt durch die Bandbreite.

Nach diesen Vorbereitungen ist der Übergang zu aktiven Filtern mit Resonanzkreis-Verhalten rasch vollzogen. Zunächst formen wir Gl. (6.44) noch etwas um

$$A_v(s) = \frac{R\,A_0}{R+sL+1/sC} = \frac{(R/L)A_0\,s}{s^2+s(R/L)+1/LC} . \qquad (6.55)$$

Da sich die Bandbreite B in Gl. (6.54) durch Benutzung der Gütedefinition (6.46) auch wie folgt schreiben läßt

$$B = \frac{1}{2\pi} \cdot \omega_0 \cdot \frac{R}{\omega_0 L} = \frac{1}{2\pi}\frac{R}{L} , \qquad (6.56)$$

kann man Gl. (6.55) noch wie folgt schreiben

$$A_v(s) = \frac{(\omega_0/Q)A_0\,s}{s^2 + (\omega_0/Q)s + \omega_0{}^2} . \qquad (6.57)$$

Interessant ist, daß die Operationsverstärkerschaltung in Bild 6.28 genau dieselbe Übertragungsfunktion aufweist, obwohl sie keine Induktivität enthält. Eine Schaltungs-analyse ergibt nämlich

$$\frac{V_0}{V_s} = \frac{-s/R_1 C}{s^2 + (2/R_3 C)s + 1/(R'R_3 C^2)} , \qquad (6.58)$$

wobei der Kürze wegen R' die Parallelschaltung von R_1 und R_2 bezeichnet. Der Koeffizientenvergleich in den Gleichungen (6.58) und (6.57) führt zu

$$R_1\,C = \frac{Q}{\omega_0(-A_0)} \qquad (6.59)$$

$$\frac{R_3\,C}{2} = \frac{Q}{\omega_0}$$

$$2\,R'C = 1/\omega_0\,Q .$$

Damit lassen sich nach freier Wahl von C die restlichen Parameter R_1, R_2, R_3 bestimmen.

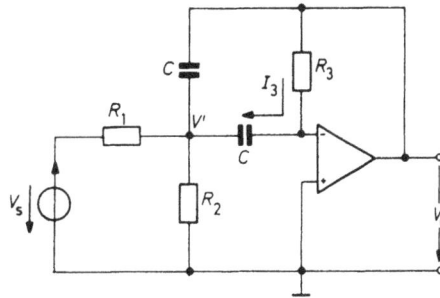

Bild 6.28:   Ein aktives Filter mit Resonanzcharakteristik, realisiert mit zwei

unabhängigen Kapazitäten.

6.5   Präzisionsgleichrichter

6.5.1   Die Präzisionsdiode

Viele Schwierigkeiten entstanden in der Vergangenheit dadurch, daß es kein ideales elektrisches Ventil gab. Eine wirkliche pn-Diode hat ja vor allem stets eine beachtlich große Schwellenspannung U_{th}. Im Rahmen der Operationsverstärkertechnik läßt sich nun sehr leicht eine Schaltung bilden, die dem Ideal einer technisch idealen Diode schon sehr nahe kommt. Bild 6.29a zeigt das Prinzip. In einer Spannungsfolgerschaltung wird am Ausgang des Operationsverstärkers lediglich noch eine Diode D eingefügt. Für negative Eingangsspannungen V_i ist diese Diode gesperrt. Wechselt die Eingangsspannung jedoch zu positiven Werten, so wird die Diode leitend werden. Dies geschieht jedoch schon bei einer Eingangsspannung V_i/A_v und wegen der hohen Verstärkung A_v ist dies dann effektiv eine Schwellspannung in der Größenordnung von wenigen μVolt (z. B. $A_v = 10^5$, $U_{th} = 0{,}6$ Volt, $U_{th\,eff.} = 6\,\mu$Volt). Die Ausgangsspannung folgt also sehr genau dem Zeitverlauf von positiven Eingangsspannungen. Für negative Spannungen ist $V_o = 0$. In Verfolgung dieses Grundgedankens lassen sich eine ganze Reihe von weiteren Präzisions-Analogschaltungen finden.

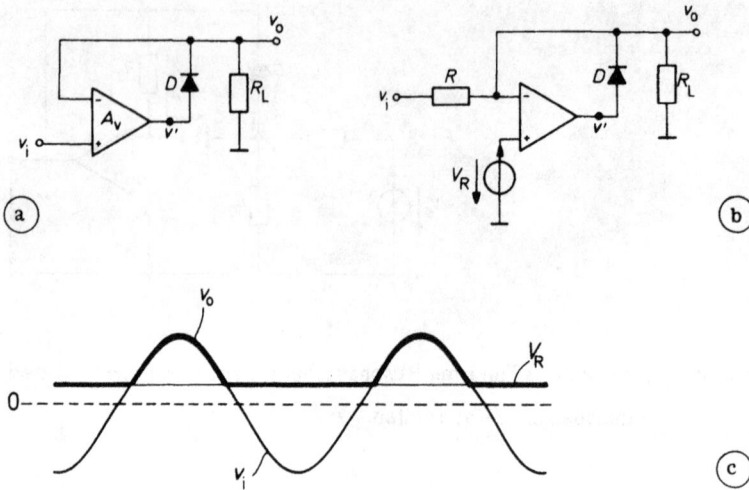

Bild 6.29:   Präzisionsdiodenschaltung. a) Prinzip, b) Begrenzung bei der
              Referenzspannung V_R (clamp circuit), c) ein Beispiel.

6.5.2 Der Begrenzer

Bei dem Begrenzer in Bild 6.29b wird die Eingangsspannung v_i dem invertierenden
Eingang zugeführt und eine Referenzspannung V_R an den nichtinvertierenden Eingang
gelegt. Solange $v_i < V_R$, leitet die Diode D und es ist $v_o = V_R$, siehe Bild 6.29c. Wird
$v_i > V_R$, so sperrt die Diode und die Ausgangsspannung ist durch das Spannungsteilerverhältnis $v_o = v_i \cdot R_L/(R_L + R)$ gegeben. Für $R \ll R_L$ ergibt sich insbesondere
$v_o \approx v_i$.

6.5.3 Schneller Einweg-Gleichrichter (AM-Demodulator)

Von großem Nachteil bei den besprochenen Schaltungen mit einer Diode ist die Tatsache, daß während der Zeit, in der die Diode gesperrt ist, infolge der fehlenden
Rückkopplung eine verhältnismäßig große Spannung zwischen den Eingangsklemmen
des Operationsverstärkers entsteht. Dies wird in der Regel zu Sättigungserscheinungen
bzw. Trägheitserscheinungen führen. Eine Abhilfe ist rasch gefunden, wenn man während dieser Zeit einen zweiten Rückkopplungsweg zum invertierenden Eingang öffnet.

Bild 6.30a zeigt das Prinzip. Für $v_i < 0$ leitet die Diode D_1 und es entsteht ein invertierender Widerstandsverstärker mit $v_o = -(R'/R)v_i$. Für $v_i > 0$ sperrt jedoch die Diode D_1 und die andere Diode D_2 wird leitend. Dadurch entsteht ein Spannungsfolger für die Spannung am nichtinvertierenden Eingang: $v_o = 0$. Die Geschwindigkeitsbegrenzung der Schaltung ergibt sich aus der "Slew Rate" des Operationsverstärkers. Darunter versteht man die Steigung des Spannungsanstiegs der Ausgangsspannung, wenn die Eingangsspannung plötzlich umgepolt wird. Setzt man für die Dioden eine Schwellspannung von etwa 0,6 Volt an, und beträgt die "Slew Rate" des OP AMP z. B. 1 Volt/μs, so ergibt sich beim Schaltvorgang von einer Diode zur anderen am Ausgang immerhin dadurch schon eine Verzögerung von 1,2 μs. Diese Zeit muß klein sein gegen die Periodendauer der gleichzurichtenden Sinusspannung.

Wird anstelle eines Lastwiderstandes ein RC-Glied nach Bild 6.30b angeschlossen, so ergibt sich bei richtiger Dimensionierung der Zeitkonstanten eine Schaltung, deren Ausgangsspannung im Mittel zur jeweiligen Amplitude der Sinusschwingung proportional ist (Hüllkurve). D. h. es ist eine Demodulationsschaltung für amplitudenmodulierte Signale geworden.

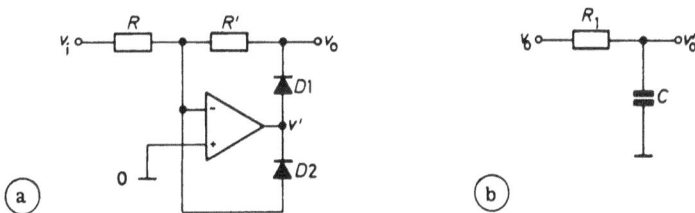

Bild 6.30:   Schneller Einweggleichrichter. a) Schaltung mit Gegenkopplung auch in der Sperrphase, b) Belastung mit einem RC-Glied zur Realisierung eines AM-Demodulators.

6.5.4 Schneller Zweiweg-Gleichrichter (Betragsbildung)

Bild 6.31a zeigt, wie man durch Einsatz eines weiteren Operationsverstärkers auch einen Zweiweg-Gleichrichter realisieren kann. Für positive Halbwellen ist die Diode D_1 leitend. Bei gesperrter Diode D_2 ist $v_1 = 0$. Damit liegen zwei in Reihe geschaltete invertierende Widerstandsverstärker vor

$$v_o = \frac{R}{R_1} v_i \qquad \text{für} \qquad v_i > 0 \; . \qquad\qquad (6.60)$$

Für negative Halbwellen wird D_1 gesperrt und D_2 leitend, wie dies in Bild 6.31b der Deutlichkeit halber noch einmal hervorgehoben ist. Bei beiden Operationsverstärkern besteht wegen der vorhandenen Gegenkopplungen ein virtueller Kurzschluß. Daher ist $v_2 = v_1 \equiv v$. Am Eingang addieren sich folgende Ströme

$$\frac{v_i}{R_1} + \frac{v}{2R} + \frac{v}{R} = 0 \; . \qquad\qquad (6.61)$$

Das führt zu

$$v = - \frac{2}{3} \frac{R}{R_1} v_i \; . \qquad\qquad (6.62)$$

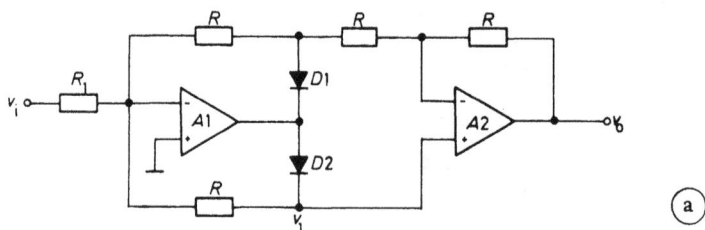

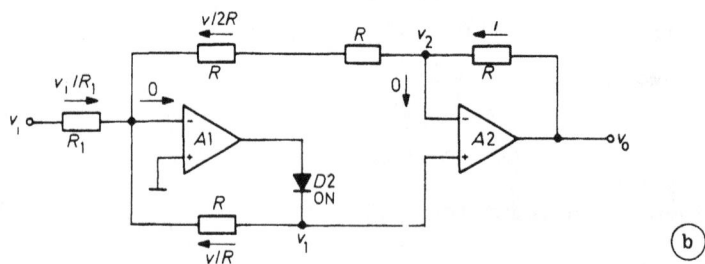

Bild 6.31:   Schneller Zweiwegegleichrichter. a) Schaltung, b) wirksame Schaltung während negativer Eingangsspannungen.

Die Ausgangsspannung ergibt sich aus dem oberen Strompfad zu

$$v_o = i \cdot R + v = \frac{v}{2R} \cdot R + v = \frac{3}{2} v \qquad (6.63)$$

$$= - \frac{R}{R_1} v_i \qquad \text{für} \qquad v_i < 0 .$$

Da v_i nach Voraussetzung negativ ist, werden Gl. (6.60) und Gl. (6.63) identisch. Selbstverständlich ist diese Schaltung nicht nur auf die Verarbeitung von Sinusspannungen beschränkt. Für beliebige Eingangsspannungen wäre diese Schaltung wohl besser als Betragsbildungs-Schaltung zu bezeichnen.

6.5.5 Der Spitzen-Detektor

Auch die Schaltung in Bild 6.32a enthält eine Gleichrichterfunktion mit Referenzspannung. Allerdings wird die Referenzspannung dabei in Abhängigkeit der Maximalamplituden im Verlauf der zeitlich vorangegangenen Eingangsspannung gebildet. Es entsteht ein Spitzen-Detektor. Die Kapazität C am Ausgang wird stets auf die positive maximale Spannung eines Spannungsfolgers aufgeladen. Dadurch wird die Diode D stets nur leitend, wenn die Eingangsspannung den vorherigen Maximalwert überschreitet, wie dies in Bild 6.32b noch verdeutlicht ist.

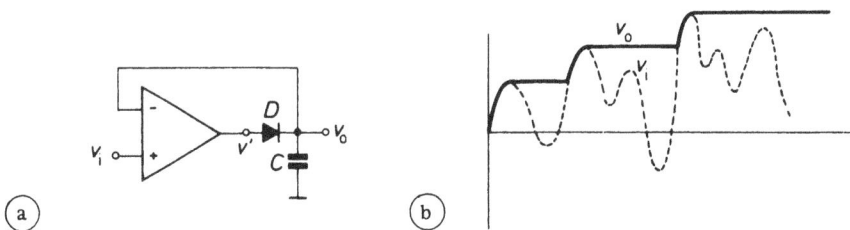

Bild 6.32: Ein Spitzendetektor für positive Spannungen. a) Schaltung, b) Beispiel.

Für den praktischen Gebrauch, bei dem die Kapazität noch belastet werden muß, lassen sich die dazu notwendigen Verstärkerelemente noch mit Vorteil in den Rückkopplungszweig einbeziehen, siehe z. B. Bild 6.33. Das Interessante dabei ist, daß v_o stets richtig auf die vorangegangene Maximalspannung bezogen wird, obwohl die Spannung an der Kapazität um die Schwellspannung des Transistors differiert.

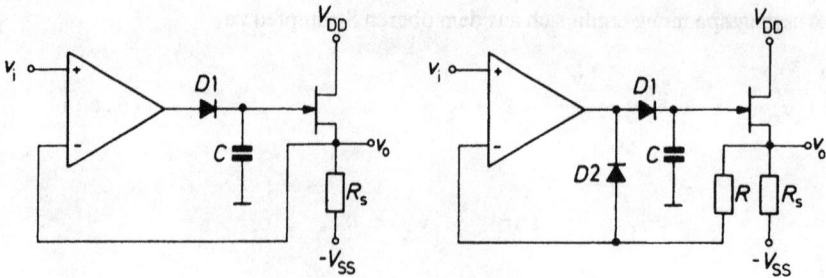

Bild 6.33:   Verbesserte Varianten des Spitzendetektors.

6.6   Schaltungen zur Abtastung

6.6.1   Abtast- und Halteschaltungen

Das Prinzip einer Abtast- und Halteschaltung (sample-and-hold circuit) ist überaus einfach. Wie Bild 6.34 zeigt, braucht man dazu einen Schalter, der im offenen Zustand ideal sperrt und der analoge Spannungen oder Ströme im geschlossenen Zustand unverfälscht durchläßt. Darauf folgt eine Kapazität, die den durchgelassenen Wert möglichst lange und gut speichert. Wird die Anordnung zur Abtastung von Zeitfunktionen eingesetzt, wobei die Abtastung in der Regel möglichst kurzzeitig erfolgen soll, kommt an den Schalter die Forderung hinzu, daß er möglichst trägheitslos arbeitet und einen sehr kleinen Durchgangswiderstand besitzt.

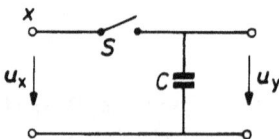

Bild 6.34:

Grundprinzip einer Abtaste- und Halteschaltung.

In den Frequenzbereichen, in denen man Operationsverstärker benutzen kann, besitzt die Realisierung der Abtast- und Halteschaltung keine Schwierigkeiten. Bild 6.35 zeigt, wie man mit einem Spannungsfolger zuerst einen hohen Eingangswiderstand realisieren, danach mit einem Transfer-Transistor den Durchgangsweg sperren und öffnen kann und wie schließlich wieder ein Spannungsfolger zur Entkopplung eingesetzt werden kann. Die Aufladung der Kapazität geschieht über den sehr niedrigen Ausgangswiderstand des ersten Spannungsfolgers in Serie mit dem Kanalwiderstand des Feldeffekttransistors. Der letztere bestimmt dann im wesentlichen die Zeitkonstante.

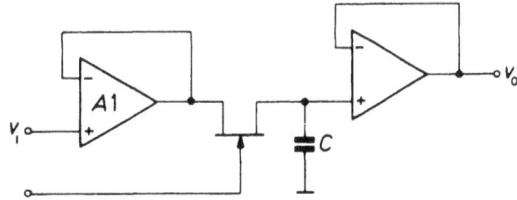

Bild 6.35:   Realisierung mit einem Spannungsfolger, einem geschaltetem

Transistor, einer Kapazität und wieder einem Spannungsfolger.

Beliebt sind auch noch die Gegenkopplungen über zwei Stufen wie z. B. in Bild 6.36, womit alle Spannungsverluste am Schalter S aufgefangen werden können.

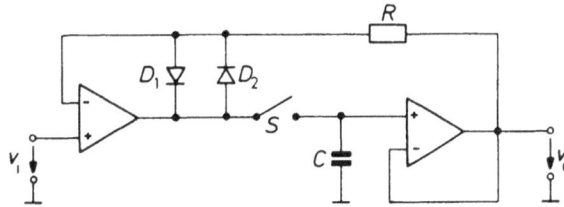

Bild 6.36:   Eine Abtast- und Halteschaltung mit Gegenkopplung über alle Stufen.

6.6.2 Lineares Dioden-Tor

Die Schalter in den obigen Bildern werden auch als lineare (analoge) Torschaltungen bezeichnet. Sie müssen während eines definierten Zeitintervalles das Eingangssignal zum Ausgang formgetreu durchschalten. Im Gegensatz zu digitalen Torschaltungen (Gattern) sind sie daher während des Durchschaltens als lineare Schaltungen zu betrachten.

Wie der Schalter S elektronisch mit Hilfe einer Diodenschaltung realisiert werden kann, zeigt das Beispiel in Bild 6.37. Die Dioden bilden hier eine Diodenbrücke; wenn der Eingang x mit dem Ausgang y verbunden sein soll, muß entweder der Weg ACB oder der Weg ADB durchgeschaltet sein. Das ist mit einer positiven oder negativen Eingangsspannung u_x alleine nicht zu erreichen, da immer zwei Dioden gegeneinander geschaltet sind.

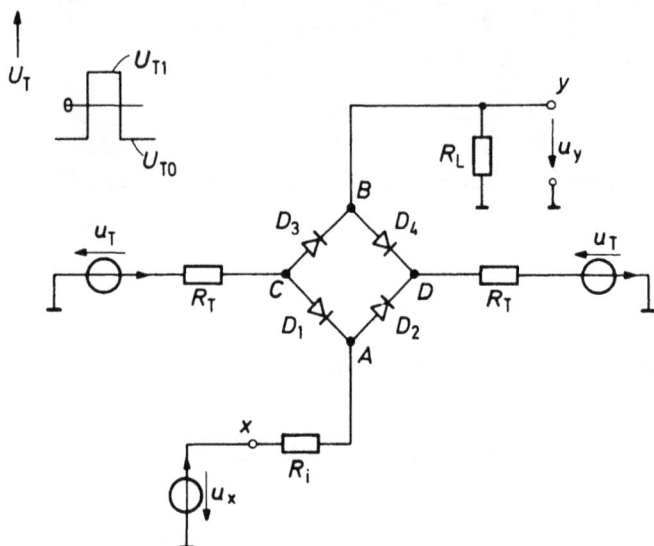

Bild 6.37:   Lineares Tor aus Dioden.

Die Durchschaltung der Diodenbrücke kann nur mit Hilfe einer zusätzlichen positiven Tastspannung u_T erfolgen. Es werde zunächst der Fall $u_x = 0$ und $u_T = U_{T1}$ betrachtet; dann fließt infolge der symmetrischen Anordnung in allen 4 Dioden ein gleich großer Strom (exakt gleiche Diodenkennlinien vorausgesetzt). Für den Fall technisch idealer Dioden mit einer Schwellspannung U_S gilt die Ersatzschaltung nach Bild 6.38, bei der die Diodenströme in jedem Brückenzweig den Wert haben:

$$\frac{i_1}{2} = \frac{1}{2} \cdot \frac{U_{T1} - U_S}{R_T} \, . \tag{6.64}$$

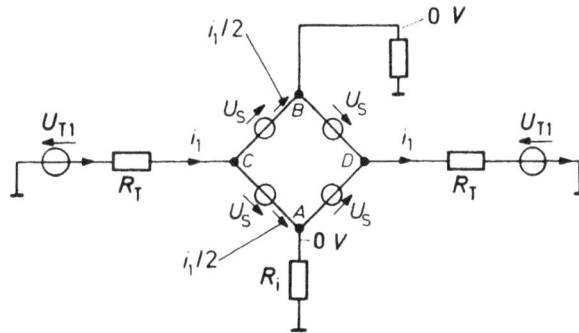

Bild 6.38:   Ersatzschaltbild für das durch den Strom i_1 durchgeschaltete leitende Tor.

An den Punkten A und B stellt sich aus Symmetriegründen das Potential 0 ein: Eingang x und Ausgang y werden also durch die Tastspannung nicht beeinflußt. Legt man nun bei durchgeschalteter Dioden-Brücke, wie im vorigen Beispiel gezeigt, eine Eingangsspannung u_x an, so kann ein Strom vom Eingang zum Ausgang fließen. Die Größe aller auftretenden Ströme läßt sich durch Superposition ermitteln, sofern nur eine durchgeschaltete Dioden-Brücke sichergestellt ist. Die Teilströme infolge der Eingangsspannung u_x sind in Bild 6.39 eingezeichnet, wobei der Einfachheit halber die Schwellspannungen der Dioden weggelassen wurden (bezüglich der Richtung der Signalströme heben sich die Schwellspannungen gerade gegenseitig auf). Sie ergeben sich wie folgt

$$i_2 = u_x/(R_i + R_L \parallel R_T/2) \ , \tag{6.65}$$

$$i_3 = u_y/R_L < i_2 \ . \tag{6.66}$$

Für die Spannungsübertragung erhält man aus dem resultierenden Spannungsteiler

$$u_y/u_x = (R_L \parallel R_T/2)/(R_i + R_L \parallel R_T/2) \ . \tag{6.67}$$

Die Gesamtströme infolge von u_T und u_x ergeben sich durch Überlagerung der Ströme in den Bildern 6.38 und 6.39. Da in den Dioden bei positiven oder negativen Eingangsspannungen u_x immer ein Strom in Durchlaßrichtung fließen soll, muß stets die Bedingung eingehalten werden

$$\frac{i_1}{2} - \left|\frac{i_2}{2}\right| > 0 \ . \tag{6.68}$$

Nach Einsetzen der berechneten Werte

$$\frac{U_{T1} - U_S}{2R_T} - \frac{|u_x|}{2(R_i+R_L||R_T/2)} > 0 \, , \tag{6.69}$$

folgt die Bedingung:

$$U_{T1} > |u_x| \cdot \frac{R_T}{R_i+R_L||R_T/2} + U_S \, . \tag{6.70}$$

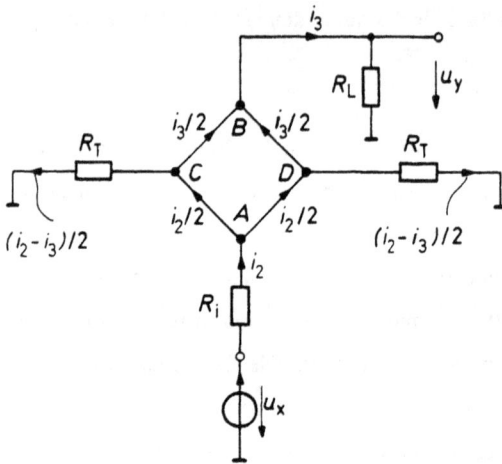

Bild 6.39:   Der Verlust von Signalströmen durch Stromanteile, die in den Steuerkreis fließen.

Die erforderliche Größe der Abtastspannung ist demnach von der maximal auftretenden Signalspannungsamplitude abhängig. Wie Gl. (6.67) zeigt, wird das Eingangssignal während der Tastphase infolge des Innenwiderstandes R_i gedämpft auf den Ausgang übertragen.

6.6.3 Lineares Transistor-Tor

Ein sehr einfaches lineares Tor (transmission gate) mit guten Eigenschaften läßt sich mit CMOS-Transistoren realisieren, siehe Bild 6.40. Ein PMOS- und ein NMOS-Transistor sind dabei parallelgeschaltet und sie werden an ihren "Gates" mit komplementären Signalen angesteuert. Dadurch ergibt sich von A nach B zum einen ein Durchgang und zum anderen eine Sperrung für beide Stromrichtungen.

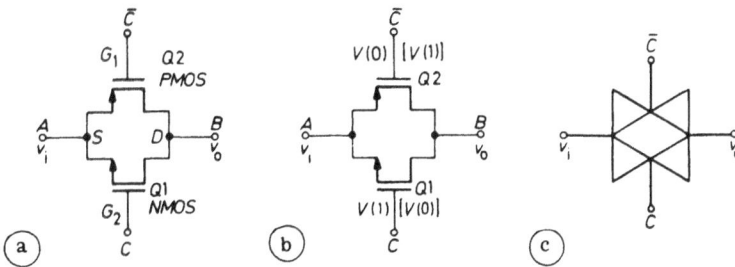

Bild 6.40:   Lineares Tor mit komplementären Transistoren. a) Schaltung,
              b) komplementäre Steuerung, c) Schaltsymbol.

Solche linearen Tore kennzeichnet man häufig durch das Symbol in Bild 6.40c, das die gegensätzlichen Stromrichtungen durch entgegengerichtete Verstärkersymbole andeuten soll.

6.6.4 Multiplexer und Demultiplexer

Sind z. B. mehrere verschiedene Analogsignale über eine gemeinsame Leitung zu übertragen, so benötigt man am Eingang der Leitung einen Multiplexer, siehe Bild 6.41, der nacheinander die verschiedenen Signale periodisch abtastet und am Ende der Leitung einen gleichlaufenden Demultiplexer, der sie wieder auf die verschiedenen Leitungen verteilt. Bild 6.42 zeigt die Realisierung des Multiplexers mit linearen Toren. Die Steuerspannungen C und $\overline{C}$ werden so gewählt, daß stets nur ein Tor geöffnet ist während die anderen geschlossen sind.

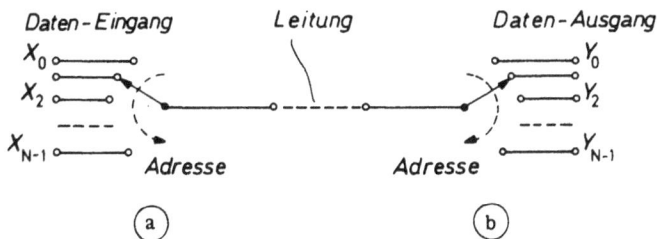

Bild 6.41:   Die gemeinsame Nutzung einer Übertragungsleitung für mehrere
              Signale durch a) Multiplexer und b) Demultiplexer.

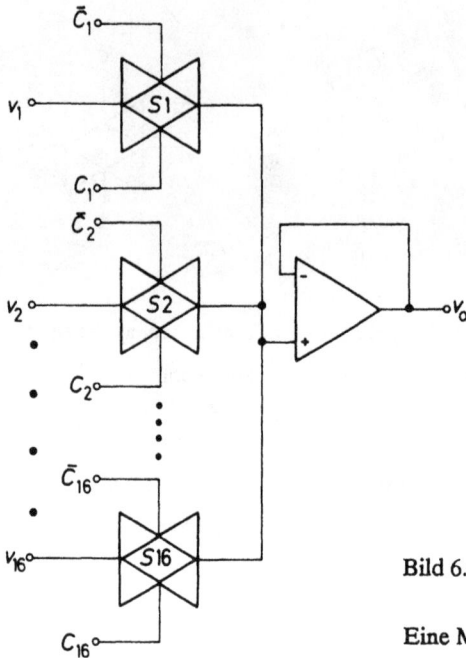

Bild 6.42:

Eine Multiplexer-Schaltung aus CMOS-Toren.

6.7   Impedanz-Vorzeichen-Wandler

Schon bei Behandlung der aktiven Filter war klar geworden, daß man mit beschalteten Operationsverstärkern das Vorzeichen von Impedanzen beeinflussen kann, denn Resonanzkreisfilter benötigten dort nicht L und C, sondern kamen mit zwei unabhängigen Kapazitäten aus. Eine Schaltung, die weiter nichts als die Vorzeichenumkehr einer Impedanz bewirkt, die also aus einer kapazitiven Impedanz eine induktive Impedanz macht, nennt man einen Impedanz-Vorzeichen-Wandler (NIC = negative impedance converter). Bild 6.43a zeigt das Prinzip. Die Ausgangsgrößen I_N und U_N werden in Eingangsgrößen I_P und U_P übersetzt, wobei sich lediglich die Richtung des Stromes umkehrt. D. h. die Forderungen lauten $U_N = U_P$ und $I_N = -\alpha I_P$ mit $\alpha > 0$. Daß die Schaltung dies leistet, ist leicht einzusehen. Die Summe der Ströme am rechten Eingang des Operationsverstärkers ist

$$- I_N + \frac{U_A - U_N}{R_N} = 0 \ ,$$

(6.71)

und die Summe der Ströme am linken Eingang

$$I_P + \frac{U_A - U_P}{R_P} = 0 \ . \tag{6.72}$$

Wegen des virtuellen Kurzschlusses ist $U_P = U_N$. Daher erhält man aus Gl. (6.72)

$$U_A - U_P = U_A - U_N = - I_P R_P \ . \tag{6.73}$$

Setzt man dies in Gl. (6.71) ein, folgt

$$I_N = - \frac{R_P}{R_N} I_P \ . \tag{6.74}$$

Ersichtlich wird die anfangs erhobene Forderung der Stromumkehr mit $\alpha = R_P/R_N$ erfüllt.

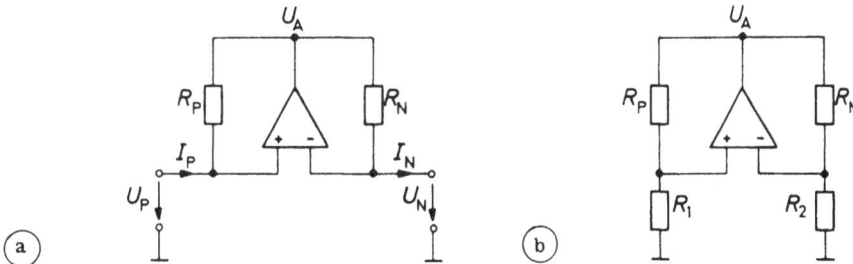

Bild 6.43:   Der Impedanz-Vorzeichen-Wandler (NIC). a) Prinzip, b) verbesserte Schaltung.

Bild 6.43b zeigt eine Ergänzung der Schaltung mit zwei Widerständen R_1 und R_2. Wählt man speziell $R_P/R_N > R_1/R_2$, so kann hierdurch die Stabilität verbessert werden.

Als weitere Anwendung (neben der Umwandlung einer Induktivität in eine Kapazität) betrachten wir die Bildung eines Generators mit negativem Innenwiderstand. In Bild 6.44 ist die NIC-Schaltung mit einem ohmschen Widerstand R_2 abgeschlossen. Der Eingangsstrom wird zu

$$I_P = -I_N/\alpha = -(U_N/R_2)/\alpha = -U_P/(\alpha \cdot R_2) \ . \tag{6.75}$$

Der Eingangswiderstand ist daher negativ und linear

$$R_i = U_P/I_P = -\alpha R_2 \quad . \tag{6.76}$$

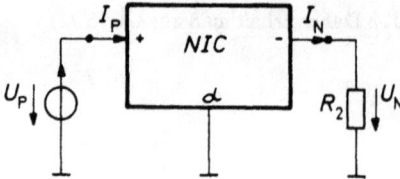

Bild 6.44:   Anwendung zur Vorzeichenumkehr bei einem Widerstand.

6.8   Logarithmischer und exponentieller Verstärker

6.8.1   Grundschaltung

Fügt man in den Rückkopplungszweig eines beschalteten Operationsverstärkers ein nichtlineares Schaltelement ein, so wird der Übertragungsfaktor selbst ebenfalls nichtlinear. Dies ist manchmal nützlich. Bild 6.45 zeigt eine Diode im Rückkopplungszweig. Mit den angegebenen Bezeichnungen und wenn man hier einmal den Sperrstrom mit I_0 und die Temperaturspannung mit V_T bezeichnet, findet man folgenden Diodenstrom als Rückkopplungsstrom (feed back)

$$I_f = I_0(e^{V_f/V_T} - 1) \approx I_0 \, e^{V_f/V_T} \quad . \tag{6.77}$$

Die Auflösung nach der Spannung ergibt unter Berücksichtigung von $I_f = I_s = V_s/R$ eine Ausgangsspannung, die logarithmisch von der Eingangsspannung abhängt

$$V_0 = -V_f = -V_T \cdot \ln(V_s/I_0 R) \quad . \tag{6.78}$$

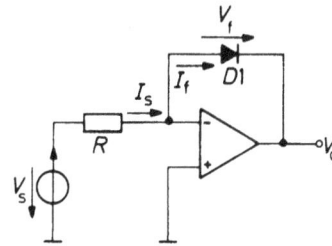

Bild 6.45:

Prinzip des logarithmischen Verstärkers.

6.8.2 Anwendung beim analogen Multiplizieren

In der Praxis werden logarithmische Verstärker eher mit Transistoren im Rückkopplungszweig aufgebaut. Sie haben nämlich einen größeren Bereich, in denen sie eine exponentielle Kennlinie aufweisen. In der Umkehrung lassen sich gleichfalls auch exponentielle Verstärker realisieren. Kombiniert man sie dann nach Bild 6.46, kann man eine analoge Multiplikation zweier Signalspannungen V_{s1} und V_{s2} durchführen. Angesichts der Verfügbarkeit billiger digitaler Multiplizierer ist jedoch der Einsatz solcher analogen Multiplizierstufen nur noch vereinzelt anzutreffen. Bei geringeren Genauigkeitsansprüchen reicht in analogen Schaltungen meist auch eine einfachere Version eines Multiplizierers aus. Bild 6.47 zeigt solch eine Schaltung. Ihre Analyse ergibt, daß ihre Ausgangsspannung V_0 proportional zum Produkt der Eingangsspannungen V_{s1} und V_{s2} ist.

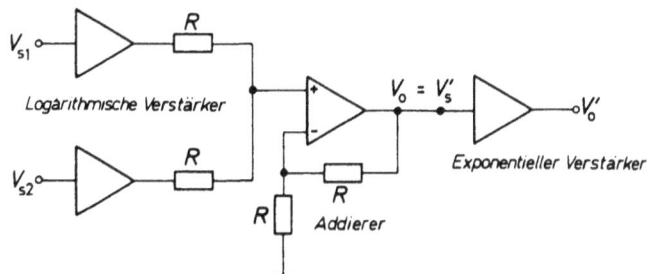

Bild 6.46:   Die Anwendung logarithmischer und exponentieller Verstärker zur analogen Multiplikation.

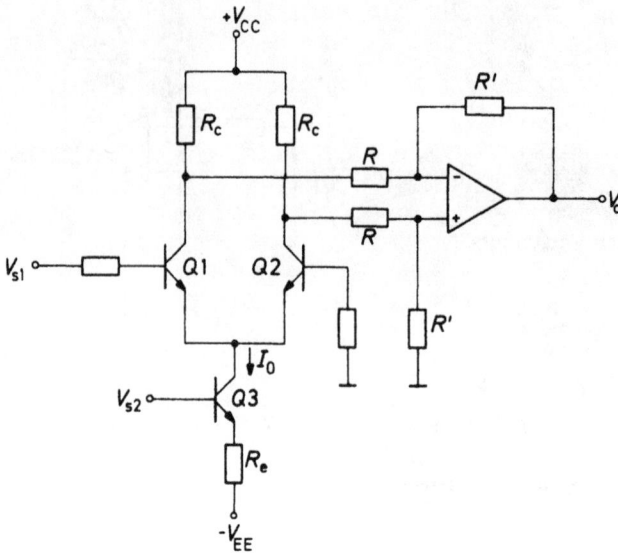

Bild 6.47:   Die einfache analoge Multiplikation mit Hilfe eines Differenz-
              verstärkers.

6.9   D/A- und A/D-Wandler

Hier kann das weite Feld der Digital/Analog-Wandler und der Analog/Digital-Wandler
nur ganz kurz gestreift werden. Wegen ihrer Wichtigkeit sei jedoch dringend eine weitere Vertiefung in der reichlich vorhandenen Literatur empfohlen.

Bild 6.48 zeigt einen D/A-Wandler (digital analog converter) in Form eines Kettenleiters, bei dem die Schalter entsprechend der zu wandelnden Dualzahl einzustellen sind.
In der Zeichnung ist angenommen, daß die zweitletzte Bitstelle auf 1 steht und die anderen alle auf 0. Daher wird nur der Schalter S_1 mit einer Referenzspannung V_R verbunden. Die Widerstandswerte 2R und R sind nun so gewählt, daß sich eine von einem
Schalter kommende Spannung V_R, von Knoten zu Knoten zwischen den Widerständen
weiter laufend, jeweils auf die Hälfte reduziert. Das ist folgendermaßen einzusehen.
Vom Randknoten N-1 ausgehend, sieht man nach rechts und unten insgesamt den
Widerstand R nach Masse. Schreitet man zum nächsten Knoten N-2 nach links fort,
sieht man wiederum nach rechts und unten den Widerstand R, usw. Dasselbe gilt wegen der Symmetrie auch für den Fall, daß man die resultierenden Widerstände in den

Knoten von links kommend betrachtet. An jedem Knoten teilt sich also eine über den Kettenleiter laufende Spannungswelle bei der Ausbreitung nach links und nach rechts jeweils zur Hälfte auf, so daß am rechten Abschlußwiderstand in der Tat ein mehrfach durch 2 geteilter Spannungsanteil ankommt, der dadurch genau seiner Wertigkeit in der Position der Digitalzahl entspricht. Werden bei mehreren logischen Einsen entsprechend viele Schalter mit der Referenzspannung verbunden, erhält man das Ergebnis einfach durch Superposition. Der Kettenleiter ist ja eine lineare Schaltung.

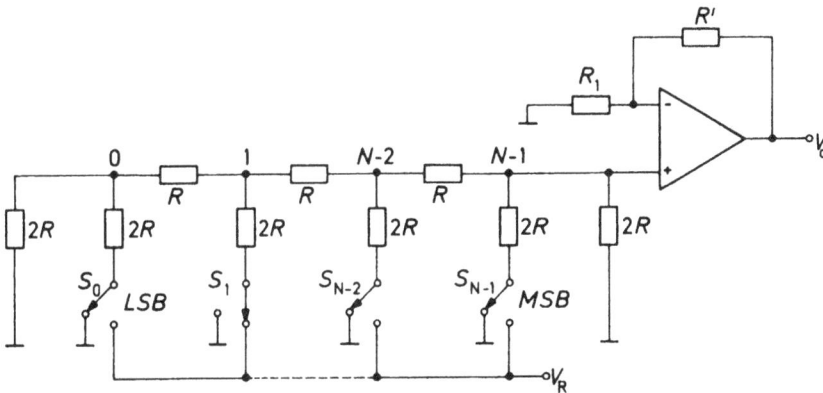

Bild 6.48:   Ein Digital/Analog-Wandler in Form eines Kettenleiters, der nur zwei Arten von Präzisionswiderständen enthält (R-2R-Wandler).

Als Beispiel für einen A/D-Wandler (analog digital converter) sei hier eine Schaltung herausgegriffen, die sehr gebräuchlich, einfach und originell ist, aber sicher nicht zu den schnellsten Wandlern zählt. Sie ist unter dem Namen "Dual-Slope"-Wandler bekanntgeworden. Bild 6.49 zeigt zunächst einen Integrator, dem über einen Schalter S_1 entweder die Analogspannung V_a oder die Referenzspannung V_R zugeführt werden kann. Die Analogspannung sei stets eine positive Spannung, die Referenzspannung eine negative Spannung, und es gelte in allen Fällen $| V_R | \geq V_a$. Zu Beginn einer Messung wird zur Zeit $t = t_1$ der Schalter S_2 geöffnet und der Schalter S_1 mit V_a verbunden. Die Spannung V_a wird in der Regel von einer Abtast- und Halteschaltung stammen und ist im betrachteten Zeitbereich konstant. Dann wird der Integrator eine linear abfallende Ausgangsspannung liefern, deren negative Steigung proportional zu V_a ist, siehe Bild 6.50. Zu Beginn der Messung wurde jedoch auch ein N-stelliger binärer Zähler gestartet, der in regelmäßigen Abständen (Periodendauer T)

Taktimpulse zählt. Wenn er gerade $n_1 = 2^N$ Impulse gezählt hat, ist er wieder im Anfangszustand. Zu diesem Zeitpunkt t_2 wird der Schalter S_1 auf die Referenzspannung umgeschaltet. Wegen des negativen Vorzeichens dieser Spannung V_R und weil sie betragsmäßig nicht kleiner als die zu messende Spannung V_a ist, wird die Spannung v am Ausgang des Integrators wieder rasch anwachsen. Zur Zeit t_3 hat sie den Wert v = 0 erreicht, siehe Bild 6.50. Zu diesem Zeitpunkt gilt die Gleichung

$$v = - \frac{1}{RC} \int_{t_1}^{t_2} V_a \, dt - \frac{1}{RC} \int_{t_2}^{t_3} V_R \, dt = 0 \ . \qquad (6.79)$$

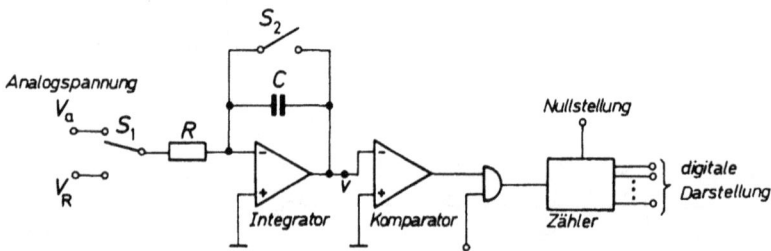

Bild 6.49:   Ein Analog/Digital-Wandler mit Aufladung und Entladung der Kapazität eines Integrators (Dual Slope ADC).

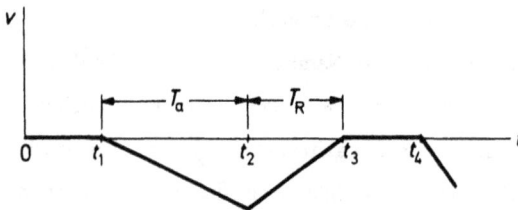

Bild 6.50:   Veranschaulichung der verschiedenen Auflade- und Entladegeschwindigkeiten.

Wegen der konstanten Spannungen V_a und V_R wird daraus

$$V_a(t_2 - t_1) + V_R(t_3 - t_2) = 0 \ , \qquad (6.80)$$

und führt man noch die Zeitabstände T_a und T_R ein, siehe Bild 6.50, so folgt

$$V_a \cdot T_a + V_R \cdot T_R = 0. \tag{6.81}$$

Wenn im ersten Zeitabschnitt T_a gerade n_1 Impulse gemessen wurden, so werden es im zweiten Zeitabschnitt T_R entsprechend n_2 Impulse sein. Mit der Taktperiode T folgt dann eine Proportionalität zwischen den Zählwerten und den Zeitabschnitten ($T_a = n_1 T$ und $T_R = n_2 T$). Setzt man dies in Gl. (6.81) ein, so folgt

$$V_a = \frac{T_R |V_R|}{T_a} = \frac{n_2 |V_R|}{n_1} = n_2 \frac{|V_R|}{2^N} . \tag{6.82}$$

Die zu messende Analogspannung ist direkt proportional zum letzten Zählerstand. Natürlich gehört noch dazu, daß der Zähler nicht weiterzählt. Das wird in Bild 6.49 dadurch erreicht, daß beim Erreichen von v = 0, bzw. wenn die Spannung v um ein ε ins Positive geht, der auf den Integrator folgende Operationsverstärker sofort ein negatives Signal abgibt und dadurch das folgende digitale Tor für die Zählerimpulse sperrt. Aus noch zu erläuternden Gründen wird der Operationsverstärker in dieser Anwendung "Komparator" genannt.

Wegen der Integration der zu messenden Spannungen ist dieser A/D-Wandler recht unempfindlich gegen Rauschen und periodische Störungen (z. B. Netzbrumm). Da auch der genaue Wert der Kapazität keine Rolle spielt, können sich auch keine Kapazitätstoleranzen auswirken. Nachteilig ist die entsprechend lange benötigte Meßzeit.

6.10 Der Komparator

6.10.1 Grundschaltung

Ein Komparator ist ein speziell dimensionierter Operationsverstärker, der an seinem Ausgang Spannungen abgibt, die den logischen Potentialen "0" oder "1" entsprechen, je nachdem, welche der Eingangsspannungen an den beiden Eingängen größer ist als die andere. Führt man z. B. dem nichtinvertierenden Eingang die Spannung v_i zu und dem invertierenden Eingang eine Referenzspannung V_R, so wird sich für $v_i > V_R$ die Ausgangsspannung $v_0 = V(1)$ einstellen, und für $v_i < V_R$ die Ausgangsspannung

$v_0 = V(0)$. Man kann einen Komparator deshalb auch als einen 1-Bit-A/D-Wandler auffassen. Bild 6.51a zeigt eine ideale Entscheidungscharakteristik und Bild 6.51b eine reale Kennlinie. Während ein aus wenigen Transistoren aufgebauter Differenzverstärker noch einen Übergangsbereich von etwa $8V_T = 200$ mV hat, wobei V_T die Temperaturspannung bedeutet, erkennt man aus Bild 6.51b, daß beim Komparator der Übergangsbereich nur noch wenige Millivolt (z. B. 2 mVolt) beträgt. Das ist natürlich die Auswirkung der auf die Differentialstufe folgenden hohen Verstärkung. Komparatoren werden in der Regel nicht mit einer negativen Rückkopplung (Gegenkopplung) versehen. Daher können bei ihnen alle Maßnahmen zur Phasenkompensation entfallen, die darauf abzielen, bei einer Gegenkopplung das Schwingen zu verhindern. Gleichzeitig müssen die Eingänge so dimensioniert werden, daß der Verstärker auch größere Spannungsdifferenzen zwischen den Eingängen ohne Schaden übersteht und dabei nicht übersteuert (träge) wird. Diese Spannungsdifferenzen ergeben sich einfach wegen der fehlenden Gegenkopplung. Ein Komparator ist daher ein recht robuster Verstärker, der zudem noch über eine größere Frequenzbandbreite und damit eine höhere Schnelligkeit verfügt als der durch die Kompensationsmaßnahmen eingeengte Operationsverstärker.

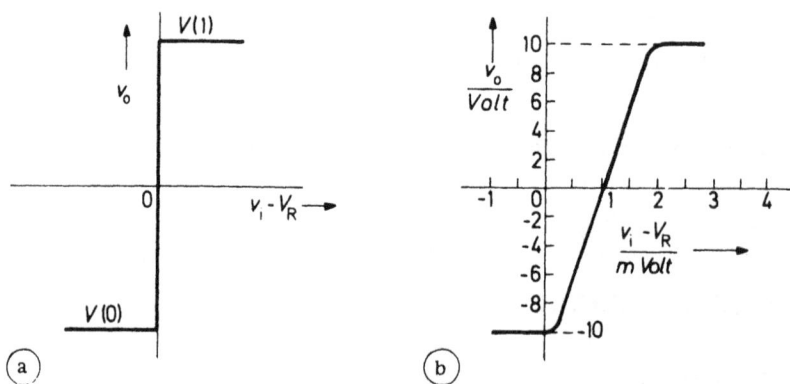

Bild 6.51:   Die Übertragungskennlinie eines Komparators. a) im Idealfall,
              b) in der Wirklichkeit.

Sollen die (logischen) Ausgangspotentiale unabhängig von der Versorgungsspannung werden, kann man nach Bild 6.52 an den Ausgang noch zwei gegeneinander geschaltete Zenerdioden legen. Nun beträgt die Amplitude stets $\pm \mid V_Z + V_D \mid$.

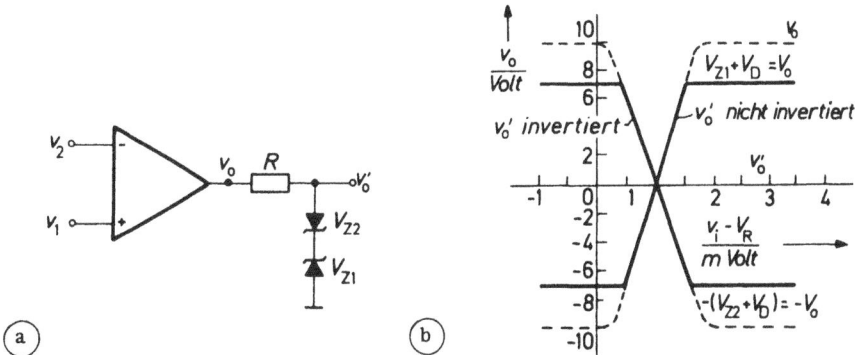

Bild 6.52: Die Begrenzung der Ausgangsspannung durch gegeneinander geschaltete Zener-Dioden. a) Schaltung, b) Auswirkung im Übertragungsverhalten.

6.10.2 Rechteckwellen

Führt man dem Eingang eines Komparators eine Sinusspannung zu, so wird sich am Ausgang eine entsprechende Rechteckspannung ergeben. An den Stellen der Nulldurchgänge der Sinusspannung entstehen die Flanken der Rechteckspannung, deren Steilheit durch die "Slew Rate" des Komparators begrenzt ist. Eine Anwendung ist z. B. der Nullstellendetektor nach Bild 6.53a. Die nacheinander entstehenden Spannungen v_o, v' und v_L sind in den Bildern b bis e veranschaulicht. Jeder Impuls v' zeigt eine Nullstelle an. Man kann diese Schaltung z. B. als Zeitmarkengenerator verwenden. Eine andere Anwendung ist die Messung des Phasenunterschiedes zwischen zwei Sinusspannungen gleicher Frequenz. Dazu braucht man nur für jede dieser Spannungen Nullstellenimpulse v_L zu generieren und die zeitliche Verschiebung zwischen ihnen zu bestimmen. Sie ist proportional zur Phasendifferenz. Der Meßbereich geht dabei von 0° bis 360°.

Einen äußerst schnellen Schwellendetektor gewinnt man, wenn man einen der Komparatoreingänge auf eine entsprechende Referenzspannung V_R legt. Verwendet man zwei dieser Schwellendetektoren mit verschiedenen Referenzspannungen V_{R1} und V_{R2}, so erhält man einen schnellen Fenster-Detektor. Aus der Kombination der Ausgangssignale kann nämlich sehr rasch geschlossen werden, ob z. B. die Amplitude eines kurzen Impulses im Fenster $W = V_{R2} - V_{R1}$ liegt. Durch Verschieben dieses Fensters entsteht ein relativ primitiver aber äußerst schnell funktionierender A/D-Wandler.

Schnelle (und teure) A/D-Wandler verwenden häufig eine größere Anzahl von parallel arbeitenden Fenster-Detektoren.

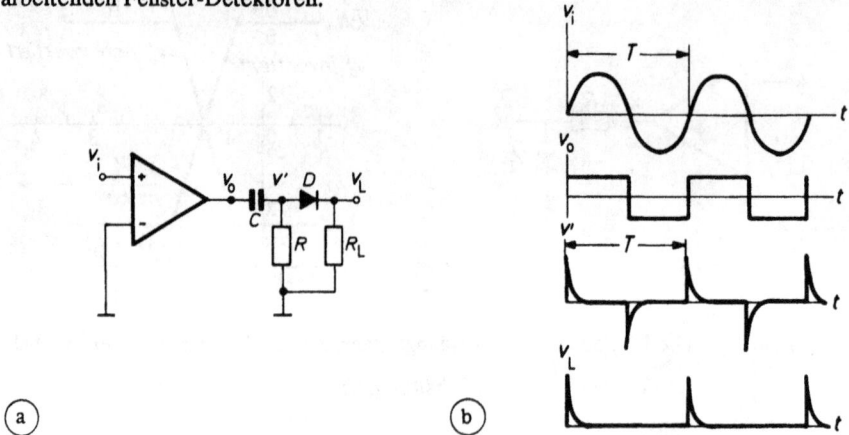

Bild 6.53:   Der Nullstellen-Detektor. a) Schaltung, b) Veranschaulichung.

Eine besonders elegante Anwendung kann der Komparator bei der Messung der Amplitudenverteilung von Rauschen oder entsprechend unregelmäßigen Vorgängen (Strahlungsmessungen) finden. Hierbei muß die Referenzspannung V_R einstellbar sein. Der Einfachheit halber sei noch angenommen, daß für $v_i > V_R$ die Ausgangsspannung $V(1) = 10$ Volt sei und für $v_i < V_R$ gleich $V(0) = 0$ Volt sei. Eine beliebige Rauschspannung v_i wird daher am Ausgang des Komparators eine entsprechend unregelmäßig verlaufende Rechteckspannung ergeben. Deren mittlere Spannung läßt sich mit einem Gleichstrom-Instrument messen. Dann können wir folgende Extremfälle unterscheiden: Wird V_R zu Null gewählt, ist der Ausschlag des Gleichstrominstrumentes recht hoch. Wenn zudem vorher noch der Betrag $|v_i|$ gebildet worden wäre, wäre immer eine von Null verschiedene Spannung vorhanden und es bliebe der Ausgang sogar stets auf $V(1) = 10$ Volt. D. h. der höchste Ausschlag läßt sich so interpretieren, daß hierbei die Wahrscheinlichkeit für eine Rauschamplitude (größer als 0) genau 100% ist. Wird andererseits V_R größer als die größte Amplitude von v_i gewählt, wird die Ausgangsspannung stets bei $V(0) = 0$ Volt bleiben. Die Interpretation lautet entsprechend, daß hierbei die Wahrscheinlichkeit für eine Rauschamplitude genau 0% ist. Dazwischen läßt sich linear interpolieren. So bedeutet die Messung von 6 Volt z. B. die Feststellung einer Amplitudenwahrscheinlichkeit von 60%, usw. Man beachte, daß man in dieser Weise die kumulative Amplitudenverteilung des Rauschens ermittelt. Die einfache Amplitudenverteilung ergibt sich durch Differenzieren.

6.10.3 Regenerierverstärker (Schmitt-Schaltung)

Beim Regenerierverstärker wird der Komparator mit einer positiven Rückkopplung (Mitkopplung) betrieben. Die entsprechende Schmitt-Schaltung zur Umwandlung verschliffener Impulse in gute Rechteckimpulse war ja schon in Kapitel 5.4 behandelt worden. Ergänzend sei hier gezeigt, daß ihre Eigenschaften durch Verwendung eines Komparators noch erheblich verbessert werden können. Das Prinzip einer solchen Schaltung (Schmitt trigger) ist in Bild 6.54a dargestellt. Ersichtlich wird auf den nicht-invertierenden Eingang zurückgekoppelt. Nehmen wir zunächst am invertierenden Eingang $v_i < v_f$ an, so daß der Ausgang positiv wird, $v_0 = + V_0$, wobei $V_0 = V_z + V_D$. Dann ergibt sich die Spannung v_f zu

$$v_f = V_R + \frac{R_2}{R_1 + R_2} (V_0 - V_R) \equiv V_1 \; . \tag{6.83}$$

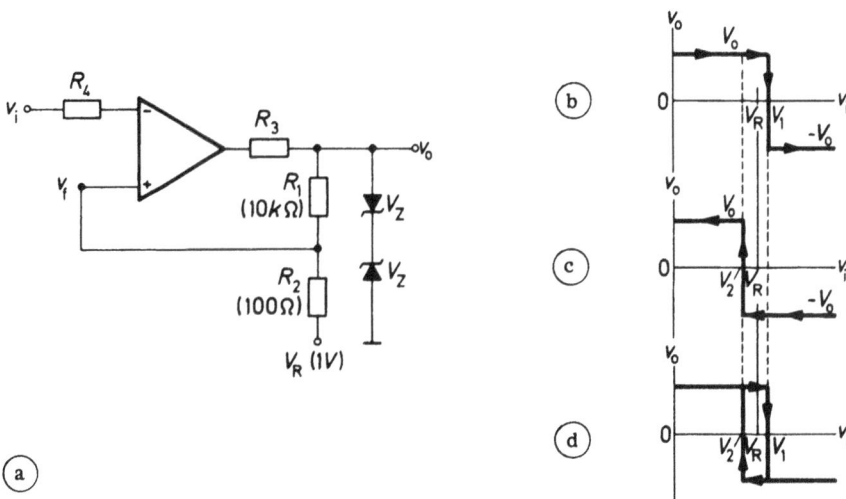

Bild 6.54:   Impulsregenerierschaltung (Schmitt-Schaltung) mit einem Komparator. a) Schaltung, b,c,d) Übertragungskennlinien für zuerst anwachsende und dann abfallende Eingangsspannung.

Wächst nun v_i langsam an, so bleibt die Ausgangsspannung auf diesem Wert bis der Punkt $v_i = V_1$ erreicht ist. Dann schaltet der Verstärker auf die negative Ausgangsspannung $v_o = -V_0$ um und bleibt auf diesem Wert, so lange v_i weiter anwächst, siehe Bild 6.54b. Nach dem Umschalten ändert sich jedoch auch die Spannung v_f. Man findet

$$v_f = V_R - \frac{R_2}{R_1 + R_2} (V_0 + V_R) \equiv V_2 . \qquad (6.84)$$

Bei der angegebenen Dimensionierung und bei $V_0 = 7$ Volt ergeben sich etwa die Werte $V_1 \approx 1$ Volt und $V_2 \approx 0,9$ Volt. Die Differenz zwischen V_1 und V_2 wird die Hysteresespannung V_H genannt

$$V_H = V_1 - V_2 . \qquad (6.85)$$

Sie bewirkt beim Verkleinern von v_1, daß die Ausgangsspannung solange beim konstanten Wert V_2 verharrt, bis am Eingang der Wert $v_i = V_2$ erreicht ist. Dann kippt die Schaltung wieder abrupt auf den Wert $v_o = +V_0$ zurück, siehe Bild 6.54c. Trägt man den Hin- und Rücklauf wie in Bild 6.54d zusammen auf, entsteht die typische Form einer Hysteresekurve. Wie schon früher erläutert, schützt dieser Hystereseeffekt bei langsamer Änderung der Spannung v_i vor unbeabsichtigtem Hin- und Herschalten in der Umgebung der Sprungpunkte (Unempfindlichkeit gegen Rauschen). Bild 6.55 gibt schließlich noch ein Beispiel der Umsetzung eines analogen Spannungsverlaufes in einen digitalen Spannungsverlauf.

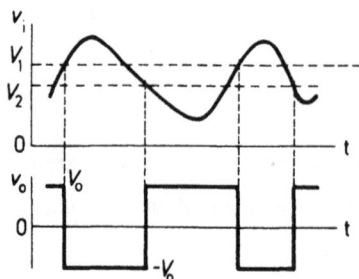

Bild 6.55:

Beispiel der Umwandlung eines analogen in einen digitalen Spannungsverlauf.

6.10.4 Rechteckwellengenerator

Die Schmitt-Schaltung läßt sich auch als Baustein für komplexere Schaltungen verwenden. Bild 6.56a zeigt ein Beispiel, in dem noch ein Widerstand R vom Ausgang zum invertierenden Eingang und eine Kapazität C von dort zur Masse vorgesehen sind. Dadurch ändert sich das Schaltungsverhalten erheblich, man erhält einen Oszillator. Das sieht man wie folgt ein. Die Spannung an der Kapazität C lädt sich infolge der konstanten Ausgangsspannung über den Widerstand R exponentiell auf. Dabei muß noch eine Anfangsbedingung berücksichtigt werden. Sie läßt sich mit $v_c = -ß \, V_0$ ansetzen, wobei $V_0 = V_z + V_D$ und ß das Spannnungsteilerverhältnis $ß = R_2/(R_1 + R_2)$ ist (die Berechtigung dieser Annahme wird gleich sichtbar). Damit läßt sich schreiben

$$v_c(t) = V_0 \left[1 - (1 + ß)e^{-t/RC} \right] . \qquad (6.86)$$

(a)

(b)

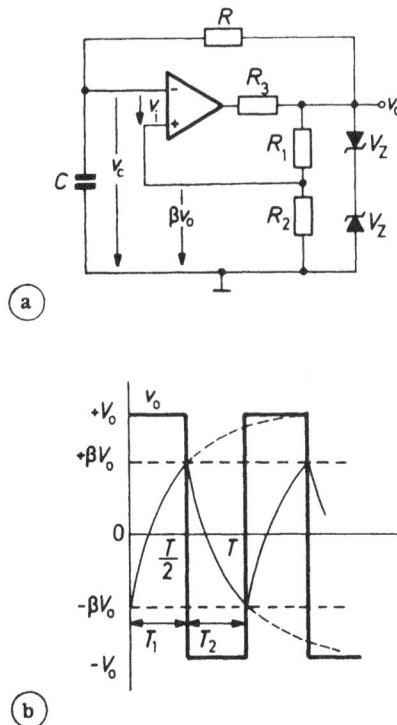

Bild 6.56:   Ein Rechteckwellengenerator. a) Schaltung, b) Spannungsverläufe an der Kapazität und am Ausgang.

Dabei ist die Eingangsspannung v_i zwischen den zwei Eingangsklemmen des Komparators zu messen.

$$v_i = v_c - \beta\, v_o = v_c - \frac{R_2}{R_1 + R_2}\, v_o \; . \tag{6.87}$$

Solange $v_i < \beta\, v_o$ bzw. $v_i < \beta\, V_0$ ist, wird sich die Kapazität nach Gl. (6.86) aufladen. Wird der Wert $v_i = \beta\, V_0$ erreicht, siehe Bild 6.56b, kippt die Schaltung und am Ausgang entsteht die negative Spannung $-V_0$, die am nichtinvertierenden Eingang den Spannungswert $-\beta\, V_0$ zur Folge hat. Dann lädt sich die Kapazität wieder auf eine negative Spannung auf, und wenn sie gerade den Wert $-\beta\, V_0$ erreicht hat, kippt die Schaltung wieder auf eine positive Ausgangsspannung. Damit ist der besprochene Anfangszustand erreicht und die Vorgänge wiederholen sich periodisch.

6.10.5 Zweiphasenverstärker

Bild 6.57 zeigt einen Verstärker mit der Eingangsspannung v_m und der Ausgangsspannung v', bei dem vermittels einer Steuerspannung v_o die Polarität der verstärkten Spannung umgekehrt werden kann (positive-negative controlled-gain amplifier, biphase amplifier, sign-reversing amplifier). Die Eingangsspannung v_m ist meist eine Modulationsspannung und die Steuerspannung v_o kommt in der Regel von einem Oszillator. Der gestrichelt eingerahmte Teil stellt im wesentlichen einen Schalter dar, der den Punkt P bei positivem v_o mit Masse verbindet und bei negativem v_o davon abtrennt. Diese unterschiedlichen Potentialverhältnisse wirken sich wie folgt aus. Wenn der Schalter offen ist, gelangt die Eingangsspannung v_m an beide Eingänge des Operationsverstärkers. Wir betrachten zuerst die Wirkung des invertierenden Widerstandsverstärkers: $v_1' = -(R_5/R_4)v_m$. Dann betrachten wir die Wirkung des nichtinvertierenden Verstärkers: $v_2' = (1 + R_5/R_4)v_m$. Superponiert man beide Ergebnisse, folgt daraus für $R_4 = R_5$

$$v' = v_1' + v_2' = v_m \; . \tag{6.88}$$

Dem entspricht $A = 1$. Wird jedoch bei positiver Steuerspannung v_o der Schalter S geschlossen, liegt der nichtinvertierende Eingang des Operationsverstärkers praktisch auf

Masse. Daher verbleibt nur noch der invertierende Verstärker, der bei $R_4 = R_5$ jetzt zu

$$v' = - v_m \, , \qquad\qquad (6.89)$$

führt. Dem entspricht $A = -1$. Ist die Steuerspannung v_0 z. B. eine Sinusspannung, wird die Spannung v_m im Takte der Steuerspannung dauernd in ihrer Polarität umgekehrt. Solch eine Schaltung ist für die Modulation und Demodulation von analogen Signalen von Vorteil.

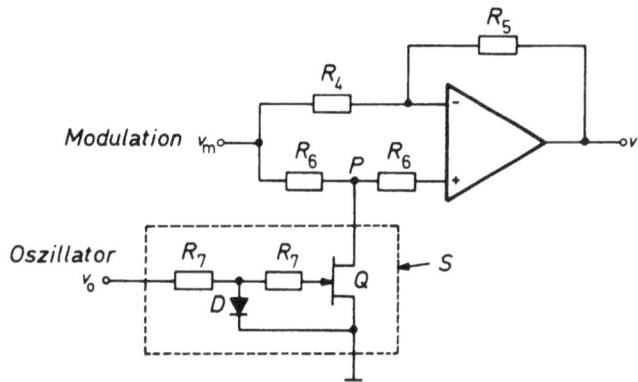

Bild 6.57:   Der Zweiphasenverstärker. Die Modulationsspannung v_m wird je nach Polarität der Oszillatorspannung v_0 abwechselnd positiv und negativ zum Ausgang durchgeschaltet (v').

6.11 Modulation und Demodulation

6.11.1   Modulationsarten

Es tritt häufig die Aufgabe auf, ein analoges Signal aus seinem ursprünglichen Frequenzbereich in einen anderen Frequenzbereich zu transponieren (Mischen). Das klassische Beispiel dafür ist die direkte Aufzeichnung von Sprache oder Musik und ihre drahtlose Übertragung über hochfrequente Sender und Empfänger. Für solche Frequenzumsetzungen hat man viele Modulationsarten erfunden. Bild 6.58 zeigt einige

Beispiele, wie eine langsam verlaufende Signalspannung (Tonfrequenz) eine Hochfrequenzspannung (Träger) beeinflussen (modulieren) kann. Bei Amplitudenmodulation (AM) folgen die Amplituden der Hochfrequenzspannung der niederfrequenten Signalspannung, bei Frequenzmodulation (FM) wird die Frequenz der HF-Spannung entsprechend variiert, bei der Pulsphasenmodulation (PPM) ist es die zeitliche Lage der Impulse, bei der Pulsamplitudenmodulation (PAM) die Amplitude von Impulsen, bei der codierten Pulsamplitudenmodulation (PCM) wiederum die Amplitude, jedoch umgesetzt in einen binären Code, usw.

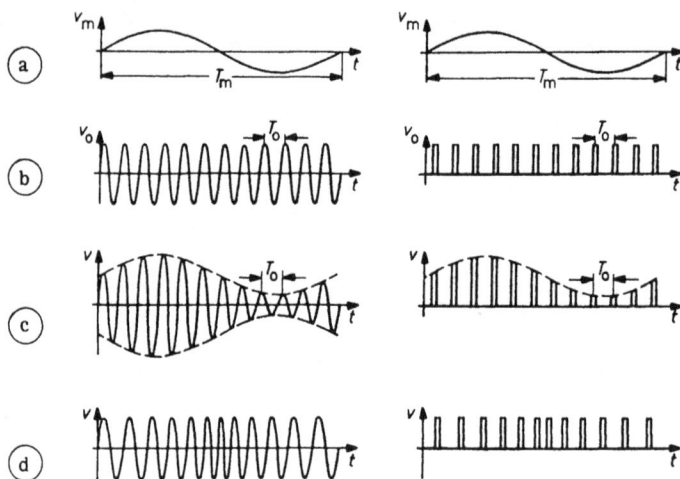

Bild 6.58:   Beispiele bekannter Modulationsarten für Sinusschwingungen und Impulsfolgen. a) Modulationsspannung, b) Träger, c) Amplitudenmodulation (AM, PAM), d) Frequenz- bzw. Phasenmodulation (FM, PPM).

Wir wollen uns im folgenden auf die historisch älteste und immer noch viel verwendete Modulationsart, die Amplitudenmodulation und ihren nahen Verwandten, die Pulsamplitudenmodulation beschränken.

6.11.2 AM mit Zweiphasenverstärker

In der klassischen Sinuswellentechnik multipliziert man die niederfrequente Signalspannung v_m (d. h. die modulierende Spannung) mit der Hochfrequenzspannung v_o, um eine modulierte Hochfrequenzspannung zu bekommen. Diese Multiplikation muß nicht sonderlich genau sein, wenn man nur im Anschluß daran die modulierte Hochfrequenzspannung genau herausfiltert.

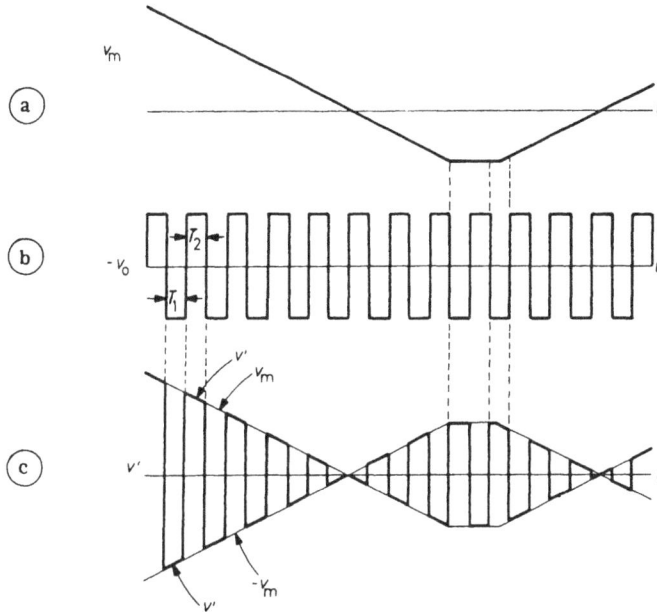

Bild 6.59:   Beispiel, wie eine Signalspannung (Modulationsspannung v_m) mit Hilfe einer Trägerspannung (Oszillatorspannung v_o) vermittels eines Zweiphasenverstärkers eine modulierte hochfrequente Trägerschwingung (v') erzeugt.

Hat man es mit Rechteckwellen statt mit Sinuswellen zu tun, werden Modulation und Demodulation besonders einfach (in der Praxis ist die Rechteckwelle immer leicht durch Übersteuerung und Begrenzung aus einer Sinuswelle zu gewinnen). Dies sei anhand der PAM von Bild 6.59 erläutert. In der obersten Zeile a ist ein Ausschnitt aus einer sich langsam verändernden (niederfrequenten) Signalspannung v_m dargestellt. Darunter in Zeile b der hochfrequente Träger v_o. Benutzt man den gerade in Abschnitt 6.10.5 beschriebenen Zweiphasenverstärker, so ergibt sich der in Zeile c dargestellte Verlauf des modulierten Trägers v'. In dieser Form kann die niederfrequente Information nun über hochfrequente Kanäle übertragen werden. Will man sie in einem Empfänger wieder gewinnen, benötigt man einen Demodulator. In unserem Beispiel können wir dazu wieder einen Zweiphasenverstärker verwenden. Ihm müssen wir statt v_m am Eingang jetzt jedoch den empfangenen modulierten Träger v' zuführen. Gibt man auf den Oszillatoreingang wieder einen Träger v_0 und stellt dessen Phase gerade so ein, daß während der Zeit negativer Empfangsspannungen gerade eine Vorzeichenumkehr eintritt, so erzeugt der Ausgang eines solchen "Demodulators" gerade wieder die ursprüngliche Signalspannung v_m. Den benötigten Träger kann man im Empfänger, z. B. durch Übersteuerung und Begrenzung, leicht aus dem modulierten Träger gewinnen.

6.11.3 AM mit Zerhacker

Ein im Prinzip noch einfacherer Modulator und Demodulator, der auch in der Praxis weithin eingesetzt wird, läßt sich mit einem geeignet gesteuerten Schalter realisieren (Chopper Modulator). Bild 6.60a zeigt das Prinzip. Die Modulationsspannung wird über einen Widerstand R zu einem Schalter geführt, der im Takte einer Trägerspannung v_0 periodisch einen Kurzschluß erzeugt. Dadurch entsteht die in Bild 6.60b zerhackte Modulationsspannung v. Wie gestrichelt angedeutet, enthält sie noch einen Anteil der ursprünglichen niederfrequenten Modulationsspannung. Er läßt sich durch einen nachfolgenden Hochpaß wegfiltern. Es entsteht wieder eine, in Bild 6.60c skizzierte, hochfrequente modulierte Trägerspannung v_1 (man vergleiche mit der Spannung in Bild 6.59c).

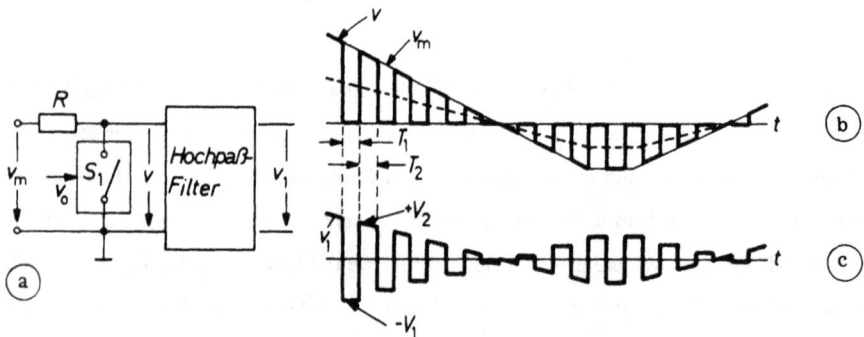

Bild 6.60:   Ein Zerhacker-Modulator (Chopper-Modulator). a) Schaltung,
b) Übertragungsverhalten des Zerhackers, c) Spannung nach dem
Hochpaß.

Als Demodulator kann wieder ein Zerhacker dienen. Wie Bild 6.61 zeigt, muß hierbei jedoch der Widerstand durch eine Kapazität C und der Hochpaß durch einen Tiefpaß ersetzt werden. Der Schalter S_2 wird wieder durch den Träger direkt angesteuert. Die Phase wird so gewählt, daß jedesmal dann, wenn der modulierte Träger negativ ist, siehe Bild 6.60c, der Schalter S_2 schließt. Dann lädt sich die Kapazität auf die Spannung $(-V_1)$ auf. Während des darauf folgenden positiven Spannungswertes des Trägers öffnet der Schalter S_2. Dadurch addiert sich der positive Spannungswert des modulierten Trägers zur Spannung der aufgeladenen Kapazität und es entsteht - unter Berücksichtigung der relativ langsamen zeitlichen Änderung der Modulationsspannung - praktisch die doppelte Amplitude ($v_2 = V_1 + V_2$). Insgesamt wird dadurch der in Bild 6.60b skizzierte Spannungsverlauf wiederhergestellt. Beim Demodulator ist man jedoch nur an der darin enthaltenen niederfrequenten Modulationsspannung v_m interessiert. Sie läßt sich einfach durch ein nachfolgendes Tiefpaßfilter gewinnen, siehe Bild 6.61. Die Ausgangsspannung v_3 ist proportional zu v_m. Die beschriebene Schaltung gehört zur Gruppe der synchronen Demodulatoren.

Bild 6.61:

Ein Zerhacker-Demodulator

(Synchron-Demodulator).

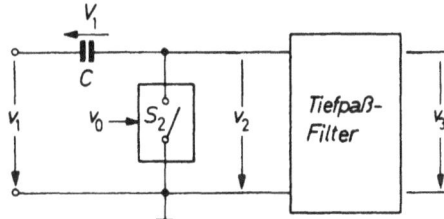

6.12 Oszillatoren

6.12.1   Die elementare Theorie

Oszillatoren sind Schaltungen, in denen Schwingungen erzeugt werden. Wenn nichts anderes gesagt wird, versteht man unter "Oszillatoren" meist Sinuswellen-Oszillatoren bzw. Sinuswellen-Generatoren. Das rührt daher, daß sie zuerst erfunden wurden und viele Jahrzehnte lang die klassische Schaltungstechnik beherrschten. Obwohl man heute auch noch andersartige Oszillatoren kennt (z. B. Impulsoszillatoren), werden Sinuswellen-Oszillatoren wegen ihres einfachen Aufbaues und ihrer Vorzüge (Stabilität, Genauigkeit, usw.) immer noch bevorzugt.

Der deutsche Forscher Barkhausen, der in Dresden lehrte, konnte zu Anfang dieses Jahrhunderts die Wirkungsweise dieser damals noch recht seltsamen Schaltungen aufklären, indem er sie als lineare Schaltungen mit Rückkopplung behandelte. Seine Erkenntnisse kommen uns heute vielleicht geradezu trivial vor, aber man sollte berücksichtigen, daß es die ersten entscheidenden Gedanken waren und daß sie das Fundament bildeten, auf denen sich alles folgende aufbaute.

Man betrachte die lineare Anordnung in Bild 6.62. Eine sinusförmige Eingangsspannung x_i wird dem Eingang eines Verstärkers zugeführt. Die Ausgangsspannung x_o ist um den Faktor A verstärkt. Sie tritt in ein Rückkopplungsnetzwerk ein, welches nur einen Bruchteil ß der Spannung x_o durchläßt. Die resultierende Spannung x_f wird dann noch einem (analogen) Inverter zugeführt, so daß schließlich das Ausgangssignal x_f' entsteht. Faßt man alle Faktoren zusammen, ergibt sich

$$x_f' = - A \text{ ß } x_i \ . \qquad\qquad (6.90)$$

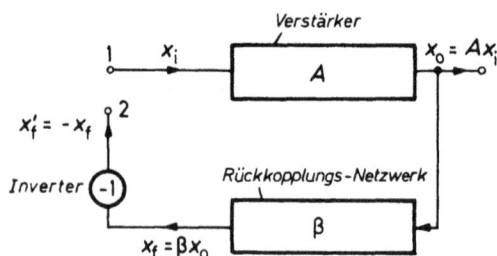

Bild 6.62:   Aufgeschnittene Rückkopplungsschleife zur Definition von Verstärkung und Rückkopplungsfaktor.

Die Rückkopplungsschleife zwischen den Punkten 1 und 2 ist dabei zunächst noch nicht geschlossen. Die Schleifenverstärkung schreibt sich dafür wie folgt

$$\frac{x_f'}{x_i} = - \text{ ßA} \ . \qquad\qquad (6.91)$$

Hätten wir die Schaltung nun so dimensioniert, daß Eingangsspannung x_i und Ausgangsspannung x_f' gerade identisch wären, so würde es ohne Einfluß bleiben, wenn wir die Rückkopplungsschleife schließen, d. h. wenn wir die Punkte 1 und 2 miteinander verbinden. Dann könnte man sogar die externe Spannung x_i wegnehmen ohne den ganzen Prozeß zu verändern. Man hätte also einen Generator für die sinusförmige Spannung x_0 geschaffen. Betrachten wir die Bedingung $x_i = x_f'$ noch etwas genauer. Beide Signale müssen zu allen Zeiten exakt miteinander übereinstimmen. Bei Sinuswellen bedeutet das, daß sie in der Frequenz, der Amplitude und der Phase übereinstimmen müssen. Das ist der Inhalt des berühmten Barkhausen-Kriteriums: Die Schwingfrequenz eines Oszillators ergibt sich bei derjenigen Frequenz, bei der die Phase beim Durchlaufen der gesamten Rückkopplungsschleife gerade Null wird. Und bezüglich der Amplitude: Schwingungen sind nur möglich, wenn das Produkt von Verstärkung A und Übertragungsfaktor ß einschließlich der Invertierung gleich oder größer als Eins ist. Als Barkhausen-Kriterium im engeren Sinne formuliert man dann den Grenzfall

$$- Aß = 1 \ . \tag{6.92}$$

Da bei Sinusschwingungen sowohl A als auch ß im allgemeinen frequenzabhängig sein werden und daher komplexe Größen sind, folgen daraus zwei Bedingungen für Betrag und Phase

$$|Aß| = 1 \ , \tag{6.93}$$

$$\varphi = 0 \ . \tag{6.94}$$

Oft werden die Verhältnisse auch mit Hilfe der effektiven Rückkopplungsverstärkung A_f diskutiert. Sie ist aus dem obigen Modell leicht abzuleiten und lautet

$$A_f = \frac{A}{1 + ßA} \ . \tag{6.95}$$

Das Barkhausen-Kriterium ergibt dann eine unendlich große Rückkopplungsverstärkung A_f, was ja angesichts der "Generierung" einer Schwingung aus dem "Nichts" verständlich ist.

Bis hierher wurden andere Erscheinungen vernachlässigt. Das ist nicht mehr möglich, wenn man das Anschwingen eines Oszillators betrachten will. Wird nämlich eine Oszillatorschaltung plötzlich an die Betriebsspannung gelegt, ist zunächst noch keine Sinusschwingung vorhanden, sie muß sich erst entwickeln. Zu diesem Zweck bilden wir das Rückkopplungsnetzwerk als ein Filter aus - im einfachsten Fall kann dies ein Resonanzkreis sein - und wir erhöhen ß soweit, daß sich eine Kreisverstärkung ergibt, die den Wert 1 um ein paar Prozent übersteigt. Dann wird die immer gegenwärtige Rauschspannung am Eingang des Verstärkers zunächst verstärkt und danach wird im Rückkopplungsnetzwerk aus dem vorhandenen verstärkten Rauschspektrum nur ein sehr schmales Band herausgehoben. Nur dieses gelangt wieder an den Eingang des Verstärkers, wird weiter verstärkt, usw. Letzten Endes gewinnt nur eine einzige Frequenz, die Amplitude dieser Sinusschwingung vergrößert sich - der Oszillator "schwingt an". Das Anwachsen dauert so lange, bis die Amplitude der Schwingung über den Linearbereich der Schaltung hinausgeht und z. B. an den Spannungsgrenzen anstößt. Meist ist im Verstärker noch ein kontinuierlicher Übergang in den nichtlinearen Bereich vorhanden, der die Kreisverstärkung zunehmend vermindert. Der stabile Endzustand ist gerade derjenige, bei dem die Kreisverstärkung wieder auf den Wert 1 abgefallen ist (genau genommen wird die Schwingung dann wegen der Nichtlinearität ein wenig von der idealen Sinusform abweichen, was aber praktisch bedeutungslos ist).

6.12.2 Der Phasenverschiebungs-Oszillator

Besonders klar sind die Barkhausen-Prinzipien bei einem Oszillator zu erkennen, bei dem das Rückkopplungsnetzwerk aus Widerständen und Kapazitäten besteht und so dimensioniert ist, daß nur die Phase einer ganz bestimmten Sinusspannung paßt. Er ist als Phasenverschiebungs-Oszillator (phase-shift oscillator) oder RC-Generator bekanntgeworden. Bild 6.63a zeigt das Prinzip, wobei der Verstärker durch einen Feldeffekttransistor realisiert ist. Der Übertragungsfaktor des RC-Netzwerkes lautet

$$\frac{V_f{}'}{V_0} = \frac{1}{1 - 5\alpha^2 - j(6\alpha - \alpha^3)} \, , \qquad (6.96)$$

wobei zur Abkürzung gesetzt wurde

$$\alpha = 1/(\omega RC) \, . \qquad (6.97)$$

Man findet eine Phasenverschiebung von $\varphi = 180^0$ für $\alpha^2 = 6$, bzw.

$$f = 1/(2\pi \, RC \, \sqrt{6}) \, . \qquad (6.98)$$

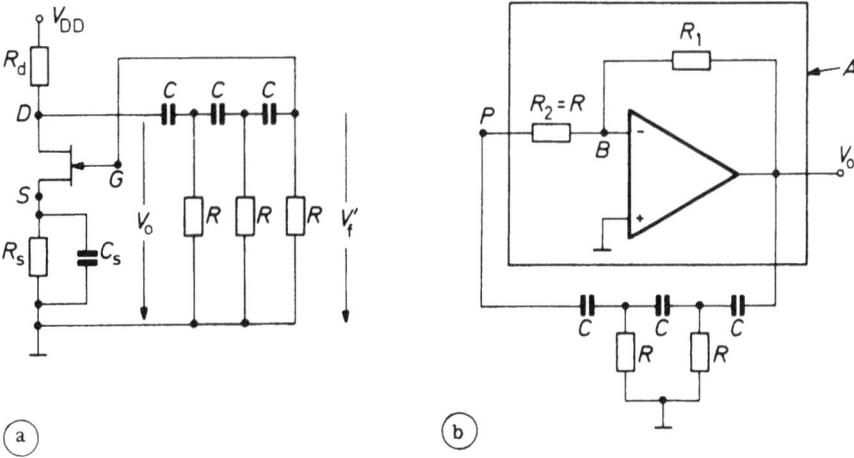

Bild 6.63:   Ein einfacher RC-Phasenverschiebungs-Oszillator. a) Schaltung mit einem Transistor als Verstärker, b) Schaltung mit einem Operationsverstärker.

Nur für diesen Wert ergänzt sich die 180°-Phasenverschiebung des RC-Netzwerkes mit der 180°-Phasenverschiebung des Feldeffekttransistors zu $\varphi = 360^\circ = 0^\circ$. Man beachte, daß der Inverter des Prinzipbildes 6.62 hier schon im Netzwerk enthalten ist, daß also V_f'/V_0 in Gl. (6.96) gleich -ß zu setzen ist. Daher wird bei der Schwingungsfrequenz ß = 1/29. Der Feldeffekttransistor muß also mindestens eine solche Spannungsverstärkung aufweisen.

Etwas durchsichtiger (aber für viele Zwecke unnötig aufwendig) wird die Oszillatorschaltung durch Benutzung eines Operationsverstärkers, siehe Bild 6.63b. Das RC-Netzwerk ist für $R_2 = R$ ersichtlich dasselbe wie im vorigen Beispiel, weshalb auch hier die Schwingfrequenz von Gl. (6.98) gilt. Anstelle der Transistorverstärkung ist hier jedoch die Verstärkung $-R_1/R_2$ zu setzen, die ebenfalls größer als 29 zu bemessen ist.

Oszillatoren dieser Art werden besonders eingesetzt im Bereich von einigen Hertz bis einigen hunderttausend Hertz. Will man die Frequenz ändern, verstellt man gleichzeitig alle drei Kondensatoren. Dabei bleibt die Amplitude der Schwingung unverändert.

6.12.3 Prinzip des Hartley- und Colpitts-Oszillators

Mit Hilfe des Operationsverstärkers läßt sich eine etwas allgemeinere Form eines Oszillators finden, in die sich viele speziellere Schaltungen einordnen lassen. Bild 6.64a zeigt das Prinzip. Am Ausgang eines Operationsverstärkers befinden sich drei verschiedene Impedanzen. Ein Teil der Ausgangsspannung wird vermittels eines Spannungsteilers auf den invertierenden Eingang zurückgekoppelt. Bild 6.64b gibt das Ersatzbild der Schaltung wieder, wobei noch der Innenwiderstand R_o des Operationsverstärkers berücksichtigt ist. Zur Berechnung der Kreisverstärkung betrachten wir zuerst den Lastwiderstand Z_L des OP AMP, der sich aus den Impedanzen Z_1, Z_2 und Z_3 zusammensetzt. Die Verstärkung (ohne Rückkopplung) ergibt sich daraus zu

$$A = - A_v \, Z_L / (Z_L + R_o) \ . \tag{6.99}$$

Der Rückkopplungsfaktor ist (unter Einbeziehung der Invertierung)

$$ß = - V_f' / V_o = - Z_1 / (Z_1 + Z_3) \ . \tag{6.100}$$

Damit lautet die allgemeine Beziehung

$$-Aß = \frac{-A_v \, Z_1 \, Z_2}{R_o(Z_1 + Z_2 + Z_3) + Z_2(Z_1 + Z_3)} \ . \tag{6.101}$$

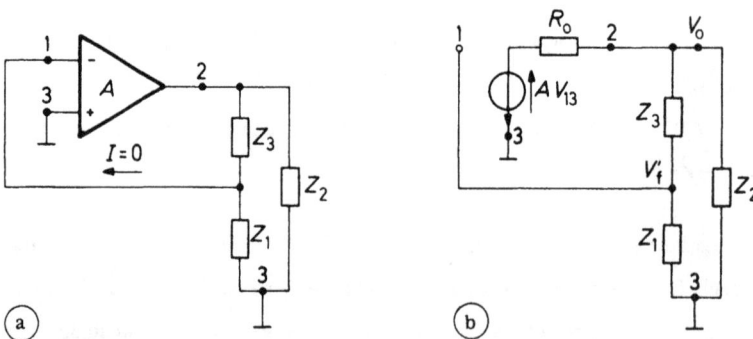

Bild 6.64:   Gemeinsames Prinzip vieler Oszillator-Schaltungen.

a) Schaltung mit Impedanzen Z , b) Ersatzschaltbild.

Wir können jetzt zur genaueren Bestimmung der Impedanzen übergehen. Setzen wir sie einmal als Reaktanzen an. Dann ist $Z_1 = jX_1$, $Z_2 = jX_2$, $Z_3 = jX_3$. Hierbei gilt für eine Induktivität $X = \omega L$ und für eine Kapazität $X = -1/(\omega C)$. Damit wird aus der letzten Gleichung

$$-A\beta = \frac{A_v\, X_1\, X_2}{jR_0(X_1 + X_2 + X_3) - X_2(X_1 + X_3)} \qquad (6.102)$$

Zur Erfüllung der Phasenbedingung muß man fordern

$$(X_1 + X_2 + X_3) = 0 \qquad (6.103)$$

D. h., die Schaltung wird genau bei der Serienresonanz dieser drei Reaktanzen oszillieren. Es bleibt damit in Gl. (6.102) übrig

$$-A\beta = \frac{A_v\, X_1\, X_2}{-X_2(X_1 + X_3)} = \frac{-A_v\, X_1}{X_1 + X_3} \qquad (6.104)$$

Ersetzt man die Größen im Nenner durch $-X_2$ nach Gl.(6.103), so erhält man schließlich

$$-A\beta = \frac{A_v\, X_1}{X_2} \qquad (6.105)$$

Dieser Ausdruck muß im Schwingungsfalle gerade gleich Eins sein. Das ist bei positivem A_v nur möglich, wenn X_1 und X_2 Reaktanzen der gleichen Art sind, wenn also beide induktiv oder beide kapazitiv sind. Dann ergibt sich aber sofort aus Gl. (6.103), daß die verbleibende Reaktanz R_3 komplementär dazu sein muß. Das führt direkt zu den beiden klassischen LC-Oszillatoren: Wählt man für X_3 eine Induktivität L und für X_1 und X_2 die Kapazitäten C_1 und C_2, so handelt es sich um den Colpitts-Oszillator. Wählt man jedoch für X_3 eine Kapazität C und für X_1 und X_2 die Induktivitäten L_1 und L_2, so handelt es sich um den Hartley-Oszillator. In Bild 6.65 sind diese beiden viel verwendeten Oszillatorschaltungen in der Realisierung mit Transistoren dargestellt.

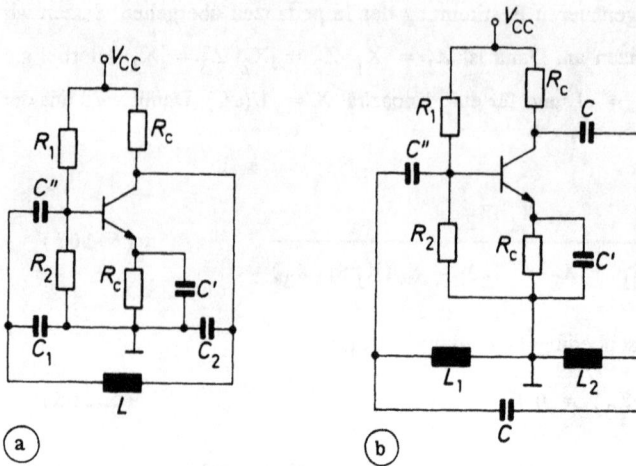

Bild 6.65:   Zwei komplementäre klassische Oszillatoren.

a) Colpitts-Oszillator, b) Hartley-Oszillator.

6.12.4 Der Wien-Brücke-Oszillator

In der modernen Schaltungstechnik ist ein Oszillator sehr beliebt, der keine Induktivität benötigt und nur mit zwei Kapazitäten auskommt. Es ist der in Bild 6.66a abgebil-
dete Wien-Brücke-Oszillator. Er hat seinen Namen von der Wien-Brücke in Bild 6.66b.
Hier ist lediglich zwischen Eingang und Ausgang der Brücke mit Hilfe eines Operationsverstärkers noch eine Rückkopplung vorgenommen worden. Die Klemmen 1 und 2
bilden dabei den Eingang des Operationsverstärkers und befinden sich gleichzeitig im
Brückenzweig (innen), und der Ausgang des Operationsverstärkers mit der Spannung
V_0 gegen Masse bildet entsprechend den anderen Zweig (außen) der Brücke. In Bild
6.66a erkennt man sowohl eine Rückkopplung zum invertierenden Eingang als auch
zum nichtinvertierenden Eingang. Hierbei legen R_1 und R_2 die Amplitude der
Verstärkung fest und die Impedanzen Z_1 und Z_2 die Frequenz der Schwingung. Man
findet die Beziehungen

$$ ß = - \frac{V_f'}{V_0} = - \frac{z_2}{z_1 + z_2} , \qquad (6.106) $$

und

$$ A = 1 + R_1/R_2 . \qquad (6.107) $$

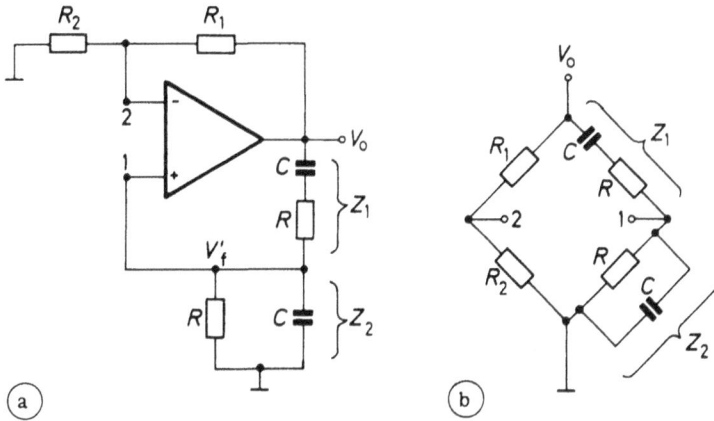

Bild 6.66: Der Wien-Brücke-Oszillator. a) Schaltbild, b) Umzeichnung zum besseren Erkennen der Wien-Brücke.

Damit ergibt sich der allgemeine Ausdruck

$$- A\beta = \frac{\alpha(1 + R_1/R_2)}{3\alpha - j(1 - \alpha^2)} , \qquad (6.108)$$

wobei $\alpha = \omega RC$ gesetzt ist. Die Barkhausen-Phasenbedingung führt zu $\alpha = 1$ und die Barkhausen-Amplitudenbedingung zu $1 = (1/3)(1 + R_1/R_2)$. Damit ist die Resonanzfrequenz mit

$$f = \frac{1}{2\pi \, RC} , \qquad (6.109)$$

und die Dimensionierung mit

$$R_1 = 2R_2 , \qquad (6.110)$$

festgelegt.

6.12.5 Der Quarz-Oszillator

Die stabilsten und genauesten Oszillatoren realisiert man in der heutigen Schaltungstechnik mit Quarz-Schwingern. Sie sind heute schon so klein und billig geworden, daß sie nicht nur in der Digitaltechnik als genaue Taktgeber für Mikroprozessorsysteme eingesetzt werden können, sondern auch im Konsumbereich z. B. bei Uhren (es hat

etwa zwanzig Jahre gedauert, bis aus sehr großen und teuren Anlagen in Deutschland
sehr kleine und billige Oszillatoren für Armbanduhren in Japan wurden [3.13, 3.14].

Quarz ist ein piezoelektrischer Kristall, der durch ein elektrisches Wechselfeld in
Schwingungen versetzt werden kann. Dabei werden im wesentlichen die Eigenfrequenzen des Kristallkörpers angeregt, die zum einen abhängig sind von seinen geometrischen Abmessungen - normalerweise handelt es sich um ein Quarzplättchen zwischen
zwei metallischen Elektroden - und zum anderen davon, wie die Schnittflächen des
Quarzplättchens zu den Kristallachsen gewählt wurden. Diese Eigenfrequenzen sind
ziemlich unabhängig von der Zeit und der Temperatur, jedenfalls wenn man sie mit
den Eigenfrequenzen klassischer LC- oder RC-Oszillatoren vergleicht. Ein schwingen-
des piezoelektrisches Plättchen erzeugt natürlich an seinen metallischen Platten auch
ein elektrisches Wechselfeld. Ein Quarzschwinger ist also ein vollständiges elektrisches
Schaltelement. Sein Anwendungsbereich reicht von einigen tausend Hertz bis zu einigen hundert Mega-Hertz und die Gütezahlen variieren von einigen tausend bis zu einigen hunderttausend.

Bild 6.67a zeigt das Schaltbild eines Quarzschwingers. Sein elektrisches Ersatzschaltbild ist in Bild 6.67b wiedergegeben. Wie hinlänglich bekannt, beziehen sich Induktivität L, Kapazität C und Widerstand R auf die Masse, die Federkonstante und den
Dämpfungsfaktor des mechanischen schwingfähigen Systems. Die Kapazität C' stellt
die elektrische Kapazität zwischen den beiden metallischen Plättchen dar. Typische
Werte für einen 90 kHz-Kristall lauten z. B.   L = 137 Henry,   R = 15 kΩ,
C = 0,0235 pF, C' = 3,5 pF und Q ≈ 5200.

Die Reaktanz des Quarzes läßt sich für R = 0 wie folgt schreiben:

$$jX = \frac{j}{\omega C'} \; \frac{\omega^2 - \omega_s^{\,2}}{\omega^2 - \omega_p^{\,2}} \; .$$

$$(6.111)$$

Hierbei bedeuten $\omega_s^{\,2} = 1/(LC)$ die Serienresonanzfrequenz und

$$\omega_p^{\,2} = (1/L)\,(1/C + 1/C')$$

die Parallelresonanzfrequenz. Beachtet man das Größenverhältnis C' » C, so findet
man, daß beide Frequenzen sehr dicht beieinander liegen. Es gilt weiterhin $\omega_s < \omega_p$.

Bild 6.67c zeigt den Frequenzverlauf der Reaktanz in einer nicht maßstäblichen Zeichnung (man berechne zur Übung aus den oben angegebenen Werten die prozentuale Abweichung der beiden Frequenzen voneinander). Da die Frequenzverläufe von realen Reaktanzen stets eine positive Steigung haben müssen, wobei die Reaktanz oberhalb der ω-Achse induktiv ist und unterhalb kapazitiv, ergibt sich nur ein äußerst schmaler Bereich, in dem der Quarz induktiven Charakter hat. Das läßt sich zum Bau eines Oszillators wie folgt nutzen. Geht man auf die Grundschaltung von Bild 6.64a zurück und wählt diejenige Variante, bei der Z_1 und Z_2 induktiv sind und Z_3 kapazitiv (Hartley-Oszillator), realisiert Z_1 mit dem Quarz, Z_2 mit einer LC-Kombination und Z_3 mit einer Transistorkapazität, siehe die Schaltung in Bild 6.68, so kann diese Schaltung nur im Bereich zwischen ω_s und ω_p schwingen und wird dies in Wirklichkeit auch dicht bei ω_p tun. Die übrigen Parameter der Schaltung haben auf diese Schwingfrequenz dann kaum noch Einfluß.

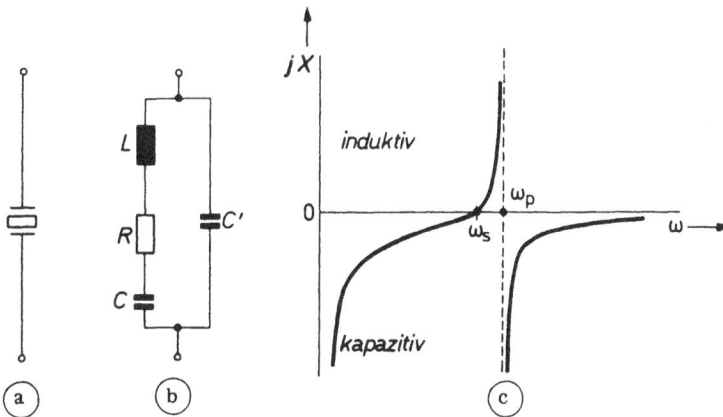

Bild 6.67: Der Quarz-Oszillator. a) Schaltsymbol eines piezoelektrischen Kristalls, b) Ersatzschaltbild, c) Frequenzgang.

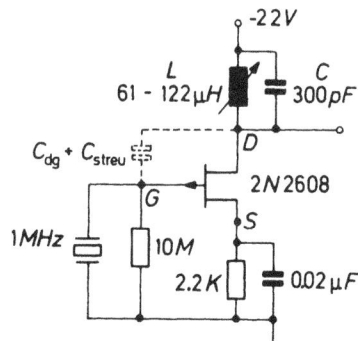

Bild 6.68:

Beispiel eines 1 MHz-Quarz-Oszillators.

6.13 Zur Feinstruktur des Operationsverstärkers

Operationsverstärker sind lineare Verstärker. Daher wird ihre Feinstruktur erst verständlich, wenn man zunächst die bekannten Schaltungsprinzipien der Kleinsignaltechnik betrachtet. Wir können dabei mit einem Inverter in Form eines bipolaren Transistors in Emittergrundschaltung beginnen, siehe Bild 6.69a (man beachte, daß hier U_B und U_C abweichend von den Erörterungen in Kapitel 3 die Klemmenspannungen bedeuten). Die Analyse dieser Grundschaltung war schon in Kapitel 3 durchgeführt worden. Für genauere Kleinsignalberechnungen empfiehlt sich jedoch die Heranziehung spezieller Kleinsignal-Ersatzschaltbilder, die im Laufe der Jahrzehnte schon außerordentlich verfeinert werden konnten (siehe z.B. W.Steimle: Der Bipolartransistor in linearen Schaltungen. Oldenbourg-Verlag). Da die Genauigkeit aber nicht der Gesichtspunkt dieses Abschnittes ist, sei hier ausnahmsweise eine etwas großzügige und kurze Darstellung erlaubt. Bei Vernachlässigung des Kollektorsperrstromes I_C^* bleibt die Ersatzschaltung in Bild 6.69b übrig. Für die Diode am Emitter gilt

$$I_E = I_{ES} (e^{U_B/U_T} - 1) \approx I_{ES}\, e^{U_B/U_T} , \qquad (6.112)$$

wobei für $U_B \gg U_T$ noch vereinfacht wurde. Mit $I_C = B \cdot I_B$ folgt weiter

$$I_C = B/(1 + B) \cdot I_E = B/(1 + B) \cdot I_{ES} \cdot e^{U_B/U_T} . \qquad (6.113)$$

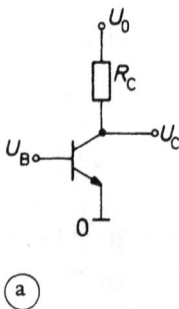

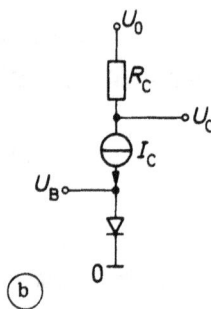

Bild 6.69:

Kleinsignal-Transistorverstärker

in Emittergrundschaltung

a) Schaltung, b) Ersatzschaltbild

Für kleine Strom- und Spannungsänderungen (Kleinsignalbetrieb) ergibt sich daraus

$$\frac{\delta I_C}{\delta U_B} = \frac{1}{U_T} \cdot \frac{B}{1+B} \cdot I_{ES} \cdot e^{U_B/U_T} = \frac{1}{U_T} \cdot I_C . \qquad (6.114)$$

Man vergleiche mit Gl.(3.114) und Gl.(3.115)).

Meist interessiert jedoch die Spannungsverstärkung. Wegen $U_c = U_o - R_c \cdot I_c$ ergibt sie sich zu

$$\frac{\delta U_C}{\delta U_B} = - R_C \cdot \frac{\delta I_C}{\delta U_B} = - \frac{R_C \cdot I_C}{U_T} . \qquad (6.115)$$

Bei begrenztem Spannungshub und festem U_T (z. B. $R_c \cdot I_c = 5$ Volt, $U_T = 25$ mV) ergibt sich hier nur eine Spannungsverstärkung in der Größenordnung von -200. Man beachte auch, daß sie von der Stromverstärkung des Transistors unabhängig ist.

Es erweist sich als sehr nützlich, die Kennlinie der Diode in Bild 6.69b wie in Bild 6.70 zu linearisieren, d. h. die Transistordiode in ihrem jeweiligen Gleichstrom-Arbeitspunkt durch eine Gleichspannung U_D und einen linearen Widerstand r_E zu ersetzen. Mit der Steilheitsdefinition $S = \delta I_c / \delta U_{BE}$ ergibt sich dieser Widerstand wegen $U_{BE} = U_B$ reziprok zum Wert von Gl. (6.114), siehe auch Gl.(3.115)

$$r_E = \frac{\delta U_B}{\delta I_C} = \frac{U_T}{I_C} = \frac{1}{S} . \qquad (6.116)$$

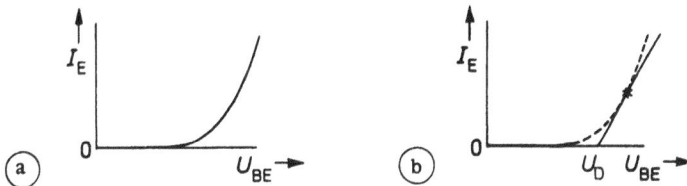

Bild 6.70:   Zur Definition der Steilheit. a) Emitterstrom als Funktion der Basisemitterspannung, b) Linearisierung im jeweiligen Arbeitspunkt.

Damit erhält man das lineare Ersatzschaltbild von Bild 6.71. Z. B. beträgt die Größenordnung von r_E mit den obigen Annahmen und $R_c = 50$ KΩ, d. h. $I_c = 0,1$ mA, gerade $r_E = 250$ Ω. Die Spannungsverstärkung ist mit Hilfe eines solchen Ersatzschaltbildes sofort zu bestimmen. Da Kollektorstrom und Emitterstrom nahezu gleich sind, folgt sie einfach als Verhältnis der Spannungsabfälle bzw. der Widerstände, unter Berücksichtigung der Signalinvertierung zu

$$\frac{\delta U_C}{\delta U_B} \approx - \frac{R_C}{r_E} . \qquad (6.117)$$

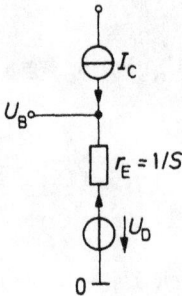

Bild 6.71:

Kleinsignalersatzschaltbild mit dem differentiellen Emitterwiderstand $r_E = 1/S$.

Man vergewissert sich leicht, daß sich im Beispiel wieder wie aus Gl.(6.115) betragsmäßig der Wert 200 ergibt.

Es interessiert weiterhin der Ausgangswiderstand der Schaltung. Er ist einfach durch R_C gegeben, da die Stromquelle I_C im Ersatzschaltbild einen unendlich hohen Innenwiderstand besitzt.

Der Eingangswiderstand $r_i = \delta U_B / \delta I_B$ ergibt sich wie folgt aus der Betrachtung des Ersatzschaltbildes. Zunächst ist $\delta U_{BE} = \delta U_B$ und $I_E = (1+B)I_B$. Dann findet man mit Gl. (6.116)

$$r_i = \frac{\delta U_B}{\delta I_B} = (1+B) \frac{\delta U_{BE}}{\delta I_E} = (1+B) \cdot \frac{1}{S} = (1+B)r_E \ . \qquad (6.118)$$

Er ist also etwa um den Wert der Stromverstärkung B größer als der Widerstand r_E (mit B = 800 ergibt sich der Eingangswiderstand $r_i = 200$ KΩ).

Der nächste kritische Parameter ist die Grenzfrequenz einer Schaltung. Sie läßt sich leicht bestimmen, wenn man weiß, daß dafür die Kapazität zwischen Kollektor und Basis eines Transistors maßgebend ist, siehe Bild 6.72, und sich dann an den Miller-Generator oder den Integrator erinnert. Diese Kapazität liegt bei üblichen Kleinsignaltransistoren etwa in der Größenordnung von 2,5 pF. Bezeichnen wir die Spannungsverstärkung $\delta U_C / \delta U_B$ wieder mit A_v, so ergibt sich wie beim Miller-Generator schon gezeigt eine um den Faktor $(1 + A_v)$ vergrößerte Zeitkonstante. Wir können uns auch eine um denselben Faktor vergrößerte Kapazität am Eingang vorstellen (gestrichelt). Setzen wir dann noch einen Vorwiderstand R_v an (200 KΩ), und berücksichtigen, daß er sich wechselstrommäßig genau wie der Eingangswiderstand r_i (200 KΩ) parallel zur Kapazität von $(1 + A_v)C_{CB}$ legt, so findet man die Zeitkonstante

$$\tau = \frac{R_v \cdot r_i}{R_v + r_i} \cdot (1 + A_v) \cdot C_{CB} . \qquad\qquad (6.119)$$

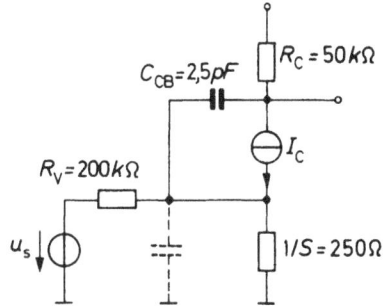

Bild 6.72: Zur Auswirkung der Miller-Kapazität C_{CB} auf die Grenzfrequenz. Im Ersatzschaltbild ist die äquivalente Kapazität im Eingangskreis gestrichelt gezeichnet.

Im Beispiel sind dies $\tau = 50\ \mu s$. Die Grenzfrequenz folgt daraus durch Umkehrung (siehe z. B. Gl. (3.234) oder Gl. (3.241) zu

$$f_g = \frac{1}{2\pi \cdot \tau} , \qquad\qquad (6.120)$$

was recht niedrige Werte ergibt ($f_g \approx 3\ kHz$).

Gehen wir nun daran, die Verstärkerschaltung schrittweise zu verbessern. Sehr nachteilig ist z. B. die starke Temperaturabhängigkeit der Schwellspannung der Basisemitter-Diode. Sie läßt sich durch Kompensationsmaßnahmen weitgehend eliminieren. Dazu braucht man nur den Emitter statt auf Masse auf ein negatives Potential U_n zu legen, das genau so groß ist wie die Schwellspannung und das sich auch genauso mit der Temperatur verändert. Bild 6.73b zeigt, wie dieses Potential durch eine Diode mit Widerstand und negativer Vorspannung erzeugt werden kann. In Bezug auf das Massepotential sind Transistordiode und einfache Diode gegeneinander geschaltet, die Schwellspannungen heben sich, von der Basis aus betrachtet, gerade auf.

Anstelle der Diode kann man auch einen weiteren Transistor einsetzen, siehe Bild 6.73c, wodurch eine symmetrische Schaltung entsteht, die wir schon als Differenzverstärker kennengelernt haben.

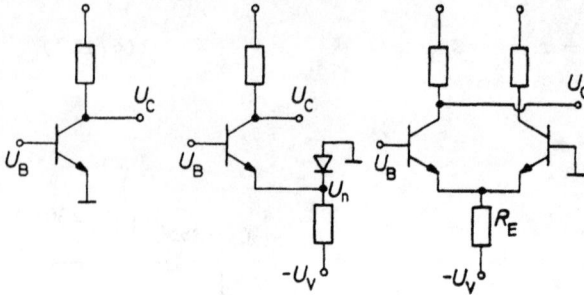

Bild 6.73:   Entwicklung von Kompensationsmaßnahmen zur Realisierung tempe-
raturunempfindlicher Verstärker.

Bei dem Differenzverstärker, der sich stets am Eingang eines Operationsverstärkers
befindet, werden natürlich beiden Eingängen im allgemeinen unterschiedliche Potentiale U_1 und U_2 zugeführt. Dabei interessiert nur die Verstärkung der Differenzspannung $(U_1 - U_2)$. Man bezeichnet sie als Gegentaktverstärkung. Eine Verstärkung, die
sich gleichsinnig auf U_1 und U_2 bezieht, die sog. Gleichtaktverstärkung, ist dagegen
möglichst zu unterdrücken. Eine quantitative Analyse ist leicht möglich, wenn man wegen der linearen Eigenschaften für kleine Signale von der Superposition Gebrauch
macht. D. h. wir können Gleichtaktverstärkung und Gegentaktverstärkung jeweils separat betrachten und sie dann überlagern. Für die Gleichtaktverstärkung gilt die in Bild
6.74 dargestellte Ersatzschaltung. Der Widerstand R_E ist hier in zwei parallel liegende
Widerstände $2R_E$ aufgeteilt. Dadurch entsteht eine völlig symmetrische Schaltung. Betreiben wir sie auch symmetrisch, so können wir sie entlang der gestrichelten Symme-
trielinie auftrennen und finden für jede Hälfte aus dem Spannungsteilerverhältnis die
Verstärkung

$$\frac{\delta U_{c1}}{\delta U_1} = \frac{\delta U_{c2}}{\delta U_2} = -\frac{R_c}{(1/S)+2R_E} . \qquad (6.121)$$

Damit diese Gleichtaktverstärkung klein genug bleibt, muß man R_E groß gegenüber
R_c wählen. (Auf die Methode, einen besonders großen (Wechselstrom-) Widerstand
mit Hilfe eines Transistors zu schaffen, wird später eingegangen.)

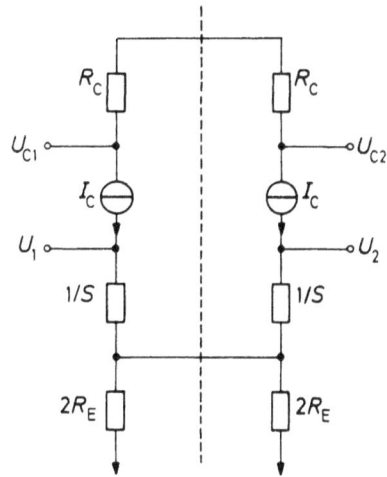

Bild 6.74:

Ersatzschaltbild zur Ermittlung
der Gleichtaktverstärkung.

Zur Bestimmung der Gegentaktverstärkung betrachten wir Bild 6.75. Wegen der Gegentaktwirkung fließt durch R_E stets der gleiche Strom, was natürlich auch einen konstanten Spannungsabfall an R_E zur Folge hat. An den differentiellen Emitterwiderständen $r_E = 1/S$ steht wegen der Symmetrie jeweils die Differenzspannung $(U_1 - U_2)/2$ an. Die Spannungsverstärkung für den Gegentaktbetrieb folgt daher unter Beachtung von Gl. (6.116) zu

$$\frac{\delta U_{c2}}{\delta(U_1 - U_2)/2} = \frac{R_c}{1/S} = \frac{I_c \cdot R_c}{U_T} . \tag{6.122}$$

Sie ist genauso wie beim einfachen Verstärker begrenzt, vergleiche mit Gl. (6.115).

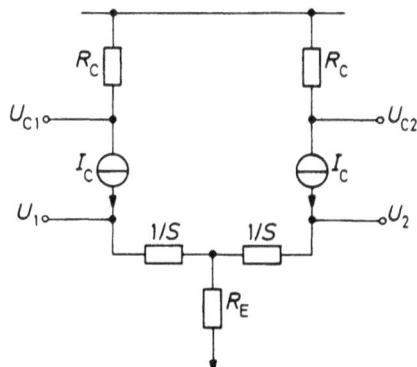

Bild 6.75:

Ersatzschaltbild zur Ermittlung
der Gegentaktverstärkung.

Eine Begrenzung der Lage des Arbeitspunktes durch die Betriebsspannungen läßt sich vermeiden, wenn wir R_C und R_E durch entsprechende hohe differentielle Widerstände ersetzen. Die geforderten Kennlinien lassen sich leicht mit Hilfe von Transistoren realisieren, siehe Bild 6.76. Anstelle der Geraden für einen ohmschen Widerstand (a) wird die Kennlinie eines Transistors im aktiv normalen Bereich (b) eingesetzt. Im interessierenden Strombereich (gestrichelt) hat die Kennlinie nur noch eine sehr geringe Steigung, der Transistor entspricht also einem sehr hohen Widerstand. Der Arbeitspunkt kann durch eine Spannungsquelle an der Basis eingestellt werden. Einfacher ist die Erzeugung dieser Spannung mit einer Diode. Bild 6.77 zeigt den Einsatz eines solchen differentiellen Widerstandes, der praktisch mit einer Stromquelle zu vergleichen ist, als Kollektorwiderstand. Man kann damit Werte im MΩ-Bereich einstellen, was z. B. zu Spannungsverstärkungen in der Größenordnung von 1000 führt.

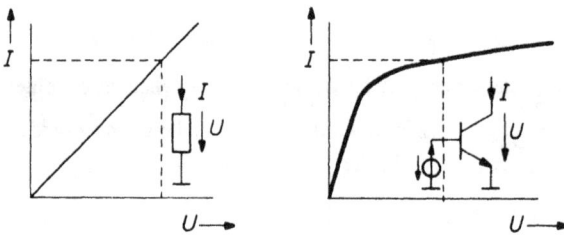

Bild 6.76:   Der Übergang vom linearen ohmschen Widerstand zum dynamischen Transistorwiderstand. Im Arbeitspunkt mit gleichen Strömen und Spannungen (gestrichelt) können beide um Größenordnungen differieren.

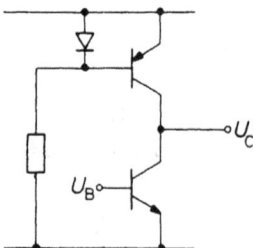

Bild 6.77:   Anwendung eines dynamischen Transistorwiderstandes als Lastwiderstand bei einem Transistorverstärker (einfachste Form des Stromspiegels).

In der Weiterführung dieser Methode gelangt man zu der Schaltung in Bild 6.78, die als "Stromspiegel" bekanntgeworden ist. Ein von hohem Potential kommender Strom I_1 wird in einen Strom I_2 umgewandelt, der mit hohem Innenwiderstand (praktisch Stromquelle) in Richtung hohes Potential an den Ausgang abgegeben wird. Man beachte, daß beide Ströme I_1 und I_2 die gleiche Richtung aufweisen, weshalb die Schaltung im Englischen auch zutreffender als "Current Repeater" bezeichnet wird. Vom ankommenden Strom I_1 wird zunächst ein sehr kleiner Anteil I_{B3} zum Transistor T_3 abgezweigt. Sein Emitterstrom verteilt sich wegen der Symmetrie genau hälftig auf die beiden Transistoren T_1 und T_2. Die Ströme steigen so lange an, bis der Transistor T_1 fast den gesamten Strom I_1 aufnimmt. Im Endzustand ist $I_1 = I_{B3} + I_{c1}$ und wegen $I_{B3} \ll I_{c1}$ wird in sehr guter Näherung $I_1 = I_2$. Wünscht man gleichzeitig eine Wandlung der Stromstärke, sind in die Emitterzuleitungen von T_1 und T_2 noch entsprechende Widerstände einzusetzen.

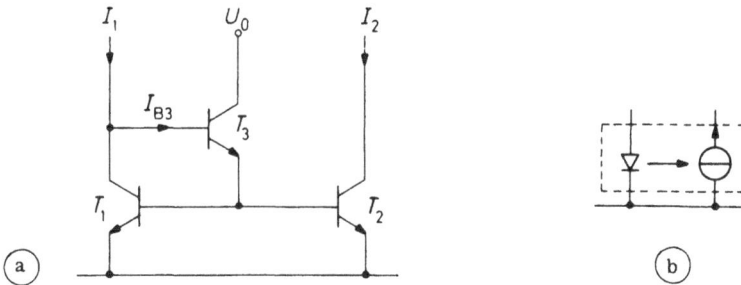

Bild 6.78:   Bildung eines Verstärkers mit Stromquellen-Eigenschaften (Stromspiegel bzw. Stromwiederholer). a) Schaltung, b) Symbol.

Die verschiedenen Maßnahmen zur Erhöhung der Spannungsverstärkung A_v vergrößern leider nach Gl. (6.119) die Zeitkonstante und erniedrigen somit die Grenzfrequenz. Es gibt glücklicherweise einfache Schaltungsmittel, um die Wirkung der gefürchteten Miller-Kapazität zu eliminieren, und damit sogar noch auf höhere Grenzfrequenzen als bei der einfachen Emittergrundschaltung zu kommen. Bild 6.79 zeigt die Kaskodeschaltung. Hier wird der Kollektor des Transistors T_1 auf einem konstant bleibenden Potential gehalten, unabhängig von der Größe des Kollektorstromes. Dies geschieht durch Zufügen eines Transistors T_2, der mittels einer Gleichspannung E in den Arbeitspunkt einer Basisgrundschaltung gebracht wird. Da sich das Kollektorpotential von T_1 nicht ändert, wird die Miller-Kapazität wirkungslos. Außerdem gilt für die nachfolgende Basisgrundschaltung eine wesentlich höhere Grenzfrequenz als für die Emittergrundschaltung, siehe Gl. (3.242). Insgesamt wird die Kaskodeschaltung die Grenzfrequenz etwa um den Faktor der Stromverstärkung ß erhöhen.

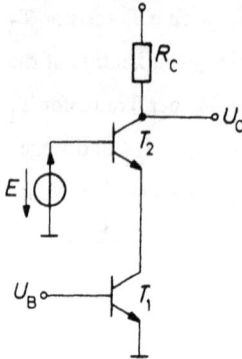

Bild 6.79:

Prinzip der Kaskodeschaltung.

Die wesentlichen Kennzeichen der Kaskodeschaltung, das konstante Kollektorpotential des ersten Transistors und die Basisgrundschaltung des zweiten Transistors finden sich noch in einer ganzen Reihe recht unterschiedlich aussehender Varianten, siehe z. B. Bild 6.80.

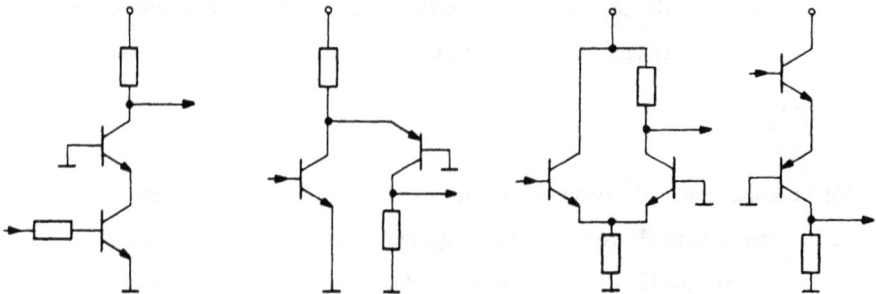

Bild 6.80:   Verschiedene Varianten der Kaskodeschaltung.

Die bisher behandelten Schaltungen hatten fast alle einen relativ großen Innenwiderstand für das abzugebende Signal (Kollektorwiderstand, Stromquelle). Zur Realisierung einer Schaltung mit sehr kleinem Innenwiderstand wird in der Regel der Emitterfolger benutzt, siehe Bild 6.81a. Sein Innenwiderstand (Ausgangswiderstand) ergibt sich aus der Ersatzschaltung in Bild 6.81b. Hier liest man ab

$$U_2 = U_1 - I_B \cdot R_B - I_E \cdot (1/S) - U_D . \qquad (6.123)$$

Mit $I_B = I_E/(1+B)$ und $I_2 = -I_E$ wird daraus

$$U_2 = U_1 + I_2 \frac{R_B}{1+B} + I_2 \cdot (1/S) - U_D . \qquad (6.124)$$

Der Innenwiderstand R_i' des Transistors (man verwechsele hier nicht mit i = input!) ergibt sich durch Differenzieren

$$R_i' = \frac{\delta U_2}{\delta I_2} = \frac{R_B}{1+B} + \frac{1}{S} . \qquad (6.125)$$

Der Innenwiderstand der Gesamtschaltung ist dann gleich der Parallelschaltung von R_i' und R_E.

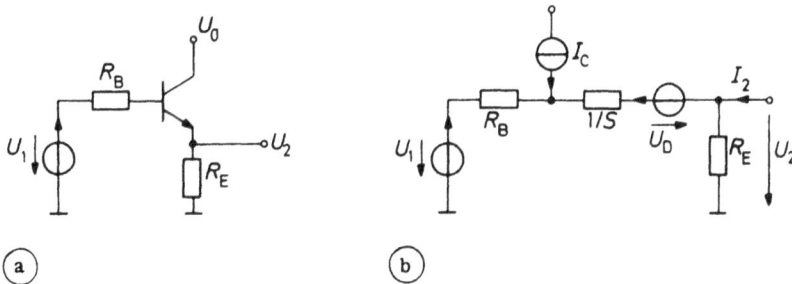

Bild 6.81:   Der Emitterfolger. a) Schaltung, b) Ersatzschaltbild.

Eine häufig benutzte Schaltung für den symmetrischen Betrieb enthält zwei Emitterfolger mit komplementären Transistoren im Gegentakt, siehe Bild 6.82. Um den Übergang der Stromführung von dem einen Transistor zum anderen zu beschleunigen, werden, wie in Bild 6.82b dargestellt, noch zwei Dioden eingeführt. Sie sorgen dafür, daß keine völlige Abschaltung der Transistoren eintritt.

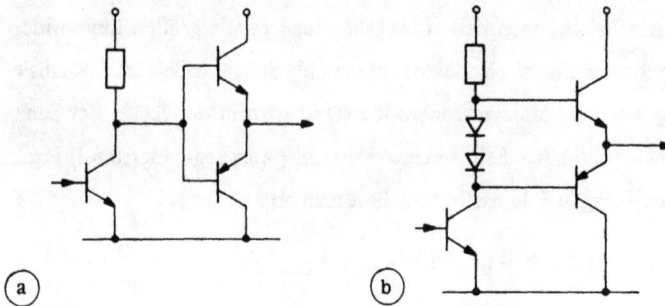

Bild 6.82:   Der komplementäre Emitterfolger. a) Prinzip. b) Ergänzung mit
              Dioden zum schnelleren Schalten.

Emitterfolger können auch noch, wie in Bild 6.83 dargestellt, mit einer Strombegrenzung ausgerüstet werden. Zur Durchführung der Regelung wird eine Spannung an R_{E1}
abgegriffen, die proportional zum Ausgangsstrom ist. Wächst dieser zu stark an, wird
der Transistor T_2 leitend und bewirkt damit einen Nebenschluß zwischen Eingang und
Ausgang. Der Ausgangsstrom kann dadurch nur einen festen Maximalwert erreichen.

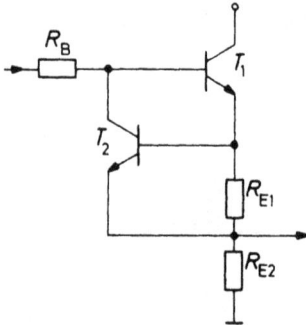

Bild 6.83:

Emitterfolger mit Strombegrenzung.

Recht häufig wird auch noch die Darlington-Schaltung in Bild 6.84 eingesetzt. Die resultierende Stromverstärkung ergibt sich hier als Produkt der Einzelstromverstärkungen.

Damit sind die wichtigsten Einzelschaltungen vorgestellt, aus denen sich die Schaltung
eines Operationsverstärkers zusammensetzt, siehe Bild 6.2.

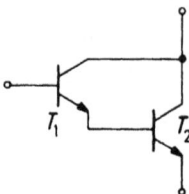

Bild 6.84:

Darlington-Schaltung.

Anhang

Lösung einer Differentialgleichung erster Ordnung

Eine lineare Differential-Gleichung erster Ordnung ist stets durch Quadraturen lösbar. Sie läßt sich mit stetigen Funktionen $a_1(x) = a_1$ und $a_2(x) = a_2$ folgendermaßen schreiben:

$$y' + a_1 y + a_2 = 0 \qquad\qquad A(1)$$

Wir machen den Ansatz

$$y = u \cdot v \quad , \qquad\qquad A(2)$$

wobei auch u und v unbekannte Funktionen von x sind. Dann wird aus Gl. A(1)

$$v' \cdot u + v\,(u' + a_1 u) + a_2 = 0 \qquad\qquad A(3)$$

Wir haben nun die Freiheit, u so zu bestimmen, daß der Klammerausdruck verschwindet

$$u' + a_1 u = 0 \qquad\qquad A(4)$$

Durch Trennung der Variablen folgt

$$\int \frac{du}{u} = -\int a_1(\varsigma)\,d\varsigma = \ln u \qquad\qquad A(5)$$

und aufgelöst

$$u = e^{-\int_{x_0}^{x} a_1(\varsigma)\,d\varsigma} \quad . \qquad\qquad A(6)$$

Unter diesen Umständen bleibt von Gl. A(3) nur übrig

$$v'u + a_2 = 0 \ . \qquad\qquad A(7)$$

Setzt man hier u von A(6) ein, so folgt

$$v' + a_2 \; e^{\displaystyle \int_{x_o}^{x} a_1(\zeta)d\zeta} \;\; = 0 \quad . \hspace{4cm} A(8)$$

Hier kann man die Variablen wieder trennen

$$\int dv = - \int_{x_o}^{x} a_2(\eta) \; e^{\displaystyle \int_{x_o}^{\eta} a_1(\zeta)d\zeta} \;\; d\eta + const \hspace{2cm} A(9)$$

bzw.

$$v = y_o - \int_{x_o}^{x} a_2 \; e^{\displaystyle \int_{x_o}^{\eta} a_1 d\zeta} \;\; d\eta \quad . \hspace{3cm} A(10)$$

Die Gesamtlösung ergibt sich dann mit den Gleichungen A(2), A(6) und A(10)

$$y = e^{\displaystyle - \int_{x_o}^{x} a_1(\zeta)d\zeta} \; \{ \; y_o - \int_{x_o}^{x} a_2 \; e^{\displaystyle \int_{x_o}^{\eta} a_1 \; d\zeta} \;\; d\eta \; \} \hspace{2cm} A(11)$$

Literaturverzeichnis

1. ALLGEMEINE ELEKTROTECHNISCHE GRUNDLAGEN

[1.1]   K.Küpfmüller
           Einführung in die theoretische Elektrotechnik
           Springer Verlag 1973

[1.2]   G.Bosse
           Grundlagen der Elektrotechnik I, II, III, IV.
           Hochschultaschenbücher Bände 182, 183, 184, 185

[1.3]   K.Steinbuch; W.Weber
           Taschenbuch der Informatik
           Band I: Grundlagen der technischen Informatik
           Springer Verlag 1974

[1.4]   K.Küpfmüller
           Die Systemtheorie der elektrischen Nachrichtenübertragung
           Hirzel 1952

2. SPEZIELLE BÜCHER ÜBER NICHTLINEARE ELEKTROTECHNIK

[2.1]   E.Philippow
           Nichtlineare Elektrotechnik
           Akademische Verlagsgesellschaft Leipzig, 1971, 580 S.

[2.2]   L.O.Chua
           Nonlinear Network Theory
           Mc Graw-Hill, New York 1969, 987 S.

[2.3]   Th.E.Stern
           Theory of Nonlinear Networks and Systems
           Addison Wesley, Reading, Massachusetts, 1965, 594 S.

[2.4]   H.J.Oberg
           Berechnung nichtlinearer Schaltungen für die
           Nachrichtenübertragung.
           Teubner Verlag, Stuttgart, 1973, 168 S.

3. BÜCHER ÜBER IMPULSTECHNIK UND DIGITALTECHNIK

[3.1]   Speiser
             Impulsschaltungen
             Springer, 1963

[3.2]   Schmitt
             Elektronische Schalter und Kippstufen mit
             Transistoren
             Oldenbourg Verlag 1967

[3.3]   Millmann; Taub
             Impuls- und Digitalschaltungen
             Berliner Union, Stuttgart, 1963

[3.4]   Millmann; Taub
             Pulse, digital and switching waveforms
             Mc Graw-Hill, 1965

[3.5]   Littauer
             Pulse Electronics
             Mc Graw-Hill, 1965

[3.6]   Zimmermann; Mason
             Electronic Circuit Theory
             John Wiley & Sons, 1960

[3.7]   J.K.Hawkins
             Circuit Design of Digital Computers
             Wiley, 1968

[3.8]   V.H. Grinich; H.G. Jackson
             Introduction to integrated circuits
             Mc Graw-Hill, 1975

[3.9]   D.Mildenberger
             Analyse elektronischer Schaltkreise
             Hüthig, 1976

[3.10]   W.Hilberg
             Digitale Speicher I
             Oldenbourg Verlag München
             1. Auflage 1975, 2. Auflage 1987

[3.11]   W.Hilberg
             Impulse auf Leitungen
             Oldenbourg, 1981

[3.12]   W.Hilberg; R.Piloty
          Grundlagen digitaler Schaltungen
          1. Auflage 1978, 2. Auflage 1981
          Oldenbourg Verlag München

[3.13]   W.Hilberg
          Funkuhren.
          Oldenbourg Verlag München 1983.

[3.14]   W.Hilberg
          Funkuhrtechnik.
          Oldenbourg Verlag Münche 1988.

4. BÜCHER ÜBER HALBLEITERTECHNIK

[4.1]   J.E.Caroll
          Physical Models for Semiconductor Devices
          Arnold, London 1974

[4.2]   Gray; DeWitt; Boothroyd; Gibbons
          Physical Electronics and Circuit Models of
          Transistors
          John Wiley & Sons, 1964

[4.3]   I. Ruge
          Halbleiter-Technologie
          Springer 1975

[4.4]   H. Tholl
          Bauelemente der Halbleitertechnik
          Teil I, Grundlagen, Dioden und Transistoren
          B.G. Teubner, Stuttgart, 1976

[4.5]   R. Paul
          Halbleiterphysik
          Hüthig 1975

[4.6]   R. Paul
          Halbleiterdioden
          Hüthig 1976

[4.7]   A. Möschwitzer; K. Lunze u.a.
          Halbleiterelektronik
          Lehrbuch und Arbeitsbuch
          Hüthig, 1973, 1974

[4.8]   R.L. Pritchard
          Electrical characteristics of transistors
          Mc Graw Hill 1967

[4.9]   J. Dosse
          Der Transistor
          Oldenbourg 1957

[4.10]   A. Porst
          Halbleiter
          Siemens AG, 1973

[4.11]   U. Tietze; Ch. Schenk
          Halbleiter-Schaltungstechnik
          Springer 1971

[4.12]   A. Shah; F. Pellandini; A. Birolini
          Grundschaltungen mit Transistoren
          Verlag des Akademischen Maschinen- und Elektro-
          Ingenieur-Vereins ETH Zürich, 1972

[4.13]   W. Harth
          Halbleitertechnologie
          Teubner Studienskripten Bd. 54

[4.14]   H. Hilpert
          Halbleiterbauelemente
          Teubner Studienskripten Bd. 8

[4.15]   H. Beneking
          Feldeffektransistoren
          Springer, 1973

[4.16]   R.H. Crawford
          MOSFET in Circuit Design
          MC Graw Hill, New York, 1967

[4.17]   Richmann
          MOS Field-Effekt Transistors and Integrated Circuits
          John Wiley, New York, 1973

[4.18]   W.M. Penney; L. Lau
          MOS Integrated Circuits
          Van Nostrand, New York 1972

[4.19]   E. Wolfendale
          MOS Integrated Circuit Design
          Butterworths, London, 1973

[4.20]   U.G. Baitinger
          Schaltkreistechnologien für digitale Rechenanlagen
          De Gruyter, Berlin 1973

[4.21]   R. Müller
          Grundlagen der Halbleiter-Elektronik
          Springer 1971

[4.22]   Ian Getreu
           Modeling The Bipolar Transistor
           Tektronix 1976
           Beaverton, Oregon 97077

5. BÜCHER ÜBER INTEGRIERTE ELEKTRONIK

[5.1]   P. Chirlian
           Electronic Circuits: Physical Principles, Analyses,
           and Design
           Mc Graw Hill 1971

[5.2]   J. Millmann; Ch. Halkias
           Integrated Electronics: Analog and Digital Circuits
           and Systems.
           Mc Graw-Hill 1972

[5.3]   J.R.A. Beale; E.T. Emms; R.A. Hilbourne
           Microelectronics
           Taylor and Francis, London 1971

[5.4]   J.F. Gibbons
           Semiconductor Electronics
           Mc Graw-Hill 1966

[5.5]   M. Fogiel
           Modern Microelectronics
           Research and Education Association, New York 1972

[5.6]   H. Taub; D. Schilling
           Digital integrated electronics
           Mc Graw-Hill 1977

[5.7]   W.Hilberg
           Grundprobleme der Mikroelektronik
           Oldenbourg Verlag München 1982

[5.8]   J.Millman
           Microelectronics.
           Mc Graw Hill 1979

[5.9]   J.Millman; A.Grabel
           Microelectronics.
           Mc Graw Hill 1987

6. SPEZIELLE AUFSÄTZE

[6.1] J.J. Ebers; J.L. Moll
Large-signal behavior of junction transistors
Proc. IRE 42, Dec. 1954, pp 1761-1772

[6.2] R. Beaufoy; J.J. Sparkes
The junction transistor as a charge-controlled device
ATE Journal, B, Oct. 1957, pp 310-327

[6.3] R. Beaufoy; J.J. Sparkes
The junction Transistors as a Charge Controlled
Device
Proc. IRE 45, 1975

[6.4] P. Russer; J. Gruber
Hybrid integrierter Multiplexer mit Speicher-
schaltdioden für den G bit/s-Bereich
Wiss. Ber. AEG-Telefunken 48 (1975) 2/3, S.55-60

[6.5] H. Strack
Einzelhalbleiterbauelemente
Technologie für die Nachrichtentechnik
FTZ 1975, S.97-119

[6.6] W. Hilberg
Vorschlag eines Großsignal-Ersatzschaltbildes für den
Feldeffekt-Transistor
NTZ Bd. 30 (1977), Heft 10, S.780-783

[6.7] H. Sibbert; B. Höfflinger; G. Zimmer
Analytisches Modell, Leistungsfähigkeit und
Skalierung kleinster MOS-Transistoren für
höchstintegrierte Digitalschaltungen.
NTG Fachbericht Bd. 68, 1979, S.128-134

[6.8] R.H. Dennhard; F.H. Gaensslen, u.a.
Design of Ion-Implanted MOSFET's with Very Small
Physical Dimensions.
IEEE Journal of Solid-State Circuits
Oct. 1974, pp 256-268

[6.9] W.Heisenberg
Die physikalischen Prinzipien der Quantentheorie
Hirzel-Verlag, Leipzig, 1930

[6.10] W.Hilberg; P.G.Rothe
Das Problem der Unschärferelation in der Nachrichtentechnik
Wiss.Ber. AEG-Telefunken 43 (1970) 1, S.1-9

[6.11]   W.Hilberg; P.G.Rothe
         Die allgemeinen expliziten Unschärferelationen und optimalen
         Impulse in der Nachrichtentechnik
         Wiss.Ber. AEG-Telefunken 43 (1970) 1, S.9-19

[6.12]   W.Hilberg; P.G.Rothe
         The General Uncertainty Relation for Real Signals in
         Communication Theory
         Information and Control, Vol.18, No.2, March 1971, pp.103-125

[6.13]   W.Hilberg
         Die Unschärferelation der Nachrichten- und Impulstechnik
         Teil I: Frequenz 29 (1975), H.6, S.165-171
         Teil II: Frequenz 29 (1975), H.7, S.199-206

[6.14]   D.Gabor
         Theory of Communication
         J. Inst. Electr. Engs. 93, III (1946), S.429-441

[6.15]   R.Schwarz
         Analyse nichtlinearer Netzwerke im erweiterten
         Zustandsprogramm
         Manuskript, Frühjahr 1988

Stichwortverzeichnis

A/D-Wandler 358

Abschnürbereich 243, 245, 249

Abstraktionsebene 13

Abtastschaltung 348

Abzweigschaltung 95

Addierer 319, 321

AM 370

Analogrechner 331

Analogschaltungen 313

Analyse 100

Anreicherung 247

Ausgleichsvorgang 45

Bandbegrenzung 34, 37

Bandpaß 337

Barkhausen 374

Basisemitterspannung 156

Basisgrundschaltung 134

Bauelemente 13

Begrenzer 344

Beschreibungsmöglichkeiten 18

Bootstrap-Generator 311

Butterworth 333

CMOS 275

Colpitts-Oszillator 378

D-Flipflop 294

D/A-Wandler 358

Darlington-Schaltung 394

Demodulation 369

Demultiplexer 353

Depletion 247

Differentialgleichung 395

Differenzierglied 46

Differenzverstärker 324

Diffusionsprofil 121

Digitalschaltungen 285

Diode 72

Dioden-Tor 349

Diodengatter 103

Dirac-Impuls 32

DTL-Gatter 194

Early-Spannung 250

Ebers und Moll 123

Ebers-Moll-Ersatzschaltbild 229

Ebers-Moll-Gleichungen 127, 128

ECL-Gatter 200

Einweg-Gleichrichter 344

Emitter-Bahnwiderstand 153

Emitterfolger 393

Emittergrundschaltung 136

Energie 56

Energiespeicher 44

Enhancement 247

Entwurfsebenen 17

Ersatzschaltbild, vollständiges 224

Ersatzschaltbild, FET 253

Feldeffekttransisor 237

Ferritringkern 21

ferroelektrisch 66

ferromagnetisch 69

FET-Ersatzschaltbilder, vollständige 257

Filter, aktives 333

Flipflop 285

Fourierintegral 30

Frequenztransformation 337

Funktionsblöcke 16

Gabor 43

Gatter, mit Transistoren 179

Gegentaktverstärkung 389

Gleichtaktverstärkung 389

Grundbausteine 14

Grundschaltungen 134

Gummel und Poon 230

Halteschaltung 348

Hartley-Oszillator 378

Heisenberg 42

Hintereinanderschaltung 111

Hybrid-π-Ersatzschaltbild 146

Hystereseverhalten 308

I^2L-Gatter 202

Impedanz-Vorzeichen-Wandler 354

Impuls 27

Impulse 28

Impulsspektrum 30

Induktivität 66

Injektionsersatzschaltbild 129, 138

Integrator 327

Integrierglied 50

Inverter 179

Inverter mit Last 266

Inverter, dynamischer 273

Inverterkennlinie 182

Inverterkennlinien 190

JK-Flipflop 296

Kapazität 62

Kaskodeschaltung 392

Kennlinie 21

Kennlinie, statische 88

Kennlinien 26, 61, 96

Kippschaltung, astabile 299

Kippschaltung, bistabile 285

Kippschaltung, monostabile 305

Kleinsignalverhalten 231

Kleinsignalverhalten, FET 263

Kollektorgrundschaltung 144

Kollektorstrom 157

Komparator 361

Kurzschluß, virtueller 318

Küpfmüller-Beziehung 37

Ladungssteuerungsmodell 213

Ladungsträger 122

Last, induktive 172

Last, kapazitive 168

Latch-Up 281

Leistung 56

Leistungsübertragung 56

Master-Slave-Flipflop 297

Miller-Generator 309

Miller-Kapazität 387

Modulation 369

Modulationsarten 370

MOSFET 237

MOSFET-Gatter 272

MOSFET-Inverter 259

Multiplexer 353

Multivibrator 299

NIC 355

ODER-Gatter 108

Operationsverstärker 314

Oszillator 373

Parallelschaltung 94

Phasenverschiebungs-Oszillator 376

Präzisionsgleichrichter 343

Quarz-Oszillator 381

RC-Filter 333

RC-Generator 376

Rechteckwellengenerator 367

Regenerierverstärker 365

Relais 164

Resonanzkreis-Bandfilter 339

Restspannung 152

RS-Flipflop 291

RTL-Gatter 193

Sägezahngenerator 309

Sättigung 219

Schaltelemente 13

Schalter 164

Schaltverzögerung 223

Schaltvorgänge 80

Schaltzeit 282

Schmitt-Schaltung 307, 365

Schwellspannung 251

Serienschaltung 92

Spannungs-Strom-Wandler 323

Spannungsteiler 52

Spektrum 30

Sperren 116

Sperrfilter 338

Sperrströme 154

Spitzen-Detektor 347

Steilheit 385

Steuerkennlinie 246

Strom-Spannungs-Wandler 324

Stromspiegel 390

Stromverstärkung 157, 235

Stromverstärkungen 212

Substratvorspannung 251

Subthreshold 259

Superposition 23

Symmetrie 256

Synchron-Demodulator 373

Synthese 99

T-Flipflop 294

Temperaturabhängigkeit 154

Thyristor 207

Trajektorie 171, 175

Transistor, bipolarer 119

Transistorgeometrie 120

Triggervorgang 298

TTL-Gatter 195

UND-Gatter 103

Unschärferelation 39

Übergangsfunktion 27

Übergänge 29

übersteuerter Zustand 219

Übersteuerungsschutzdiode 160

Verarmung 247

Verhalten, dyn. 113

Verstärker, logarithmischer 356

Widerstand 72

Widerstandsbereich 239

Widerstandsverstärker 318, 320

Wien-Brücke-Oszillator 380

Zeitverhalten 19, 20

Zerhacker 372

Zweiphasenverstärker 368

Zweipol 71

Zweiweg-Gleichrichter 345

www.ingramcontent.com/pod-product-compliance
Lightning Source LLC
Chambersburg PA
CBHW081525190326
41458CB00015B/5460